21世纪高等院校信息与通信工程规划教材

21st Century University Planned Textbooks of Information and Communication Engineering

桂海源 张碧玲 编著

软交换与 NGN

U0743140

Softswitch Technology and NGN

人民邮电出版社

北京

精品系列

图书在版编目（CIP）数据

软交换与NGN / 桂海源，张碧玲编著. -- 北京：人民邮电出版社，2009.12（2018.11重印）

21世纪高等院校信息与通信工程规划教材
ISBN 978-7-115-21657-1

Ⅰ. ①软… Ⅱ. ①桂… ②张… Ⅲ. ①通信交换－通信网－高等学校－教材 Ⅳ. ①TN915.05

中国版本图书馆CIP数据核字（2009）第198737号

内 容 提 要

本书深入浅出地介绍了软交换技术和下一代网络的基本概念和相关技术，包括：以软交换为中心的下一代网络的结构和主要协议（传输媒体信息的协议 IP 等、会话启动协议 SIP 和会话描述协议 SDP，媒体网关控制协议 H.248 协议，与业务承载无关的呼叫控制协议信令传输协议 SIGTRAN）；软交换设备、中继媒体网关（综合媒体网关）、综合接入设备 IAD、信令网关、归属位置寄存器 HLR 的功能、硬件结构和软件结构；下一代网络业务的特点、分类以及实现方式；下一代网络中典型业务的实现方案和信令流程，影响 IP 承载网的服务质量的主要因素，提高承载网服务质量的主要技术的原理；软交换技术在固定电话网和移动电话网应用方案，IP 多媒体子系统的层次结构、功能实体和接口协议。

本书通俗易懂，理论联系实际，可作为应用型本科以及大专院校通信专业的教材，也可供通信技术人员参考。

21 世纪高等院校信息与通信工程规划教材
软交换与 NGN

◆ 编　　著　桂海源　张碧玲
　　责任编辑　滑　玉
　　执行编辑　贾　楠

◆ 人民邮电出版社出版发行　　北京市丰台区成寿寺路 11 号
　　邮编　100164　电子邮件　315@ptpress.com.cn
　　网址　http://www.ptpress.com.cn
　　北京市艺辉印刷有限公司印刷

◆ 开本：787×1092　1/16
　　印张：21.5　　　　　　　　2009年12月第1版
　　字数：527千字　　　　　　2018年11月北京第12次印刷

ISBN 978-7-115-21657-1

定价：38.00 元

读者服务热线：(010)81055256　印装质量热线：(010)81055316
反盗版热线：(010)81055315

软交换技术继承了传统通信技术中可运营、可管理的理念，同时吸收了 IP 网灵活、简单、开放的特点，是传统电信技术与 IP 技术的有机结合和优势互补。软交换技术采用分层的体系结构、开放的协议标准，可兼容各种接入手段，实现业务与呼叫控制分离、呼叫与承载分离，使得提供灵活、快速、融合的业务成为可能。以软交换为核心的下一代网络以 IP 网络为承载基础，能支持各种网络实体的互通和业务的互操作，支持各种运营模式，能实现固定电话网、移动电话网和互联网等多种异构网络的融合，代表了网络技术的发展趋势，是促进网络融合、业务整合的主要技术之一，是从事通信工程的技术人员必须掌握的知识。

本书按照电信技术人员熟悉的表述方式，深入浅出地介绍了软交换技术和下一代网络的基本概念和相关技术。

《软交换与 NGN》是大学本科通信专业的核心专业课程，本书可作为大学本科、专科通信工程专业和电子信息类专业的教材，也可作为相应专业研究生和工程技术人员的参考书。由于软交换与 NGN 是在传统的数字电话网（含数字移动电话网）和计算机通信网络的基础上发展起来的，学习本课程的先修课程是《现代交换原理》和《计算机通信网》。

从全书的体系结构来看，第 1 章～第 5 章是本书的基本内容，在此基础上可选学第 6 章～第 7 章。第 1 章～第 5 章主要内容如下：下一代网络产生的背景、软交换的概念和特点、以软交换为中心的下一代网络结构等；在下一代网络中得到广泛应用的协议的协议栈结构、主要功能和典型的信令流程等；软交换网络的主要设备的功能、硬件结构和软件结构及配置的数据；下一代网络业务的特点、业务分类、下一代网络业务的实现方式等；下一代网络业务对 IP 承载网的要求，影响 IP 承载网的服务质量的主要因素，提高承载网服务质量的主要技术的原理等。

第 6 章介绍了软交换技术在固网智能化改造及固网端局的应用方案和软交换技术在移动长途网、本地网的应用方案，介绍了软交换技术应用中关键设备容量的估算方法。

第 7 章说明了 IP 多媒体子系统（IMS）的由来、特点以及标准化进展，详细介绍了 IMS 的体系结构，包括 IMS 的层次结构、功能实体和接口协议，说明了 IMS 的注册流程、会话建立流程和典型业务流程，IMS 与 PSTN/CS 的互通方案以及 IMS 与软交换的关系。

本教材的特点是深入浅出，通俗易懂，适合学生自学。在每一章开始的学习指导中都简要介绍了本章的要点，然后详细说明各部分的内容，在每一章的结尾都有小结，对本章的主要内容进行总结。

在学习中应注意本书介绍的是一个完整的系统，应将学习的重点放在系统的组成、各部分的功能及相互关系及基本工作原理上，对功能的技术细节不宜花费过多精力。

本书的第 1 章～第 4 章由桂海源编写，第 5 章～第 7 章由张碧玲编写，全书由桂海源统编。

本书在编写过程中参考了附录中所列的相关书籍和资料，在此向这些书籍和资料的编写者表示衷心感谢。

鉴于时间仓促和学识有限，书中内容偏颇和不当之处在所难免，敬请读者不吝赐教。

编　者

2009 年 9 月

目　录

第1章 下一代网络与软交换概述

学习指导

本章首先说明下一代网络产生的背景，下一代网络的定义，然后介绍软交换的概念和特点，最后详细介绍以软交换为中心的下一代网络结构，下一代网络中使用的协议，固定电话网和移动电话网向下一代网络的演进方式。

通过对本章的学习，应掌握下一代网络的定义，以软交换为中心的下一代网络结构和下一代网络中各设备之间使用的协议，了解固定电话网和移动电话网向下一代网络的演进方式。

1.1 下一代网络产生的背景

目前电信业务发展迅猛，以互联网为代表的新技术革命正在深刻地改变着传统电信的概念和体系，电信网正面临着一场百年未遇的巨变，推动网络向下一代网络发展的主要因素有以下两方面。

从基础技术层面看，微电子技术将继续按摩尔定律发展，CPU 的性能价格比每 18 个月翻一番，估计还可以持续 10～15 年；光传输容量的增长速度以超摩尔定律发展，每 14 个月翻一番，估计至少还可持续 5～10 年，密集波分复用（Dense Wavelength Division Multiplexing，DWDM）技术使光纤的通信容量大大增加，也提高了核心路由器的传输能力。移动通信技术和业务的巨大成功正在改变世界电信的基本格局，全球移动用户数已超过有线用户数；IP 的迅速扩张和 IPv6 技术的基本成熟正将 IP 带进一个新的时代。革命性技术的突破已经为下一代网络的诞生打下了坚实的基础。

从业务量的组成来看，也出现了根本性变化。100 多年来，电信网的业务量一直以电话业务量为主，因而以电路交换网为中心的传统网络在支撑这种业务时是基本胜任的。然而，近几年来，以 IP 为主的数据业务的飞速发展打破了这种传统格局，数据业务已经成为电信网的主导业务量。为了有效支撑这种突发型的数据业务，需要有新的下一代网络结构。

1.2 下一代网络的概念

下一代网络（Next Generation Network，NGN）的概念可分为广义和狭义两种。

1. 下一代网络广义的概念

从广义来讲，下一代网络泛指一个不同于现有网络，大量采用当前业界公认的新技术，可以提供语音、数据及多媒体业务，能够实现各网络终端用户之间的业务互通及共享的融合网络。下一代网络包含下一代传送网、下一代接入网、下一代交换网、下一代互联网和下一代移动网。

下一代传送网以自动交换光网络（Automatically Switched Optical Network，ASON）为基础。目前波分复用系统发展迅猛，使光纤的通信容量大大增加，但是普通的点到点波分复用系统只提供原始传输带宽，还需要有灵活的网络节点才能实现高效的灵活组网能力。随着网络业务量继续向动态的 IP 业务量的加速汇聚，一个灵活动态的光网络基础设施是必要的，而 ASON 技术将使得光联网从静态光联网走向自动交换光网络，这将满足下一代传送网的要求，因此 ASON 将成为以后传送网发展的重要方向。

下一代接入网是指多元化的宽带接入网。当前，接入网已经成为全网宽带化的最后瓶颈，接入网的宽带化已成为接入网发展的主要趋势。接入网的宽带化主要有以下几种解决方案：一是采用不断改进的非对称数字用户线路（Asymmetric Digital Subscriber Line，ADSL）技术及其他数字用户线路（Digital Subscriber Line，DSL）技术；二是采用无线局域网（Wireless Local Area Networks，WLAN）技术和全球微波互联接入（Worldwide Interoperability for Microwave Access，Wimax）技术等无线宽带接入手段；三是采用光纤接入，特别是采用无源光网络（Passive Optical Network，PON）用于宽带接入。

下一代交换网指网络的控制层面采用软交换或 IP 多媒体系统（IP Multimedia Subsystem，IMS）作为核心架构。

下一代的互联网将是以 IPv6 为基础的。现有互联网是以 IPv4 为基础的，IPv4 所面临的最严重问题就是地址资源的不足，此外在服务质量、管理灵活性和安全方面都存在着内在缺陷，因此互联网逐渐演变成以 IPv6 为基础的下一代互联网（Next Generation Internet，NGI）。

下一代移动网是指以 3G 和 B3G 为代表的移动网络。总体来看，移动通信技术的发展思路是比较清晰的。下一代移动网将开拓新的频谱资源，最大限度实现全球统一频段、统一制式和无缝漫游，满足中高速数据和多媒体业务的市场需求以及进一步提高频谱效率，增加容量，降低成本，扭转每用户平均收入（Average Revenue Per User，ARPU）下降的趋势。

由以上五个方面可以看出，NGN 涉及的内容十分广泛，实际包含了从用户驻地网、接入网、城域网及干线网到各种业务网的所有层面。用一句话来概括，广义的 NGN 实际包含了几乎所有新一代网络技术，是端到端的、演进的、融合的整体解决方案，而不是局部的改进更新或单项技术的引入。NGN 不是对网络的革命，而是演进，是在现有网络基础上的平滑过渡。

2. 下一代网络狭义的概念

从狭义来讲，下一代网络特指以软交换设备为控制核心，能够实现语音、数据和多媒体业务的开放的分层体系架构。在这种分层体系架构下，能够实现业务控制与呼叫控制分离，呼叫控制与接入和承载彼此分离，各功能部件之间采用标准的协议进行互通，能够兼容公共交换电话网络（Public Switched Telephone Network，PSTN）、IP 网、移动网等技术，提供丰富的用户接入手段，支持标准的业务开发接口，并采用统一的分组网络进行传送。若无特殊说明，本书后面所提及的"NGN"均作狭义的软交换网络理解。国际电信联盟远程通信标准化组（International Telecommunication Union Telecommunication Standardization Sector，ITU-T）对 NGN 的定义如下：NGN 是基于分组的网络，能够提供电信业务；利用有多种宽带能力和服务质量（Quality of Service，QoS）保证的传送技术；其业务相关功能与其传送技术相独立。NGN 使用户可以自由接入到不同的业务提供商；NGN 支持通用移动性。

1.3　电路交换与分组交换的基本概念

现在的电信网络采用的交换技术主要是电路交换方式与分组交换方式，分别介绍如下。

1.3.1　电路交换方式

传统的电话网采用的是电路交换方式。电路交换方式是指两个用户在相互通信时使用一条实际的物理链路，在通信过程中自始至终使用该条链路进行信息传输，并且不允许其他计算机或终端共享该链路的通信方式。

电路交换属于电路资源预分配系统，即在一次接续中，电路资源预先分配给一对用户固定使用，不管电路上是否有数据传输，电路一直被占用着，直到通信双方要求拆除电路连接为止。

电路交换的特点如下。

（1）在通信开始时要首先建立连接，在通信结束时要释放连接。

（2）一个连接在通信期间始终占用该电路，即使该连接在某个时刻没有信息传送，该电路也不能被其他连接使用，电路利用率低。

（3）交换机对传输的信息不作处理，对交换机的处理要求简单，而且对传输中出现的错误不能纠正。

（4）一旦连接建立以后，信息在系统中的传输时延基本上是一个恒定值。

综上所述，电路交换固定分配带宽，连接建立以后，即使无信息传输也要占用电路，电路利用率低；要预先建立连接，有一定的连接建立时延，通路建立后可实时传送信息，传输时延一般可以不计；无差错控制措施，对数据传输的可靠性较低；一旦通信建立，在数据传输过程中，一般不需要交换机进行处理，交换节点的处理负担轻。电路交换适合传输信息量较大且传输速率恒定的业务，如电话通信业务，但不适合突发性要求高和对差错敏感的数据业务。

1.3.2　分组交换方式

20 世纪 70 年代以来，由于计算机通信的迅速发展，产生了分组交换技术，分组交换技术主要是用来满足数据业务的传输，因为它具有电路利用率高、可靠性强、适用于突发性业务的优势。

分组交换原来是为完成数据通信业务发展起来的一种交换方式，由于分组交换技术的迅速发展，现在利用分组交换技术不仅可以用来完成数据通信业务，也可以用来完成语音和视频通信。分组交换利用存储—转发的方式进行交换。在分组交换方式中，首先将需传送的信息划分为一定长度的分组，并以分组为单位进行传输和交换。在每个分组中都有一个 3~10 字节的分组头，在分组头中包含有分组的地址和控制信息，以控制分组信息的传输和交换。

分组交换采用的是统计复用方式，电路的利用率较高。但统计复用的缺点是可能产生附加的随机时延和丢失数据的情况。这是由于用户传送数据的时间是随机的，若多个用户同时发送分组数据，则必然有一部分分组需要在缓冲区中等待一段时间才能占用电路传送，若等待的分组超过了缓冲区的容量，就可能发生部分分组的丢失。

分组交换有虚电路（面向连接）和数据报（无连接）这两种方式。

1. 虚电路

虚电路是指两个用户在进行通信之前要通过网络建立逻辑上的连接，在建立连接时，主叫用户发送"呼叫请求"分组，在该分组中，包括被叫用户的地址及为该呼叫在出通路上分配的虚电路标识，网络中的每一个节点都根据被叫地址选择出通路，为该呼叫在出通路上分配虚电路标识，并在节点中建立入通路上的虚电路标识与出通路上虚电路标识之间的对应关系，向下一节点发送"呼叫请求"分组。被叫用户如同意建立虚电路，可发送"呼叫连接"分组到主叫用户。当主叫用户收到该分组时，表示主叫用户和被叫用户之间的虚电路已建立，可进入数据传输阶段。

在数据传输阶段，主被叫之间可通过数据分组相互通信，在数据分组中不再包括主被叫地址，而是用虚电路标识表示该分组所属的虚电路，网络中各节点根据虚电路标识将该分组送到在呼叫建立时选择的下一通路，直到将数据传送到对方。同一报文的不同分组是沿着同一路径到达终点的。

数据传送完毕后，每一方都可释放呼叫，网络释放为该呼叫占用的资源。

虚电路是逻辑连接，与电路交换中的物理连接不同。虚电路并不独占电路，在一条物理线路上可以同时建立多个虚电路，以达到资源共享。

虚电路方式在一次通信过程中具有呼叫建立、数据传输和释放呼叫 3 个阶段，有一定的处理开销，但一旦虚电路建立，数据分组按照已建立的路径通过网络，分组能按照发送顺序到达终点，在每个中间节点不需要进行复杂的选路，对数据量较大的通信效率高。但对故障较为敏感，当传输链路或交换节点发生故障时可能引起虚电路的中断。

异步传输模式（Asynchronous Transfer Mode，ATM）和帧中继采用虚电路方式。

2. 数据报

数据报方式是独立地传送每一个数据分组，每一个数据分组都包含终点地址的信息，每一个节点都要为每一个分组独立地选择路由，因此一份报文包含的不同分组可能沿着不同的路径到达终点。

数据报方式在用户通信时不需要呼叫建立和释放阶段，对短报文传输效率比较高，对网络故障的适应能力较强，但由于属于同一报文的多个分组独立选路，接收端收到的分组可能变换顺序。

IP 网络中采用的是数据报方式。

1.4 软交换的概念和特点

1.4.1 软交换的概念

传统的电路交换机将传送交换硬件、呼叫控制和交换以及业务和应用功能结合到单个昂贵的交换机设备内,是一种垂直集成的、封闭和单厂家专用的系统结构,新业务的开发也是以专用设备和专用软件为载体,导致开发成本高、时间长、无法适应当今快速变化的市场环境和多样化的用户需求。传统的电路交换机的结构如图 1-1 所示。

软交换打破了传统的封闭交换结构,采用完全不同的横向组合的模式,将传输、呼叫控制和业务控制三大功能之间接口打开,采用开放的接口和通用的协议,构成一个开放的、分布的和多厂家应用的系统结构,可以使业务提供者灵活选择最佳和最经济的组合来构建网络,加速新业务和新应用的开发、生成和部署,快速实现低成本广域业务覆盖,推进语音和数据的融合。以软交换为中心的系统结构如图 1-2 所示。

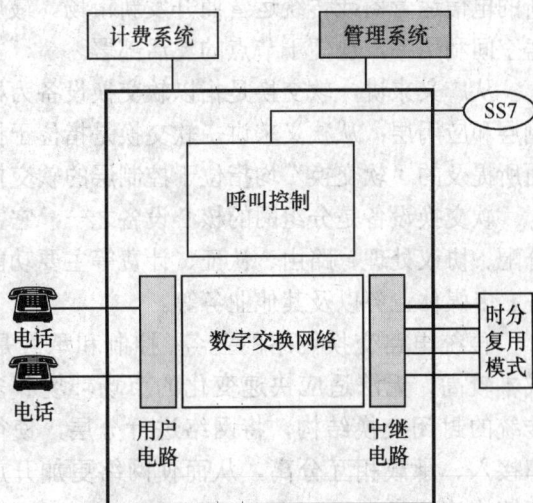

图 1-1 传统的电话交换机的结构

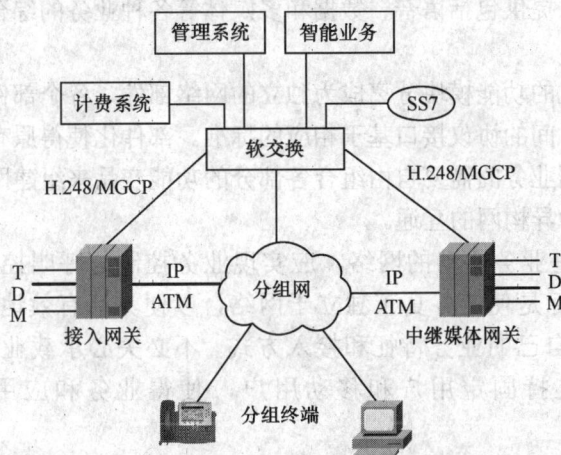

图 1-2 以软交换为中心的系统结构

由图 1-2 所示,软交换采用的是开放式体系结构,传统的电话交换机中的用户模块在软交换系统中演变为接入媒体网关,中继模块演变为中继媒体网关,呼叫控制功能演变为软交换设备,传输交换网络演变为分组交换网,各部分之间采用标准的协议通信。

软交换的关键特点是采用开放式体系结构,实现分布式通信和管理,具有良好的结构扩展性。其应用层和媒体控制层已经与媒体层硬件分离并纳入开放的标准计算环境,允许充分利用商用的标准计算平台、操作系统和开发环境。其次，采用软交换后，实现了多个业务网的融合，简化了网络层次、结构以及跨越不同网络（电路交换网、分组网、固定网和移动网等）的业务配置，避免了建设维护多个分离业务网所带来的高成本和运行维护的复杂性。另外，采用分组交换技术后，提高了网络资源利用率，减少了交换机互连的复杂性和业务网的承载成本。由于软交换的价格可以遵循软件许可证方式，投资大小随用户数而增长，有利于新的电信运营商或传统运营商开发新市场。最后，软交换设备占地很小，不仅明显提高了机房空间利用率，也便于节点的灵活部署。

从广义来讲，软交换是指以软交换设备为核心的软交换网络，包括接入层、传送层、控制层和应用层；从狭义来讲，软交换是指位于控制层的软交换设备。若无特殊说明，本书后面所提及的"软交换"均指位于控制层的软交换设备。

软交换设备是分组网的核心设备之一，它主要完成呼叫控制、媒体网关接入控制、资源分配、协议处理、路由、认证、计费等主要功能，并可以向用户提供基本语音业务、移动业务、多媒体业务以及其他业务等。

传统电路交换网络的业务、控制和承载是紧密耦合的，这就导致了新业务开发困难，成本较高，无法适应快速变化的市场环境和多样化的用户需求。软交换首先打破了这种传统的封闭交换结构，将网络进行分层，使得业务控制和呼叫控制相互分离，呼叫控制和接入、承载相互分离，从而使网络更加开放，建网灵活，网络升级容易，新业务开发简捷快速。

1.4.2　下一代网络的特点

下一代网络是可以提供包括语音、数据和多媒体等各种业务的综合开放的网络构架，有如下三大特征。

（1）将传统交换机的功能模块分离成为独立的网络部件，各个部件可以按相应的功能划分各自独立发展。部件间的协议接口基于相应的标准。部件化使得原有的电信网络逐步走向开放，运营商可以根据业务的需要自由组合各部分的功能产品来组建网络。部件间协议接口的标准化可以实现各种异构网的互通。

（2）下一代网络是业务驱动的网络，应实现业务控制与呼叫控制分离、呼叫控制与承载分离。分离的目标是使业务真正独立于网络，以便灵活有效地实现各种业务。用户可以自行配置和定义自己的业务特征和接入方式，不必关心承载业务的网络形式以及终端类型。同时能够支持固定用户和移动用户，使得业务和应用的提供有较大的灵活性。

（3）下一代网络是基于统一协议的分组的网络。能利用多种宽带能力和有服务质量保证的传送技术，使 NGN 能够提供通信的安全性、可靠性和保证服务质量。

1.5　以软交换为中心的下一代网络结构

1.5.1　下一代网络的一般结构

下一代网络在功能上可分为媒体/接入层、核心媒体层、呼叫控制层和业务/应用层 4 层，其结构如图 1-3 所示。

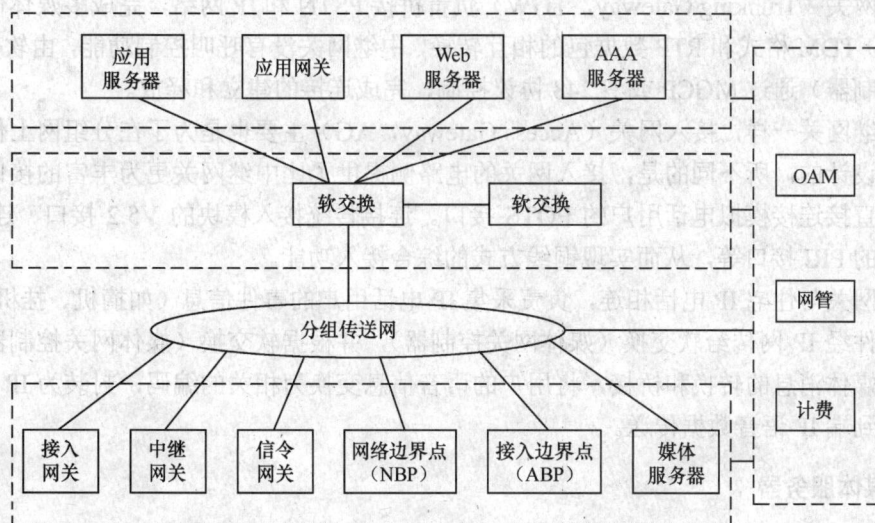

图 1-3　下一代网络的分层结构

1.5.2　接入层

接入层的主要作用是利用各种接入设备实现不同用户的接入，并实现不同信息格式之间的转换。接入层的设备没有呼叫控制的功能，它必须和控制层设备相配合，才能完成所需要的操作。接入层的设备主要有接入网关、中继网关、信令网关、网络边界点（Network Border Point，NBP）、接入边界点（Access Border Point，ABP）、媒体服务器。

1.　信令网关

信令网关的功能是完成 7 号信令消息与 IP 网中信令消息的互通，信令网关（Signaling Gateway，SG）通过其适配功能完成 7 号信令网络层与 IP 网中信令传输协议 SIGTRAN 的互通，从而透明传送 7 号信令高层消息（TUP/ISUP 或 SCCP/TCAP）并提供给软交换（媒体网关控制器）。

为了实现与 7 号信令网呼叫连接控制的互通，信令网关 SG 首先需要终结 7 号信令链路，然后利用信令传输协议 SIGTRAN 将 7 号信令的呼叫连接控制消息的内容传递给软交换（媒体网关控制器）进行处理。

信令传输协议（SIGTRAN）是实现用 IP 网络传送电路交换网信令消息的协议栈，它利用标准的 IP 传送协议作为底层传输，通过增加自身功能来满足信令传送的要求。

需要指出的是，SG 只进行 PSTN/PLMN 信令的底层转换，即将 7 号信令系统的应用部分的传送由从 7 号信令系统的消息传递部分 MTP 承载转换成由 IP 传送方式，并不改变其应用层消息。因此，从应用层角度看，SG 对于信令内容仍是透明的。

2.　媒体网关

媒体网关（Media Gate Way，MG 或 MGW），实际上是一个广义概念，类别上可分为中继网关和接入网关。

中继网关（Trunking Gateway，TGW）负责桥接 PSTN 和 IP 网络，完成多媒体信息（语音或图像）TDM 格式和 RTP 数据包的相互转换，中继网关没有呼叫控制功能，由软交换（媒体网关控制器）通过 MGCP 或 H.248 协议控制，完成连接的建立和释放。

与中继网关一样，接入网关（Access Gateway，AG）主要也是为了在分组网上传送多媒体信息而设计的，所不同的是，接入网关的电路侧提供了比中继网关更为丰富的接口。这些接口包括直接连接模拟电话用户的 POTS 接口。连接传统接入模块的 V5.2 接口、连接 PBX 小交换机的 PRI 接口等，从而实现铜线方式的综合接入功能。

接入网关与住宅 IP 电话相连，负责采集 IP 电话用户的事件信息（如摘机、挂机等），且将这些事件经 IP 网传给软交换（媒体网关控制器），并根据软交换（媒体网关控制器）的命令，完成媒体消息的转换和桥接，将用户的语音信息变换为相关的编码，封装为 IP 数据包，以完成端到端 IP 语音数据传送。

3．媒体服务器

媒体服务器是软交换网络中提供专用媒体资源功能的设备，为各种业务提供媒体资源和资源处理，包括双音多频（Dual Tone Multi Frequency，DTMF）信号的采集与解码、信号音的产生与传送、录音通知的发送、不同编解码算法间的转换等各种资源功能。

4．接入边界点

接入边界点（ABP）属于软交换网络的接入层汇聚设备，位于软交换核心网的边缘，负责用户终端接入。软交换网络中的终端（包括 IAD，SIP 终端、H.323 终端和软终端（软终端指采用 SIP 运行在 PC 机上的终端））以及不可信任的接入网关可以通过二层接入网络通过 ABP 接入到软交换；另外可以将放置在企业或集团内部的大端口 IAD 或接入网关采用 Internet 隧道方式通过 ABP 接入到软交换。ABP 到用户终端之间属于二层网络，ABP 是用户终端接入到软交换网络时所经过的第一个三层设备。ABP 到用户终端之间的二层网络提供对 Internet 业务和软交换业务的区分服务，即"一条物理线两条逻辑线"的概念。所接入的用户终端和 ABP 以及软交换核心设备共享一个地址空间（软交换专网地址）。通过 ABP 接入软交换网络中的用户可以享受服务质量保证。

5．网络边界点

网络边界点（NBP）用于和其他基于 IP 的网络之间的互通，NBP 位于软交换核心网的边缘。NBP 的软交换网络侧具有软交换专网地址，和 Internet 互联侧具有公网地址，如果和其他运营商基于 IP 的网络进行互联需要一个互联 IP 地址。通过 Internet 网络接入的终端设备通过 NBP 接入到软交换网络。由于目前 Internet 网络不能提供业务区分服务，经过 Internet 接入到 NBP 进而接入到软交换网络中的用户不能享受到服务质最保证。

ABP 和 NBP 为逻辑实体，可以对应到多个物理实体。

1.5.3 传送层

传送层主要完成数据流（媒体流和信令流）的传送，一般为 IP 网络或 ATM 网络。IP 网络采用的是无连接控制方式，ATM 网络采用的是面向连接控制方式。下一代网络的传送层主要采用 IP 网络。

1.5.4 控制层

控制层是下一代网络的核心控制设备，该层设备一般被称为软交换机（呼叫代理）或媒体网关控制器（Media Gateway Controller, MGC）。软交换设备是软交换网络的核心控制设备，它独立于底层承载协议，主要完成呼叫控制、媒体网关接入控制、资源分配、协议处理、路由、认证、计费等主要功能，并可以向用户提供各种基本业务和补充业务。

1.5.5 业务层

在下一代网络中，业务与控制分离，业务部分单独组成应用层。应用层的作用就是利用各种设备为整个下一代网络体系提供业务能力上的支持。主要包括如下设备。

1．应用服务器

应用服务器是在软交换网络中向用户提供各类增值业务的设备，负责增值业务逻辑的执行、业务数据和用户数据的访问、业务的计费和管理等，它应能够通过 SIP 控制软交换设备完成业务请求，通过 SIP/H.248（可选）/MGCP（可选）协议控制媒体服务器设备提供各种媒体资源。

2．用户数据库

用户数据库用于存储网络配置和用户数据。

3．业务控制点

业务控制点（Service Control Point, SCP）属于原有智能网。控制层的软交换设备可利用原有智能网平台为用户提供智能业务。此时软交换设备需具备 SSP 功能。

4．应用网关

应用网关向应用服务器提供开放的、标准的接口，以方便第三方业务的引入，并应提供统一的业务执行平台。软交换可以通过应用网关访问应用服务器。

1.5.6 下一代网络中使用的协议

下一代网络的目标是建设一个能够提供语音、数据、多媒体等多种业务的，集通信、信息、电子商务、娱乐于一体，满足自由通信的分组融合网络。为了实现这一目标，互联网工程任务组（Internet Engineering Task Force, IETF）、ITU-T 制定并完善了一系列标准协议：媒体网关控制协议（H.248/Megaco）、会话启动协议（SIP）、信令传输协议（SIGTRAN）、与承载无关的呼叫控制协议（BICC, H.323）等。下一代网络中各部分设备之间采用的协议如图 1-4 所示。

由图 1-4 可见，下一代网络中各设备间采用的协议如下。

（1）软交换与信令网关（SG）间的接口使用 SIGTRAN 协议，信令网关（SG）与 7 号信令网络之间采用 7 号信令系统的消息传递部分 MTP 的信令协议。信令网关完成软交换和信令网关间的 SIGTRAN 协议到 7 号信令网络之间消息传递部分 MTP 的转换。

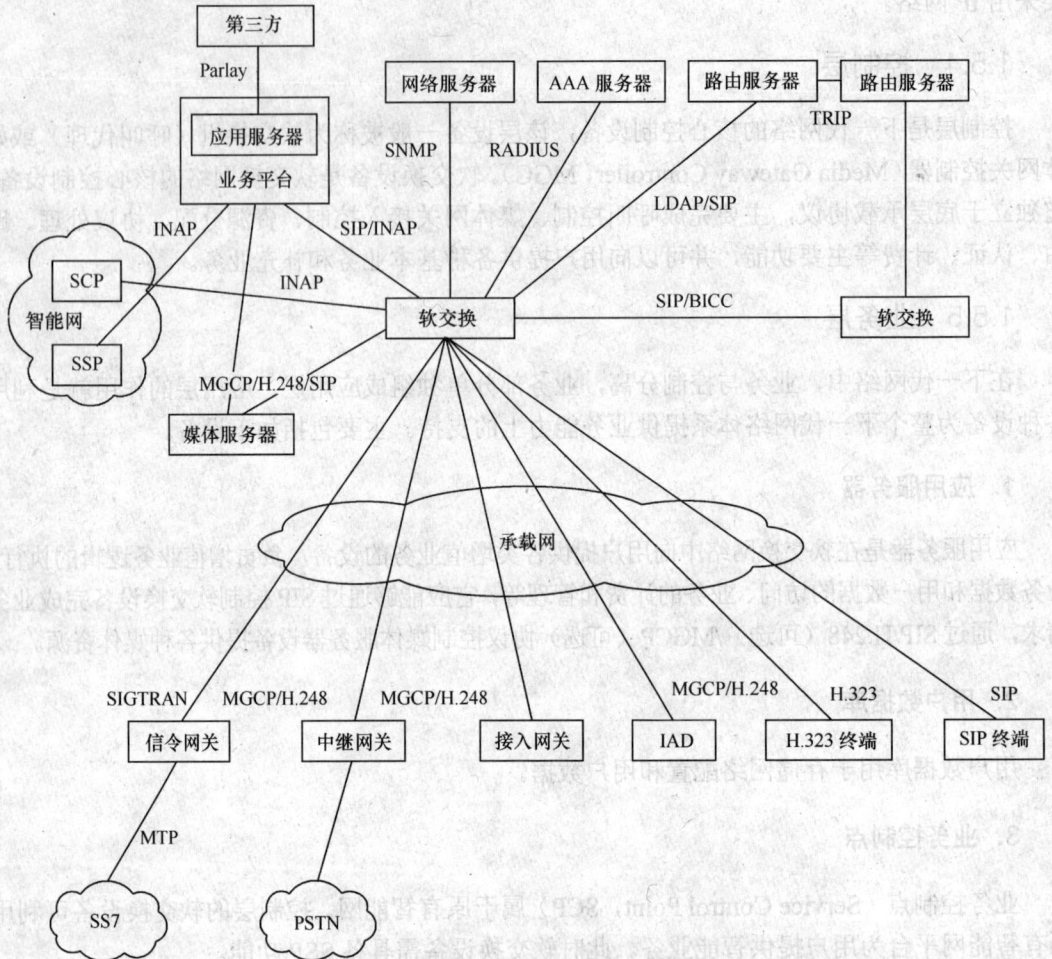

图 1-4　下一代网络中各设备之间采用的协议

（2）软交换与中继网关（TG）间采用 MGCP 或 H．248/Megaco 协议，用于软交换对中继网关进行承载控制、资源控制和管理。

（3）软交换与接入网关（AG）和 IAD 之间采用 MGCP 或 H.248 协议。

（4）软交换与 H.323 终端之间采用 H.323 协议。

（5）软交换与 SIP 终端之间采用的协议为 SIP。

（6）软交换与媒体服务器（MS）之间接口采用 MGCP，SIP 或 H.248 协议。

（7）软交换与智能网 SCP 之间采用的协议为 INAP（CAP）。

（8）软交换设备与应用服务器间采用 SIP/INAP，业务平台与第三方应用服务器之间的接口可使用 Parlay 协议。

（9）软交换设备之间的接口主要实现不同软交换设备间的交互，可使用 SIP-T（SIP-I）或 BICC 协议。

（10）媒体网关之间采用的协议为 RTP/RTCP。

（11）软交换与 AAA 服务器之间采用 RADIUS 协议。

（12）软交换与网管服务器之间采用 SNMP。

1.6　固定电话网向下一代网络的演进

1.6.1　固定电话网的发展历程

现代电信是从 1876 年贝尔发明电话开始的，在之后的 100 多年的时间里，真正意义上的电信网络主要是电话网。传统的电话网络是一个基于电路交换技术的网络，提供的业务主要是语音业务。传统的电话网经过 100 多年的发展，出现了人工电话交换机、机电制交换机、程控交换机等多种类型的交换机。

1965 年，美国开通了世界上第一台程控交换机，在电话交换机中引入了计算机控制技术，这是交换技术发展中具有重大意义的转折点。

程控交换机可分为模拟程控交换机和数字程控交换机。

模拟程控交换机的控制部分采用计算机控制，而话路部分传送和交换的仍然是模拟的语音信号。

20 世纪 70 年代开始出现数字程控交换机，数字程控交换机在话路部分交换的是经过脉冲编码调制（Pulse Code Modulation，PCM）后的数字化的语音信号，数字交换机的交换网络是数字交换网络，用户话机发出的模拟语音信号在数字交换机的用户电路上要转换为 PCM 信号。

程控数字交换技术使电话网在全世界迅速普及，到 20 世纪 90 年代发展到技术顶峰，成为当之无愧的第一大电信网络。

电信业务在 20 世纪 80 年代后期的发展趋势就是对新业务的需求加快了，业务的生存周期缩短。而传统的电话网络由于是业务、控制及承载紧密耦合的体系结构，使新业务，尤其是增值业务的提供非常困难，这一点使运营商在日益激烈的市场环境中处于被动地位。为了解决这个问题，人们提出了智能网的概念。智能网是在传统的语音网络上增加一套附加的设施，达到快速提供新的增值业务的能力。在传统电话网中，完成交换控制功能和业务控制功能的软件都驻存在同一交换机中，而按照智能网方法来实现新业务时，则将交换控制逻辑与业务控制逻辑相分离，程控交换机仅完成基本的呼叫控制功能，业务控制逻辑则由专门的业务控制点（SCP）来完成。原有的程控交换机如果能够与 SCP 配合工作，就称为业务交换点（SSP）。

当用户使用某种智能网业务时，具有 SSP 功能的程控交换机识别是智能业务呼叫时，就暂停对呼叫的处理，通过 7 号信令网向 SCP 发出询问请求，在 SCP 上运行业务控制程序，查询业务数据，然后由 SCP 向 SSP 下达控制命令，控制 SSP 完成相应的智能网业务。当业务交换逻辑与业务控制逻辑分离后，引入新业务只需修改 SCP 中的软件。由于 SCP 的数量与程控交换机数量相比是很少的，仅修改 SCP 中的软件影响面较小，这就为快速引入新业务创造了条件。

传统智能网的最大问题在于它仍然是构建在电路交换网络之上，无法提供多媒体增值业务；此外，由于它不能更改传统网络中交换设备的呼叫控制过程，而只表现在"暂停"呼叫进程及"增加"一些新的业务逻辑上，所以传统的智能网提供增值业务的智能程度是有限的。

1.6.2　综合业务数字网

长期以来电信网的主体是电话网，在电话网中传输的主要是语音信息。随着计算机通信的发展，数据通信业务发展迅速，在 20 世纪 70 年代产生了分组交换网。分组交换网问世以后，一个很自然的想法就是将它和电话交换网合并成一个网络，向用户提供统一的服务。这就是原 CCITT 于 1972 年提出的综合业务数字网（Integrated Service Digital Network，ISDN）。

CCITT 为用户—网络接口规定了两种接口结构：基本接口和基群接口。基本接口是通过对原来的模拟电话线改造而来的，包括两条传输速率为 64kbit/s 的全双工的 B 通道和一条传输速率为 16kbit/s 的全双工的 D 通道。基群接口又叫做一次群接口。在采用 2 048kbit/s 的传输速率时，基群接口的信道结构为 30B+D。B 信道的速率为 64kbit/s，D 信道的传送速率为 64kbit/s。B 通道用来传送用户信息，D 通道用来传送用户—网络信令或低速的分组数据。

在 ISDN 网络内部，提供电路交换能力、分组交换能力、无交换连接（或半固定连接）能力和公共信道信令能力。从传输信道来看，ISDN 的基本信息通道还是 64kbit/s 固定带宽信道，即使两个支持分组业务的 ISDN 终端经由 ISDN 网进行分组通信，还是先需要在 ISDN 网络内部通过电路交换方式建立两者之间的 B 信道连接，然后在其上透明传送分组数据。

由于 Internet 的迅速发展，为了使用户提供接入 Internet 的同时能够完成电话通信，我国在 20 世纪 90 年代对电话交换网进行了 ISDN 的升级改造，使 ISDN 用户能通过一个 B 信道接入 Internet，同时可以通过另一个 B 信道打电话。图 1-5 所示为用户通过电话/ISDN 网络接入 Internet 的示意图。

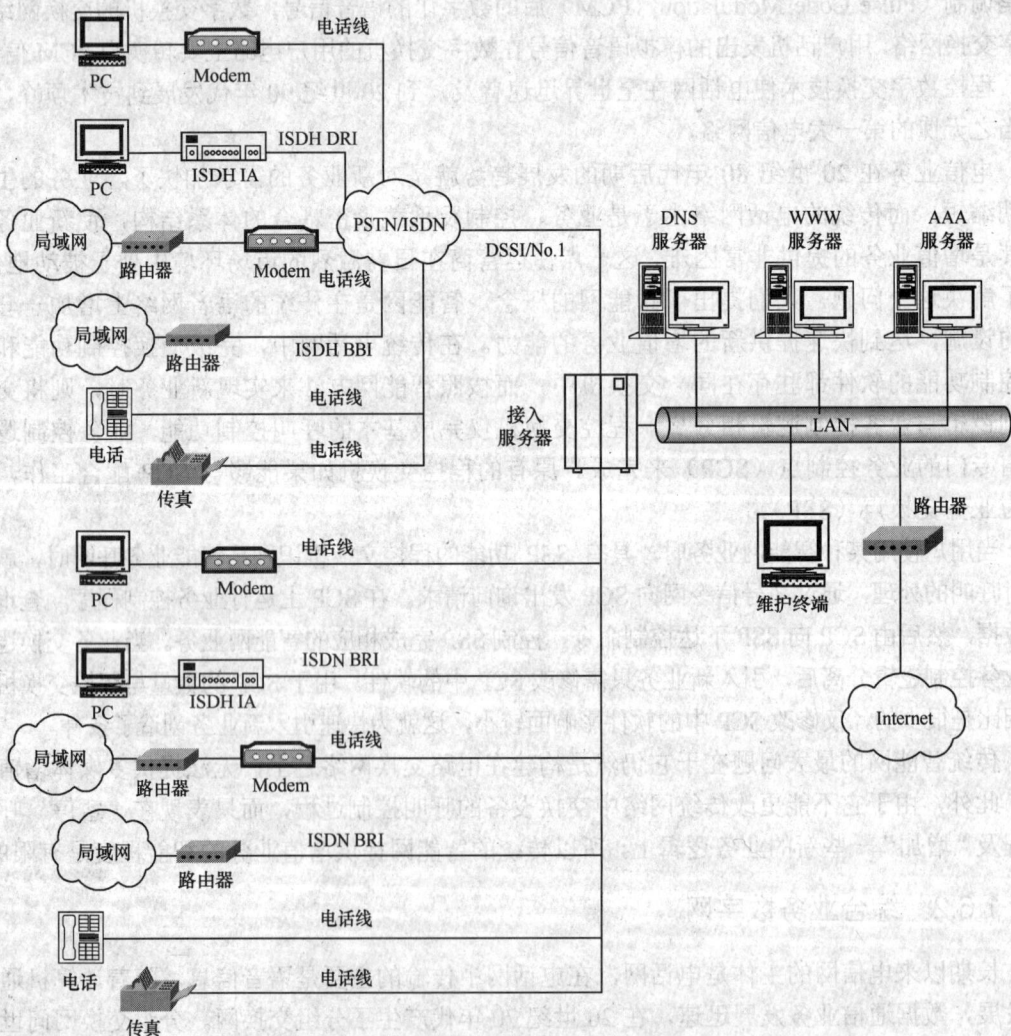

图 1-5　用户通过电话/ISDN 网络接入 Internet 的示意图

从图 1-5 所示用户通过电话/ISDN 网接入 Internet 的一般结构可看出，当用户需接入 Internet 时，由 PSTN/ISDN 交换机以电路连接方式建立至 Internet 的连接，在 PSTN/ISDN 交换网络中给用户分配固定大小的带宽。由于数据通信的特点是突发性很强，表现为在短时间内会集中产生大量的信息。突发性的定量描述为峰值比特率和平均比特率之比，对于一般的数据传输，突发性可高达 50；对于文件检索和传送，突发性也可达 20。由于用户通过电话/ISDN 网接入 Internet 时采用电路交换方式，即使用户没有信息要传送，这些带宽也不能给其他用户使用，造成资源的严重浪费，而当用户需要高速下载文件时，电话/ISDN 网提供给用户的带宽也仅为 64kbit/s（在使用一个 B 信道时）。

因此解决此问题的最好方法是把 PSTN 上已有的数据业务顺利卸载到新建的数据网上，减轻对电话/ISDN 网络的压力。例如，用户通过 ADSL 方式接入 Internet 时，用户的数据通信业务的流量不通过 PSTN/ISDN 交换机，在进入局端时直接通过分组交换方式接入 Internet。

由于 N-ISDN 试图通过电路交换的方式来综合数据通信业务，不适合数据通信的业务特性，N-ISDN 的发展并不顺利，用户很少，现在基本已停止发展。

1.6.3　固定电话网向下一代网络的演进步骤

宽带化、多媒体化、移动性是未来通信发展的主要方向，固定电话网（简称固网）向下一代网络的演进有以下步骤。

1. 对网络进行智能化改造

固网演进的第一个步骤是对本地网络进行智能化改造，在固定电话本地网建立业务交换中心、用户数据中心和智能业务中心，通过三个中心快速实现网络低成本、快速化、移动化和综合化。固网智能化的目的是通过对 PSTN 的优化改造实现固网用户的移动化、智能化和个性化，从而创造更多的增值业务。其改造的核心思想是建立本地网集中的用户数据中心，对本地网所有的用户数据进行集中管理，并在每次呼叫接续前增加用户业务属性查询机制，使网络实现对用户签约智能业务的自动识别和自动触发。通过固网智能化改造，使网络结构清晰，屏蔽端局特性的差异，使新业务的开发不依赖于端局，可根据需要在全网快速推出新业务，并能实施本地网联机实时计费，提供市话详单，解决欠费，支持客户细分，灵活经营策略，支持集中维护管理，使运维、建设成本降低，提升网络综合效益，为三网融合做准备。

2. 对固网进行宽带化改造

固网演进的第二个步骤是对固网进行宽带化的改造。对固网进行宽带化的改造包含两个方面的内容，即软交换和分组交换。软交换是指对固定电话网中的交换机的控制功能进行改造，实现呼叫控制功能和承载功能的分离，分组交换是指逐步将固定电话网的电路交换方式改造为分组交换方式，将电话网的承载网络改造为 IP/ATM 网络。宽带化改造可首先在核心网络的汇接局进行，用软交换机与媒体网关来取代传统的汇接局。在端局需要改造时，用接入网关和 IAD 来取代端局，呼叫控制功能由软交换完成。

3. 固网终端智能化和接入宽带化

固网演进的第三个步骤是固网终端智能化和接入宽带化。网络智能化为终端智能化创造了使用平台，终端智能化可以提供更丰富的业务，提供个性化的服务，易于操作使用，使固网终端拥有与手机一样的智能，甚至有比手机终端更为友好的显示界面，图像更清晰，从而吸引用户使用固定网络的业务。接入宽带化是指对用户线的传输能力进行改造，使用户获得实现多媒体通信所需的带宽，接入宽带化可通过 ADSL 接入、以太网接入或光纤接入来实现，在固网终端智能化和接入宽带化的基础上实现多媒体通信（包含语音、数据和视频）。

1.6.4 固定软交换网络的结构

软交换网络的结构如图 1-6 所示，其中软交换、应用服务器、应用网关、AAA 服务器、媒体服务器、信令网关、中继网关、网络边界点、接入边界点属于网络侧设备，当接入网关可信任时可以放置在网络侧。Web 服务器一般放置在 Internet 网中并通过 NBP 接入到软交换网络。软交换网络通过信令网关和智能网进行互通，通过信令网关和中继网关与 7 号信令网和 PSTN 网络进行互通，通过 NBP 与 Internet 和其他运营商基于 IP 的网络进行互通，如其他运营商的软交换网络。软交换网络中的终端（包括 IAD、SIP 终端、H.323 终端和软终端（软终端指采用 SIP 运行在 PC 机上的终端））以及不可信任的接入网关可以通过二层接入网络由 ABP 接入到软交换；另外可以将放置在企业或集团内部的大端口 IAD 或接入网关采用 Internet 隧道方式通过 ABP 接入到软交换。软交换网络中的这些终端也可以通过 Internet 网络由 NBP 接入到软交换。

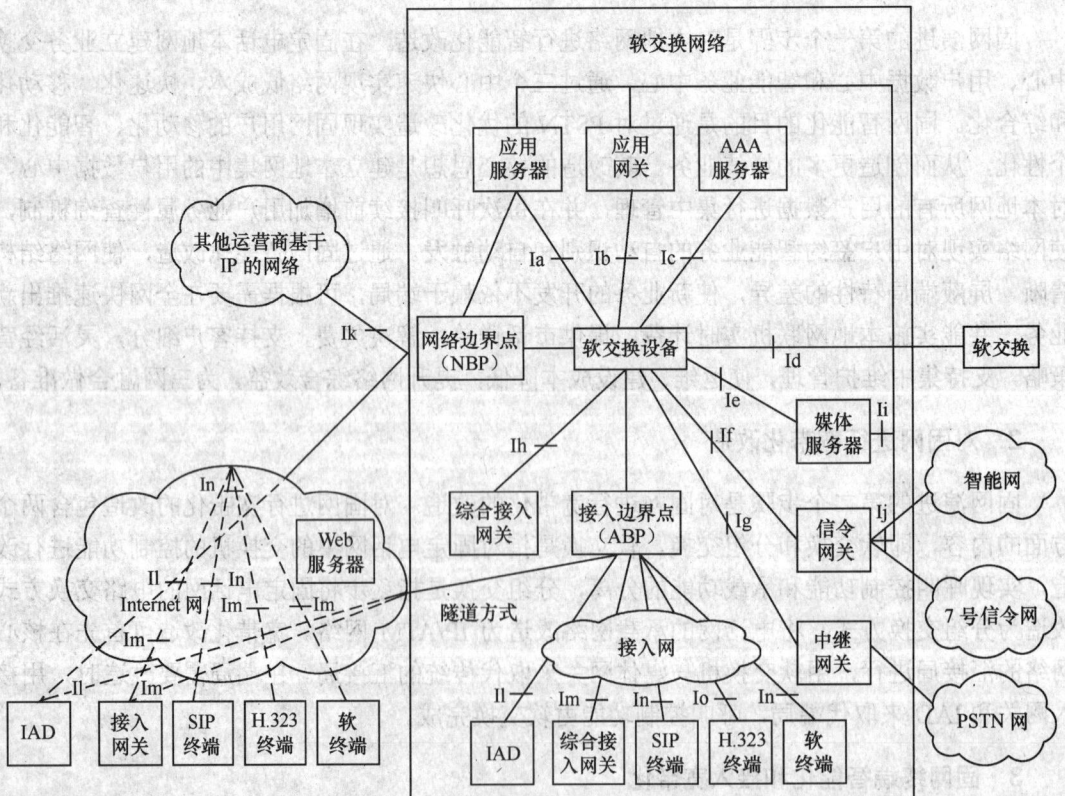

图 1-6 固定软交换网络的结构

1．应用服务器

应用服务器是在软交换网络中向用户提供各类增值业务的设备，负责增值业务逻辑的执行、业务数据和用户数据的访问、业务的计费和管理等，它应能够通过 SIP 控制软交换设备完成业务请求，通过 SIP/H.248（可选）/MGCP（可选）协议控制媒体服务器设备提供各种媒体资源。

2．媒体服务器

媒体服务器是软交换网络中提供专用媒体资源功能的设备，为各种业务提供媒体资源和资源处理，包括 DTMF 信号的采集与解码、信号音的产生与传送、录音通知的发送、不同编解码算法间的转换等各种资源功能。

3．应用网关

应用网关向应用服务器提供开放的、标准的接口，以方便第三方业务的引入，并应提供统一的业务执行平台。软交换可以通过应用网关访问应用服务器。

4．AAA 服务器

AAA 服务器对软交换用户进行鉴权和认证，同时提供计费功能。

5．Web 服务器

用户可通过 Web 服务器提供的浏览页面对业务进行定制。

6．软交换设备

软交换设备是软交换网络的核心控制设备，它独立于底层承载协议，主要完成呼叫控制、媒体网关接入控制、资源分配、协议处理、路由、认证、计费等主要功能，并可以向用户提供各种基本业务和补充业务。

7．信令网关

信令网关（SG）跨接在 7 号信令网与 IP 网之间的功能实体，负责对 7 号信令消息进行转接、翻译或终结处理，根据应用与服务情况，信令网关可独立设置也可与中继网关合设。

8．中继网关

中继网关（TG）跨接在 PSTN 网络和软交换网络之间，负责 TDM 中继电路和分组网络媒体信息之间的相互转换，此外中继网关也可以接入 PRI。

9．综合接入网关

综合接入网关（AG）能够实现用户侧语音、传真信号到分组网络媒体信息的转换。综合接入网关在用户侧提供的接口有：模拟电话 POTS 接口，综合业务数字网 ISDN 的基本接口（BRI）和基群接口（PRI），接入网 V5 接口，xDSL 接口，局域网（LAN）接口和专线接入。

10．接入边界点

接入边界点（ABP）可以看作是软交换网络的边缘汇聚设备，用于接入软交换网络中的不可信任设备，对通过不可信任设备接入到软交换网络中的用户进行接入和业务控制，并具有安全防护、媒体管理、地址转换、私网穿越等功能，配合软交换核心设备实现用户管理、业务管理、配合承载网实现 QoS 管理。

ABP 的主要功能如下。

（1）ABP 作为软交换代理，屏蔽软交换网络，终端设备和软交换网络之间控制信息的交互需经由 ABP 进行转接。

（2）ABP 保存终端设备的呼叫状态，分析入局的信令是否为合法的信令，如合法，则记录呼叫状态、业务类别等，并根据访问控制列表（Access Control List，ACL）传送信令到指定的服务器（例如软交换）；否则丢弃信令。

（3）地址转换和私网穿越功能：终端设备的所有媒体信息都经由 ABP 再经软交换网络进行传送，这需要在媒体连接建立阶段，分析终端设备和软交换之间的媒体连接建立信息，将与 ABP 所负责控制的终端设备的地址信息改为 ABP 地址以及 ABP 为此次媒体交互所分配的端口信息。这需要 ABP 能够同时支持对 H.248，MGCP，SIP 和 H.323 的协议分析。

（4）ABP 应能够对媒体流进行转接控制、统计、分析、过滤、带宽控制等。

（5）业务质量保证功能：对业务流进行 TOS/COS 的标记或重标记，使网络能够根据标记的优先级进行 QoS 处理。

（6）接入控制功能：具有访问控制列表（ACL），ACL 控制用户发起呼叫时，信令流只能访问软交换（或规定的服务器）。

（7）网络隔离功能：屏蔽软交换网络核心设备，保护重要的网络设备，具备过滤型防火墙的功能；包括应用层（例如，MGCP，H.323，SIP 等）的防火墙功能。

11．网络边界点

网络边界点（NBP）跨接在软交换网络和 Internet 之间以及软交换网络和其他运营商基于 IP 的网络之间，可以看作是软交换网络与其他基于 IP 的网络之间的互通网关。NBP 进行网络隔离，提供用户的代理功能、用户业务的接入控制功能，并具有安全防护、媒体管理、地址转换、媒体交换（类似私网穿越功能）等功能，使软交换网络成为可管理可控制的安全网络。NBP 可以用作软交换网络的代理，由 Internet 接入到软交换网络的用户需通过 NBP 再接入到软交换网络。

1.7 移动电话网向下一代网络的演进

1.7.1 移动电话网的发展历程

到目前为止，被人们普遍认可的移动通信的发展阶段可分为三代，即第一代移动通信系统、第二代数字移动通信系统和第三代移动通信系统。

第一代移动通信系统是模拟移动通信系统，我国在 1987 年曾经建设模拟移动通信系统。

随着 GSM 系统的引入和不断发展，第一代移动通信系统在我国移动通信史上已完成了自己的使命。

自从 1982 年以来，人们着手制定数字蜂窝系统标准，开发实用系统，即第二代蜂窝移动通信系统（2G）。与第一代的模拟移动通信系统不同，第二代移动通信系统以数字传输为基本特征。采用数字技术的优点包括：系统容量增大、频谱效率高、保密性好，并可提供更多更先进的业务。

目前世界上最有代表性、应用最广的两种 2G 系统制式是泛欧的 GSM（采用 TDMA 接入技术）和北美的 cdmaOne（采用 CDMA 接入技术，基于 IS-95 标准）。

GSM 系统的主要特点如下。

（1）具有开放的接口和通用的标准。GSM 以 7 号信令作为网络接口的基本互联标准，与 PSTN、ISDN 等公共电信网有完备的互通能力。GSM 规范所提供的基于 7 号信令的开放接口即 MAP 有利于构建高度标准化、接口优化的网络。

（2）通过用户识别模块（Subscriber Identity Module，SIM）提供对用户权利的保护和传输信息的加密，该模块也称为用户识别卡（SIM 卡）。

（3）支持电信业务、承载业务和补充业务。

（4）标准化程度高、接口开放，组网灵活方便，具有跨国漫游功能。GSM 系统漫游是在 SIM 卡及国际移动用户识别码（International Mobile Subscriber Identity，IMSI）的基础上实现的。

（5）频谱重复利用率高，容量可增大为模拟系统的 3～5 倍。但容量不如 CDMA 系统。

（6）抗干扰能力强，覆盖区内通信质量好，安全保密性强。

GSM 系统提供的主要是移动语音业务，为了发展移动分组数据业务，在 GSM 网络的基础上引入了 GPRS 系统。GPRS 系统涵盖了从终端、基站到网络子系统的各个方面。它利用现有 GSM 网络和无线资源提供分组数据业务，其最高数据速率的理论值为 171kbit/s，但其实际速率比理论值低得多，一般在 40～50kbit/s，在繁忙的网络中实际速率更低。为了提高数据通信速率，在 GPRS 系统中引入了增强数据速率 EDGE 技术。它主要是一种空中接口技术，涉及终端和基站子系统。它引入了新的调制方式、空中接口编码策略和信道类型，使得其最高数据速率的理论值达到了 384kbit/s。

码分多址系列主要是以高通公司为首研制的基于 IS-95 的 N-CDMA（窄带 CDMA）。与 GSM 相比，采用 CDMA 技术的 cdmaOne 系统有其技术上的优势。主要体现在以下方面。

（1）覆盖范围广。CDMA 基站的覆盖范围基本与模拟基站的覆盖范围相当，是 GSM 覆盖范围的 5 倍以上。

（2）容量大。其容量为 GSM 的 3～4 倍。

（3）成本低。由于 CDMA 系统频带利用率高，在相同带宽下，要提供相同容量，所需基站数少，可大大降低网络建设成本。同时，由于 CDMA 频率复用系数为 1，因此增加小区或扇区快速方便，且不影响现有的网络规划。

尽管具有以上明显的优势，但由于技术成熟较晚，因此 cdmaOne 在全球的市场规模远不如 GSM 系统。

为了发展移动分组数据业务，在 cdmaOne 系统基础上发展了 cdma20001x 技术。cdma20001x 技术是一种基于 IS-95 演进的空中接口技术。它通过反向导频、前向快速功控、

Turbo 码和传输分集发射等新技术，可提供 153.6kbit/s 的峰值数据速率；其更新版本 Release A 通过灵活的帧格式、可变速率的补充信道等技术，将数据业务峰值速率提高到 307.2kbit/s。

一般将 GPRS 系统和 cdma20001x 称为 2.5 代移动通信系统（2.5G）。

目前，我国的移动电话网主要是采用 2G、2.5G 技术的 GSM/GPRS 和 CDMA 系统。截至 2008 年年底，我国的移动电话用户合计超过 6.33 亿户，移动分组数据用户合计超过 2.45 亿户，成为全球最大的移动网络运营商。

下一代移动网是指以 3G 和 B3G 为代表的移动网络。随着移动通信量的不断增加，现有的频段和技术将很难满足我国移动市场发展的需求。随着 3G 技术的日益成熟，3G 网络的建设已开始。

IMT-2000 正式接纳的无线接口技术规范的主流技术为以下 3 种 CDMA 技术。

① 宽带 CDMA（WCDMA），它是在一个宽达 5MHz 的频带内直接对信号进行扩频。

② cdma2000，它是 IS-95 的演进版本，是由多个 1.25MHz 的窄带直接扩频系统组成的一个宽带系统。

③ TD-SCDMA，TD-SCDMA 是我国提出的技术。

在核心网络部分，则是基于现有的两大 2G 网络类型——GSM 系统和 IS-41 系统核心网络进行演进，并最终过渡到核心网络的全 IP 化。

由于本书主要讨论软交换技术及应用，在移动通信系统中软交换技术的应用主要涉及移动通信系统的核心网络部分，所以下面主要说明移动通信系统核心网络部分的结构和核心网向下一代网络的演进。

1.7.2　移动通信系统现有网络的结构

下一代移动通信系统是在现有的两大 2G 网络类型——GSM 系统和 IS-41 系统网络的基础上发展的，下面说明我国现在规模最大的 GSM/GPRS 系统的结构。GSM/GPRS 系统的结构如图 1-7 所示。

GSM/GPRS 系统主要由以下部分组成。

1. 移动台

移动台（Mobile Station，MS）是用户使用的终端设备。根据应用与服务情况，移动台可由移动终端（Mobile Terminal，MT）和用户身份识别卡（SIM）组成。移动终端可完成语音编码、信道编码、信息加密、信息的调制和解调、信息发送和接收。SIM 卡就是"身份卡"，它基本上是一张符合 ISO 标准的"智慧"卡，它包含所有与用户有关的和某些无线接口的信息，其中也包括鉴权和加密信息。GSM 系统是通过 SIM 卡来识别移动电话用户的。

2. 基站子系统

基站子系统（Base Station Subsystem，BSS）是在一定的天线覆盖区内，由移动业务交换中心（Mobile Switching Canter，MSC）所控制，与 MS 进行通信的系统设备。

基站子系统（BSS）包括基站收发信台和基站控制器两部分。基站收发信台（Base Transceiver Station，BTS）通过无线接口与移动台相连，负责无线传输；基站控制器 BSC 与移动交换中心相连，负责控制与管理。

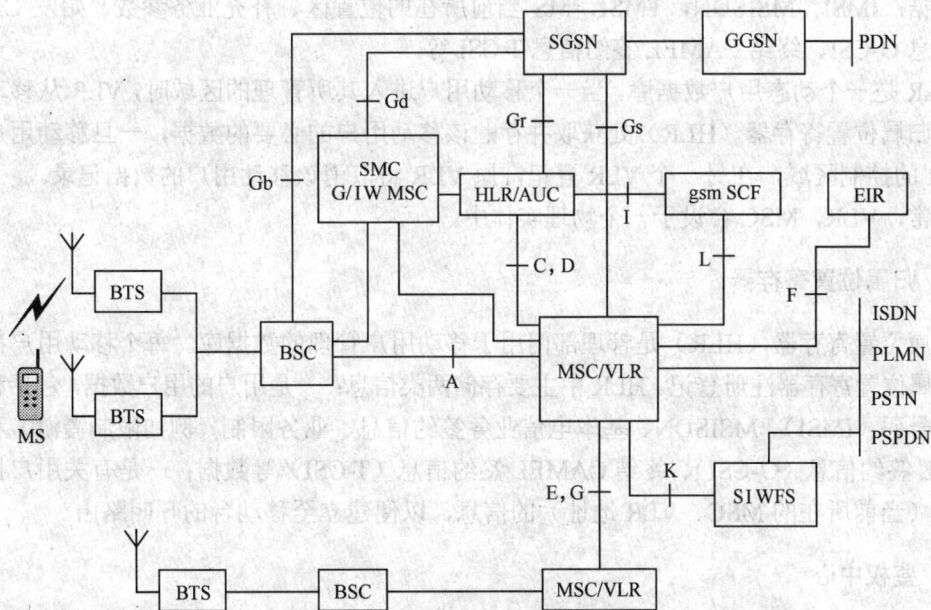

MS：移动台 BTS：基站收发信台 BSC：基站控制器 EIR：设备识别寄存器
MSC/VLR：移动业务交换中心 / 来访位置寄存器 HLR/AUC：归属位置寄存器 / 鉴权中心
SMC：短消息中心 SGSN：GPRS 服务支持节点 GGSN：网关 GPRS 支持节点
SCF：业务控制功能

图 1-7 GSM/GPRS 系统的结构

一个 BSS 系统由一个 BSC 与一个或多个 BTS 组成，一个基站控制器（Base Station Controller，BSC）根据话务量需要可以控制数十个 BTS。BTS 可以直接与 BSC 相连，也可以通过基站接口设备（BTS Interface Equipment，BIE）与远端的 BSC 相连。基站子系统还应包括码变换器（Transcoder，TC）和子复用设备（Sub Multiplexing，SM）。

3．移动业务交换中心

移动业务交换中心（MSC）是对位于其所覆盖区内的移动台进行控制、交换的功能实体，也是移动通信系统与公用电话网 PSTN 及其他移动通信网的接口。MSC 除了完成固定网中交换中心所完成的呼叫控制等功能外，还要完成无线资源的管理、移动性管理等功能。另外，为了建立至移动台的呼叫路由，每个 MSC 还应能完成入口（GMSC）的功能，即查询被叫移动台位置信息的功能。MSC 还具备智能网中业务交换点（SSP）的功能，在识别到移动用户的智能业务呼叫时向业务控制点（SCP）报告，在 SCP 的控制下完成智能业务。

MSC 从拜访位置寄存器（Visitor Location Register，VLR）、归属位置寄存器（Home Location Register，HLR）和鉴权中心（Authentication Center，AUC）中取得处理用户呼叫请求所需的全部数据。

4．来访位置寄存器

来访位置寄存器（VLR）是一个数据库，用来存储所有当前在其管理区域活动的移动台

有关数据：IMSI，MSISDN，TMSI，MS 当前所在的位置区、补充业务参数、始发 CAMEL
签约信息 O-CSI、终结 CAMEL 签约信息 T-CSI 等。

VLR 是一个动态用户数据库。当一个移动用户进入其所管理的区域时，VLR 从移动用户
注册的归属位置寄存器（HLR）处获取并存贮该移动用户的必要的数据，一旦移动用户离开
该 VLR 的控制区域，在另一个 VLR 登记，原 VLR 将取消该移动用户的数据记录。

通常，VLR，MSC 合设于一个物理实体中。

5. 归属位置寄存器

归属位置寄存器（HLR）是管理部门用于移动用户管理的数据库。每个移动用户都应在
某个归属位置寄存器注册登记。HLR 中主要存储两类信息：一是用户的用户数据，包括移动用
户识别号码（IMSI）、MSISDN、基本电信业务签约信息、业务限制（例如限制漫游）和始发
CAMEL 签约信息（O-CSI）、终结 CAMEL 签约信息（T-CSI）等数据；一是有关用户目前所
处位置（当前所在的 MSC、VLR 地址）的信息，以便建立至移动台的呼叫路由。

6. 鉴权中心

鉴权中心（AUC）的功能是认证移动用户的身份和产生相应的鉴权参数（随机数 RAND，
符号响应 SRES，密钥 Kc）。

通常，HLR 和 AUC 合设于一个物理实体中。

7. 设备识别寄存器

设备识别寄存器（Equipment Identity Register，EIR）是存储有关移动台设备参数的
数据库。在 EIR 中存有网中所有移动台设备的识别码 IMEI 和设备状态标志（白色、灰
色、黑色）。

在我国的移动通信系统中，没有设置设备识别寄存器 EIR。

8. 短消息中心

短消息中心（Short Message Center，SMC）提供短消息业务功能。

短消息业务（Short Message Service，SMS）提供在 GSM 网络中移动用户和移动用户之
间发送长度较短的信息。

点对点短消息业务包括移动台（MS）发起的短消息业务（MO/PP）及移动台终止的短消
息业务（MT/PP）。点对点短消息的传递与发送由短消息中心（SMC）进行中继。短消息中心
的作用像邮局一样，接收来自各方面的邮件，然后把它们进行分拣，再发给各个用户。短消
息中心的主要功能是接收、存储和转发用户的短消息。

通过短消息中心能够更可靠地将信息传送到目的地。如果传送失败，短消息中心保存消
息直至发送成功为止。

9. 服务 GPRS 支持节点

服务 GPRS 支持节点（Service GPRS Support Node，SGSN）在移动通信系统的分组交换
域中提供移动性管理、安全性、接入控制、分组的路由寻址和转发等功能，为用户提供 GPRS

服务,与电路交互域中 MSC/VLR 的位置和功能类似。一个 SGSN 可以同时为多个 BSC 服务,但一给定的 BSC 只能连接到唯一的 SGSN;同一公共陆地移动网(即由同一运营商建设经营的移动通信网)中可以有多个 SGSN。

10. 网关 GPRS 支持节点

网关 GPRS 支持节点(Gateway GPRS Support Node,GGSN)是 GPRS 网络与外部分组数据网络(Packet Data Network,PDN)(如 Internet 等)之间的网关,移动用户与外部分组数据网络之间交换的数据进入和离开移动通信网(PLMN)时都要经过 GGSN。GGSN 完成不同网络之间分组数据格式、信令协议和地址信息的转换功能;同时,GGSN 还存储 GPRS 网络用户的 IP 地址信息,完成路由计算和更新功能。一个 SGSN 可以连接到一个或多个 GGSN。

11. 业务控制功能

业务控制功能(SCF)完成对移动智能网中智能业务的控制。

1.7.3 第三代移动通信系统的结构

为了确保 GSM 系统的演进满足 UMTS 系统的需要,GSM 规范的开发和维护工作在 2000 年转由 3GPP 负责。3GPP 最初沿用了 ETSI 制定 GSM 规范的版本演进方式,并将其颁布的首个标准定名为"3GPP Release 1999",该版本于 2000 年 3 月完成。下一个规范版本起初也定名为"Release 2000",但由于该版本对核心网络做了巨大的改动,无法在一个阶段内完成,因此被分为两个版本:Release 4 和 Release 5。自此,3GPP 决定不再使用年度版本的方式,新版本按确定的能力划分并推出,其编号也采用序列号的方式。为保持一致性,Release1999 版本有时也被称为"Release3"。Release4、Release5 版本分别于 2001 年 3 月、2002 年 3 月冻结。

1. 基于 R99 的核心网的结构

基于 R99 核心网的结构如图 1-8 所示。由图 1-8 可见,基于 R99 的核心网络采用了与 GSM/GPRS 相同的基本体系结构,划分为电路交换(CS)域和分组交换(PS)域,从而在逻辑上分开了电路业务和分组业务;R99 阶段的主要工作集中于接入网络侧,引入了全新的无线接入网络——UTRAN 陆地无线接入网络/通用陆地无线接入网;提高了频谱利用率和数据传送能力,数据速率在广域为 384kbit/s,小范围慢速移动时为 2Mbit/s;支持 AMR 语音编解码技术,可提高语音质量和系统容量。UTRAN 的主要接口 Iub,Iur 和 Iu 接口基于 ATM 技术。MSC 需要完成 AMR 编码到 PCM 编码的转换工作。

2. 基于 R4 的核心网的结构

基于 R4 的核心网的结构如图 1-9 所示。

基于 R4 的核心网部分,对 CS 域进行了较大改造,将 MSC 分为 MSC 服务器(MSC Server)和媒体网关(Media Gate Way,MGW),实现了 CS 域中呼叫与承载的分离,支持信令的 IP 承载。

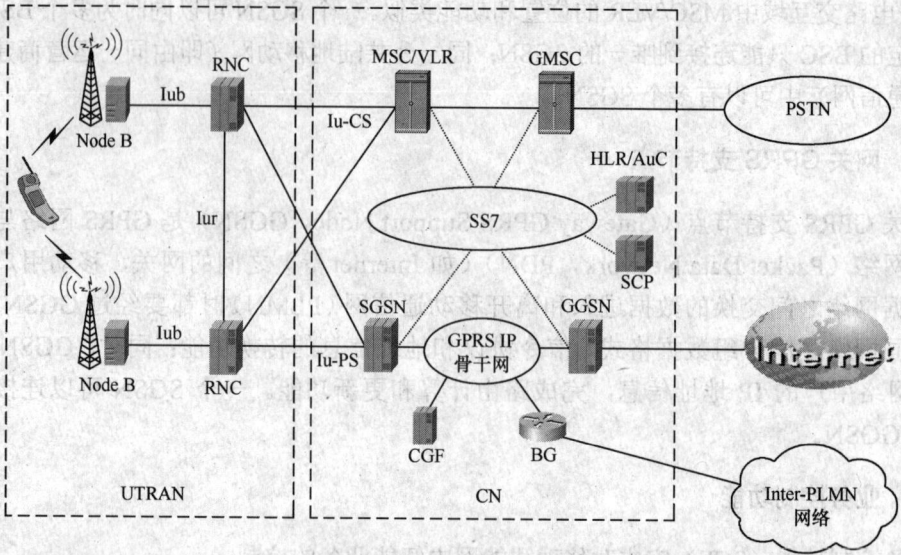

NOTE B：3G 基站　RNC：无线网络控制器　SGSN：GPRS 服务支持节点　CGF：计费网关功能
GGSN：网关 GPRS 支持节点　SCP：业务控制点　CMSC：入口移动关口局　BG：边缘网关
MSC/VLR：移动业务交换中心 / 来访位置寄存器　HLR/AUC：归属位置寄存器 / 鉴权中心

图 1-8　基于 R99 核心网的结构

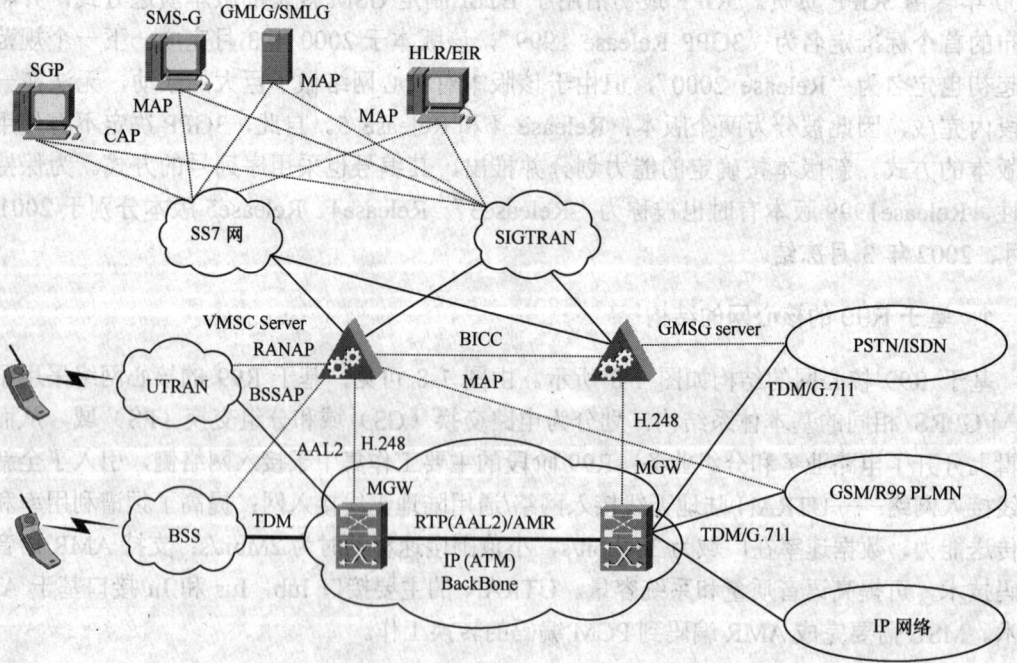

MSC Server：MSC 服务器　MGW：媒体网关　UTRAN：UMTS 陆地无线接入网
BSS：无线接入子系统

图 1-9　基于 R4 的核心网的结构

　　MSC Server 继承 MSC 的所有电路域控制面功能，集成 VLR 功能和 SSP 功能，以处理移动用户业务数据及移动网络定制应用增强逻辑服务器（Customised Applications for Mobile network Enhanced Logic，CAMEL）相关数据；对外提供标准的信令接口；对电路域基本业务及补充业务涉及的 MGW 中承载终端及媒体流的控制，是通过 3G 扩展的 H.248 协议来实现的。与其他 MSC server 间通过 BICC 信令实现与承载无关的局间呼叫控制。

GMSC Server 完成 GMSC 的信令处理功能，具有查询位置信息的功能。当 MS 被呼时，需要通过 GMSC Server 查询该用户所属的 HLR，然后将呼叫转接到 MS 目前所登记的 MSC Server 中。通过 H.248 协议控制 MGW 中媒体通道的接续。并支持 BICC 与 TUP/ISUP 的协议互通。

媒体网关 MGW 是 R4 核心网承载面的网关设备，位于 CS 核心网通往无线接入网（UTRAN/BSS）及传统固定网（PSTN/ISDN）的边界处。MGW 不负责任何移动用户相关的业务逻辑处理，而是通过 H.248 信令，接受来自（G）MSC Server 的控制命令。MGW 可以支持媒体转换、承载控制等功能，实现 GSM/UMTS 各类语音编解码器、回音消除、接入网与核心网侧终端媒体流的交换，管理会议桥、放音收号资源等。支持电路域业务在多种传输媒介（基于 AAL2/ATM，TDM 或基于 RTP/UDP/IP）上的实现，提供必要的承载控制功能。

信令网关 SGW 在基于 TDM 的窄带 SS7 信令网络与基于 IP 的宽带信令网络之间，完成 MTP 的传输层信令协议栈的双向转换（SIGTRAN M3UA /SCTP/IP <=> SS7 MTP3/2/1）。SGW 在物理实现上可与（G）MSC server 或 MGW 合一。

R4 核心网接口如图 1-10 所示，各接口采用的协议如图 1-11 所示。

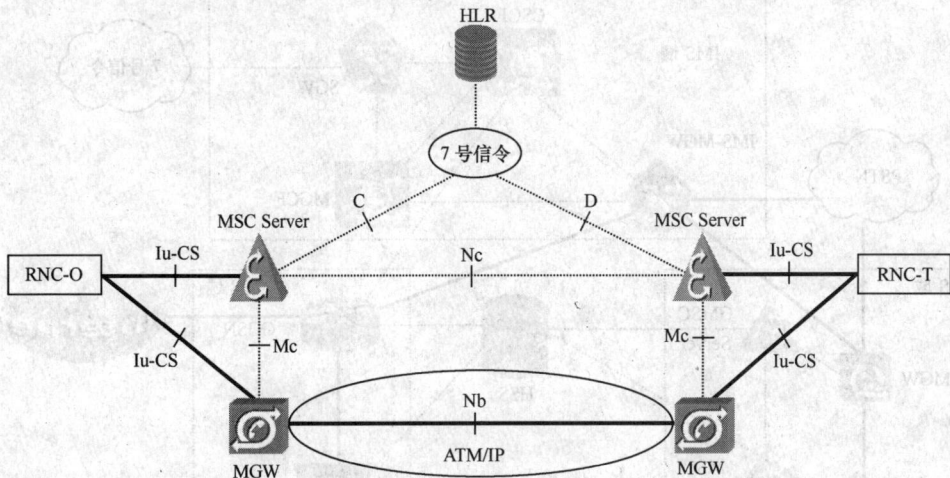

图 1-10 R4 核心网接口

Iu-CS		Mc	Nc	Nb		C	D
控制面	媒体面			承载	承载控制		
RANAP	ATM/AAL2 和 ALCAP	H.248	BICC或TUP /ISUP	AAL2/ATM或 RTP/IP	ALCAP或 IPBCP	MAP	MAP

图 1-11 R4 核心网各个接口采用的协议

Mc 接口是 MSC Server 与媒体网关 MGW 之间的接口，Mc 接口采用 ITU-T 及 IETF 联合制定的 H.248 协议，并增加了针对 3GPP 特殊需求的 H.248 扩展事务（Transaction）及包（Package）定义。

Nc 接口是 MSC Server 之间的呼叫控制信令接口，Nc 接口采用与承载无关的呼叫控制协议 BICC。BICC 提供在宽带传输网上等同 ISUP 的信令功能。

Nb 接口是 MGW 之间的接口，相当于 MSC 之间的中继电路部分，用来在 R4 核心网内承载用户的语音媒体流，有 IP 与 ATM 承载两种方式，并可以承载控制信令管理媒体流连接的建立、释放与维护，在采用 ATM 承载和 IP 承载时，媒体流建立过程及使用的信令完全不同。

Nb 接口协议可分为用户面（Nb-UP）和控制平面。TS 29.415 定义了用户面（Nb-UP）的协议；Nb-UP 在承载面 MGW 之间提供业务数据流的组帧、差错校验、速率匹配及定时控制等功能，与 Iu-UP 基本相同，支持压缩语音、数据流的传输。

承载控制平面，有 IP 与 ATM 承载两种方式。ATM 承载和 IP 承载中，媒体流建立过程及使用的信令完全不同。

Nb 控制面—ATM 承载控制信令采用 Q.2630.1 协议，完成 MGW 之间的用户面 AAL2 连接建立、释放等功能。

IP 承载控制信令的控制面协议为 IPBCP，IPBCP 在对等实体之间交互媒体流特性、端口号、IP 地址等信息，用于建立、修改媒体流连接。IPBCP 使用隧道方式从 Mc、Nc 接口传输，隧道协议为 Q.1990（BICC 承载控制隧道协议），而 Q.1990 协议在 Mc 接口的传输遵从 29.232 协议，Q.1990 协议在 Nc 接口的传输遵从 Q.765.5 协议。

3. 基于 R5 的核心网的结构

基于 R5 的核心网的结构如图 1-12 所示。

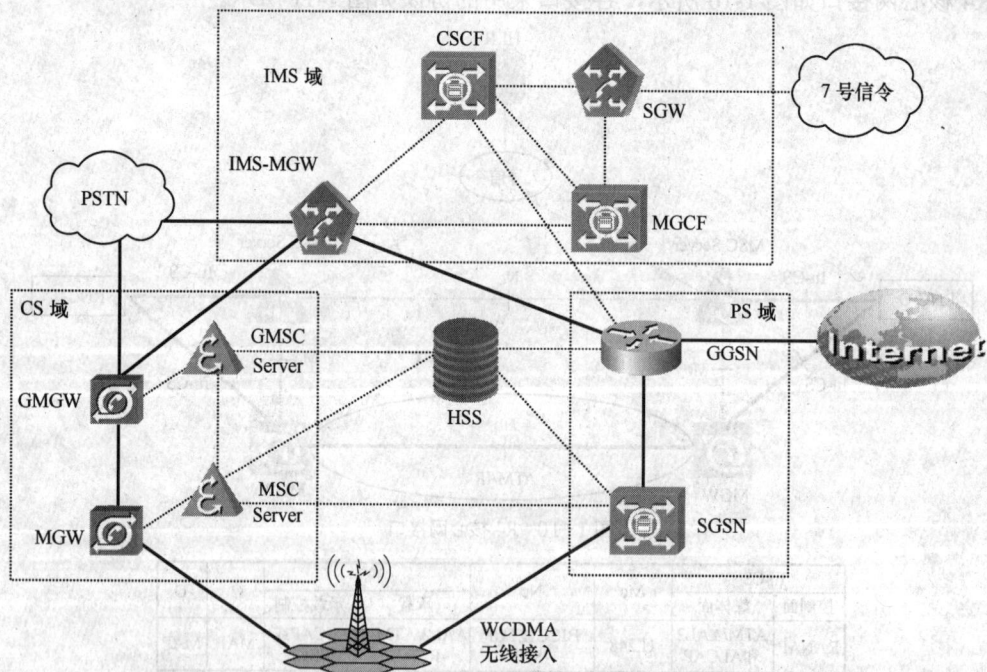

MSC Server: MSC 服务器　MGW：媒体网关　MGCF：媒体网关控制功能
IMS: IP 多媒体子系统　GSCF：呼叫会话控制功能　HSS：归属用户服务器
SGSN: GPRS 服务支持节点　GGSN：网关 GPRS 支持节点

图 1-12　基于 R5 的核心网的结构

基于 R5 的核心网在 R4 的基础上主要完成了 IP 多媒体子系统（IP Multimedia Subsystem，IMS）第一阶段的网络结构和协议定义。IMS 定义了一个完整的体系结构和框架，允许在基于 IP 的基础设施上对声音、视频、数据和移动网络技术进行聚合。它填补了两个最成功的通信范式（移动电话和 Internet 技术）之间的空白。提供对 Internet 提供的所有服务的移动接入。

IMS 是向 All IP Network 业务提供体系演进的一步，将会话初始协议（SIP）作为 IMS 的主要协议。

IMS 是解决移动与固网融合，引入语音、数据、视频三重融合等差异化业务的重要方式。有关 IMS 的内容将在本书的第 7 章详细介绍。

小　结

目前电信业务发展迅猛，以 Internet 为代表的新技术革命正在深刻地改变着传统电信的概念和体系，推动网络向下一代网络发展的主要因素是革命性技术的突破和网络业务量的组成发生了根本性变化，为了适应这些变化，需要有新的下一代网络结构。

从广义来讲，下一代网络泛指一个不同于现有网络，大量采用当前业界公认的新技术，可以提供语音、数据及多媒体业务，能够实现各网络终端用户之间的业务互通及共享的融合网络。从狭义来讲，下一代网络特指以软交换设备为控制核心，能够实现语音、数据和多媒体业务的开放的分层体系架构。

ITU-T 对 NGN 的定义：NGN 是基于分组的网络，能够提供电信业务；利用多种宽带能力和 QoS 保证的传送技术；其业务相关功能与其传送技术相独立。NGN 使用户可以自由接入到不同的业务提供商；NGN 支持通用移动性。

传统的电路交换机将传送交换硬件、呼叫控制和交换以及业务和应用功能结合进单个昂贵的交换机设备内，是一种垂直集成的、封闭和单厂家专用的系统结构，新业务的开发也是以专用设备和专用软件为载体，导致开发成本高、时间长、无法适应今天快速变化的市场环境和多样化的用户需求。

软交换打破了传统的封闭交换结构，采用完全不同的横向组合的模式，将传输、呼叫控制和业务控制三大功能之间接口打开，采用开放的接口和通用的协议，构成一个开放的、分布的和多厂家应用的系统结构，可以使业务提供者灵活选择最佳和最经济的组合来构建网络，加速新业务和新应用的开发、生成和部署，快速实现低成本广域业务覆盖，推进语音和数据的融合。

下一代网络的基本特点是将传统交换机的功能模块分离成为独立的网络部件，各个部件可以按相应的功能划分各自独立发展；部件间的协议接口基于相应的标准；下一代网络是业务驱动的网络，应实现业务控制与呼叫控制分离、呼叫控制与承载分离；下一代网络是基于统一协议的分组的网络。

下一代网络在功能上可分为媒体/接入层、核心媒体层、呼叫控制层和业务/应用层四层。

接入层的主要作用是利用各种接入设备实现不同用户的接入，并实现不同信息格式之间的转换。

软交换（MGC）主要完成呼叫控制功能、业务提供功能、业务交换功能、协议转换功能、互联互通功能、资源管理功能、计费功能、认证与授权功能、地址解析功能和语音处理控制功能。

传送层主要完成数据流（媒体流和信令流）的传送，一般为 IP 网络或 ATM 网络。

应用层的作用就是利用各种设备为整个下一代网络体系提供业务能力上的支持。

下一代网络中软交换与信令网关（SG）间的接口使用 SIGTRAN 协议，软交换与中继网关（TG）、接入网关（AG）和 IAD 间采用 MGCP 或 H.248/Megaco 协议，软交换与 SIP 终端之间采用的协议为 SIP，软交换与媒体服务器（MS）之间接口采用 MGCP，SIP 或 H.248 协议，软交换与智能网 SCP 之间采用 INAP（CAP），软交换设备与应用服务器间采用 SIP/INAP，业务平台与第三方应用服务器之间的接口可使用 Parlay 协议，软交换设备之间可使用 SIP-T 和 ITU-T 定义的 BICC 协议，媒体网关之间传送采用 RTP/RTCP。

固定电话网向下一代网络的演进步骤是对本地网络进行智能化改造，在固定电话本地网建立业务交换中心、用户数据中心和智能业务中心，通过 3 个中心快速实现网络低成本快速化、移动化和综合化。固网演进的第二个步骤是对固网进行宽带化的改造。对固网进行宽带化的改造包含两个方面的内容，即软交换和分组交换。软交换是指对固定电话网中的交换机的控制功能进行改造，实现呼叫控制功能和承载功能的分离，分组交换是指逐步将固定电话网的电路交换方式改为分组交换方式。固网演进的第三个步骤是固网终端智能化和接入宽带化。

移动通信系统向下一代网络的演进可分为 R99，R4，R5 这 3 个阶段。

基于 R99 的核心网络采用了与 GSM/GPRS 相同的基本体系结构，划分为电路交换（CS）域和分组交换（PS）域，从而在逻辑上分开了电路业务和分组业务；R99 阶段的主要工作集中于接入网络侧，引入了全新的无线接入网络——UTRAN 陆地无线接入网络/通用陆地无线接入网；提高了频谱利用率和数据传送能力。

基于 R4 的核心网部分，对 CS 域进行了较大改造，将 MSC 分为 MSC 服务器（MSC Server）和媒体网关（Media GateWay，MGW），实现了 CS 域中呼叫与承载的分离，支持信令的 IP 承载。

基于 R5 的核心网在 R4 的基础上主要完成了 IP 多媒体子系统（IMS）的网络结构和协议定义。IMS 定义了一个完整的体系结构和框架，允许在基于 IP 的基础设施上对声音、视频、数据和移动网络技术进行聚合。

IMS 是解决移动与固网融合，引入语音、数据、视频三重融合等差异化业务的重要方式。

习　题

1. 简要说明 NGN 的定义。
2. 简要说明 NGN 的特点。
3. 简要说明以软交换为中心的下一代网络的分层结构。
4. 简要说明媒体网关的类型和主要功能。
5. 简要说明 7 号信令网关的功能。
6. 简要说明软交换设备的主要功能。
7. 简要说明下一代网络的各部件之间采用标准协议。
8. 简要说明固定电话网向 NGN 的演进步骤。
9. 说明移动通信系统基于 R4 的核心网的结构。

第 2 章　下一代网络中采用的主要协议

学习指导

本章首先说明了下一代网络中传输媒体信息的协议，然后介绍了在下一代网络中得到广泛应用的会话启动协议（SIP）和会话描述协议（SDP），媒体网关控制协议（H.248），与业务承载无关的呼叫控制协议，最后介绍了信令传输协议（SIGTRAN）。

通过对本章内容的学习，应掌握以上协议的协议栈结构、协议的主要功能和典型的信令流程。

下一代网络的目标是建设一个能够提供语音、数据、多媒体等多种业务的，集通信、信息、电子商务、娱乐于一体，满足自由通信的分组融合网络。在下一代网络中的各个功能模块分离成为独立的网络部件，各个部件之间通过标准的的协议通信，共同配合完成各种业务。为了实现这一目标，IETF、ITU-T 制定并完善了一系列标准协议：会话启动协议（SIP）、信令传输协议（SIGTRAN）、媒体网关控制协议（H.248），与承载无关的呼叫控制协议（BICC 和 H.323 协议）等。

本章将详细介绍下一代网络中采用的主要协议。

2.1　下一代网络中传输媒体信息的协议

在下一代网络中媒体信息是在使用无连接控制技术的 IP 网络中传输的，IP 网络中传输媒体信息的协议栈如图 2-1 所示。下面简要说明各层的功能。

媒体编码
RTP
UDP
IP

图 2-1　IP 网络中传输媒体信息的协议栈

2.1.1　IP

IP 负责 IP 网络中各节点之间的连接，它将两个终端系统经过网络中的节点用数据链路连接起来，实现两个终端系统之间数据帧的透明传输。网络层的主要功能是寻址和路由选择。它将数据包封装成 Internet 数据报，并运行必要的路由算法。IP 网络层协议主要包含网际协议（Internet Protocol，IP）、地址解析协议（Address Resolution Protocol，ARP）、网际控制报文协议（Internet Control Message Protocol，ICMP）和互联网组播协议（Internet Group Management Protocol，IGMP）。IP 主要负责在主机和网络之间寻址和收发 IP 数据报；ARP 用来获得同一物理网络中的硬件主机地址；ICMP 用来报告有关数据报的传送错误；IGMP 被 IP 主机用来向本地多路广播路由器报告主机组成员。

IP 采用的地址是 IP 地址，IP 地址包含网络地址和主机地址两部分。现在采用的 IPv4 地址包含 32 位二进制数，IP 地址一般都采用无类别域间选路（Classless Inter-Domain Routing，CIDR）格式。CIDR 地址要求每个网络包含的主机地址数目是 2 的幂，并用一个比特掩码标识网络地址所占的二进制数的位数。CIDR 要求用两个值来说明一个网络的地址的范围：用 32bit 来表示的该网络中的最低地址，32bit 的掩码中包含的连续的 1 的位数来说明地址中网络地址所占的位数。例如，128.211.168.0/21 表示该网络中的最低地址是 128.211.168.0，该网络的网络地址占 21 位二进制数，该网络的主机的地址占 11 位二进制数（32–21 = 11），该网络能所包含的最大主机数目为（2^{11}–2）。

在 IP 数据报的报头中包含源主机 IP 地址和目的主机 IP 地址，IP 网络中的路由器利用目的主机 IP 地址来寻址选路，路由器每收到一个 IP 数据报，就根据目的 IP 地址查询路由表，找到匹配网络号及下一跳路由器，完成数据转发。如果目的主机在本网络，则转换成该主机的物理地址，从新封装数据报后将其发给主机。如果路由表指定至到达目的主机的下一跳路由器，则将数据报转发给下一跳路由器；如果找不到匹配网络，则发往默认路由器。

2.1.2 UDP

UDP 是 IP 协议栈中的传输层协议，传输协议在计算机之间提供端到端的通信。Internet 传输层有 3 个传输协议，分别是传输控制协议（Transmission Control Protocol，TCP）、用户数据报协议（User Datagram Protocol，UDP）和流控制传送协议（Stream Control Transmission Protocol，SCTP）。TCP 为应用程序提供可靠的通信连接，适合于一次传输大批数据的情况，并适用于要求得到响应的应用程序。UDP 提供了无连接通信，且不对传送包进行可靠保证，适合于一次传输少量数据或实时性较高的流媒体数据，数据的可靠传输由应用层负责。流控制传送协议（SCTP）主要用来在 IP 网络中传送电话网的信令。

传输层与网络层在功能上的最大区别是传输层提供进程通信能力，在进程通信的意义上，网络通信的最终地址就不仅是主机地址，还包括描述进程的某种标识符。TCP/UDP 提出协议端口的概念，用于标识通信的进程。具体地说，端口标识了应用程序，应用程序能够通过系统调用获得某个端口，传输层传给该端口的数据都被这个应用程序接收。从网络上来看，端口号对信源端点和信宿端点进行了标识，也就是说对客户程序和服务器之间的会话实体即应用程序进行了标识。

UDP 建立在 IP 之上，同 IP 一样提供无连接的数据包传输。相对于 IP，它唯一增加的能力是提供协议端口号码以保证进程通信。UDP 的优点在于高效性。UDP 数据报的报头中包含目的端口号和源端口号。目的端口号用来标识目的主机中的接收进程，源端口号用来标识发送主机中的进程。

　　TCP/IP 中将端口分为保留端口和自由端口两部分，每一个标准的服务器都有一个全局公认的保留端口号。自由端口号则动态分配。在 IP 网络中传送媒体信息的端口号码都是动态分配的，所以在下一代网络中传送多媒体信息前必须通过信令协议将接收端分配的接收媒体信息的端口号码通知对端主机。

2.1.3　RTP

　　IP 电话的语音流是基于 UDP 传送的，但 UDP 没有考虑多媒体信息（如语音包）顺序传送和提供时戳等实时业务传送需解决的一系列问题，因而无法保证语音质量。为解决实时业务传送需解决的一系列问题，IETF 提出了用于传输实时业务的协议——实时传输协议（Real-time Transport Protocol，RTP）。

　　RTP 不仅用于 IP 电话语音流的传送，还能够为语音、图像、数据等多种需实时传输的数据提供端到端的传输功能。向接收端点传送用于恢复实时信号的定时和包序列号等信息，并为整个网络管理提供检测通信质量的手段。

　　RTP 实际上包含两个相关的协议：RTP 和 RTCP。

　　RTP 用于传送实时数据，如语音和图像数据。RTP 本身不提供任何保证实时传送数据和服务质量的能力，而是通过提供负荷类型指示、序列号、时戳、数据源标识等信息，使接收端能根据这些信息来重新恢复正确的数据流。RTCP 用来传送监视实时数据传送质量的统计数据，同时可以在会议业务中传送与会者的信息。

　　一般 RTP 文件不作为一个单独的协议层处理，而是由应用层负责。RTP 允许在实际应用中修改和/或增加头部信息以满足需求。因此，RTP 在封装数据时除了遵从本身的规定外，还需要应用文档和负荷格式规范配合。其中应用文档定义了负荷的类型码和到负荷格式的映射关系，负荷格式规范定义了每一种负荷如何在 RTP 中传送。

　　RTP 和 UDP 一同完成传输层的功能。RTP 数据包由 RTP 头和负荷两部分共同组成，一个或多个 RTP 包可放在一个 UDP 包中传送。RTCP 数据包也是由头部和若干规定的数据单元组成，数据单元的内容和格式根据需要的不同而不同，一般一个 UDP 包中可以放多个 RTCP 包以节省传输资源。RTP 的数据通过偶数的 UDP 端口传送，而对应的控制信号——RTCP 数据使用相邻的奇数 UDP 端口传送。收发双方均使用相邻的一对 UDP 端口来分别传送 RTP 数据和 RTCP 数据。

　　RTP 数据包由 RTP 头部和负载组成。RTP 头部主要包含了传输媒体的类型、格式、序列号、时间戳等信息，RTP 数据包负载可以包括音频抽样信号、压缩视频数据等。

1. RTP 包头格式

　　RTP 头部格式如图 2-2 所示。

　　在标准的 RTP 包中包含前 12 个字节的内容，仅仅在被混合器插入时，才出现 CSRC 识别符列表。各个字段的意义如下。

　　版本（V）：此域定义了 RTP 的版本。现在用的协议版本是 2。

　　填充（P）：1bit，若填充比特被设置为 1，则此包中包含一到多个附加在末端的填充比特，填充的最后一个字节用来说明填充比特的长度。填充可能用于某些具有固定长度的加密算法，或者在底层数据单元中传输多个 RTP 包。

```
 0                   1                   2                   3
 0 1 2 3 4 5 6 7 8 9 0 1 2 3 4 5 6 7 8 9 0 1 2 3 4 5 6 7 8 9 0 1 2
+-+-+-+-+-+-+-+-+-+-+-+-+-+-+-+-+-+-+-+-+-+-+-+-+-+-+-+-+-+-+-+-+
| V |P|X| CC  |M|     PT      |           序列号                |
+-+-+-+-+-+-+-+-+-+-+-+-+-+-+-+-+-+-+-+-+-+-+-+-+-+-+-+-+-+-+-+-+
|                            时戳                                |
+-+-+-+-+-+-+-+-+-+-+-+-+-+-+-+-+-+-+-+-+-+-+-+-+-+-+-+-+-+-+-+-+
|                    同步源（SSRC）识别符                         |
+-+-+-+-+-+-+-+-+-+-+-+-+-+-+-+-+-+-+-+-+-+-+-+-+-+-+-+-+-+-+-+-+
|                    有贡献源（CSRC）识别符                        |
|                            ...                                 |
+-+-+-+-+-+-+-+-+-+-+-+-+-+-+-+-+-+-+-+-+-+-+-+-+-+-+-+-+-+-+-+-+
```

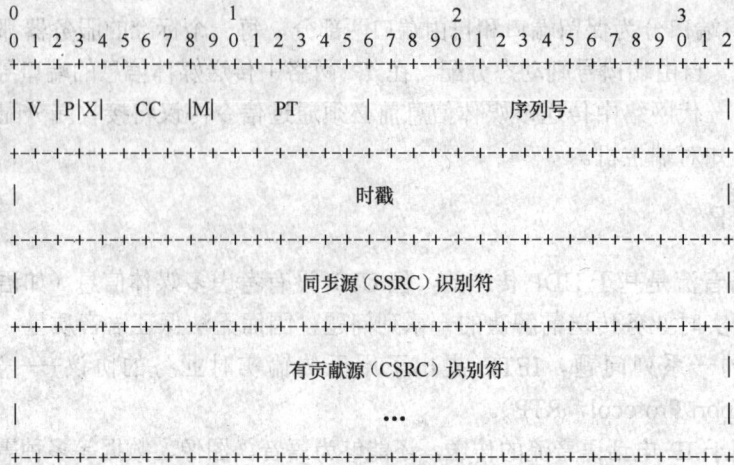

图 2-2　RTP 头部格式

扩展（X）：1bit，若扩展比特设置为 1，固定头后面跟随一个头扩展。

CSRC 计数（CC）：4bit，CSRC 计数包含了跟在固定头后面 CSRC 识别符的数目。

标志（M）：1bit，标志的解释由具体协议规定。在 IP 电话中规定在发送静音后的第 1 个语音包时该标志设置为 1。

负载类型（PT）：7bit，此域定义了负载的格式的类型，由具体应用决定其解释。协议可以规定负载类型码和负载格式之间一个默认的匹配。

表 2-1 列出了标准语音和图像编码的类型值。

表 2-1　标准语音和图像编码的类型值

PT	编码	语音/图像（A/V）	时钟速率（Hz）	通道（语音）
0	PCMU	A	8 000	1
8	PCMA	A	8 000	1
9	G722	A	8 000	1
4	G723	A	8 000	1
15	G728	A	8 000	1
18	G729	A	8 000	1
31	H261	V	90 000	
34	H263	V	90 000	
96～127	动态			

注：负载类型 1～7，10～14，16～30 保留。

序列号：16bit，表示该 RTP 数据包的序列号码，每发送一个 RTP 数据包，序列号加 1，接收机可以据此检测包丢失和对接收到的 RTP 数据包按照顺序排序。序列号的初始值是随机选择的（不可预测）。

时间标志：32bit，时间标志反映了 RTP 数据包中第 1 个比特的抽样瞬间。抽样瞬间必须由随时间单调和线形增长的时钟得到，以进行同步和抖动计算。时钟的分辨率必须满足要求的同步准确度，以便完成包到达抖动测量。若 RTP 包周期性生成，时间标志可以使用由抽样时钟确定的额定抽样表示。例如，对于固定速率语音，时间标志的值可以每个抽样周期加 1。

若每个 RTP 数据包包含 160 个抽样周期的语音数据块，则每个 RTP 数据块的时间标志增加 160，无论此块被发送还是被静音压缩。

和序列号一样，时间标志的起始值是随机的。若多个连续的 RTP 数据包在逻辑上同时产生，则这多个包可能有同样的时间标志，如属于同一个图像帧。若数据没有按照抽样的顺序发送，连续的 RTP 包可以包含不单调的时间标志，如 MPEG 交织图像帧。

SSRC：32bit，SSRC 域用以标识同步源。标识符是随机生成的，以保证在同一个 RTP 会话期中没有任何两个同步源有相同的 SSRC 识别符。尽管多个源选择同一个 SSRC 标识符的概率很低，所有 RTP 实现工具还是要准备检测和解决冲突。若一个源改变本身的源传输地址，必须选择新的 SSRC 识别符，以避免被当作一个环路源。

CSRC：每项 32bit。CSRC 字段用于标识该数据包中所含负载的发送端（有贡献源）。标识符的数目在 CC 域中给定。若贡献源多于 15 个，则仅识别前 15 个。在语音会议中，如语音包在混合器进行了混合处理，则 CSRC 标识符由混合器负责插入，用于标识对产生混合新包的所有源的 SSRC 标识符，以便接收端能正确识别交谈的双方的身份。

2. RTP 的功能

RTP 数据包用来传送媒体数据。由 RTP 数据包的格式可以看出，在 RTP 数据包的包头中主要包含了传输媒体的类型、格式、序列号、时间戳等重要信息，使接收端能根据这些信息正确地重组媒体流，并为 RTCP 进行相应监测和控制提供了基础。

2.1.4　语音编码

在我国下一代网络中采用的语音编解码是 PCM（G.711 编码），采用参数语音编解码技术的 G.729、G.729A 和 G.723.1 编码等。

1. G.711 编码

G.711（PCM）编码是固定比特率编码，比特率为 64kbit/s，在传统电话中得到广泛使用。在我国下一代网络中也有使用。

2. G.729 编码

G.729 编码的比特率为 8kbit/s，最初由 ITU-R 提出此项研究，其目的是用于第三代移动通信系统。G.729A 是 G.729 的语音与数据同时传递数字系统（Digital Simultaneous Voice and Data, DSVD）形式，与 G.729 比特流兼容，即它们的编码都能被对方的解码器接收重建信号。但 G.729A 的复杂度降低了 50%，代价是在某些运行条件下性能稍有下降。

G.729 编码的主要性能指标如下。

- 编码比特率：编码比特率是 8kbit/s，另外，最近的 G.729 附件还包含了静音抑制处理。
- 算法时延：帧长为 10ms，由 2 个子帧组成，前视 5ms，即算法时延为 15ms。
- 处理复杂度：G.729 为 20MIPS，所需 RAM 的容量为 3KB，G.729A 的处理复杂度为 10.5MIPS，所需 RAM 的容量为 2KB。
- 语音质量：G.729 的 MOS 评分为 3.92 分，G.729A 的 MOS 评分为 3.7 分。

复杂度是指对语音信号编解码时处理的复杂程度。复杂度决定了编解码器硬件的成本和功耗，也影响到编解码器的实时性。通常编解码都采用 DSP 芯片实现，复杂度的衡量指标为定点 DSP 实现编解码所需的处理器能力，以百万指令/秒（MIPS）为计量单位。

由于 G.729 有较高的综合性能指标，所以 G.729 编码在我国通信行业标准中被推荐为优选的压缩编码算法，在我国 IP 电话系统中得到了广泛应用。

3. G.723.1 编码

G.723.1 编码是 PSTN 上可视电话标准系列中的语音编码标准，为双速率语音编码标准。其中，6.3kbit/s 比特率采用多脉冲 LPC 编码，对于一般的语音信号，其语音质量相当于 G.721，但对于童声、音乐和具有噪声背景的话音输入，其质量不如 ADPCM。5.3kbit/s 比特率采用多脉冲算术码本激励，定义该速率的目的是增加系统设计的灵活性，如用于低速率通道时，可为视频编码器留出一些比特空间；为复用系统提供 lkbit/s 的"虚信道"以传送附加信息。

其主要的性能指标如下。

- 编码比特率：低速率的编码比特率为 5.3kbit/s，高速率为 6.3kbit/s。
- 算法时延：帧长为帧长 30ms，分为 4 个子帧，每个子帧含 60 个抽样信号，前视 7.5ms，即算法时延为 37.5ms。
- 处理复杂度：G.723.1 的处理复杂度为 16MIPS，所需 RAM 的容量为 2.2k。
- 语音质量：G.723.1 的 MOS 评分在编码比特率为 6.3kbit/s 时是 3.9 分，编码比特率为 5.3kbit/s 时的 MOS 评分为 3.65 分。

2.1.5 多媒体数据在 IP 网络中传送时所占的带宽计算

多媒体编码数据在 IP 网络中传送时的封装结构如图 2-3 所示，媒体编码是传输的多媒体信息（音频、视频）本身的编码；RTP 头部用来说明所传输的媒体信息采用的编码类型、顺序号和各数据包之间的时间关系等信息；UDP 数据包的包头中包含目的端口号和源端口号，目的端口号用来标识目的主机中的接收进程，源端口号用来标识发送主机中的进程，在 IP 网络中传送多媒体数据时，不同的目的端口号和源端口号用来识别不同的媒体流；IP 数据报的包头中主要包含源主机 IP 地址和目的主机 IP 地址，IP 网络中的路由器利用目的主机 IP 地址来寻址选路，将多媒体数据送到目的主机，在 IP 网络中传送多媒体数据时，利用目的主机 IP 地址来识别不同的媒体网关。

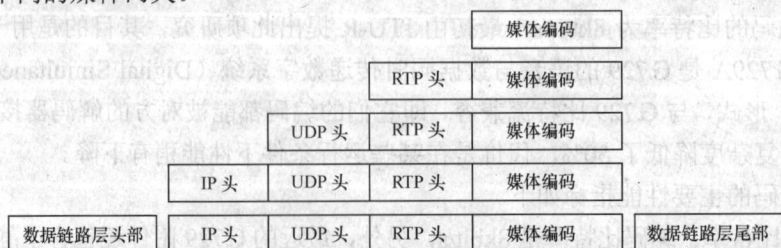

图 2-3 多媒体编码数据在 IP 网络中传送时的封装结构

多媒体编码数据在 IP 网络中传送时所占的带宽不仅包含多媒体编码所占的带宽，还包含 RTP 头部、UDP 头部、IP 头部和数据链路层头部所占的带宽。

下面在不考虑静音压缩和数据链路层头部所占的带宽的情况下，简单估算在 IP 网络中传送一路 G.729 语音所占的带宽。

设 G.729 编码数据每 20ms 传送一次，则每秒需传送 50 个语音报，每个语音报都包含 12 字节的 RTP 头部、8 字节的 UDP 头部和 20 字节的 IP 头部，则每 1 路 G.729 语音所占的带宽为：

$$(20 + 8 + 12)*8*50 + 8\ 000 = 24\ 000\text{bit/s} = 24\text{kbit/s}$$

如果考虑 Ethernet 头部所占带宽，由于包长度 = RTP 头 + UDP 头 + IP 头 + Ethernet 头 + 有效载荷，Ethernet 头部为 304bit（38byte）。

则每 1 路 G.729 语音所占的带宽为：

$$(20 + 8 + 12 + 38)*8*50 + 8\ 000 = 39\ 200\text{bit/s} = 39.2\text{kbit/s}$$

如果考虑到静音压缩的因素，所占带宽可减少一部分。从以上计算可看出，各级报头所占的带宽的开销是比较大的，各级报头所占的带宽的开销远大于语音编码本身所占的带宽。

2.2　SIP 和 SDP

会话启动协议（Session Initiation Protocal，SIP）是由 Internet 工程任务组 IETF（Internet Engineering Task Force）于 1999 年提出的一个在基于 IP 网络中，特别是在 Internet 这样一种结构的网络环境中，实现多媒体实时通信应用的一种信令协议。会话（Session）是指用户之间的实时数据交换。在基于 SIP 的应用中，每一个会话可以是各种不同的数据，可以包括普通的文本数据，经过数字化处理的音频、视频数据，其应用具有很大的灵活性。SIP 是 IETF 标准进程的一部分，它是在诸如简单邮件传送协议（Simple Mail Transfer Protocol，SMTP）和超文本传送协议（Hypertext Transfer Protocol，HTTP）基础之上建立起来的。

SIP 的主要功能如下。

用户定位：确定用于通信的终端系统的位置。

用户能力：确定通信媒体和媒体的使用参数。

用户可达性：确定被叫加入通信的意愿。

呼叫建立：建立主叫和被叫的呼叫参数。

呼叫处理：包括呼叫转移和呼叫终止。

SIP 是一个正在发展和不断研究中的协议。一方面，它借鉴了其他 Internet 标准和协议的设计思想，在风格上遵循 Internet 一贯坚持的简练、开放、兼容和可扩展等原则，并充分注意到 Internet 在开放而复杂的网络环境下的安全问题。另一方面，它也充分考虑了对传统公共电话网的各种业务（包括 IN 业务和 ISDN 业务）的支持。由于软交换网络需要做到与 PSTN 的融合，为了业务的需要，对 SIP 进行了扩展，以便在 SIP 消息中能够正确地传送 ISUP 消息，这就是 SIP-T（SIP-I）协议。

在下一代网络体系中，SIP 主要应用于软交换设备与应用服务器之间、不同的软交换设备之间、SIP 智能终端与 SIP 服务器之间，不同的 SIP 服务器之间。

在下一代网络体系中，SIP 智能终端与 SIP 服务器之间、SIP 服务器之间的呼叫控制信令用会话启动协议（SIP）传送，媒体描述由会话描述协议（SDP）定义。会话启动协议（SIP）和会话描述协议（SDP）都是基于文本的协议。SIP 的设计思想和 Internet 的其他常用协议（超文本传输协议 HTTP、多用途 Internet 邮件扩展 MIME 等）类似，这种相似性的一个好处就是：为解析 HTTP 所设计的程序可以相对容易地进行改造，用来解析

SIP。另外，SIP 会话请求过程和媒体协商过程是一起进行的，即会话描述协议（SDP）或 ISUP 消息的内容是包含在会话启动协议（SIP）消息的消息体中传送的，因此呼叫建立时间短。

2.2.1　SIP 的网络模型

SIP 的网络模型采用了 IP 网络常用的客户机/服务器（C/S）结构，将发起请求的一方定义为客户机，接受请求完成各种功能的实体定义为服务器。定义了若干种完成不同功能的服务器。客户机通过和服务器之间的请求和应答来完成呼叫和传送层的控制。SIP 网络系统的逻辑结构如图 2-4 所示。

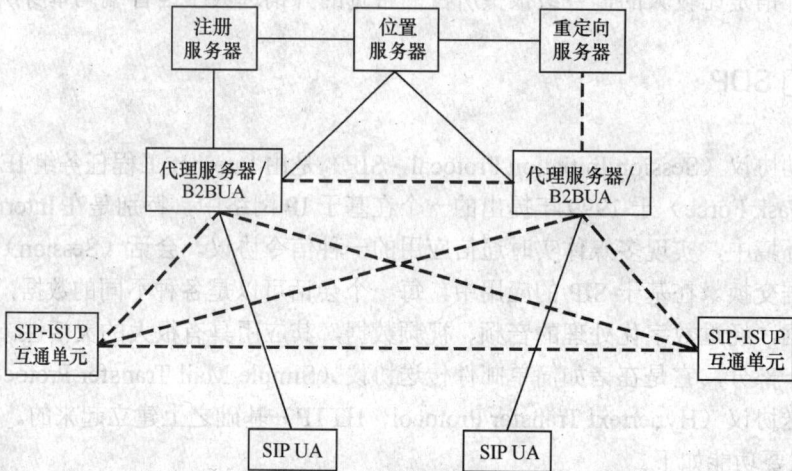

图 2-4　SIP 网络系统的逻辑结构

SIP 的网络模型结构中有两类基本的网络实体：SIP 用户代理和 SIP 网络服务器。用户代理是储存在终端系统中的功能块，而 SIP 服务器是处理与多个呼叫相关联信令的网络设备。

用户代理包括客户机程序（用户代理客户机（User Agent Client，UAC））和服务器程序（用户代理服务器（User Agent Service，UAS））。在用户发送请求时由客户机程序处理，在用户处理请求、发送应答消息时由服务器程序处理。

SIP 系统的网络服务器主要有代理服务器、重定向服务器和注册服务器。

1. 用户代理

用户代理（User Agent）是直接和用户发生交互作用的功能实体，它能够代理用户的所有请求或响应。从客户机—服务器的角度讲，用户代理可分为用户代理客户机（UAC）、用户代理服务器（UAS）。UAC 主要指发起请求的实体，UAS 则是对发起的请求进行响应。值得注意的是，UAC 与 UAS 是相对于事务而言的，由于一个呼叫中会存在多个事务，因此对于同一个功能实体，在同一个呼叫中的不同阶段会充当不同的角色。例如，主叫用户在发起呼叫时，逻辑上完成 UAC 功能，并在此事务中充当的角色都是 UAC；当呼叫结束时，如果被叫用户发起 Bye，此时主叫用户侧的代理所起的作用是 UAS。

用户代理可以在不同的系统中执行。例如，可以是 PC 上的一个应用程序，也可以运行在 SIP 终端中。用户发起呼叫时，首先通过 UAC 来发送呼叫请求，同样道理，被叫端的 UAS 会处理接收到的呼叫请求，发送相应的响应消息。

2．B2BUA

B2BUA（Back to Back User Agent）从字面上理解是一种背靠背的用户代理。实现上，B2BUA 首先终止一个呼叫，然后重新发起一个呼叫，此时表征呼叫的参数（Call-D）可能会发生改变。

具体实现上，B2BUA 不仅具备用户代理功能，同时还可以扩展出一些其他功能，如代理服务器所具有的分叉（Fork）功能，电信运营所具有的计费功能，以及开放的 API 等。因此从功能性来讲，B2BUA 既具备用户代理功能，又具有代理服务器的特性。

3．代理服务器

代理服务器代表其他客户机发起请求，是既充当服务器又充当客户机的中间程序。客户请求被代理服务器处理并翻译之后再传送给其他服务器（使用下一跳路由原理）。代理服务器在转发请求之前需要对原请求消息进行解释，在必要时还重写原请求消息。

根据代理服务器在下一代网络中的核心层和边缘层的不同位置，代理服务器可分为有状态代理服务器和无状态代理服务器两种。有状态代理服务器要记住它接收的入请求，以及回送的应答和它转送的出请求，还允许有状态代理服务器生成多个请求，以并行的方式尝试多个可能的用户位置并且送回最好的应答。无状态代理服务器一旦转送请求后就丢弃所有的信息，无状态代理服务器可能是最快的，并且是 SIP 结构的骨干。有状态代理服务器一般是离用户代理最近的本地设备，它控制用户域，是应用服务的主要平台。

在下一代网络中，边缘层代理服务器因为靠近用户，需要考虑用户状态以及对相应呼叫进行计费，所以边缘层代理服务器为有状态的代理服务器；而对于核心层的代理服务器，因为仅仅完成消息转发，所以代理服务器不需要保留呼叫的状态，这样可以提高核心服务器的处理能力，此时的代理服务器就是一个无状态的代理服务器。

从电信运营的角度，有状态代理服务器需要具备计费、选路等功能。具体功能上，需要具备立即计费或详细计费功能，能够对基于 SIP 地址或 E.164 号码的地址进行相应选路。

4．重定向服务器

重定向服务器（Redirect Server）接收请求消息，但不将这些请求消息传递给下一服务器，而是把请求消息中的被叫用户地址映射成零个或更多个新地址，向请求方发送应答以指示被叫用户的地址，可以获得的是 E-mail 形式的地址或与被呼叫方关联的电话号码。使用该信息，主叫方的用户代理能够使用特定服务器来解析该地址信息。这使得呼叫者可以直接获得被叫方的当前地址。

重定向消息可以由用户终端的客户端发出，也可以由网络中的服务器发出。当用户当前不想接受呼叫时，可以通过发送重定向消息，告诉网络中的服务器将呼叫重新路由到个人语音信箱或其他通信地址，如果不想受终端限制（如果通过终端发送此消息，必须保证终端在线），重定向消息可以由网络中的服务器发出。

5. 注册服务器

当用户接入 SIP 网络或者到达某个 SIP 网络的新域时，需要将当前所在位置登记到网络中的注册服务器（Registrar Server）上，以便其他用户能够通过位置服务器确定该用户的位置。

用户在进行注册时，服务器需要对用户进行鉴权认证，当鉴权通过并确认该用户为网络中的合法用户，就将该用户的位置登记在服务器中。

为了确保网络对用户终端的可控性，每个成功注册信息都有一定的存亡周期。如果用户终端在存亡周期内能够对该位置信息进行更新，说明该位置信息当前有效；如果存亡周期终了时，用户终端没有将此消息进行更新，那么注册服务器会认为当前的位置信息对该用户无效。这样可以避免用户由于异常情况（例如突然死机或掉电）而不能将位置信息注销掉的情况。

SIP 能够实现强大的业务，在一定程度上也取决于 SIP 网络中注册功能的强大。例如，同一个用户可以将自己注册到多个地址（同一个 SIP 地址下的多个别名地址），由此实现分叉业务；也允许用户将自己的地址主动注销，这样便于用户在不同的场合使用不同地点的终端（如下班后的联系地址可以设置为家庭电话；上班后的联系地址可以设置为办公电话）。同时还可以实现第三方注册，这样可以实现类似于秘书为老板提供注册的业务。

在 SIP 网络中，存在漫游概念。在漫游的实现上，注册服务器起着很重要的作用。

6. 位置服务器

位置服务器（Location Server）完成用户数据的存储，从严格意义上讲，该实体并不是 SIP 网络中的功能实体。但以上所提到的注册服务器、代理服务器、重定向服务器等设备在实现位置服务时都需要与位置服务器相配合。

上面介绍的各种服务器只是一种逻辑概念，在实际物理实现时，几种服务器都可以集成在同一个网络设备中。图 2-5 所示为各种服务器的一种实现结构。在该实现结构中，主叫方的代理服务器与注册服务器在物理上集成在同一个设备中，被叫方的注册、代理、重定向服务器集成在同一个设备中，同时假设主被叫双方共用同一个位置服务器。

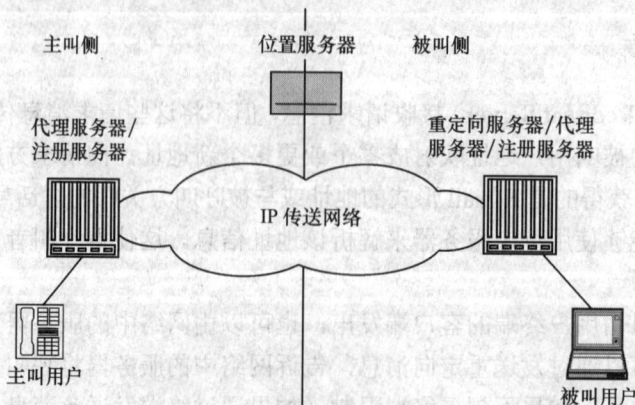

图 2-5 服务器的一种实现结构

在下一代网络中，代理、注册、重定向的功能一般都由软交换机充当，也就是说作为物理设备的软交换机可以融合代理服务器、注册服务器、重定向服务器的一种、几种或全部功能。

2.2.2 基于 SIP 的多媒体通信的协议栈结构

基于 SIP 的多媒体通信的协议栈结构如图 2-6 所示。

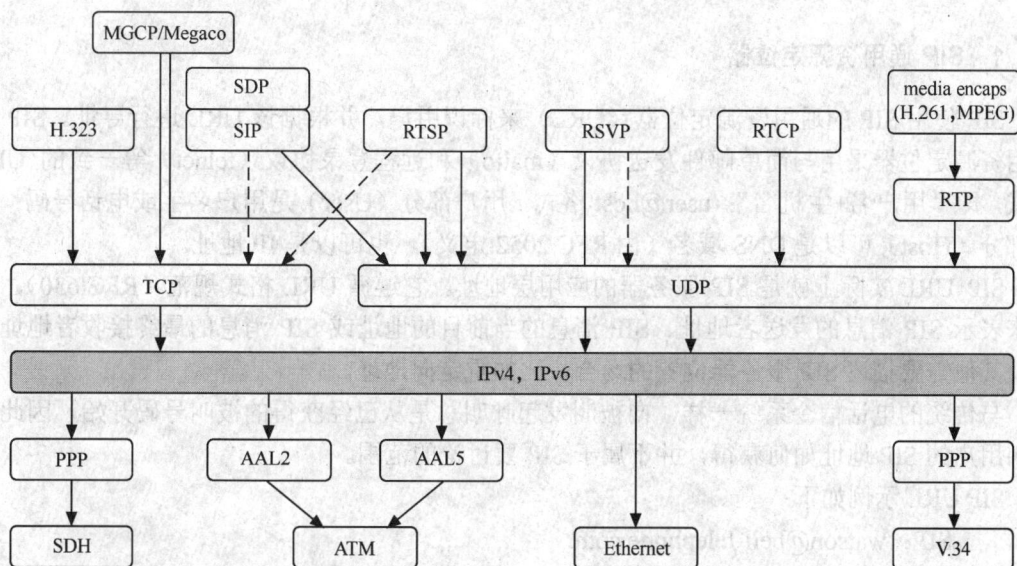

SDH: 同步数字系列 ATM: 异步转移模式 Ethernet: 以太网 PPP: 点对点协议
AAL2: ATM 适配层 2 AAL5: ATM 适配层 5 TCP: 传输控制协议 UDP: 用户数据报协议
SIP: 会话启动协议 SDP: 会话描述协议 RTSP: 实时流协议 RSVP: 资源预留协议
RTCP: 实时传输控制协议 RTP: 实时传输协议 MGCP: 媒体网关控制协议

图 2-6　基于 SIP 的多媒体通信的协议栈结构

由图 2-6 可见，在基于 SIP 的多媒体通信的协议栈结构的媒体传送层的结构中，采用各种编码的语音信号或图像信号经 RTP 封装后由用户数据报协议（UDP）支持，占用偶数号端口 $2n$。RTCP 也由 UDP 支持，传送相应媒体流的质量统计数据，占用比 RTP 端口号大 1 的奇数端口号（$2n+1$）。资源预留协议（RSVP）是任选的，用于资源预留，用来保证传送的服务质量（QoS）。

主要的信令协议为会话启动协议（SIP）和会话描述协议（SDP），会话启动协议（SIP）支持 IP 系统中用户定位和呼叫的建立和释放，并能支持各种补充业务的实现。SIP 既能在 TCP 的支持下工作，也能由 UDP 支持。由于 TCP 是通过证实和定时重发机制来保证可靠传送的，在网络负荷较重的情况下，常会发生证实超时，导致呼叫建立时延增加，因此推荐首选 UDP，采用 UDP 后，可由应用层控制协议消息的定时和重发，并可方便地利用多播机制并行搜索目的用户，无需为每一搜索建立一个 TCP 连接。

会话描述协议（SDP）用来传送呼叫的媒体类型和格式等信息，但 SDP 描述的信息是封装在相关传送协议中发送的，典型的会话传送协议包括：会话启动协议 SIP、会话公告协议

SAP、实时流协议 RTSP、多用途 Internet 邮件扩展协议 MIME 的 E-mail。在本章中主要介绍会话启动协议（SIP）和会话描述协议（SDP），会话描述协议（SDP）的内容都是在会话启动协议（SIP）的消息体中传送的。

实时流协议（RTSP）用于控制存储媒体的实时操作，如播放、快进、快倒、暂停等动作，在 IP 电话中主要用于语音信箱的控制。

2.2.3 SIP 寻址和 SIP 通用资源定位器

1. SIP 通用资源定位器

SIP 使用 SIP 的通用资源定位器（URL）来标识用户，并根据该 URL 进行寻址。SIP 的通用资源定位器采用与简单邮件发送协议（maito）和远程登录协议（telnet）等一致的 URL 格式，即"用户名+主机名"：user@host 格式。用户部分（User）是用户名字或电话号码；主机部分（Host）可以是 DNS 域名（由 RFC 2052 定义），也可以是 IP 地址。

SIP URL 实际上就是 SIP 服务器的应用层地址。它遵循 URL 格式规范（RFC1630），被用来表示 SIP 消息的发送者地址、SIP 消息的当前目的地址或 SIP 消息的最终接收者地址，以及其他需要描述 SIP 服务器位置的场合，比如重定向地址。

与传统的电话信令系统一样，向被叫发起呼叫总是从已经获得的被叫号码开始，因此，被叫用户的 SIP 地址如何获得，并不属于 SIP 要讨论的范围。

SIP URL 示例如下：

> SIP：watson@bell-telephone.com
> SIP：root@193.175.132.42
> SIP：info@ietf.org
> SIP：62281234@IPPoneGateway.BTA.com.en; user = phone
> SIP：sales@ruitong.com.cn

Sip：55500200@191.169.1.112; 55500200 为用户电话号码，191.169.1.112 为 IP 电话网关的 IP 地址。

Sip：55500200@127.0.0.1: 5061; User = phone; 55500200 为用户名，127.0.0.1 为主机的 IP 地址，5061 为主机端口号。用户参数为"电话"，表示用户名为电话号码。

2. 定位 SIP 服务器

当 SIP 客户机想要发送一个请求时，客户机可以通过已经配置的本地 SIP 代理服务器（如同 HTTP 代理一样）进行代理呼叫，也可以将请求发送给 Request-URL 所对应的 IP 地址及其端口。在通过本地 SIP 代理服务器进行代理呼叫时，SIP 客户机将所有的 SIP 请求（不管具体的 Request URL 如何）一律提交给本地 SIP 代理服务器，由它进行代理并最终完成该请求。在后一种情况下，客户机需要根据 Request-URL 确定服务器 IP 地址及用于服务器传输连接的传输协议和端口号。

发送 SIP 请求首先要定位 SIP 服务器，其中 SIP 请求消息中的 Request-URL 就表示接收该请求的当前目的地址。SIP URL 由用户和主机两部分组成，因此，定位 SIP 服务器实际上就是根据请求中的目的 SIP 地址，即 Request-URL 中的主机部分确定该请求的下一站服务器的 IP 地址，完成从 Request-URL 到服务器 IP 地址的转换。

SIP 客户机遵循以下原则进行服务器定位。

● 在定位过程中的每一步，如果 Request-URL 地址里含有端口号，则使用这个端口号，否则就使用公开的(Well known)SIP 端口号，当传输层使用 TCP 和 UDP 时，SIP 的默认端口号为 5060。默认端口号对 TCP 和 UDP 是相同的。

● 如果 Request-URL 中规定了传输协议（TCP 或 UDP），则服务器就使用该规定的传输协议与服务器联系；如果没有规定传输协议，客户机首先尝试（如果支持的话）使用 UDP；如果 UDP 尝试失败，再尝试（如果支持）使用 TCP。

● 如果通过查询 DNS 域名服务器获得某个 Request-URL 的 IP 地址，但是对 SIP 客户机发送的请求，该 SIP 服务器没有应答，则认为该 SIP 服务器已经关闭。

2.2.4 SIP 消息

如前所述，SIP 是一个信令协议，因此它有自己特定的语法。SIP 的语法构成是基于文本的，与超文本传输协议（HTTP）不管是从外观还是感觉上都比较类似。这种相似性的一个好处是为解析 HTTP 所设计的程序可以相对容易地进行改造来被 SIP 所使用。

1．SIP 消息的一般格式

SIP 消息是 SIP 客户机和服务器之间通信的基本信息单元。SIP 消息是一个基于文本的协议，采用 UTF-8 编码（RFC 2279）中的 ISO10646 字符集，以空格为间隔符，以回车换行符 CRLF 为行结束符。发送者必须用一个 CRLF 来结束一行，而接收者也必须用 CRLF 来识别一行的结束。

SIP 消息有请求消息和状态消息（也称做应答消息）两大类，请求消息是从客户端发送到服务器的，而状态消息是从服务器发送到客户端的。每个消息，不管是请求消息还是状态消息都由一个起始行、零个或多个头部和任选的消息体这几部分组成。其一般格式如下：

```
Message=start-line
 *message-header
 CRLF
[message-body]
```

由于 SIP 仅定义了请求消息和状态消息两种类型，因此起始行又可分为请求行和状态行两种格式。

请求行规定了所提交请求的操作类型，而状态行则指出某个请求是成功还是失败。如果表示请求失败，状态行则指出失败类型或失败原因。

消息头部提供了关于请求或应答的参数，消息头部分成 4 类：通用头部 general-header，请求头部 request-header，应答头部 response-header 和实体头部 entity-header。

general-header 为描述消息基本属性的通用头部，可用于请求消息和应答消息。

request-header 为请求头部，只可用于请求消息，它被用来传递有关请求的附加信息，对请求进行补充说明。

response-header 为应答头部，只可用于应答消息，它被用来传递有关应答的附加信息，对应答进行补充说明。

entity-header 是实体头部，用于描述消息体内容的长度、格式和编码类型等属性，可用于请求消息或应答消息。

消息体通常描述将要建立的会话的类型，包括所交换的媒体的描述。但是 SIP 并不定义消息体的结构或内容。其结构和内容使用另一个不同的协议来描述，消息体结构可以使用会话描述协议 SDP 来描述，在与 PSTN 互通的情况下，消息体结构也可包括 ISUP 消息。

2．SIP 请求消息

（1）SIP 请求消息的一般格式

SIP 请求消息格式为：

```
请求消息=请求起始行
*(通用头部
|请求头部
|实体头部)
空行
[消息体]
```

（2）SIP 请求行的格式

一个 SIP 请求消息由请求行开始，请求行由一个方法符号（method）、一个 REQUEST-URL、一个 SIP 的版本指示（SIP-Version）组成。请求行的 3 个组成部分通过空格符 SP 分隔，行的结束用 CRLF 符号表示。请求行的格式如下：

```
request-line=method SP Request-URL SP SIP-Version CRLF
```

方法符号标识所提交的特定请求，即方法用来说明客户机请求服务器执行的操作的类型，REQUEST-URL 是 SIP 请求消息要发送到的当前目的地址，SIP 版本号现设定为 SIP/2.0。

（3）方法类型

SIP 请求消息使用方法来表达请求服务器执行的操作的类型。在基本的 SIP 中定义了 6 种不同的方法：邀请（INVITE）、证实（ACK）、询问（OPTIONS）、再见（BYE）、取消（CANCEL）和登记（REGISTER）。六种方法中，INVITE 和 ACK 用于建立呼叫、完成三次握手，或者用于呼叫建立以后改变会话属性；BYE 用于结束会话；OPTIONS 用于对服务器能力的查询；CANCEL 用来取消已经发出但还未最终结束的请求；REGISTER 用于客户机登录服务器，向服务器报告用户位置等信息（包括用户的呼叫处理属性）。各个方法对应着相应请求消息。

在扩展的 SIP 中还定义了 PRACK、INFO、UPDATE、SUBSCRIBE、NOTIFY、MESSAGE等方法。

下面说明基本的 SIP 中定义的 6 种方法。SIP 扩展方法在 2.2.7 小节介绍。

① 邀请

主叫方使用邀请（INVITE）方法来邀请用户参加一个会话。对于两个通话方之间的一个简单呼叫，INVITE 用来发起一个呼叫，消息中包含关于呼叫方和被叫方或要交换的媒体的类型的信息，如主叫方能接收的媒体类型、发出的媒体类型及相关参数。

② 证实

当接收到对 INVITE 消息的最终应答时，发送这个 INVITE 消息的客户端将回送一个证实（ACK）消息，以表明它已经接收到最终应答，以完成三次握手的过程。

③ 再见

再见（BYE）方法用来终止一个会话，呼叫方或被叫方都可发送这个消息，当通话中的某一方挂机时使用这个消息结束呼叫。

④ 询问

客户机可使用询问（OPTION）方法用来询问服务器的性能。例如，这个方法可用来判断被叫方用户代理是否支持特定类型的媒体，或者判断被叫方用户代理如何应答 INVITE 消息。在这种情况下，对这个消息的应答指出了用户可支持的媒体类型，或者指出用户当前不可用。

⑤ 取消

客户机可使用取消（CANCEL）方法用来终止一个等待处理或正在处理的请求。例如，当发送一个 INVITE 消息，但还没有接收到最终的应答时，可使用 CANCEL 方法终止这个会话。

⑥ 登记

用户代理客户端使用登记（REGISTER）方法用来登录并且把它的地址注册到 SIP 服务器，这样注册服务器就可以知道用户当前位置的地址。用户代理客户端可能在启动时注册到一个本地的 SIP 服务器上，可以是一个已知的注册服务器，其地址在用户代理中配置，或广播到"所有 SIP 服务器"（广播地址为 224.0.1.175）。一个客户端可以注册多个服务器，在同一个注册服务器中，一个用户可以有多个注册。

3. SIP 应答消息

当服务器收到一个 SIP 请求消息并执行后，服务器根据对请求的执行情况要返回一个或多个 SIP 应答消息。SIP 应答消息与 HTTP 应答消息格式几乎一样。应答消息的格式定义如下：

```
Response=Status-Line
    *(general-header
    | response-header
    | entity-header)
    CRLF
    [message-body];
```

SIP 应答消息的起始行是状态行，状态行由 SIP Version 开始，接着是一个表示应答结果的 3 位十进制数字的状态码，起始行还可能包含一个原因说明，用文本形式对结果进行描述，然后由一个 CRLF 行结束符结束状态行。客户端软件将解释这些状态代码并进行相应处理，原因说明则用来提供给用户以直观的形式辅助人们对应答的理解。

状态行的格式定义如下：

```
Status-Line=SIP-Version SP Status-Code SP Reason-Phrase CRLF
```

状态代码在 RFC 2543 中进行定义，它的值为 100～699，第 1 个数字表示应答的级别，因此为 100～199 的所有状态代码属于同一个级别。不同的级别说明如下。

（1）1XX

1XX 是临时响应，表示请求消息正在被处理。

100 表示试呼（Trying），正在进行与呼叫有关的操作（如访问数据库），但被叫用户还没有定位。

180 表示被叫振铃（Ringing），被叫用户代理已经得到被叫的位置，正在提醒被叫用户。

181 表示这个呼叫正在转移。

182 表示这个呼叫正在排队。

（2）2XX

2XX 是成功响应，表示请求已被成功接收，完全理解并被接收。这里仅定义了 200 这个代码，表示请求被识别并执行完成。在 INVITE 情况下，200 用来指出被叫方已接受这个呼叫。

（3）3XX

3XX 是重定向响应，表示需采取进一步动作以完成该请求。

（4）4XX

4XX 是客户机错误响应，表示请求消息中包含语法错误信息或服务器无法完成客户机请求。

（5）5XX

5XX 是服务器错误响应，表示服务器无法完成合法请求。

（6）6XX

6XX 是全局故障响应，表示任何服务器无法完成该请求。

除了 1XX 应答，所有的应答都被认为是最终的，如果起始消息是 INVITE 的话，应该使用 ACK 消息进行确认。1XX 应答是临时的，不需要被确认。

4．头部字段

消息头部提供了关于请求或应答的参数。

（1）头部格式

SIP 消息的头部格式遵循 RFC 822（Internet 文本消息格式标准）中的头部格式规范。每个头部都是一个"句子"，由头部的名字和头部的值两部分组成，中间以"："相隔，最后以回车换行符 CRLF 结束。对头部值的规定和解释，与具体的各个头部的名字有关。

（2）常用的头部字段

① From

From 头字段是指示请求发起方的逻辑标识，它是请求发起方用户的注册账号。From 头字段包含一个 URI 和一个可选的显示名称。

所有请求消息和应答消息必须包含此字段，以指示请求的发起者的注册账号。服务器将此字段从请求消息复制到应答消息。

该字段的一般格式为：

```
From: 显示名（SIP-URI）; tag=xxxx
```

其中，显示名为用户界面上显示的字符，显示名为任选子字段；URI 为请求发起方用户的注册账号；tag 称为标记，为 16 进制数字串，中间可带连字符"-"。当两个共享同一 SIP 地址的用户实例用相同的 Call-ID 发起呼叫邀请时，就需用此标记予以区分。标记值必须全局唯一。用户在整个呼叫期间应保持相同的 Call-ID 和标记值。

② To

To 头字段指定请求消息的逻辑接收者或者是用户或资源的注册账号，该地址同样是作为请求消息的目标地址。所有请求和应答消息必须包含此字段。该字段的一般格式为：

```
To: 显示名 ( SIP-URL ); tag=xxxx
```

字段中的 SIP-URL 为请求消息的逻辑接收者或者是用户（资源）的注册账号；标记参数可用于区分由同一 SIP URL 标识的不同的用户实例。由于代理服务器可以并行分发多个请求，同一请求可能到达用户的不同实例（如宅内电话、移动电话等）。由于每个实例都可能应答，因此在应答消息中需用标记来区分来自不同实例的应答。需要注意的是，To 字段中的标记是由每个实例置于应答消息中的。

③ Call-ID

Call-ID 头字段是用来将消息分组的唯一性标识。在我国原信息产业部关于 SIP 的标准中规定，在一个对话中，UA 发送的所有请求消息和响应消息都必须有同样的 Call-ID。在注册生存期内，一个 UA 每次注册所用的 Call-ID 也应是一样的。

Call-ID 的一般格式为：

Call-ID：本地标识@主机

其中，主机应为全局定义域名或全局可选路 IP 地址，此时，本地标识由在"主机"范围内唯一的标识字符组成。

在 SIP 中，Call-ID、To 和 From 3 个字段共同标识一个呼叫分支。在代理服务器并行分发请求时，一个呼叫可能会有多个呼叫分支。

④ Cseq

Cseq 头字段用于标识事务并对事务进行排序。它由一个请求方法和一个序列号组成，请求方法必须与对应的请求消息类型一致。

每个请求都有一个命令序号 Cseq，由无符号的序列号和方法名组成。序号初值一般为一个随机数，在同一个呼叫中，每个新的请求消息中的序号应加 1。ACK 请求消息和 CANCEL 请求消息的 Cseq 值和对应的 INVITE 请求相同，BYE 请求的 Cseq 序号应大于 INVITE 请求。

⑤ Via

Via 头字段用于定义 SIP 事务的下层（传输层）传输协议，并标识响应消息将要被发送的位置。只有当到达下一跳所用的传输协议被选定后，才能在请求消息中加入 Via 头字段值。

在我国原信息产业部关于 SIP 的标准中规定，当 UAC 生成请求消息时，它必须在其中插入一个 Via 头字段。Via 头字段的协议名称和协议版本必须分别为"SIP"和"2.0"，Via 头字段中必须包含一个"branch"参数，该参数用来标识由当前请求所建立的事务。该参数既用在客户端也用在服务器端。对于某个 UA 发出的所有请求，它们的 branch 参数值在空间和时间上必须全局唯一。但有两种情况例外：一是 CANCEL 请求，以后会说明 CANCEL 请求的 branch 参数与它所要取消的那个请求的 branch 参数是一样的；另一个是对非 200 响应的 ACK 请求，这种情况下 ACK 请求与相关的 INVITE 请求有着同样的 branch ID，它所要确认的就是该 INVITE 的响应。

SIP 实体在插入 branch ID 时，必须以"z9hG4bK"开头。这样 SIP 服务器在收到请求消息时，就能确定现在的 branch ID 是全局唯一的。

Via 头字段用以指示请求历经的路径。它可以防止请求消息传送产生环路，并确保应答和请求消息选择同样的路径，以保证通过防火墙或满足其他特定的选路要求。

发起请求的客户必须将其自身的主机名或网络地址插入请求的 Via 字段，如果未采用缺省端口号，还需插入此端口号。在请求消息前传过程中，每个代理服务器必须将其自身地址作为一个新的 Via 字段加在已有的 Via 字段之前。如果代理服务器收到一个请求，发现其自身地址位于 Via 头部中，则必须回送响应"检测到环路"。

⑥ Contact

Contact 头字段指定一个 SIP URI，后续请求可以用它来联系到当前 UA。任何能够建立对话的请求消息中都必须有 Contact 头字段，并且该头字段中只能含有一个 SIP 或 SIP URI。在我国原信息产业部关于 SIP 的标准中定义的请求方法中，只有 INVITE 请求能建立对话。对这些能建立对话的请求，Contact 的作用范围是全局的。也就是说，Contact 头字段值中包含的 URI 是 UA 希望用来接收请求的地址，即使使用在任何对话外的后续请求消息中，该 URI 也必须有效。

⑦ Max-Forwards 头部

Max-Forwards 头字段限定一个请求消息在到达目的地之前允许经过的最大跳数。它包含一个整数值，每经过一跳，这个值就被减一。如果在请求消息到达目的地之前该值变为 0，那么请求将被拒绝并返回一个 483（跳数过多）错误响应消息。

⑧ 实体头部

在 SIP 中，消息体由与会话有关的信息或将展现给用户的信息所组成。当信息与会话有关时，可根据 SDP 对会话进行描述，用来描述媒体的负载类型、接收媒体信息的地址和端口号码等信息。实体头部的目的就是指出包括在消息体中的信息的类型和格式，以保证能正确调用适当的应用程序来处理这些消息体内的信息。

实体头部字段由 Content-Type（内容类型）、Content-Length（内容长度）、Content-Language（消息体的接受者的原始语言）、Content-Encoding（编解码方式）组成。

Content-Type 头部字段指出消息体的类型，Content-Length 头部字段指出消息体以字节为单位的长度，Content-Encoding 头字段的值指定了适用于该实体的编码以及为了获得 Content-Type 指定的媒体类型所需要使用的解码机制。

当消息体的类型为 SDP 时，Content-Type 头部字段为："Content-Type：application/sdp"。当消息体的类型为 ISUP 时，Content-Type 头部字段为："Content-Type：application/ISUP"。

在我国原信息产业部关于 SIP 的标准中规定，由 UAC 产生的一个有效的 SIP 请求消息必须至少包含下列头字段：To、From、CSeq、Call-ID、Max-Forwards 和 Via 头字段，这些头字段在所有的 SIP 请求消息都是必选的。这 6 个头字段是构建 SIP 消息的基本单元，它们共同提供了大部分的关键的消息路由服务，包括消息的寻址、响应的路由、消息传播距离限制、消息排序，以及事务交互的唯一性标识等。另外，请求行（request line）也是必选的，它包含了请求方法、Request-URI, SIP 版本信息。

5. SIP 消息示例

"邀请"是 SIP 的核心机制，SIP 是通过"邀请"的方法来建立会话的，SIP 请求消息中最重要的一个消息就是"邀请"（INVITE）消息。下面是一个最简单的 INVITE 请求消息：

```
Invite sip:bob@shanghai.com  SIP/2.0
Via: SIP/2.0/UDP 217.19.97.1:5060
```

```
To: sip:bob@shanghai.com
From: sip:tom@ guangzhou.com ; tag=2089095865
Call-ID: 1039412186@217.19.97.1
CSeq: 1 Invite
Max-Forwards: 70
Content-Type: application/sdp
Content-Length: 271
Contact: <sip:tom@ 217.19.97.1:5060;transport=udp>
<CR LF>
v=0
o=tom 13908155209745962 13908155209745962 IN IP4 217.19.97.1
s=n
c=IN IP4 217.19.97.1
t=0 0
m=audio 50000 RTP/AVP 8
a=rtpmap:8 PCMA/8000
a=ptime: 10
```

下面对各个字段做一简要说明。

"Invite sip: bob@shanghai.com　SIP/2.0" 是起始行，"Invite" 是方法类型，"bob@shanghai.com" 是 REQUEST-URL，表示 SIP 请求消息要发送到的当前目的地址是 "bob@shanghai.com"，"SIP/2.0" 表示 SIP 版本号。

在本消息中只有一个 Via 字段，在该 Via 字段中包含的是发起请求的客户自身的主机名或网络地址及端口类型。在该消息中，发起请求的客户的网络地址是 217.19.97.1，使用 UDP，端口号为 5060。

From 字段指示请求发起方的注册账号，在该消息中发起方的注册账号是 tom@ guangzhou.com；To 字段指示被叫用户的注册账号；起始行中的 Request URI 为该请求消息发送到的目的终端的当前地址，一般说来，它和 To 字段的地址值相同。两者的区别是，To 字段指示的是被叫用户的注册账号，由于移动性或其他原因，该消息的当前地址可能会和被叫的注册账号有所不同。在请求消息传送过程中，代理服务器可能根据定位查询结果更改 Request-URI，但 To 字段地址值始终保持不变。在该消息中，该请求消息发送到的目的终端的当前地址为 bob@shanghai.com，shanghai.com 是一个中间代理服务器的地址，而终端用户的注册账号为 bob@shanghai.com。

Call-ID 字段为标识呼叫的全局唯一的标识符，据此识别若干请求消息是否属于同一呼叫。Cseq 为命令序号字段，标识同一呼叫控制序列中的不同命令，该消息中的 Call-ID 为 1 INVITE，其序列号为 1，方法为 INVITE。

Max-Forwards：70 表示该消息在到达目的地之前允许经过的最大跳数是 70。

该消息的实体类型字段为 Content-Type: application/sdp，说明消息体使用的是会话描述协议（SDP）。

```
"v = 0
o = tom 13908155209745962 13908155209745962 IN IP4 217.19.97.1
s = n
c = IN IP4 217.19.97.1
m = audio 50000 RTP/AVP 8
a = rtpmap: 8 PCMA/8000
```

a＝ptime: 10"部分是消息体的内容，即会话描述协议 SDP 的内容，对各字段的说明见 2.2.5 小节之 3。

2.2.5 会话描述协议

在 SIP 消息的消息体中包含了与所交换的媒体有关的信息，如 RTP 负载类型、IP 地址和端口。消息体大多数以会话描述协议 SDP 为依据。SDP 在 RFC 2327 中规定。

1. SDP 的结构

SDP 提供了描述从会话信息到可能的会话参加者的格式。一个会话可以由一个或多个媒体流组成，因此，会话描述包括一个或多个媒体流相关的参数说明，此外还包括与会话整体相关的通用信息。所以，SDP 中既包含有会话级参数又包括媒体级参数。会话级参数包括如下信息，如会话的名称、会话的发起者以及会话活动时间。媒体级信息包括媒体类型、端口号、传输协议以及媒体格式等。SDP 的基本结构如图 2-7 所示。

因为 SDP 仅仅提供了对会话的描述，而并没有提供一种把会话和可能的参与者联系起来的方法，所以我们必须把 SDP 与其他协议（如 SIP）联系起来使用。例如，SIP 通过 SIP 消息体来承载 SDP 信息。

与 SIP 类似，SDP 也是基于文本的协议，它应用的是 UTF-8 编码（RFC 2044）中的 ISO10646 字符集。由于 SDP 中的 ASCII 编码与二进制编码相比占用较多的带宽，SDP 采用了一种紧凑格式来提高带宽利用率。当用一个英文单词来表示字段名称时，使用单个字符来代替。例如，v＝version，s＝sessionname，b＝bandwidth 等。

图 2-7　SDP 会话描述结构

2. SDP 语法

（1）会话描述的一般格式

SDP 通过使用许多文本行来传递会话信息，每一行使用"字段名＝字段值"的格式，这里"字段名"只用一个字符表示（大小写敏感），"字段值"与相应的"字段名"对应。有时候，"字段值"可能由许多不同的信息块组合而成，它们之间用空格符分开，需要注意的是"字段名"和"＝"（等号）或者"＝"（等号）和"字段值"之间不允许出现空格符。

会话级参数必须放在前面，然后才是媒体级参数，会话级参数和媒体级参数之间的界线就是第一个媒体描述字段（m=）的出现，之后的每一个媒体描述字段（m=）的出现标志着这个会话中又一个媒体流参数的开始。

会话描述的一般格式为：

```
v=(协议版本)
o=(会话源)
s=(会话名称)
i=*(会话信息)
u=*(会话描述的 URL)
e=*(E-mail 地址)
p=*(电话号码)
c=*(连接信息：如果已包含在所有媒体中，则该行不需要)
b=*(带宽信息)
一个或多个时间描述
z=*(时区调整)
k=*(加密密钥)
a=*(零个或多个会话属性行)
零个或多个媒体描述
```

每个媒体描述参数的格式为：

```
m=(媒体名和传送地址)
i=*(媒体称呼)
c=*(连接信息：如果会话级描述已包含连接信息.则为任选项)
b=*(带宽信息)
k=*(加密密钥)
a=*(零个或多个媒体属性行)
```

以上字段中凡带"*"号的文本行为任选项。

各字段必须严格按上述次序排列，以便简化语法分析和检错。

（2）在软交换网络中常用字段

① 会话源

格式：o =（用户名）（会话标识）（版本）（网络类型）（地址类型）（地址）

用户名是会话起始者在某个主机上的登录标识，如果没有应用登录标识则用"-"表示。会话 ID 是这个会话的唯一 ID 号，大多数是由会话起始者的主机生成的，为了保证这个 ID 号的唯一性，RFC 2327 建议 ID 号使用网络时间协议（Network Time Protocol, NTP）时间戳。

版本子字段表示这个特定会话的版本号，使用这个字段可以区分修订后的会话版本和较早的会话版本。

网络类型子字段是表示网络类型的文本字符串，字符串"IN"表示"Internet"。

地址类型子字段表示网络中的地址类型，SDP 定义了 IP4 和 IP6 两个类型，分别表示 IP 协议版本 4 和版本 6。

地址是生成会话的机器的网络地址，既可以是完整的域名也可以是实际的 IP 地址。

② 会话名

格式：s =（会话名）

会话名是用 ISO10646 字符表示的字符串，它可以显示给会话参与者。

③ 连接信息

格式：c =（网络类型）（地址类型）（连接地址）

连接数据有 3 个子字段：网络类型、地址类型和连接地址。尽管这些子字段的名称有些与在源信息中定义的子字段名称相同，它们的含义是不同的，它们表示需要接收媒体数据的网络和地址，而不是生成会话的网络和地址。

网络类型指出将使用的网络的类型，当前仅定义了"IN"这个值。

连接地址是接收数据的地址，尽管这个地址可以是点分十进制数值表示的 IP 地址，但最好采用完整域名，因为完整域名更灵活且模糊性少。

每个媒体描述必须包含一个"c ="字段，或者在会话级描述中包含一个公共的"c ="字段。

④ 媒体级描述

媒体级描述包含媒体描述（m）、媒体信息（i）（可选）、连接信息（c）（如果在会话级进行了规定，这里则是可选的）、带宽信息（b）（可选）、加密密钥（k）（可选）、属性（a）（可选）这几个字段，连接信息（c）字段在上面已介绍了，下面主要介绍媒体描述（m）字段。

媒体描述（m）字段格式为：

```
m={媒体}{端口}{传输协议}{格式列表}
```

媒体信息（m）有 4 个子字段：媒体类型、端口、传输协议、格式。

媒体类型可以是音频、视频、应用程序、数据或控制，如果是语音，媒体类型就是音频。

端口指明接收媒体的端口号，端口号与所用的连接类型和传输协议有关。例如，对于 VoIP，媒体通常在 UDP 传输协议之上采用 RTP 承载，这样，端口号将是 1024 和 65535 之间的一个偶数值。对应的 RTCP 端口为比 RTP 端口高 1 号的奇数端口。一般来说，主机发送和接收同一类型媒体的端口号是相同的。

传输协议的值和"c ="行中的地址类型有关。对于 IPv4 来说，大多数媒体流都在 RTP/UDP 上传送，已定义如下两类协议：

* RTP/AVP：IETF RTP，音频/视频应用文档，在 UDP 上传送。
* udp：UDP。

格式子字段列出了所支持的不同类型的媒体格式。例如，某个用户可以支持采用不同方式编码的语音，那么它将列出它支持的每一个编码，并且优先使用的编码靠前。通常，格式可能是与某种负载类型有关的 RTP 负载类型，这种情况下，可以仅需规定媒体是 RTP audio/video 类型，并指明负载类型。如果某个系统准备在端口 45678 接收语音，并且只能处理 G.711μ律编码的语音（负载类型为 0），媒体信息如下：

```
m=audio 45678 RTP/AVP 0
```

如果某个系统准备在端口 45678 接收语音，并且能处理以下几种编码的语音：G.728 编码格式（负载类型为 15）、GSM 编码格式（负载类型为 3）、G.711μ律编码格式（负载类型为 0），而且编码类型优先采用 G.728 格式，那么媒体信息如下：

```
m=audio 45678 RTP/AVP 15 3 0
```

⑤ 属性

SDP 的属性字段可用来包括额外的信息，它可应用于会话级、媒体级或者二者兼有。此外，对于一个会话整体和某给定的媒体类型，可以规定多个属性字段。因此，在一个会话描述中可能出现多个属性字段，它们的含义和重要性根据它们在会话描述中的位置不同而不同。如果某个属性列在第一个媒体信息字段前面，这个属性就是会话级属性，如果某个属性列在某给定媒体信息字段（m）之后，那么它将应用于这个媒体类型。

属性有两种形式，第 1 种是特征属性，它用来指明会话或媒体类型具有某种特征。第 2

种是值属性，它用来指明会话或媒体类型具有某个特定特征的特定值。SDP 描述了多个建议的属性。例如，"sendonly"和"recvonly"是在 SDP 中描述的两个特征属性，第 1 个表明会话描述的发送者只希望发送数据而不打算接收数据，这种情况下，它的端口号没有任何意义并且可以设置为 0。而第 2 个则表明这个会话描述的发送者只想接收数据而不打算发送数据。

3．SDP 消息示例

下面简要说明在 2.2.4 所示 SIP 消息中包含的 SDP 消息的主要字段的含义。

"c = IN IP4 217.19.97.18"表示准备接收媒体信息的网络为 IP 网络，使用的是 IPv4 协议，接收媒体信息的终端的 IP 地址是 217.19.97.18。

"m = audio 50000 RTP/AVP 8"表示媒体流是音频，媒体流在 UDP 传输协议之上采用 RTP 承载，接收媒体流的 RTP 端口号 = 50000，音频编码号 = 8。

"a = rtpmap: 8 PCMA/8000"进一步说明音频编码号 = 8 的音频采用的是 PCM A 律编码，抽样频率为 8 000Hz。

"a = ptime: 10"表示媒体流每 10ms 发送一个音频数据包。

2.2.6　SIP-T 和 SIP-I

由于下一代网络是业务融合的网络，除了能够为 IAD、SIP 用户提供服务外，还应当使得原有 PSTN 用户的业务具有继承性。在下一代网络中，两个软交换设备之间可以采用 SIP，为了使得原有 PSTN 用户的业务属性不丢失，需要考虑原有 7 号信令如何通过 SIP 消息进行传送。鉴于此，IETF 和 ITU-T 对 SIP 进行了扩展，形成了 SIP-T 和 SIP-I。SIP-T 协议的本身含义是"SIP for Telephones"，从这个意义上讲，SIP-T 并不是一个新的协议，只是 SIP 的一个扩展应用。扩展的 SIP-T 可以使 SIP 消息携带 7 号信令系统 SS7 的 ISUP 信令，为基于 SS7 的 PSTN 网络用户和基于 SIP 的 IP 电话网络用户间的呼叫建立提供了互通机制。为了实现 PSTN 域的信令和参数在 IP 域的透明传递，而不至于遗失相关的呼叫参数信息，SIP-T 可以把 ISUP 消息封装在 SIP 消息的消息体中传送。例如，在 INVITE 中封装初始地址消息 IAM，INVITE 的 18X 响应消息中封装地址全消息 ACM 或呼叫进展消息 CPG，INVITE 的 200 响应消息中封装应答消息 ANM 或连接消息 CON，在 INFO 消息封装暂停消息 SUS 或恢复消息 RES，BYE 消息中封装释放请求消息 REL，BYE 消息的 200 响应封装释放完成消息 RLC。

SIP-I 是 ITU-T 定义的 SIP 扩展协议，SIP-I 协议明确说明了 SIP 和 ISUP 消息的参数映射，对下一代网络与电信网补充业务的互通进行了明确的定义，增强了 SIP-T 协议的可操作性，以便在 SIP 消息中能够正确地传送 ISUP 消息，从而与 PSTN 互通。

SIP-I(SIP with Encapsulated ISUP)协议系列包括 ITU-T SG11 工作组的 TRQ.BICC/ISCUP SIP 和 Q.1912.SIP。前者定义了 SIP 与 BICC/ISUP 互通时的技术需求，包括互通接口模型、互通单元 IWU 所应支持的协议能力集、互通接口的安全模型等。后者根据 IWU 在 SIP 侧的 NNI 上所应支持的协议能力配置集 A、B、C，详细定义了 3GPP SIP 与 BICC/ISUP 的互通、一般情况下 SIP 与 BICC/ISUP 的互通。

SIP-I 协议系列具有 ITU-T 标准固有的清晰准确与详细具体，可操作性非常强，并且 3GPP

已经采用 Q.1912.SIP 作为 3GPPIMSR5 与 PSTN/PLMN 互通的最终标准。

ITU-T 的 SIP-I 协议系列比 IETF 的 SIP-T 协议系列内容更为丰富完整、描述清晰准确、可操作性更强，所以 NGN，SIP 网络与传统 PSTN/ISDN 的互通应采用 ITU-T 的 SIP-I 协议系列。

2.2.7　SIP 扩展方法简介

SIP 的基本设计思想是将协议的基本功能与扩展功能分离，协议的基本功能构成稳定而相对简单的 SIP 标准的基础，扩展功能用来适应增值业务的需要。当扩展 SIP 时，不能改变原有方法的语义，必须保持 SIP 会话建立过程与 SIP 会话描述部分之间的独立性，不能破坏 SIP 的简单性和可管理性。下面介绍在我国原信息产业部关于 SIP 标准的附录中建议的几种扩展方法。

1．PRACK 方法

PRACK 方法的功能是用来保证临时响应的可靠传送。

SIP 是一个基于请求响应的协议，用于发起和管理会话。在 SIP 中，响应分为两类，即临时响应和最终响应。最终响应传递呼叫请求处理的结果，并且保证可靠传送，服务器将周期性地发送最终响应 2xx，直到收到 ACK 为止。而临时响应仅提供呼叫请求处理过程中的信息，并且不保证可靠传送。

但某些情况下，如软交换网络与 PSTN 互通这种情况下，可靠地传递临时响应非常重要，为此定义了新的 SIP 方法——PRACK 来保证临时响应的可靠传送。PRACK 方法用来对需要保证可靠传送的临时响应予以证实，并且 PRACK 方法有对应的响应消息。

当需要保证临时响应的可靠传送时，客户机在收到临时响应时可发送 PRACK 消息证实。

当 UAC 创建新的请求时，如果要求该请求的临时响应必须可靠传递，UAC 可以在 INVITE 请求中插入 Supported 头部字段，且该头部中字段的任选标记为 100rel，服务器在收到在包含任选标记为 100rel 的 Supported 头部字段的 INVITE 请求后，将按照指数递增的定时器控制临时响应的重传，直到收到 PRACK 消息时才停止临时响应的重传。

如果收到初始请求的临时响应，并且该响应中包含 Supported 头部字段，其中的任选标记为 100rel，则表明应该可靠地传递该响应。此时客户机 UAC 应在收到临时响应时发送 PRACK 消息对临时响应予以证实，该请求消息在与临时响应关联的对话中传递。PRACK 请求可以包含消息体。当收到重发的临时响应但该响应已经被证实过时，UAC 不应重发 PRACK 请求。

2．INFO 方法

INFO 方法将被用于沿着会话信令通路传送呼叫中信令信息。INFO 消息的目的是沿着 SIP 信令通路携带应用层消息。INFO 方法并不改变 SIP 呼叫的状态，也不是用于改变 SIP 会话状态。它仅是用于发送通常与会话有关的应用层的可选信息，提供增加的选项信息以进一步加强 SIP 的应用程序功能。会话中信息能够在 INFO 信息头部或作为一个消息体的一部分来进行传送。

　　INFO 消息可能应用在 PSTN 网关之间传送呼叫中 PSTN 信令消息，传送 SIP 会话中生成的 DTMF 数字或传送无线信号强度信息以支持无线移动应用。

3. UPDATE 方法

　　UPDATE 方法的功能是呼叫方在对话建立之后，可以发送一个包含 SDP 协商的 UPDATE 消息来修改会话参数，但不影响对话的状态。

　　UPDATE 方法的具体操作用于以下情况：呼叫方发起一个 INVITE 消息来建立一个正常的会话。当对话建立之后（无论是提前建立或者得到确认之后建立），呼叫方都可以发送一个包含 SDP 协商的 UPDATE 消息来更改会话，该 UPDATE 消息的响应包括 SDP 协商的结果。同样，一旦对话建立，被叫方可以发送一个包含 SDP 的 UPDATE 消息，主叫方会在该消息的 200 响应中包含 SDP 的协商结果。

4. REFER 方法

　　REFER 方法可以实现将消息接收者转移到另外的资源上去。该位置由消息中的头字段指定。使用 REFER 方法可以完成许多应用，如呼叫转移。

5. MESSAGE 方法

　　MESSAGE 方法用于发送即时消息，这类似于双向寻呼或者手机的短消息交互，即消息之间没有明确的联系，每个即时消息都是相对独立的。

　　当用户需要发送即时消息给另一个用户时，发送方需要发送一个 MESSAGE 请求消息。该消息中的 Request-URI 一般为接收方的注册地址，或者接收方的当前位置的设备地址。例如，用户在 Presence 系统中使用即时消息，该系统提供某个给定的注册地址的所有的当前位置信息。用户构建 MESSAGE 消息时，其消息体部分包括需要发送的内容。该消息体可以是任何的 MEMI 类型，包括 message/cpim。由于 message/cpim 格式是其他即时消息协议所支持的，采用不同的即时消息协议的终端可以在网关或者其他的中介设备不修改消息内容的情况下交换消息，这样可以增强采用不同的即时消息协议的用户的端到端的安全性。

　　该消息的临时响应和最终响应需要发送给请求方，这与其他的 SIP 请求消息一样。通常，200 OK 响应可以由消息的最终接收者的 UA 来发送。

　　MESSAGE 消息不能创建对话。

6. SUBSCRIBE 方法和 NOTIFY 方法

　　SUBSCRIBE 方法用于请求得到远端实体的当前状态和状态更新。

　　NOTIFY 方法用于通知 SIP 实体先前由 SUBSCRIBE 请求的事件已经发生。该方法也可以提供与该事件有关的更详细的信息。

　　利用 SUBSCRIBE 方法和 NOTIFY 方法可以使得 SIP 系统支持请求异步通知事件的能力。请求异步通知事件的能力在许多端实体间需要互操作的 SIP 业务中非常有用。这类业务的例子包括自动回叫业务（基于终端状态事件）、朋友列表（基于用户 presence 事件）、消息等待指示（基于邮箱状态改变事件）和 PSTN 与 Internet 互通（PINT）状态（基于呼叫状态事件）。

SUBSCRIBE 是一种对话创建机制。当订阅者想订阅某个资源的特定状态时，将向拥有某个资源的服务器发送 SUBSCRIBE 消息。SUBSCRIBE 请求有最终响应确认。200 类响应指示订阅被接受。200 响应指示订阅被接受并且用户已经认可对请求资源的订阅。当被订阅的资源的状态发生改变时，通知者可向订阅者发送 NOTIFY 消息说明资源的状态。

2.2.8 SIP 信令流程

下面介绍典型的 SIP 信令流程。

1．SIP 用户注册的信令流程

由于用户的 IP 地址在几种情况下可能会变化：用户是通过 ISP 提供的动态地址连接，用户是通过动态主机配置协议（DHCP）提供地址的 LAN 连接或用户漫游在不同的地点登录。为了通过 SIP 地址联系到这个用户，SIP 网络的注册服务器需要维护一个用户的注册 SIP 地址到用户当前 IP 地址的映像。注册服务器的主要功能是接收用户的注册请求。同一个服务器也可以实现其他 SIP 功能（如代理服务）。注册服务器需要知道用户的当前地址。

当用户在一个主机上登录时，客户端发出的第一个请求很可能是 REGISTER，用这个请求向服务器提供用户当前的地址信息，以保证 SIP 会话能到达这个用户。

设 SIP 终端的注册账号是 sip: 801020800001@1.1.1.1，当 SIP 终端在新的位置登录时，可通过注册向所属域的注册服务器发起注册请求，报告当前自己的地址为 1.1.1.100。SIP 用户注册的信令流程如图 2-8 所示。

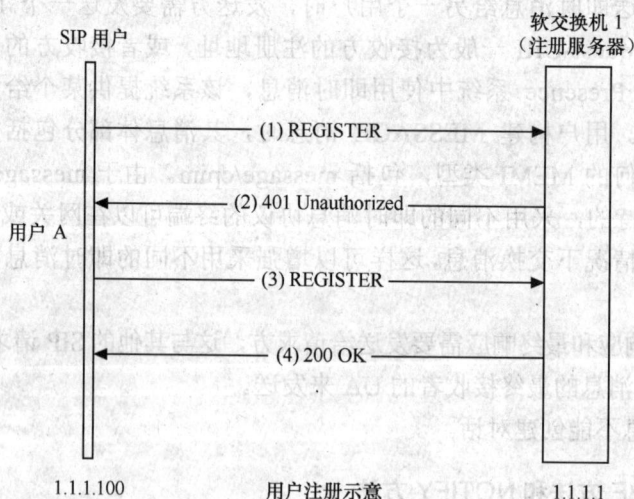

图 2-8 SIP 用户注册的信令流程

（1）SIP 用户 A 向所属域的注册服务器发送注册请求

设 SIP 用户 A 在网络地址为 1.1.1.100 的主机上登录后，向所属域的注册服务器发起注册请求，报告自己的当前地址，REGISTER 消息的格式为：

```
REGISTER sip:1.1.1.1 SIP/2.0
Via: SIP/2.0/UDP 1.1.1.100:5060 ;branch=z9hG4bK1063644978
From: sip:801020800001@1.1.1.1;tag=25486
To: sip:801020800001@1.1.1.1
```

```
Call-ID: 10000000@1.1.1.100
CSeq: 1 REGISTER
Contact: <sip: 801020800001@1.1.1.100:5060>
Ecpires:3600
Content-Length: 0
```

　　在 REGISTER 请求消息的起始行中的 sip: 1.1.1.1（SIP URI）表示注册服务器的地址，"Via："字段包含这个请求当前所占用的路径，客户端将自己的地址"SIP/2.0/UDP1.1.1.100: 5060"插入到这个字段中。同时要注意"Via："字段的格式，特别是这个头部所规定的传输协议，其缺省值是 UDP。"From："头部字段用来指出发起这个注册的用户的地址，"To："头部字段用来指出正在被注册的用户的注册账号为 801020800001@1.1.1.1，也即注册服务器将为这个用户存储其当前所在位置。这里需要注意，"To："头部字段并不是用来包含注册服务器地址的，注册服务器的地址在请求的起始行的 URL 中指出。在"Contact"字段说明了注册用户当前所在的地址是"sip: 801020800001@1.1.1.100: 5060"，其中的 5060 是 SIP 的 UDP 端口号。

　　起始客户端设置"Call-ID"头部字段，对于某个单独的客户端，所有的 REGISTER 请求应使用相同的 Call-ID 值，为了避免不同的客户端会选择相同的 Call-ID 值，推荐 Call-ID 的语法形式为 local-id@host，这样就使得 Call-ID 与本地主机相关。

　　REGISTER 请求没有包含消息体，因为这个消息不必对会话进行任何描述，因此"Content-Length："字段设置为 0。

　　（2）注册服务器要求用户进行鉴权

```
SIP/2.0 401 Unauthorized
 Via: SIP/2.0/UDP 1.1.1.100:5060 ;branch=z9hG4bK1063644978
 From: sip:801020800001@1.1.1.1;tag=25486
 To: sip:801020800001@1.1.1.1;tag=254863455
 Call-ID: 10000000@1.1.1.100
 CSeq: 1 REGISTER
 WWW-Authenticate: Digest realm="1.1.1.1",
 nonce="ea9c8e88df84f1cec4341ae6cbe5a359", stale= FALSE,
 algorithm=MD5
 Content-Length: 0
```

　　（3）终端根据 401 消息中的鉴权信息（如 nonce 值），重新生成注册消息，发送给注册服务器

```
REGISTER  sip: 1.1.1.1 SIP/2.0
Via: SIP/2.0/UDP 1.1.1.100:5060 ;branch=z9hG4bK1063644978
From: sip:801020800001@1.1.1.1;tag=25ER486
To: sip:801020800001@1.1.1.1
Call-ID: 10000000@1.1.1.100
CSeq: 2 REGISTER
Contact: <sip: 801020800001@1.1.1.100:5060>
Ecpires:3600
WWW-Authorization:Digest username=" 801020800001 ", realm="1.1.1.1",
nonce="ea9c8e88df84f1cec4341ae6cbe5a359",
uri="sip: 801020800001@1.1.1.1 ",
response="dfe56131d1958046689cd83306477ecc"
Content-Length: 0
```

　　（4）网络服务器通过鉴权后，认可终端的注册

```
SIP/2.0 200 OK
 Via: SIP/2.0/UDP 1.1.1.100:5060 ;branch=z9hG4bK1063644978
 From: sip:801020800001@1.1.1.1;tag=25ER486
 To: sip:801020800001@1.1.1.1;tag=2343244332
 Call-ID: 10000000@1.1.1.100
 CSeq: 2 REGISTER
 Contact: <sip: 801020800001@1.1.1.100:5060>
 Ecpires:3600
 Content-Length: 0
```

在应答行中的状态码为"200(OK)",表示注册请求已成功完成。要注意的是应答消息中的"Via:"字段、"From:"字段、"To:"字段、"Call-ID:"字段、"CSeq:"字段和"Contact"字段都是从请求消息中复制的。一个应答消息与其相对应的请求消息的 CSeq 值必须相同。在请求消息中,801020800001@1.1.1.1 指出以后对 801020800001@1.1.1.1 呼叫请求的 SIP 消息应该被发送到 sip: 801020800001@1.1.1.100: 5060,通过使用"Expires:"头部来请求这个注册的有效期为 1 个小时(3 600s),注册服务器满足其请求,确定注册的有效期为 1 个小时(3 600s)。注册服务器可以改变某一给定注册有效的时间,不过,如果注册服务器选择改变的话,它通常只能设置一个比所请求的时间少的时间,而不可能设置一个比请求的时间多的时间间隔。"Expires:"头部指明为以秒为单位的整数。

2. 通过代理服务器完成呼叫的信令流程

SIP 用户通过代理服务器完成呼叫的信令流程如图 2-9 所示。

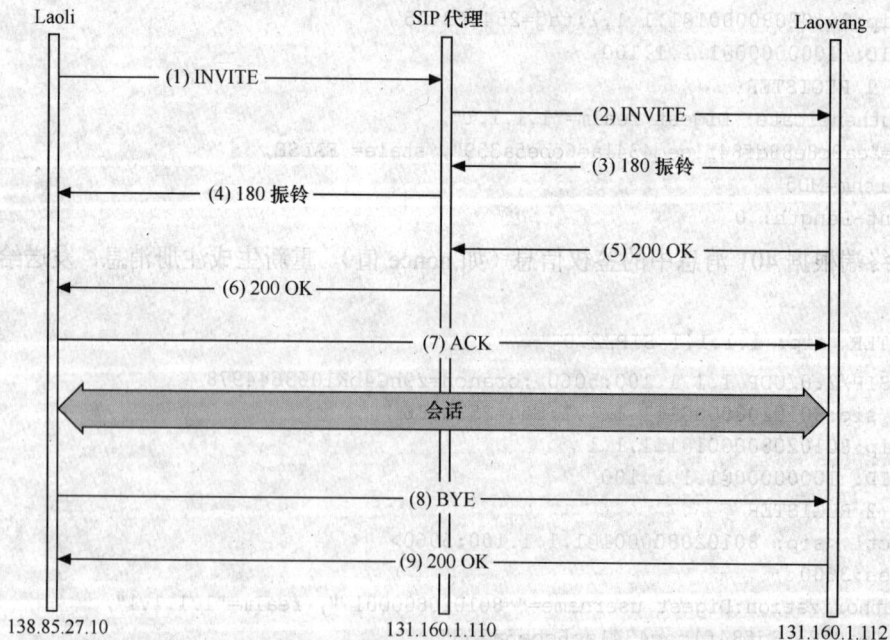

图 2-9 SIP 用户通过代理服务器完成呼叫的信令流程

设 Laoli 的注册账号为 Laoli @univeristy.com,Laoli 当前所在的地址是 workstation1000.university.com (138.85.27.10),Laoli 通过 LaoliSIP 代理呼叫 Laowang,Laowang 的注册账号为

Laowang @company.com，当前地址为 131.160.1.112。

（1）Laoli 的客户代理 UA 要发起呼叫时，它首先创建一个 INVITE 的请求：在 To 头域中填上被叫的注册账号：sip: Laowang @company.com，在请求行的 Request-URL 中包含代理服务器的地址 sip:Laowang@company.com。在 From 头域中填上主叫的注册账号 sip:Laoli @univeristy.com，在 Contact 头域中说明主叫的当前地址 sip: Laoli@workstation1000.university.com。并在消息体（SDP 的内容）说明 Laoli 能够接收的 RTP 音频编码的类型：0(PCMμ)和接收媒体信息的 IP 地址 138.85.27.10 和 RTP 端口号 20002。INVITE 消息的格式如下：

```
INVITE sip:Laowang @company.com SIP/2.0
Via: SIP/2.0/UDP workstation1000.university.com:5060
From: Laoli <sip:Laoli @univeristy.com>
To: Laowang <sip:Laowang @company.com>
Call-ID: 12345600@workstation1000.university.com
CSeq: 1 INVITE
Contact: Laoli <sip:Laoli@workstation1000.university.com>
Content-Type: application/sdp
Content-Length: 147

v=0
o=Laoli 2890844526 2890844526 IN IP4 workstation1000.university.com
s=Let us talk for a while
c=IN IP4 138.85.27.10
t=0 0
m=audio 20002 RTP/AVP 0
```

（2）代理服务器收到 INVITE 消息后，确定被叫用户 Laowang 的当前地址是 131.160.1.112，向被叫用户转发 INVITE 消息，将在请求行的 Request-URL 改为被叫的当前地址 sip: Laowang@131.160.1.112，并增加 Via: SIP/2.0/UDP 131.160.1.110，说明代理服务器的地址，其他的内容不变。从 SIP 代理到 Laowang 的 INVITE 消息的格式为：

```
INVITE sip:Laowang@131.160.1.112 SIP/2.0
Via: SIP/2.0/UDP 131.160.1.110
Via: SIP/2.0/UDP workstation1000.university.com:5060
From: Laoli <sip:Laoli@univeristy.com>
To: Laowang Johnson <sip:Laowang@company.com>
Call-ID: 12345600@workstation1000.university.com
CSeq: 1 INVITE
Contact: Laoli <sip:Laoli@workstation1000.university.com>
Content-Type: application/sdp
Content-Length: 147

v=0
o=Laoli 2890844526 2890844526 IN IP4 workstation1000.university.com
s=Let us talk for a while
c=IN IP4 138.85.27.10
t=0 0
m=audio 20002 RTP/AVP 0
```

（3）当被叫 Laowang 的用户代理收到代理服务器转发的主叫的 INVITE 请求消息后，被叫可以接受，根据呼叫的进展情况先后返回应答消息，应答码为 180，说明呼叫处理的进展情况为正在向被叫振铃（Ringing）、应答从对应的 INVITE 请求中复制 To、From、Call-ID 和 CSeq 等头域的域值，根据第 1 个 Via 行中的地址将临时应答消息发送给代理服务器。

```
SIP/2.0 180 Ringing
Via: SIP/2.0/UDP 131.160.1.110
Via: SIP/2.0/UDP workstation1000.university.com:5060
From: Laoli <sip:Laoli@univeristy.com>
To: Laowang <sip:Laowang@company.com>
Call-ID: 12345600@workstation1000.university.com
CSeq: 1 INVITE
Contact: Laowang <sip:Laowang@131.160.1.112>
Content-Length: 0
```

（4）代理服务器收到 Laowang 的用户代理发来的临时应答消息，由于消息中的第 1 个 Via 所说明的地址是代理服务器的地址，代理服务器将第 1 个 Via 行删除，根据第 2 个 Via 行地址将临时应答消息发送给 Laoli。

```
SIP/2.0 180 Ringing
Via: SIP/2.0/UDP workstation1000.university.com:5060
From: Laoli <sip:Laoli@univeristy.com>
To: Laowang <sip:Laowang@company.com>
Call-ID: 12345600@workstation1000.university.com
CSeq: 1 INVITE
Contact: Laowang <sip:Laowang@131.160.1.112>
Content-Length: 0
```

（5）当呼叫建立成功后，被叫端 UAS 向代理服务器返回 200 应答，在该应答消息中，被叫 UAS 在 Contact 字段说明被叫当前所在的地址为：sip: Laowang@131.160.1.112，并在该消息的消息体（SDP 的内容）中说明被叫能够接收的 RTP 音频编码的类型：0（PCMμ律）和接收媒体信息的 IP 地址 131.160.1.112 和 RTP 端口号 41000。该消息的格式为：

```
SIP/2.0 200 OK
Via: SIP/2.0/UDP 131.160.1.110
Via: SIP/2.0/UDP workstation1000.university.com:5060
From: Laoli <sip:Laoli@univeristy.com>
To: Laowang <sip:Laowang@company.com>
Call-ID: 12345600@workstation1000.university.com
CSeq: 1 INVITE
Contact: Laowang <sip:Laowang@131.160.1.112>
Content-Type: application/sdp
Content-Length: 154

v=0
o=Laowang 2890844526 2890844526 IN IP4 131.160.1.112
s=Let us talk for a while
c=IN IP4 131.160.1.112
t=0 0
m=audio 41000 RTP/AVP 0
```

（6）代理服务器收到 Laowang 的用户代理发来的临时应答消息，由于消息中的第 1 个 Via 所说明的地址是代理服务器的地址，代理服务器将第 1 个 Via 行删除，根据第 2 个 Via

行地址将临时应答消息发送给 Laoli。

```
SIP/2.0 200 OK
Via: SIP/2.0/UDP workstation1000.university.com:5060
From: Laoli <sip:Laoli@univeristy.com>
To: Laowang <sip:Laowang@company.com>
Call-ID: 12345600@workstation1000.university.com
CSeq: 1 INVITE
Contact: Laowang <sip:Laowang@131.160.1.112>
Content-Type: application/sdp
Content-Length: 154

v=0
o=Laowang  2890844526 2890844526 IN IP4 131.160.1.112
s=Let us talk for a while
c=IN IP4 131.160.1.112
t=0 0
m=audio 41000 RTP/AVP 0
```

　　（7）主叫收到最终应答后发送 ACK 请求。UAC 在收到被叫的最终应答后向 UAS 发送 ACK 请求。由于在返回的应答中含有 Contact 头域，则 ACK 请求发往该 Contact 头域中的地址 131.160.1.112。被叫收到主叫发出的 ACK 请求，标志着一个呼叫的一个完整的 SIP 邀请结束：呼叫已成功建立。可以看出，SIP 呼叫是一个三次握手的通信建立方式。该消息的格式为：

```
ACK sip:Laowang@131.160.1.112 SIP/2.0
Via: SIP/2.0/UDP workstation1000.university.com:5060
From: Laoli <sip:Laoli@univeristy.com>
To: Laowang <sip:Laowang@company.com>
Call-ID: 12345600@workstation1000.university.com
CSeq: 1 ACK
Contact: Laoli <sip:Laoli@workstation1000.university.com>
Content-Length: 0
```

　　（8）呼叫终结。主叫或被叫都能发送 BYE 请求以终结呼叫，在该例中，由主叫发送 BYE 请求释放呼叫，消息格式为：

```
BYE sip:Laowang@131.160.1.112 SIP/2.0
Via: SIP/2.0/UDP workstation1000.university.com:5060
From: Laoli <sip:Laoli@univeristy.com>
To: Laowang <sip:Laowang@company.com>
Call-ID: 12345600@workstation1000.university.com
CSeq: 2 BYE
Contact: Laoli <sip:Laoli@workstation1000.university.com>
Content-Length: 0
```

　　（9）被叫用户 Laowang 收到 BYE 请求后，向 Laoli 发送最终应答（200）结束呼叫。

```
SIP/2.0 200 OK
Via: SIP/2.0/UDP workstation1000.university.com:5060
From: Laoli <sip:Laoli@univeristy.com>
To: Laowang <sip:Laowang@company.com>
```

```
Call-ID: 12345600@workstation1000.university.com
CSeq: 2 BYE
Contact: Laowang <sip:Laowang@131.160.1.112>
Content-Length: 0
```

3. 重定向呼叫

SIP 系统支持重定向，目前对重定向的使用主要包括完成呼叫转移类业务和完成路由寻址或载荷分担应用这两个方面。

对于利用重定向完成路由寻址或载荷分担一般应用于组网环境下。此时网络中存在类似于路由查询的服务器，当此服务器接收到请求后，返回路由地址，从而完成路由查询或载荷分担功能。

对于完成呼叫转移类业务，一般是用户的具体业务需求使用重定向功能。例如，用户可以定义在某种条件下（对于某一时刻或某人的呼叫）将呼叫路由到其他路径。这种业务类似于目前我们所使用的呼叫转移业务。该业务可以由网络启动也可由用户终端启动。

用户终端启动重定向的呼叫模型如图 2-10 所示。该重定向行为由 SIP 终端发起。假设用户 C 当前正在开会或进行其他重要事务，在自己的 SIP 终端上设置了条件屏蔽，在这一期间，只有重要客户的呼叫才能够接续进来，其他用户的呼叫将会被接续到新的地址或自己的秘书处。在此期间，当用户 A（用户 A 为普通用户）呼叫用户 C 时，用户 C 的 SIP 话机将会发送重定向消息（3** 消息），告知网络服务器（软交换机 2）将此呼叫接续到新的地址、网络服务器收到重定向消息后，根据 3** 消息中的内容，将呼叫路由到新的地址。

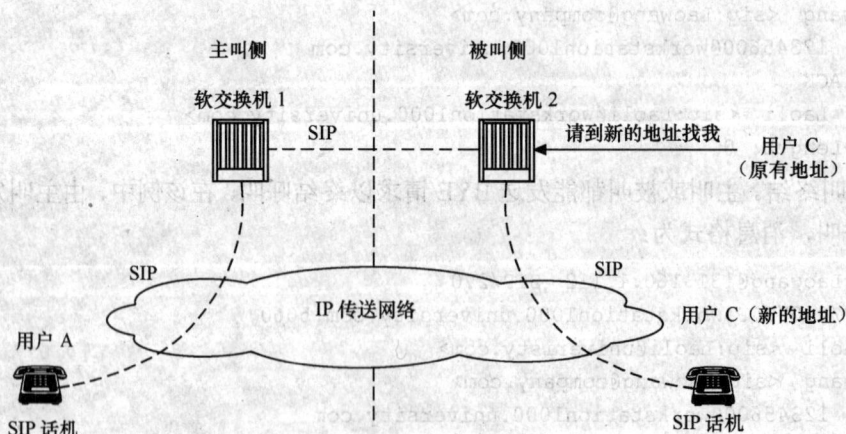

图 2-10　用户终端启动重定向的呼叫模型

用户终端启动重定向呼叫的信令流程如图 2-11 所示。

SIP 用户 C 在收到软交换机 2 转发来的 SIP 用户 A 的呼叫后，判断符合呼叫转移的条件，向软交换机 2 发送 302 Moved Temporarily 响应消息，在用户 C 发送的 302 消息中的 Contact 域将会带有新的地址信息。软交换机 2 收到该响应消息后，根据 Contact 域给出的新地址完成呼叫。在 Contact 域给出的新地址除了是电话号码外，还可以是网页地址、媒体资源服务器的地址等，从而实现多样化业务。

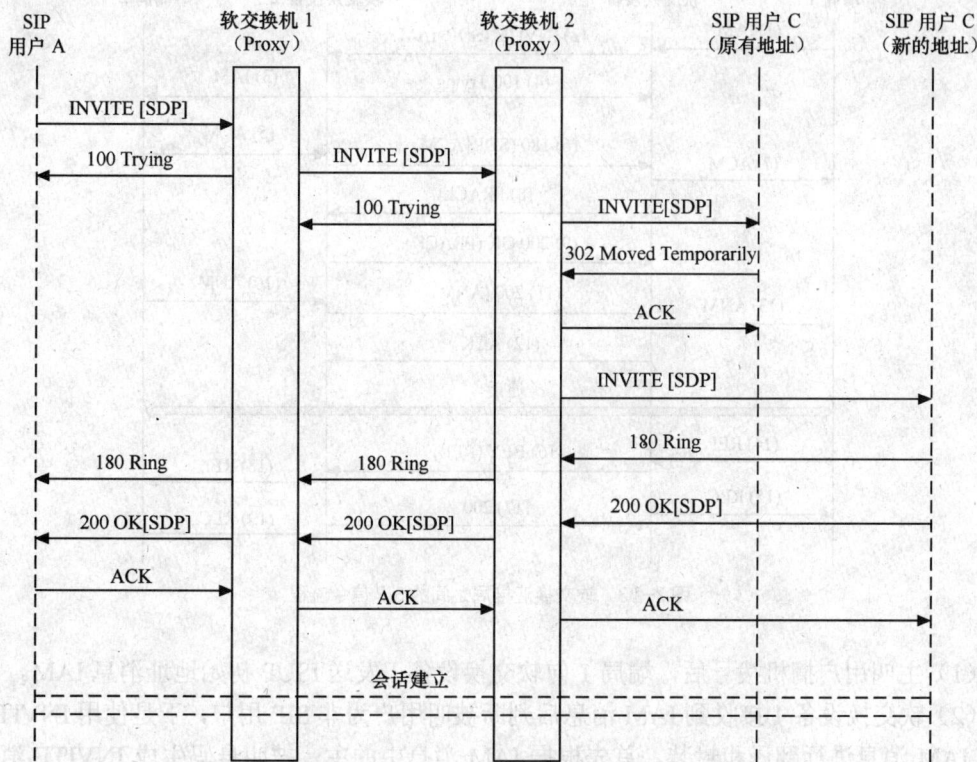

图 2-11　用户终端启动重定向呼叫的信令流程

4．软交换汇接局之间的 SIP 信令流程

当采用软交换设备+媒体网关来替代目前 PSTN 网络中的长途局、汇接局时，在不同的软交换设备之间可采用 SIP-T 或 SIP-I 协议。网络结构如图 2-12 所示，相应的信令流程如图 2-13 所示。

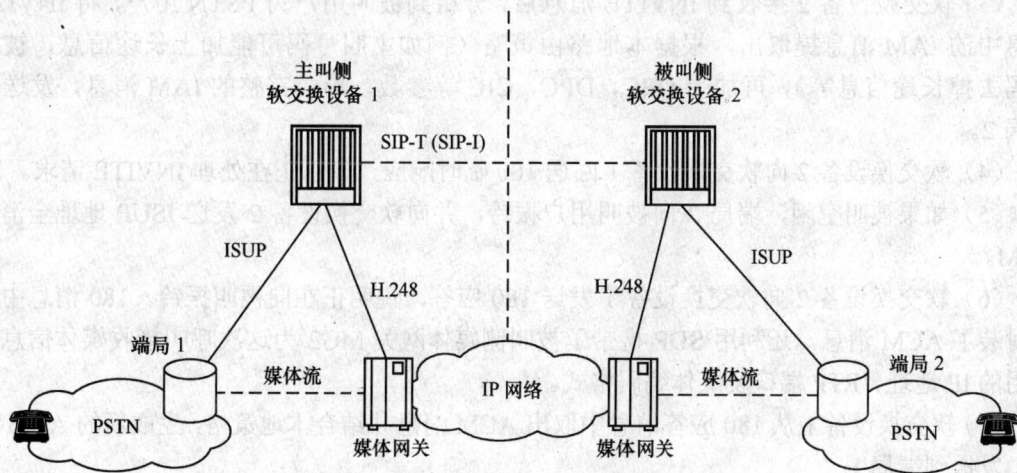

图 2-12　软交换汇接局网络结构

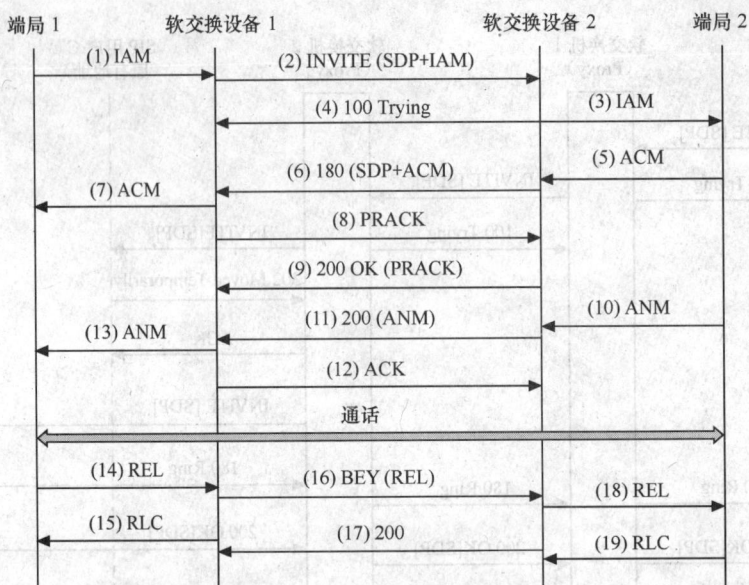

图 2-13 软交换汇接局之间的 SIP 信令流程

（1）主叫用户摘机拨号后，端局 1 向软交换设备 1 发送 ISUP 初始地址消息 IAM。

（2）软交换设备 1 接收到 IAM 消息后判断被叫用户为非 SIP 用户，于是使用 INVITE 消息对 IAM 消息进行翻译和封装。首先根据 IAM 消息中的主、被叫号码生成 INVITE 消息中各类头消息。例如，From 头字段和 To 头字段以及 Request-URL 等，将 ContentType 头字段设为"ContentType：application/ISUP；version = CHN"，然后将 IAM 消息中消息类型编码以后的部分封装进 INVITE 的消息体，并利用 SDP 对主叫侧媒体网关 MG1 为这次呼叫接收媒体信息所使用的 IP 地址、RTP 端口及媒体编码格式进行描述。需要注意的是，消息体中 IAM 为二进制编码方式，SDP 则仍然为文本方式。INVITE 消息生成后，软交换设备 1 向软交换设备 2 发起呼叫，请求建立会话连接。

（3）软交换设备 2 接收到 INVITE 消息后，分析到被叫用户为 PSTN 用户，将 INVITE 消息中的 IAM 消息提取出，根据本地路由策略（例如主叫号码可能加上长途信息，被叫号码去掉长途信息等），再加上 OPC，DPC，CIC 等参数，形成完整的 IAM 消息，发送到端局 2。

（4）软交换设备 2 向软交换设备 1 回送 100 临时响应，表示正在处理 INVITE 请求。

（5）如果被叫空闲，端局 2 向被叫用户振铃，并向软交换设备 2 发送 ISUP 地址全消息 ACM。

（6）软交换设备 2 向软交换设备 1 发送 180 应答，说明正在向被叫振铃。180 消息中不仅封装了 ACM 消息，还利用 SDP 携带了被叫侧媒体网关 MG2 为这次呼叫接收媒体信息所使用的 IP 地址、RTP 端口及媒体编码格式。

（7）软交换设备 1 从 180 应答消息中取出 ACM 消息并结合本地策略，生成新的 ACM 消息，发送到端局 1。

（8）由于回铃音由被叫端局 2 提供，为了保证 180 应答消息的可靠传送，软交换设备 1

需要响应 180 消息。因此软交换设备 1 在向端局 1 发送 ACM 消息的同时向软交换设备 2 发送临时确认消息 PRACK，表明已收到 180 应答消息。

（9）软交换设备 2 用 200 应答对 PRACK 消息进行确认。至此，主、被叫之间的双向媒体通道建立，端局 2 向主叫播放回铃音。

（10）被叫用户摘机应答，端局 2 向软交换设备 2 发送 ISUP 应答消息 ANM。

（11）软交换设备 2 接收到 ANM 消息后，由于主、被叫双方已建立的媒体通道不需要修改，因此发送的 200 应答消息只需要封装 ANM 消息而不需要带有 SDP 信息。

（12）软交换设备 1 接收到 200 应答后，用 ACK 消息进行确认。软交换设备 1 与软交换设备 2 之间的会话成功建立。

（13）软交换设备 1 提取出 200 应答中携带的 ANM 消息并结合本地策略，发送到端局 1。主、被叫通话开始。

（14）通话结束后，如果主叫用户先挂机，端局 1 向软交换设备 1 发送 ISUP 释放消息 REL。

（15）软交换设备 1 接收到 REL 消息后，向端局 1 回送 ISUP 释放完成消息 RLC，完成主叫侧电路的释放。

（16）软交换设备 1 将 REL 消息封装在 BYE 消息中，发送至软交换设备 2，要求结束会话。

（17）软交换设备 2 向软交换设备 1 发送 200 应答消息，会话结束。

（18）软交换设备 2 向端局 2 发送 REL 消息。

（19）端局 2 向软交换设备 2 回送 RLC 消息，被叫侧电路的释放。

被叫用户先挂机的呼叫释放过程与主叫用户先挂机的释放过程相同。

5. SIP 在华为软交换 SoftX3000 上的应用实例

SoftX3000 是华为公司开发的软交换设备，当 SoftX3000 用来对端局进行改造时，SoftX3000 可用来连接 SIP 终端，其结构如图 2-14 所示。

软交换 SoftX3000 支持 SIP，并通过对 SIP 用户的信令控制 SIP 用户进行语音接续，即建立和释放图 2-14 两个用户之间的 RTP 语音流。为方便对下文的描述，假设 SIP 用户 A（左）的 IP 地址为 10.77.226.121，电话号码为 8882100，SIP User A 的注册账号为 8882100@10.77.226.41；SIP User B（右）的 IP 地址为 10.77.226.221，电话号码为 8882101，SIP 用户 B 的注册账号为 8882101@10.77.226.41。

SIP User A 通过 SoftX3000 与 SIP User B 的呼叫流程图如图 2-15 所示。

（1）A 用户拨打 B 用户号码后，A 用户向 SoftX3000 发 INVITE 请求，INVITE 消息的格式如下（其中括号内的内容为注释）：

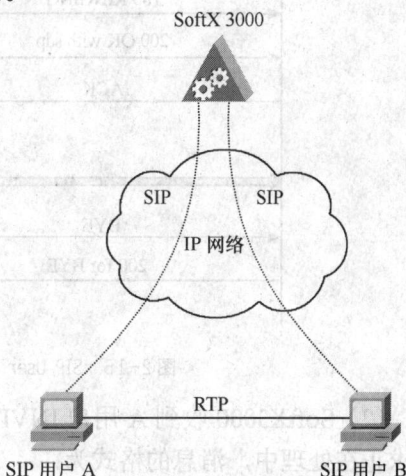

图 2-14 SoftX 3000 连接 SIP 终端组网结构简图

```
INVITE sip: 8882101@10.77.226.41 SIP/2.0（起始行：INVITE + URL+SIP的版本号）
From: sip: 8882100@10.77.226.41; tag = 1c13959（说明本次会话主叫用户的注册账号）
To: sip: 8882101@10.77.226.41（说明被叫用户的注册账号）
Call-Id: call-973574765-4@10.77.226.121（CALL-ID用来唯一标识一次SIP呼叫的编号）
  Cseq: 1 INVITE（Cseq：用来区分同一个呼叫不同INVITE消息的编号）
  Content-Type: application/sdp（说明消息体的类型为SDP）
  Content-Length: 199（说明消息体的长度为199字节）
  Accept-Language: en（用来说明消息体语言类型）
  Supported: sip-cc, sip-cc-01, timer（Support：支持SIP类型）
  Contact: sip: 8882100@10.77.226.121（说明主叫用户的当前地址）
  User-Agent: Pingtel/1.0.0 (VxWorks)（指明UA的用户类型）
  Via: SIP/2.0/UDP 10.77.226.121（Via用来记录消息的地址路径）

v = 0（SDP版本号）
o = Pingtel 5 5 IN IP4 10.77.226.121（描述源端信息）
s = phone-call（SDP本次呼叫名字）
c = IN IP4 10.77.226.121（A用户接收媒体信息的IP地址）
t = 0 0（心跳时间）
m = audio 8766  RTP/AVP  0  96  8（RTP媒体类型描述）
a = rtpmap: 8 pcma/8000/1（支持PCMA率压缩编码方式）
```

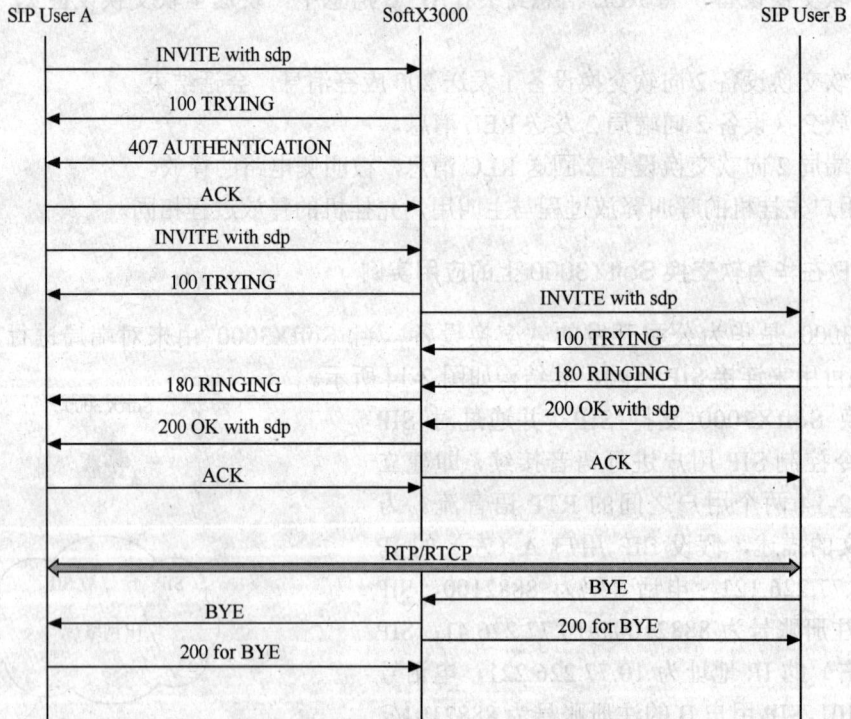

图2-15 SIP User A通过SoftX3000SIP User B的呼叫流程图

（2）SoftX3000收到A用户INVITE的请求后，发100 TRYING的SIP临时响应，表示请求正在处理中，消息的格式为：

```
Status-Line: SIP/2.0 100 Trying
Call-ID:call-973574765-4@10.77.226.121
CSeq:1 INVITE（注意CSeq没有变，说明本消息是对INVITE的响应）
```

```
From:sip:8882100@10.77.226.41;tag=1c13959
To:sip:8882101@10.77.226.41
Via:SIP/2.0/UDP 10.77.226.121
Content-Length:0
```

该消息表明 SoftX3000 已接受 INVITE 消息并正在处理中，其中 Call-ID，Cseq，From，To，Via 是从 INVITE 消息中复制的，由于消息中没有 SDP，所以 Content-Length 为 0。

（3）由于 INVITE 消息中没有鉴权信息，SoftX300 发 407 Proxy Authentication Required 响应给 A 用户，要求用户进行鉴权，在响应消息中包含鉴权所需要的信息。

```
SIP/2.0 407 Proxy Authentication Required
Proxy-Authenticate:DIGEST
realm="huawei.com",nonce="01EFD3611A91400000000004"
Via:SIP/2.0/UDP 10.77.226.121
Call-ID:call-973574765-4@10.77.226.121
CSeq:1 INVITE(注意 CSeq 没有变，说明本消息还是对 INVITE 的响应)
From:sip:8882100@10.77.226.41;tag=1c13959
To:sip:8882101@10.77.226.41;tag=EEEEEEEEEEEE44870002BFDF
Contact:<sip:8882101@10.77.226.41:5050>
Timestamp:49119（Timestamp: 时间标记）
Content-Length:0
```

（4）A 用户到收到 407 Proxy Authentication Required 响应消息后，向 SoftX3000 反馈 ACK 确认消息。

（5）A 用户根据代理服务器的 407 响应消息中的鉴权要求重发 INVITE 请求，消息中包含鉴权所需要的信息。

```
Request-Line: INVITE sip:8882101@10.77.226.41 SIP/2.0
    From: sip:8882100@10.77.226.41;tag=1c13959
    To: sip:8882101@10.77.226.41
    Call-Id: call-973574765-4@10.77.226.121
    Cseq: 2 INVITE(注意本次编号已发生改变)
    Content-Type: application/sdp
    Content-Length: 199
    Accept-Language: en
    Supported: sip-cc, sip-cc-01, timer
    Contact: sip:8882100@10.77.226.121
    User-Agent: Pingtel/1.0.0 (VxWorks)
    Proxy-Authorization: DIGEST USERNAME="0007550008882100",
    REALM="huawei.com", NONCE="01EFD3611A91400000000004",
    RESPONSE="7a13969b22c8 037871341b3318b98885",
    URI="sip:8882101@10.77.226.41"
    Via: SIP/2.0/UDP 10.77.226.121

    v=0(SDP 版本号)
    o=Pingtel 5 5 IN IP4 10.77.226.121(描述源端信息)
    s=phone-call(SDP 本次呼叫名字)
    c=IN IP4 10.77.226.121(A 用户接收媒体信息的 IP 地址)
    t=0 0(心跳时间)
```

```
m= audio 8766  RTP/AVP  8(RTP媒体类型描述)
a= rtpmap:8 pcmu/8000/1(支持PCMA率压缩编码方式)
```

（6）SoftX3000 收到 A 用户的 INVITE 请求后，发 100 TRYING 的 SIP 临时响应，表示请求正在处理中。

（7）SoftX3000 通过鉴权后，向 B 用户发 INVITE 请求，准备创建连接。

```
Request-Line: INVITE sip:8882101@10.77.226.221:5060 SIP/2.0
From:sip:8882100@10.77.226.41;tag=1c13959
To:sip:8882101@10.77.226.41
Call-ID:call-973574765-4@10.77.226.121
CSeq:2 INVITE
Content-Type:application/SDP
Content-Length:199
Accept-Language:en
Supported:sip-cc,sip-cc-01,timer
Contact:sip:8882100@10.77.226.121
User-Agent:Pingtel/1.0.0 (VxWorks)
Via:SIP/2.0/UDP 10.77.226.41:5050;branch=095D4832760BC271F61488D8E1FA5E24.
8000000A,(注：由于经过软交换SoftX3000转发，所以Via记录了软交换SoftX3000的地址和端口)
Via: SIP/2.0/UDP 10.77.226.121
Record-Route:<sip: 10.77.226.41:5050>
Expires:7200(Expires：存活时间，B用户的响应时间必须在这个时间范围内)
Organization:Huawei,India(组织信息)
Timestamp:49133

v=0(SDP版本号)
o=Pingtel 5 5 IN IP4 10.77.226.121(描述源端信息)
s=phone-call(SDP本次呼叫名字)
c=IN IP4 10.77.226.121(A用户接收媒体信息的IP地址)
t=0 0(心跳时间)
m= audio 8766  RTP/AVP  8(RTP媒体类型描述)
a= rtpmap:8 pcma/8000/1(支持PCMA率压缩编码方式)
```

由于要求响应信息必须经过 SoftX3000 转发，在消息中增加了 Record-Route 头部，Record-Route 说明了 SoftX3000 的地址和端口号码<sip: 10.77.226.41: 5050>。

（8）B 用户收到 INVITE 请求后，向 SoftX3000 送 100 TRYING 临时响应。

（9）B 用户判断可以接受本次呼叫后，向 SoftX3000 送 180 RINGING 振铃消息。

```
Status-Line: SIP/2.0 180 Ringing
From:sip:8882100@10.77.226.41;tag=1c13959
To:sip:8882101@10.77.226.41;tag=19366
Call-ID:call-973574765-4@10.77.226.121
CSeq:2 INVITE
Via:SIP/2.0/UDP 10.77.226.121
Contact:sip:8882101@10.77.226.221(注意Contact是B用户的URL地址)
User-Agent:Pingtel/1.2.6 (VxWorks)
Content-Length:0
Timestamp:49204
```

（10）SoftX3000 向 A 用户转发 180 RINGING 消息。

（11）B 用户摘机后向 SoftX3000 送 200 OK 消息，包含会话能力的描述等内容。

```
Status-Line: SIP/2.0 200 OK
From:sip:8882100@10.77.226.41;tag=1c13959
To:sip:8882101@10.77.226.41;tag=19366
Call-ID:call-973574765-4@10.77.226.121
CSeq:2 INVITE
Content-Type:application/SDP
Content-Length:199
Via:SIP/2.0/UDP 10.77.226.121
Record-Route:<sip: 10.77.226.41:5050>
Contact:sip:8882101@10.77.226.221
Allow:INVITE,ACK,CANCEL,BYE,REFER,OPTIONS,NOTIFY,REGISTER,SUBSCRIBE
User-Agent:Pingtel/1.2.6 (VxWorks)
Organization:Huawei,India
Timestamp:50433

v=0(SDP 版本号)
o=Pingtel 5 5 IN IP4 10.77.226.121(描述源端信息)
s=phone-call(SDP 本次呼叫名字)
c=IN IP4 10.77.226.221(B 用户接收媒体信息的 IP 地址)
t=0 0(心跳时间)
m= audio 9166 RTP/AVP 8(RTP 媒体类型描述)
a= rtpmap:8 pcma/8000/1 (支持 PCMA 率压缩编码方式)
```

该消息说明 B 用户已经摘机，准备进入通话，消息中包含 B 用户接收媒体信息的 IP 地址 10.77.226.221，端口号码 9166 及可接收的语音信号的编码。

（12）SoftX3000 向 A 用户转发 200 OK 消息。

（13）A 用户向 SoftX3000 反馈 ACK 确认消息。

（14）SoftX3000 向 B 用户转发 ACK 消息，A 用户和 B 用户之间的呼叫进入通话状态。

（15）B 用户挂机后向 SoftX3000 送 BYE 消息，准备删除连接。

（16）SoftX3000 向 B 用户送 200 消息，表示成功删除 B 用户到 SoftX3000 的连接。

（17）SoftX3000 向 A 用户转发 BYE 消息。

（18）SoftX3000 向 A 用户送 200 消息，表示成功删除 A 用户到 SoftX3000 的连接。

2.3　H.248 协议

下一代网络的一个重要特点是呼叫控制与承载分离，软交换设备完成呼叫控制功能，媒体网关完成媒体信息的处理。H.248/Megaco 协议是软交换设备与媒体网关之间的一种媒体网关控制协议。

H.248/Megaco 是在 MGCP（RFC 2705 定义）的基础上，结合其他媒体网关控制协议特点发展而成的一种协议，它提供控制媒体的建立、修改和释放机制，同时也可携带某些随路呼叫信令，支持传统网络终端的呼叫。该协议在下一代网络中发挥着重要作用。我国原信息产业部推荐在软交换设备与媒体网关、软交换设备与各种接入网关之间采用 H.248 协议，可参考图 1-4。在 R4 移动软交换系统中(G)MSC Server 和 MGW 的 Mc 接口采用 H.248 协议，可参考图 1-9。

H.248 协议提供文本编码和二进制编码两种格式。文本编码遵循增强型巴科斯范式 ABNF 的语法规则。二进制编码遵循抽象语法记为 ASN.1 的规范。一般要求软交换设备支持两种格式编码。媒体网关可以支持两种编码，也可以只支持一种编码。在本书中的例子里讲述的是 ABNF 形式，因为它比 ASN.1 可读性更好。

2.3.1 连接模型

H.248 协议的目的是对媒体网关的承载连接行为进行控制和监视，因此，一个首要的问题是如何对媒体网关内部对象进行抽象和描述。为此，H.248 协议提出了网关的连接模型概念，模型的基本构件有两个：终端（Termination）和关联域（Context）。

1. 终端

终端是 MG 上的一个逻辑实体，它可以发送和/或接收一个或者多个数据流。在一个多媒体会议中，一个终端可以发送或者接收多个媒体流。

终端分为半永久性终端和临时性终端两种。半永久性终端代表物理实体，如中继媒体网关所连接的一个 PCM 中继上的一个时隙，只要媒体网关中连接有该中继群，这个终端就存在。临时性终端代表临时性的信息流，如 RTP 媒体流，此时，只有当媒体网关使用这些信息流时，这个终端才存在。临时性终端可由 Add 命令来创建和 Subtract 命令来删除。而半永久性终端则不同，当使用 Add 命令向一个关联添加物理终端时，这个物理终端来自空关联，当使用 Subtract 命令从一个关联去除物理终端时，这个物理终端将转移到空关联中。

终端可支持信号，这些信号可以是 MG 产生的媒体流（如信号音和录音通知），也可以是随路信号（如 Hook Flash）。通过编程可以设置终端对事件进行检测，一旦检测到这些事件发生，MG 就向软交换设备发送 Notify 消息报告或由 MG 采取相应的操作。终端可以对数据进行统计，当软交换设备发出 AuditValue 命令进行统计请求时，或者当终端从它所在的关联被删除时，终端就将这些统计数据报告给软交换设备。

每个终端有一个终端标识（Termination ID），在创建时由网关分配，在网关内全局唯一。终端标识可以采用结构形式，例如可为（中继群，中继线），指示是某一中继群中的某一电路。协议还定义了两类通配终端标识：ALL（用通配符"*"标识）和 CHOOSE（用通配符"$"表示）。ALL 表示符合指定条件的所有终端，使一个命令可以同时控制多个终端。CHOOSE 指示网关在指定范围任意选取一个终端，例如在某个中继群中选取一条中继电路。

终结点 ID 的结构可以与 MGC 和 MGW 相关，也可以无关。是否相关取决于所使用的终结点的承载类型，对于承载类型为 ATMAAL2 和 IP 的临时终结点，终结点 ID 的内部结构与 MGW 和 MGC 无关，所以终结点 ID 仅仅是个终结点数字标识符。如果是 TDM 承载，在采用 ASN.1 编码时，终结点 ID 由 4 个字节组成，前 3 个 bit 表示终结点类型，"001"表示临时终结点，"010"表示 TDM 终结点。对于 TDM 终结点，后 29 个 bit 表示其编码值，后 29 个 bit 中的前 24 个 bit 表示 PCM 系统号，后 5 个 bit 表示单个时隙号，如图 2-16 所示。

ASN.1 编码：

终结点类型 （=010）	PCM 系统号	单个时隙号

图 2-16 TDM 终结点 ID 的结构

还有一类特殊的终端称为根（Root）终端，它代表整个网关，可用于整个网关的公共特性修改、公共事件报告、特性监视和服务状态报告等。

H.248 协议用"描述符"（descriptor）这一数据结构来描述终端的特性，每个特性由一个 Property ID 标识，由这些特性组成了一系列描述符。大部分特性有缺省值，当创建一个终端时，通常这些特性被赋予缺省值，除非媒体网关控制器设定的值不同于缺省值。

当将一个终端添加到一个关联之中去时，通过将适当的描述符作为 Add 命令的参数来设置相应的特性值。在 Add 命令中未设置的特性值将保持其缺省值。通过设置 Modify 命令的参数，可以改变一个关联中的终端的特性值。Modify 命令中未设置的特性值将保持它们以前的值。

2. 关联域

关联域代表一组终端之间的相互关系，实际上对应为呼叫，在同一个关联域中的终端之间可相互通信（不包括空关联）。有一类特殊的关联称为空关联域，它包含所有尚未和其他任何终端关联的终端。例如，在中继网关中，所有空闲的中继线就是空关联域中的终端。

关联域表示多个终端间的相互关系，包括终端间的拓扑连接关系以及媒体混合和交换参数。如无特殊规定，同一关联域中每个终端发送的数据能被所有其他终端接收（不包括空关联）。

关联的属性有以下几个。

* 关联标识符（Context ID）：一个关联域的标识符在该关联域被创建时由媒体网关分配，关联标识符在媒体网关范围内全局唯一。
* 拓扑（Topology）：用于描述一个关联中终端之间的媒体流方向。
* 关联的优先级（Priority）：用于告知 MG 在处理关联时的先后次序。
* 紧急呼叫的标识符（Indicator for Emergency Call）：当使用紧急呼叫标识符时，MG 优先处理此类呼叫。

关联域的创建、修改和删除均由相应的 H.248 命令完成。其中，关联域的创建和删除是由相关命令隐含完成的。当媒体网关控制器 MGC 用 Add 命令媒体网关在一个关联域中加入一个终端，但命令中又未指明关联域标识（在文本方式中用"$"表示）时，就隐含指示 MG 创建一个关联域。当 MGC 用相关命令删除或移走关联域中最后一个终端时，就隐含表示该关联域被删除。

一个关联域能包含的最大终端数是网关的特性。只能提供点到点连接的网关只允许一个关联域最多包含两个终端；支持多点会议的网关允许关联域包含多个终端。一个终端同时只能存在于一个关联域中。

空关联域在文本方式中用"–"表示。

2.3.2　H.248/Megaco 消息的传输机制

1. H.248 消息的传输机制

软交换设备通过与 MG 交换消息来控制 MG 的动作，H.248 协议的传输机制应当能够支持在 MG 和软交换设备之间消息的可靠传输。

H.248 协议可以采用 TCP，UDP 或 SCTP 用作协议的传输层协议，当采用 TCP 或者 UDP

作为协议的传输层时，如果无法获知将初始的 Service Change 请求发送到哪个端口，那么就应当将这个请求发送到缺省的端口上。无论是 TCP，UDP 还是 SCTP，文本编码的命令缺省端口的端口号为 2944，二进制编码的命令缺省端口的端口号为 2945。在采用 SCTP 传输 H.248 中定义的各种协议消息时，SCTP 净荷协议标志符应为 7。

软交换设备接收到来自 MG 的包含 Service Change 请求的消息后，应当能够从中判断出 MG 的地址。同时，MG 和软交换设备都可以在 Service Change Address 参数中提供一个地址，以便后续的事务交互请求都发送到这个地址。但是，所有的对请求的响应（包括对初始的 Service Change 请求的响应）必须发送给相应请求的源地址。

2. H.248 消息结构

一个 H.248 协议消息中可包含多个事务，每个事务可包含多个关联域，在每个关联域中包含多个命令，每个命令可带多个参数（描述符）。H.248 消息结构如图 2-17 所示。

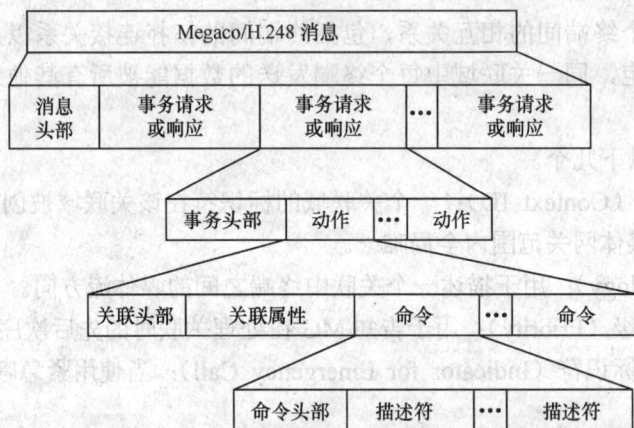

图 2-17 H.248 消息结构

由图 2-17 可见，H.248 消息由消息头部 Header 和 1 个或多个事务组成。消息头部中包含消息标识符（Message Identifier, MID）和版本字段。消息标识符 MID 用于标识消息的发送者，可以是域地址、域名或设备名，一般采用域名。版本字段用于标识消息遵守的协议版本。版本字段有 1 位或 2 位数，目前的版本为 1。

消息内的事务交互是相互独立的，当多个事务被独立处理时，消息没有规定处理的先后次序。

MGC 和 MG 之间的一组命令构成事务，事务由 TransactionID 进行标识。事务包含一个或多个动作，一个动作由一系列局限于一个关联的命令组成。

一个事务从"事务头部"（TransHdr）开始。在 TransHdr 中包含 TransactionID。TransactionID 由事务的发送者指定，在发送者范围内是唯一的。

TransHdr 后面是该事务的若干动作，这些动作必须顺序执行。若某动作中的一个命令执行失败，该事务中以后的命令将终止执行（Optional 命令除外）。引入事务的一个重要功能是可以保证命令的顺序执行。

动作由一系列局限于一个关联的命令组成。

动作与关联（Context）是密切相关的，动作由 ContextID 进行标识。在一个动作内，命令需要顺序执行。

一个动作从关联头部（CtxHdr）开始，在 CtxHdr 包含 ContextID，用于标识该动作对应的关联。ContextID 由 MG 指定，在 MG 范围内是唯一的。MGC 必须在以后的与此关联相关的事务中使用 ContextID。

在 CtxHdr 后面是若干命令，这些命令都与 ContextID 标识的关联相关。

命令（Command）是 H.248 消息的主要内容，实现对关联和终端属性的控制，包括指定终端报告检测到的事件，通知终端使用什么信号和动作，以及指定关联的拓扑结构等。命令由命令头部（CMDHdr）与命令参数构成，在 H.248 协议中，命令参数被组织成"描述符"（Descriptor）。每个命令可带多个参数（描述符）。

在文本格式时，一个消息以 MEGACO 带一斜线开头，随后是一个协议版本号、一个消息 ID、一个消息体。消息 ID 一般是发送信息的实体的域名或 IP 地址及端口号。

下面是一个消息的文本格式的例子：

```
MEGACO/1[111.111.222.222]: 34567
Transaction =12345{
                    Context =1111{
                        ADD=A5555,
                        ADD=A6666
                                  }
                    Context =${
                        ADD =A7777
                              }
                }
```

在这个例子中，软交换设备从地址 111.111.222.222 和端口 34567 向媒体网关 MG 发送了一个消息。消息中包括一个事务，其事务 ID = 12345，在这个事务包含两个关联域：与关联域= 1111 有关的有两个添加命令，分别把终端 A5555 和 A6666 加进关联域 1111 中；与关联域= $有关的命令 ADD 是要求 MG 创建一个新的关联域，并将终端 A7777 加入到由该命令选择的关联域中，这个命令的处理结果是媒体网关 MG 将为此创建一个新的关联域，应答中返回新关联域的 ID。

3. 事务交互

MG 和软交换设备之间的一组命令组成了事务交互。事务交互可以由事务标识符 Transaction ID 来标识，事务交互由一个或者多个动作组成，而一个动作又由在一个关联中使用的一系列命令组成。因此，动作可以用关联域标识符 Context ID 来标识。图 2-18 所示为事务处理、动作和命令联系的示意图。由图中可见，一个事务处理中可包含一个或多个关联域，在一个关联域中可包含一个或多个命令。

事务有 3 种类型：事务请求（Transaction

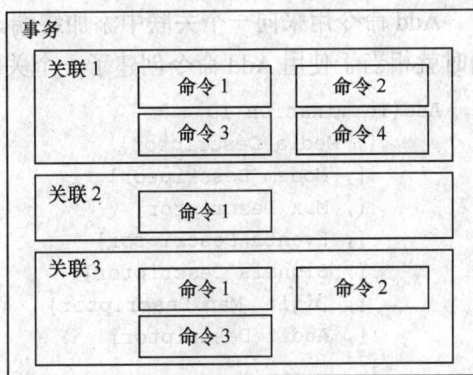

图 2-18　事务处理、动作和命令联系的示意图

Requests)、事务响应（Transaction Reply）和事务进展（Transaction Pending）。

事务请求由事务发送者调用，用于发送命令。

事务响应由事务接收者调用，用于回送命令执行结果（响应）。事务接收者在处理完事务请求后才回送事务响应，事务处理完毕指的是该请求中的所有命令都已处理完成。对同一事务请求中的所有命令应按发送顺序逐个处理，如果一个命令处理出错，其后命令将停止执行。另外协议允许将命令标记为"任选"命令，如果任选命令处理出错，其后命令仍然继续执行。因此，如果在处理一个非任选命令时遇到出错情况，也认为是事务处理完毕。

事务进展由事务接收者调用，用以表示该事务正在处理之中，但尚未完成，以防止事务发送者误认为需要较长时间处理的事务请求被丢失了。

协议传送机制应保证 MGC 和 MG 之间事务的可靠传送。在 IP 网络中，可以采用 UDP/ALF。由于 UDP 本身是一种不可靠的运输层协议，因此需由应用层提供超时重发功能来保证消息的可靠传送。但是由于响应消息也可能在传送过程中丢失，在这种情况下，由于超时未收到响应，MGC 将重发该请求。对于大多数命令来说，重复执行将引起混乱，如多次执行 Add 命令会使网关状态成为不可预测。为解决这个问题，协议规定，对等协议实体要在存储器中保存它们对最近事务的回送响应以及目前正在执行的事务。收到一个事务请求消息后，应将其事务标识和最近发送了响应的事务标识相比较。如果发现和某一响应的标识匹配，则不执行该事务，重发该响应消息。否则再和当前执行事务比较，如果发现匹配，则不执行此事务，并发送事务进展消息。

2.3.3 H.248 协议的命令

H.248 协议使用命令对连接模型中的逻辑实体进行管理，命令提供了对关联域和终端特性进行控制的机制。大部分命令都是由软交换设备作为命令起始者发起，MG 作为命令响应者接收，从而实现软交换设备对 MG 的控制。只有 Notify 和 ServiceChange 命令例外，Notify 命令是由 MG 发送给软交换设备的，而 ServiceChange 既可以由 MG 发起，也可以由软交换设备发起。

1. Add 命令

Add 命令用来向一个关联中添加终端。当使用 Add 命令向一个关联添加第一个终端时，同时就相当于使用 Add 命令创建了一个关联。ADD 命令的格式为：

```
Add{Termination ID
     [, Media Descriptor]
     [, Modem Descriptor]
     [, Mux Descriptor]
     [, Events Descriptor]
     [, Signals Descriptor]
     [, Digit Map Descriptor]
     [, Audit Descriptor]
     }
```

Terminafion ID 说明向关联中添加的是哪一个终端。这个终端可以是半永久性终端，也可以是临时性终端。半永久性终端是从空关联中转移来的，其 Termination ID 是已经确定的。而对于临时性终端，应将命令中的 Termination ID 项标明为 CHOOSE（用符号$表示）。

描述字 Media、Modem、Mux、Events、Signals、DigitMap 和 Audit 是该命令的可选参数。为了说明这些参数是可选的，在 ABNF 语法中把它们用方括号括起来。

2．Modify 命令

Modify 命令用来修改终端的特性、事件和信号。

如果修改关联中的单个终端，那么 Termination ID 应当是特定的。同时 Modify 命令仅可以对已存在的终端使用。Modify 命令的参数与 Add 相同。

3．Subtract 命令

Subtract 命令用来解除一个终端与它所处的关联之间的联系，同时返回有关这个终端的统计信息。Subtract 命令的格式为：

```
Subtract{TerminationID
        [, AuditDescriptor]
    }
```

输入参数中的 Termination ID 代表被删除的终端。Termination ID 可以是一个特定值，也可以是一个通配值，用来指示将删除在一个 Subtract 命令场景中的所有终端。

当使用 Subtract 命令解除一个关联中最后一个终端时，同时就删除了这个关联。

4．Move 命令

Move 命令用来将一个终端从它当前所在的关联转移到另一个关联。但不能用来将终端从空关联之中移走，也不能用于将终端转移到空关联之中去。Move 命令的格式为：

```
Move{Terminafion ID
        [, MediaDescriptor]
        [, ModemDescriptor]
        [, MuxDescriptor]
        [, EventsDescriptor]
        [, SignalsDescriptor]
        [, DigitMapDescriptor]
        [, AuditDescriptor]
    }
```

Termination ID 代表被转移的终端。Termination ID 可以是一个通配值。如果通配值与超过一个的 Termination ID 值相匹配，那么该命令将尝试转移所有匹配的终端，同时报告对每个终端操作的结果。

5．AuditValue

AuditValue 命令返回与终端相关的特性、事件、信号和统计的当前值。AuditValue 命令的格式为：

```
AuditValue{TerminationID,
        AuditDescriptor
    }
```

6．AuditCapabilities 命令

AuditCapabilities 命令用来要求 MG 返回与指定终端有关的特性、事件、信号和统计等可能的值。AuditCapabilities 命令的格式为：

```
AuditCapabilities{TerminationID,
                        AuditDescriptor}
```

7．Notify 命令

MG 可以使用 Notify 命令向软交换设备报告 MG 内发生的事件。其格式为：

```
Notify{TerminationID,
        ObservedEventsDescriptor,
    [ErrorDescriptor]}
```

8．ServiceChange 命令

MG 可以用 ServiceChange 命令通知软交换设备：终端或终端组将要退出业务或返回业务。软交换设备也可以用该命令指示 MG 应退出业务或返回业务的终端。MG 可以用此命令通知软交换设备：终端的能力已经发生改变。也允许软交换设备用此命令通知 MG：已将对 MG 的控制转移给另一个软交换设备。TerminationID 参数规定了退出业务或返回业务的终端。当采用"根"终端 ID 时，此命令将作用于整个 MG。其命令格式为：

```
ServiceChange{TerminationlID,
        ServiceChangeDescriptor
            }
```

2.3.4　H.248 协议的描述符和封包

在 H.248/Megaco 协议中，命令的参数定义为描述符。描述符由名称和一些参数值组成。不同的命令中可包含相同的描述符。

下面介绍几个常用的描述符。

1．媒体描述符

媒体（Media）描述符用于说明终端的媒体流参数。媒体参数由终端状态描述符（Termination State Descriptor）和若干个流描述符（Stream Descriptor）来表征。其中，终端状态描述符说明终端的特性，Stream 描述符描述媒体流。在描述语中包含一个流标识（StreamID），其值由软交换设备分配。在 H.248 协议中，流标识指示连接关系。在同一个关联域中，具有相同流标识的媒体流是互相连接的。Stream 描述符又包括本地控制描述符（Local Control）、本地描述符（Local）和远端描述符（Remote）。它们的关系如下所示：

```
媒体描述语
    终端状态描述语
    媒体流描述语
        本地控制描述语
        本地描述语
        远端描述语
```

（1）终端状态描述符

终端状态描述符（Termination State Descriptor）包括业务状态（Service States）特性、事件缓存控制（Event Buffer Control）特性以及在包中定义的与特定流无关的终端特性。其中，Service States 特性描述了终端的状态，终端的状态有以下 3 种：被监测状态（test），退出服务状态（out of service）和服务状态（in service）。Termination State 描述符的缺省值为"in service"。

事件缓存控制特性表明了对监测到的由事件描述符规定的事件的处理方式，处理方式有两种：一种是立即对事件进行处理，另一种是先缓存然后对事件进行处理。

（2）流描述符

流（Stream）描述符用于描述双向流参数。对于流而言，有本地控制描述符、本地描述符和远端描述符 3 个描述符对其进行说明。

① 本地控制描述符

本地控制（Local Control）描述符包含模式属性（Mode）、预留组属性（Reserve Group）、预留值属性（Reserve Value）和包中定义的某些流特有的终端属性。

模式属性给定媒体流的模式：只发（send-only）、只收（receive-only）、收/发（send/receive）、未激活（inactive）和环路（loop-back）。

预留（Reserve）属性决定了 MG 在收到本地和/或远端描述符后的处理动作。

② 本地描述符

本地（Local）描述语描述网关自远端实体接收的媒体流的特性。在文本行形式中采用 SDP 描述格式；在 ASN.1 形式中采用 TLV 格式，其中值字段就是媒体描述参数，如接收媒体的编码格式和 RTP 端口号等。每个方向的媒体流可以规定多个编码格式，每种格式可规定多种参数，供网关协商和选择。

③ 远端描述符

远端（Remote）描述语描述网关向远端实体发送的媒体流特性，如所发送媒体的格式及目的端口号等。

利用 Local 和 Remote 描述符，软交换设备可以预留和承接用于指定流和终端的媒体编解码所需的 MG 资源，MG 则在 Reply 响应中列出它实际准备支持的资源。

2．事件描述符

事件（Event）描述语包括一个请求标识和一列请求网关检测和报告的事件。请求标识用于关联事件请求和事件报告。请求的事件可为：传真音、导通测试结果、挂机和摘机等。每个事件有一个事件名和可选参数，事件应由定义该事件的封包名和事件标识构成。

3．事件缓存描述符

一般说来，检测到某匹配事件后，后续事件将停止检测，例如收到完整的被叫号码后，后续接收的数字被认为是无意义的。但是，在某些情况下，后续事件可能仍然是有意义的，有待软交换设备进一步发送命令检测。为了防止在新的命令到来前已检测到的事件丢失，这些事件应予缓存。事件缓存（Event Buffer）描述语就是指示哪些事件应予缓存。

4. 信号描述符

信号（Signals）描述语包含请求网关向终端发送的一组信号。信号具体描述由封包定义，在描述语中用封包名+信号标识予以引用。

5. 数字映像描述符

数字映像（Digit Map）描述符规定了在 MG 中的拨号方案，用于检测和报告在终端处接收到的数字。数字映像描述符由数字映像名称和一组数字字符串组成。数字映像可以预先装载于 MG 中，也可以参照事件描述符中的数字映像名称动态定义。数字映像是一类特殊的事件，它指定的检测事件是一个或几个按一定规律排列的数字串，每一个数字串相当于是一个事件序列而不是单个事件。当检测到的数字串和其中某一个指定的数字串相匹配时，就向软交换设备发送通知。

数字映像的一般格式可用数字字符串严格表示。数字字符串允许包含的字符有：数字 0~9、字母 A~K、字母 x、字符“.”、选择符“｜”、范围表达式、定时器 T/L/S 和时间间隔 Z。

其中，字母 A~K 的意义因具体的信令系统而异，由相应的封包规定，如在 DTMF 中，字母 E 表示按键“*”，字母 F 表示按键“#”。

字母 x 为通配符，表示可为“0”～“9”的任意一个数字。字符“.”表示其前面相邻的字符可出现任意多个（包括零个）。范围表达式用来指示数字的取值范围，如[1~7]。选择符“｜”用来分隔多个有效的数字字符串。

协议规定了 3 类定时器用于保护根据 DigitMap 所收集的号码，这 3 类定时器为起始定时器（T）、短定时器（S）和长定时器（L）。DigitMap 中的定时器为可配置参数，DigitMap 使用初期，默认定时器为起始定时器 T，但起始定时器 T 可以被短定时器 S 和长定时器 L 取代。

起始定时器（T）用于任意拨号数字串之前的定时，即首位久不拨号定时。

长时定时器（L）的作用是：如果接收到的数字串已经和数字映像中的某一字符串相匹配，但是也可能再收若干数字后会与另一字符串相匹配，则暂时不报告匹配，而是打开长时定时器等待可能到达的后续数字，即用长时定时器来判断用户拨号完毕。

短时定时器（S）为号码之间久不拨号的定时，即如果网关判定收到的某数字串至少还需要一位数字才能和数字映像中的任一字符串相匹配，则其后的位间隔定时器应采用短时定时器。

上面所述为定时器使用的缺省规则。如果字符间没有列出定时器符号，就表示按上述规则执行。协议也允许在字符间加上显式的定时器指示（L 或 S），此时将强制执行指定的定时器控制。

当拨号方案如表 2-2 所示时，与该拨号方案对应的 DigitMap 如下所示：

表 2-2 拨号方案示例

1XX	紧急呼叫和特服呼叫
6XXXXXXX	本地号码
0	长途号码
00	国际长途
*XX	补充业务

1XX|6XXXXXXX|0|00|EXX

例：说明数字字符串[2-8]xxxxxx|13xxxxxxxxx|0xxxxxxxxx|9xxxx|1[0124-9]x|20x| x.F|[0-9EF].L

的含义。

答：数字字符串[2-8]xxxxxx|13xxxxxxxxx|0xxxxxxxxx|9xxxx|1[0124-9]x|20x| x.F|[0-9EF].L 的含义如下。

"[2-8]xxxxxx"表示用户可以拨 2～8 中任意一位数字开头的任意 7 位号码；

"13xxxxxxxxx"表示 13 开头的任意 11 位号码；

"0xxxxxxxxx"表示 0 开头的任意 10 位号码；

"9xxxx"表示 9 开头的任意 5 位号码；

"1[0124-9]x"表示 1 开头，第二位为 3 以外的十进制数的任意 3 位号码；

"20x"表示 20 开头的任意 3 位号码；

"x.F"表示在拨任意位（可为 0 位）0～9 数字之后再拨字母"F"；

"[0-9EF].L"表示拨以数字 0～9、字母"E"、"F"开头的任意位，在长定时器超时之后上报。

6. 包

不同类型的网关可以支持不同类型的终端。H.248 协议通过允许终端具有可选的特性、事件、信号和统计来实现不同类型的终端。为了实现 MG 和软交换设备之间的互操作，H.248 协议将这些可选项组合成包（Package）。软交换设备可以通过审计终端来确定 MG 实现了哪一种类型的包。

包的定义由特性（Property）、事件（Event）、信号（Signal）和统计（Statistic）组成，这些项分别由标识符（ID）进行标识。MG 为了实现某种类型的包，则必须支持此包中所有的特性、事件、信号、统计以及信号和事件的所有参数类型。

H.248 协议中定义的基本的标准包有通用 VI 包、基本根包 VI、音产生器包 VI、音检出包 VI、基本 DTMF 产生器包 V1、DTMF 检出包 VI、呼叫进展音产生器包、通用通知包 V1、TDM 电路包 V1 等。

2.3.5　H.248 呼叫信令流程

1. 网关注册流程

H.248 媒体网关要开通业务，必须首先注册到软交换设备。当 MG 冷启动时，MG 将向其主控软交换设备发送 TerminationID 为"Root"，ServicechangeMethod 参数等于"Restart"的 ServiceChange 消息。如果软交换设备接受 MG，软交换设备在媒体网关发送注册请求的同一传输地址上回送证实消息。在该消息中，MGC 可以为自己指定新的 Service Change Address，并返回一个不包含 ServiceChangeMgcID 参数的 TransactionReply。如果软交换设备不接受 MG 的注册，它将返回一个 Transaction Reply，通过 ServiceChangeMgcID 参数提供下一个可供联系的软交换设备地址。如果 MG 接收到一个含有 ServiceChangeMgcID 参数的 TransactonReply，则将发 ServiceChange 给该参数指定的 MGC。MG 继续该过程直到获得接受其注册的控制软交换设备。

MG 发送的第一个 ServiceChange 命令中的 ServiceChangeVersion 参数指定了 MG 所

支持协议的版本号。如果软交换设备仅能支持低版本协议，则软交换设备将发送具有低版本协议信息的注册响应。注册完成后，MG 和软交换设备之间的消息传送应遵守低版本协议要求。如果 MG 不能满足这个版本要求，但与软交换设备之间已经建立了传送连接，则 MG 应关闭该连接且 MG 应拒绝随后来自软交换设备的所有请求，并返回一个错误响应，错误代码为 "406"，错误原因为 "Version Not Supported"。如果软交换设备支持高版本的协议且也能支持 MG 所要求的低版本协议，则它应发送具有低版本协议信息的注册响应，注册完成后，MG 和软交换设备之间的消息传送应遵守低版本协议要求。其注册流程如图 2-19 所示。

2. 网关初始化流程

MG 注册成功后，软交换设备将对空关联中的 MG 的所有半永久终端的属性进行修改，指示 MG 检测用户的摘机事件。此时，此终端可以接收或者发起呼叫。

现在假设 MG 配置了 3 个半永久终端：A0、A1 和 A3。那么软交换设备将给这 3 个终端分别发送 MOD_REQ 命令进行初始化。现在以终端 A0 为例，图 2-20 所示为终端初始化流程。

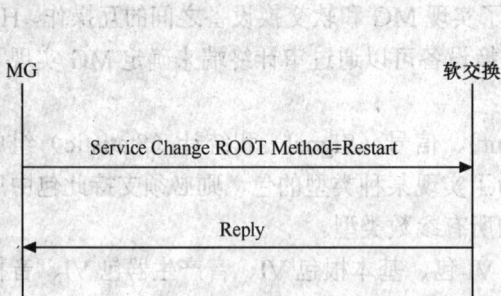

图 2-19 媒体网关注册流程   图 2-20 终端初始化流程

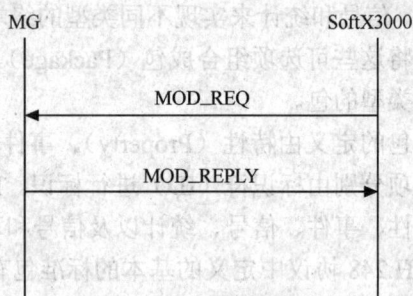

MOD_REQ 命令的文本描述如下：

```
MEGACO/1 [191.169.150.170]:2944
T=372794419{C= - {
MF=A0{
E=369099777{al/*},
SG{}}}}
```

软交换 SoftX3000 向 MG 发送 Modify 命令。

第 1 行：MEGACO 协议，版本为 1。软交换设备的 IP 地址和端口号为：[191.169.150.170]:2944。

第 2 行：事务号为 "372794419"，该事务中封装一个空关联。

第 3 行：Modify 命令，对终端 A0 的属性进行修改。

第 4 行：事件描述符，其 RequestID 为 "369099777"。软交换设备请求 MG 检测终端 A0 发生的模拟线包中的所有事件，如摘机事件等。

第 5 行：信号描述符。此时信号为空，表示软交换设备要求 MG 停止向终端 A0 播放任何信号。

MG 收到 Modify 命令后，回送响应。下面是 MOD_REPLY 响应的文本描述：

```
MEGACO/1 [191.169.150.172]:2944
P=372794419{
C= - {MF=A0}}
```

MG 收到 Modify 命令后，回送事件进展响应，MG 的 IP 地址和端口号为：[191.169.150.172]：2944，事件进展响应号与 RequestID 号 "369099777" 相同，表示 MG 正按照软交换设备请求检测终端 A0 发生的模拟线包中的所有事件。

3. 由模拟用户发起的呼叫建立流程

设主叫用户与 MG1 连接、被叫用户与 MG2 连接、MGI 与 MG2 属于一个软交换设备 SoftX3000 的管辖区域内，网络结构如图 2-21 所示。

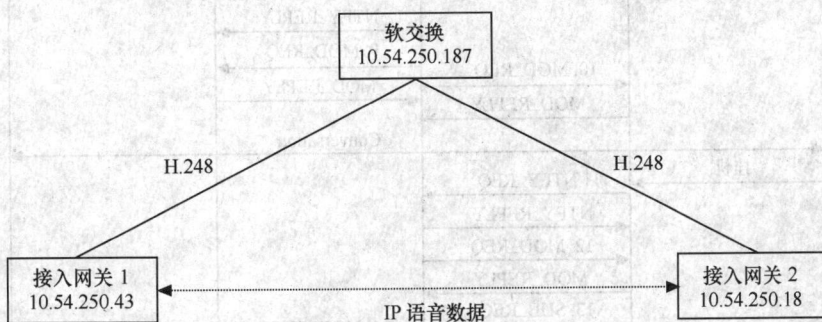

图 2-21　接入网关的网络结构

设与主叫 UserA 连接的物理终端 ID 为 MG1 的 A0，在 MG1 为该次呼叫创建的关联号为 286，在该关联中包含物理终端 A0 和为该次呼叫创建的 RTP 终端的终端 ID＝A100000034，为 RTP 终端 A100000034 分配的 RTP 端口号为 18300。

MG2 中与被叫 UserB 连接的物理终端的 ID＝A1，在 MG2 为该次呼叫创建的关联号为 287，在该关联中包含物理终端 A1 和为该次呼叫创建的 RTP 终端的终端 ID＝A100000035，为 RTP 终端 A100000035 分配的 RTP 端口号为 18296。

SoftX3000 的 IP 地址和端口号为：10.54.250.187: 2944；MG1 的 IP 地址和端口号为：10.54.250.43: 2944；MG2 的 IP 地址和端口号为：10.54.250.18: 2944。

由 UserA 发起的呼叫建立流程如图 2-22 所示。

（1）主叫用户摘机，MG1 向软交换设备发送 Notify 命令，报告摘机事件。SoftX3000 确认收到用户摘机事件，回送应答消息。

NTFY_REQ 命令消息的格式如下。

```
MEGACO/1 [10.54.250.43]:2944
T=883{C= - {
N=A0{
OE=369109250{al/of}}}}
```

其中第 1 行的含义是：MEGACO 协议，版本为 1。MG1 的 IP 地址和端口号为 [10.54.250.43]：2944。

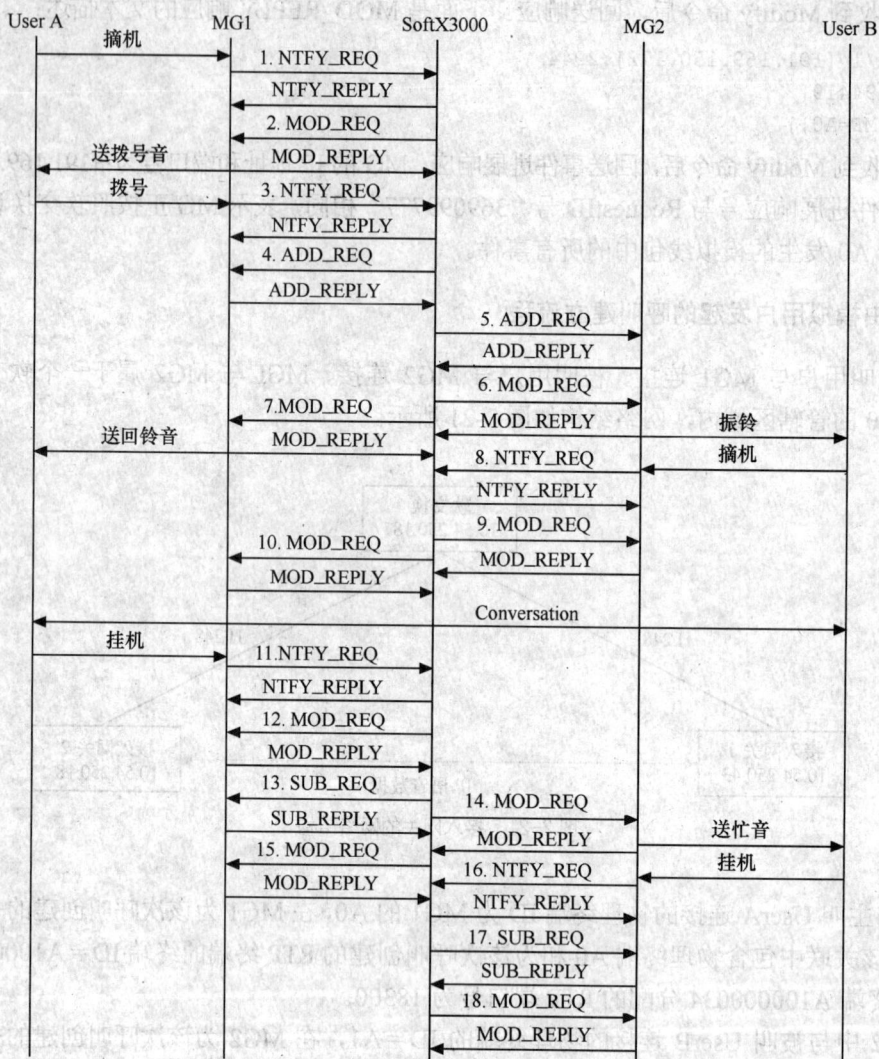

图 2-22 呼叫建立流程

第 2 行：事务 ID 为 "883"，此时，其封装的关联为空。

第 3 行：通知命令，该命令作用于终端 A0。

第 4 行：观测到的事件描述符。此时，与主叫 UserA 连接的物理终端所在的网关观测到 UserA 摘机，向 SoftX3000 汇报该事件。RequestID 为 "369109250"。

NTFY_REPLY 响应消息的格式如下。

```
MEGACO/1 [10.54.250.187]:2944
P=883{C= - {
N=A0}}
```

（2）软交换 SoftX3000 收到主叫用户摘机事件后，向 MG1 发送 Modify 命令，指示网关给 A0 终端对应的 UserA 放拨号音，并且把 DigitMap（拨号计划 dmap1）通知 MG1，要求根据 DigitMap 收号，并同时检测用户挂机事件。MG1 返回 MOD_REPLY 响应 SoftX3000 的 MOD_REQ 命令，并给 UserA 送拨号音。

MOD_REQ 命令消息的格式如下。

```
MEGACO/1 [10.54.250.187]:2944
T=372771555{
C= - {
MF=A0{
E=369109251{
dd/ce{DigitMap=dmap1}, al/*},
SG{cg/dt},
DM=dmap1{
([2-9]xxxxxx|13xxxxxxxxx|0xxxxxxxxx|9xxxx|1[0124-9]x|E|x.F|[0-9EF].L)}}}}
```

MOD_REPLY 响应的文本描述如下。

```
MEGACO/1 [10.54.250.43]:2944
P=372771555{
C= - {
MF=A0}}
```

（3）UserA 拨号，MG1 对所拨号码进行收集，并与对应的 DigitMap 进行匹配，匹配成功，MG1 向软交换设备发送 Notify 命令，将被叫号码送至软交换设备 SoftX3000。SoftX3000 发 NTFY_REPLY 响应确认收到 NTFY_REQ 命令。

NTFY_REQ 命令的文本描述如下。

```
MEGACO/1 [10.54.250.43]:2944
T=884{C= - {
N=A0{
OE=369109251{
20080529T06132700:
dd/ce
{Meth=UM,ds=6540100}}}}}
```

第 1 行：MG1-MGC。MG1 的 IP 地址和端口号为：[10.54.250.43]: 2944。

第 2 行：事务 ID 为 884。此时，该事务封装的关联为空。

第 3 行：Notify 命令，该命令作用于终端 A0。

第 4 行：观测到的事件描述符。RequestID 为 "369109251"，与上文 MOD_REQ 命令的 RequestID 相同，表示该通知由此 MOD_REQ 命令触发。

第 5 行：上报 DigitMap 事件的时间戳。

第 6 行：终端 A0 观测到的事件为 DTMF 检测包中的 DigitMap Completion 事件。该事件的两个参数为 DigitMap 结束方式（Meth）和数字串（ds）。

DigitMap 结束方式（Meth）为 "UM" 表示明确匹配。

数字串 "ds"，表示 UserA 所拨的号码为 "6540100"。

（4）软交换向 MG1 发送 Add 命令，要求在 MG1 中创建一个新 context，并在 context 中加入 TDM 终端和 RTP 终端，其中 Mode 设置为 Receive Only，并设置抖动缓存、语音压缩算法等。MG1 通过 Reply 响应返回其接收媒体流的 RTP 端口号及采用的语音压缩算法。

ADD_REQ 命令的文本描述如下。

```
MEGACO/1 [10.54.250.187]:2944
T=369363687{
C=${
```

```
A=A0{
M{O{MO=IN,RV=OFF,RG=OFF}},
E=369109253{al/*},
SG{}},
A=${
M{O{MO=RC,RV=OFF,RG=OFF,nt/jit=40},
L{v=0 c=IN IP4 $ m=audio $ RTP/AVP 8}}}}}
```

第 1 行：MGC-MG1。MGC 的 IP 地址和端口号为：[10.54.250.187]: 2944。

第 2 行：事务 ID 为 "369363687"。

第 3 行："$" 表示请求 MG1 创建一个新关联。由于目前关联还不确定，所以使用 "$"。

第 4 行：ADD 命令，将终端 A0 加入新增的关联。

第 5 行：媒体描述符。"O" 表示本地控制描述符，此时终端 A0 为 Inactive 模式，预留组属性（RG）、预留值属性（RV）均为 "OFF"。

第 6 行：事件描述符。RequestID 为 "369109253"，MGC 请求网关检测模拟线包中所有事件的发生。

第 7 行：信号描述符。此时信号为空，表示 MGC 要求 MG1 停止目前所播放的任何信号。

第 8 行：ADD 命令，将某个 RTP 终端加入新增关联。其中，新的 RTP 终端为临时终端，由于 RTP 终端的 ID 没有确定，所以使用 "$"。

第 9 行：媒体描述符。"O" 表示本地控制描述符，此时 RTP 终端模式为 Receiveonly，预留组属性（RG）、预留值属性（RV）均为 "OFF"，"nt/jit = 40" 表示 Network Package 中的抖动缓存最大值为 40ms。

第 10 行：MGC 建议新的 RTP 终端采用以下本地描述参数。"v = 0" 表示 SDP 版本为 0。"c = IN IP4 $" 表示 RTP 终端关联的网络标识为 Internet，关联地址类型为 IP4，"$" 表示本地 IP 地址由 MG1 确定。"m = audio $ RTP/AVP 8" 表示 MGC 建议新的 RTP 终端的媒体描述，"audio" 表示 RTP 终端的媒体类型为音频，"$" 表示 RTP 终端的媒体端口号目前未知，"RTP/AVP" 为传送层协议，其值和 "c" 行中的地址类型有关，对于 IP4 来说，大多数媒体业务流都在 RTP/UDP 上传送，已定义如下两类协议：RTP/AVP，音频/视频应用文档，在 UDP 上传送；Udp，协议为 UDP。"8" 对于音频和视频来说，就是 RTP 音频/视频应用文档中定义的媒体静荷类型。表示 MGC 建议 RTP 终端媒体编码格式采用 G.711A。

ADD_REPLY 响应的文本描述如下。

```
MEGACO/1 [10.54.250.43]:2944
P=369363687{C=286{
A=A0,A=A100000034{
M{O{MO=RC,RV=OFF,RG=OFF,nt/jit=40},
L{v=0 c=IN IP4 10.54.250.43 m=audio 18300 RTP/AVP 8}}}}}
```

第 1 行：MG1-MGC。MG1 的 IP 地址和端口号为：[10.54.250.43]: 2944。

第 2 行：事务 ID 为 "369363687"。"C = 286" 表示关联已建立，MG1 赋予一个关联 ID "286" 来标识这个关联。

第 3 行：确认物理终端 A0 和临时终端 A100000034 已经加入关联 286。

第 4 行：媒体描述符。

第 5 行："L"表示本地描述符，网关确认 A100000034 终端接收媒体信息的 IP 地址为 10.54.250.43，设置其 RTP 端口号为 18300，采用 G.711A 媒体编码格式。

（5）软交换进行被叫号码分析后，确定被叫 UserB 与 MG2 的物理终端 A1 相连。因此，软交换向 MG2 发送 Add 命令，在 MG2 中创建一个新的 context，并在 context 中加入 TDM termination 和 RTP termination。

MG2 通过 Reply 响应返回其接收媒体流的 RTP 端口号及采用的语音压缩算法。MG2 分配新的连接描述符为 287，新的 RTP 终端描述符为 A100000035。MG2 根据软交换的建议，决定 MG2 的 RTP 终端 A100000035 采用 G.711A 编解码方式，设置其 RTP 端口号为 18296，填充终端 A100000035 接收媒体信息的 IP 地址 10.54.250.18，同时设置 A100000035 终端为去激活（Inactive）模式。

ADD_REQ 命令的文本描述如下。

```
MEGACO/1 [10.54.250.187]:2944
T=369363688{
C=${
A=A1{
M{O{MO=SR,RV=OFF,RG=OFF}},
E=369108998{al/*},
SG{}},
A=${
M={O{MO=IN,RV=OFF,RG=OFF,nt/jit=40},
L{v=0  c=IN IP4 $  m=audio $ RTP/AVP 8}}}}}
```

ADD_REPLY 响应的文本描述如下。

```
MEGACO/1 [10.54.250.18]:2944
P=369363688{C=287{
A=A1,
A=A100000035{
M{O{MO=IN,RV=OFF,RG=OFF,nt/jit=40},
L{v=0  c=IN IP4 10.54.250.18   m=audio 18296  RTP/AVP 8}}}}}
```

（6）MGC 发送 MOD_REQ 命令给 MG2，修改终端 A1 的属性并请求 MG2 给 UserB 放振铃音。MG2 返回 MOD_REPLY 响应进行确认，同时给 UserB 放振铃音。

MOD_REQ 命令的文本描述如下。

```
MEGACO/1 [10.54.250.187]:2944
T=372771561{C=287{
MF=A1{
E=369108999{al/*},
SG{al/ri}}}}
```

MOD_REPLY 响应的文本描述如下。

```
MEGACO/1 [10.54.250.18]:2944
P=372771561{C=287{MF=A1}}
```

（7）MGC 发送 MOD_REQ 命令给 MG1，修改终端 A0 的属性并请求 MG1 给 UserA 放回铃音。MG1 返回 MOD_REPLY 响应进行确认，同时给 UserA 放回铃音。

MOD_REQ 命令的文本描述如下。

```
MEGACO/1 [10.54.250.187]:2944
T=372771562{C=286{
MF=A0{
E=369109256{al/*},
SG{cg/rt}}}}
```

MOD_REPLY 响应的文本描述如下。

```
MEGACO/1 [10.54.250.43]:2944
P=372771562{C=286{MF=A0}}
```

（8）被叫 UserB 摘机，MG2 把摘机事件通过 NTFY_REQ 命令通知 MGC。MGC 返回 NTFY_REPLY 响应进行确认。

NTFY_REQ 命令的文本描述如下。

```
MEGACO/1 [10.54.250.18]:2944
T=885{C=287{
N=A1{
OE=369108999{al/of}}}}
```

（9）MGC 软交换向 MG2 发送 Modify 命令，将 A100000035 发送媒体流的 IP 地址、RTP 端口号及采用的语音压缩算法通知 MG2，并且修改 RTP 终端 A100000035 的模式为收/发。MG2 返回 MOD_REPLY 响应进行确认。

MOD_REQ 命令的文本描述如下。

```
MEGACO/1 [10.54.250.187]:2944
T=370281195{C=287{
MF=A1{M{O{MO=SR,RV=OFF,RG=OFF,tdmc/ec=ON}}},
E=369109001{al/*},
SG{}},
MF=A100000035{M{O{MO=SR,RV=OFF,RG=OFF},
R{v=0 c=IN IP4 10.54.250.43 m=audio 18300 RTP/AVP 8}}}}}
```

第 1 行：MGC-MG2。MGC 的 IP 地址和端口号为：[10.54.250.187]: 2944。

第 2 行：事务 ID 为 "370281195"，关联 ID 为 "287"，即 MGC 和 Termination2 建立的关联。

第 3 行：Modify 命令，修改终端 A1 的属性。"M" 表示媒体描述符，"O" 表示 LocalControl 描述符，"MO = SR" 表示 MGC 修改终端 A1 的模式为收/发，"RV = OFF，RG = OFF" 表示预留组属性、预留值属性均为 "OFF"，"tdmc/ec = ON" 表示 MGC 建议 MG2 TDM 电路包中的回声取消特性为 "ON"。

第 4 行：MGC 请求 MG2 检测终端 A1 发生的事件。

第 5 行：信号描述符。此时信号为空，表示 MGC 要求 MG2 停止目前所播放的任何信号。

第 6 行：Modify 命令，修改 RTP 终端 A100000035 的属性。"M" 表示媒体描述符，"O" 表示 LocalControl 描述符，"MO = SR" 表示 MGC 修改 RTP 终端 A100000035 的模式为收/发，"RV = OFF，RG = OFF" 表示预留组属性、预留值属性均为 "OFF"。

第 7 行：Remote 描述符，将终端 A100000035 发送（Remote）媒体的格式及其目的地址。

10.54.250.43 和端口号 18300 发送给 MG2。

　　MOD_REPLY 响应的文本描述如下。

```
MEGACO/1 [191.165.15.18]:2944
P=370281195{C=287{
MF=A1, MF=A100000035{
M{L{v=0 c=IN IP4 10.54.250.18 m=audio 18296 RTP/AVP 8}}}}}}
```

　　（10）MGC 向 MG1 发送修改命令，确定 RTP 终端 A100000034 的发送特性 Remote，其值与 MG2 的 RTP 终端 A100000035 的 Local 特性相同，并且修改 RTP 终端 A100000034 的模式为收/发。MG1 返回 MOD_REPLY 响应进行确认。

　　此时，终端 A0 和终端 A1 都知道了本端和对端的连接信息。具备了通话条件，开始通话。

　　MOD_REQ 命令的文本描述如下。

```
MEGACO/1 [10.54.250.187]:2944
T=370281196{C=286{
MF=A0{M{O{MO=SR, RV=OFF, RG=OFF, tdmc/ec=ON}},
E=369109258{al/*},
SG{}},
MF=A100000034{M{O{MO=SR,RV=OFF,RG=OFF},
R{v=0 c=IN IP4 10.54.250.18 m=audio 18296 RTP/AVP 8}}}}}}
```

　　MOD_REPLY 响应的文本描述如下。

```
MEGACO/1 [191.165.15.43]:2944
P=370281196{C=286{
MF=A0, MF=A100000034{
M{L{v=0 c=IN IP4 10.54.250.43 m=audio 18300 RTP/AVP 8}}}}}}
```

　　（11）主叫用户 UserA 挂机。MG1 发送 NTFY_REQ 命令通知 MGC。MGC 发 NTFY_REPLY 确认已收到通知命令。

　　（12）收到 UserA 的挂机事件，MGC 给 MG1 发送 MOD_REQ 命令修改终端 A0 属性，请求网关进一步检测终端 A0 发生的事件，如摘机事件等，并且修改 RTP 终端 A100000034 的模式为去激活。MG1 发送 MOD_REPLY 响应确认已接收 MOD_REQ 命令并执行。

　　（13）MGC 收到 UserA 的挂机事件后，将向 MG1 发送 SUB_REQ 命令，把关联 286 中的所有的半永久型终端和临时的 RTP 终端删除，从而删除关联，拆除呼叫。MG1 返回 SUB_REPLY 响应确认已接收 SUB_REQ 命令。

　　（14）MGC 给 MG2 发 MOD_REQ 命令修改终端 A1 的属性，请求 MG2 监测终端 A1 发生的事件，如挂机等，并且请求 MG2 给终端 A1 送忙音。MG2 返回 MOD_REPLY 响应确认收到 MOD_REQ 命令，同时给 UserB 送忙音。

　　（15）终端 A0、RTP 终端之间的关联和呼叫拆除之后。MGC 向 MG1 发送 MOD_ REQ 命令，请求 MG1 监测终端 A0 发生的事件，如摘机事件等。MG1 返回 MOD_REPLY 响应确认已接收 MOD_REQ 命令。

　　（16）被叫用户 UserB 挂机。MG2 发送 NTFY_REQ 命令通知 MGC。MGC 发 NTFY_REPLY 确认已收到通知命令。

（17）MGC 收到 UserB 的挂机事件后，将向 MG2 发送 SUB_REQ 命令，把关联 287 中的半永久型终端和临时的 RTP 终端删除，从而删除关联，拆除呼叫。MG2 返回 SUB_REPLY 响应确认已接收 SUB_REQ 命令。

（18）终端 A1、RTP 终端之间的关联和呼叫拆除之后，MGC 向 MG2 发送 MOD_REQ 命令，请求 MG2 监测终端 A1 发生的事件，如摘机事件等。MG2 返回 MOD_REPLY 响应确认已接收 MOD_REQ 命令。

4. 由 IP 中继媒体网关发起的呼叫建立流程

设主、被叫用户通过电路交换网中交换局的电路中继与媒体网关连接，主叫用户位于 MG1，SG1 管辖范围，被叫用户位于 MG2，SG2 管辖范围，PSTN 中的交换局与软交换设备之间通过信令网关传送 ISUP 信令，媒体网关 MG1 和 MG2 由同一个软交换设备控制，媒体网关与软交换设备之间采用 H.248 协议，其网络结构如图 2-23 所示，信令流程如图 2-24 所示。

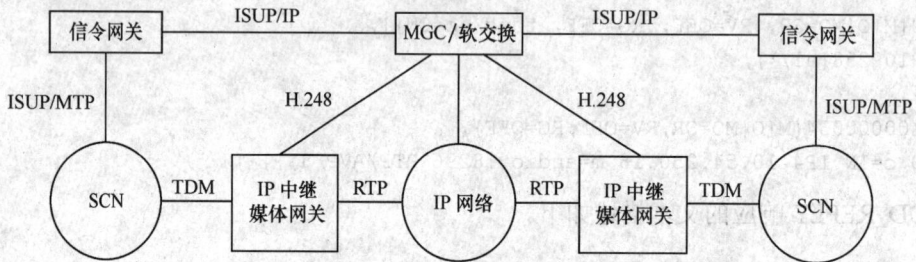

图 2-23　示例中的网络结构

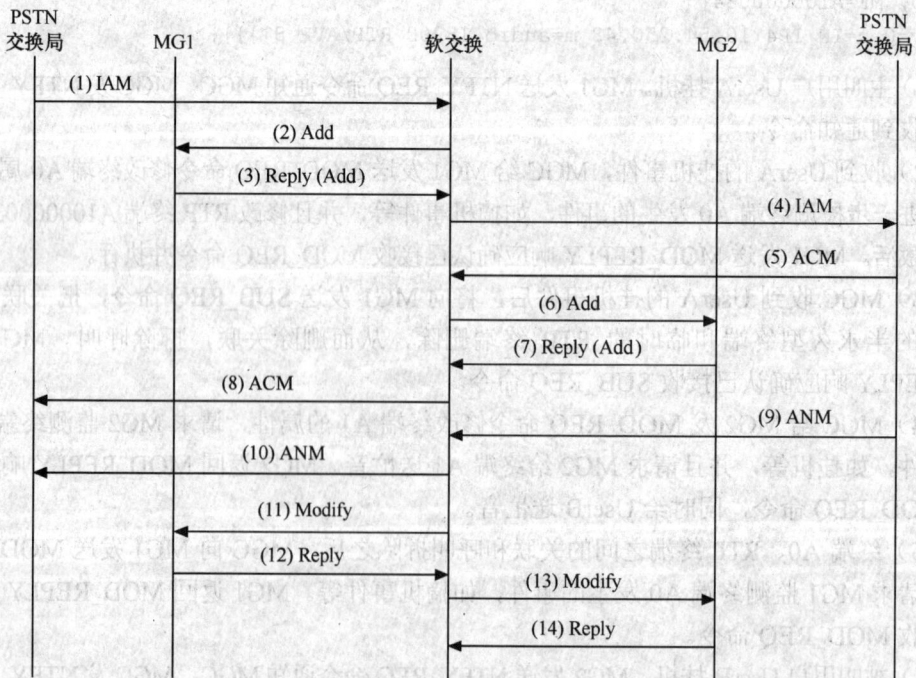

图 2-24　信令流程

（1）主叫用户发起呼叫，与主叫相连的 PSTN 交换局通过 7 号信令网关 SG1 向软交换发送 IAM。

（2）软交换向 MG 1 发送 Add 命令，指示创建一个新的 Context，在当前 Context 中加入语音网络侧的物理终端（即中继），并将其 Local Control 模式设置为 Receiveonly。

（3）MG1 向软交换设备发送应答并确认将选择指定的语音中继终端与媒体终端加入当前 Context 中，并向软交换设备报告本地媒体信息的 IP 地址、RTP 端口、语音算法等。

（4）软交换设备通过 7 号信令网关 SG2 向被与叫相连的 PSTN 交换局发送 IAM 消息。

（5）被与叫相连的 PSTN 交换局向软交换设备返回 ACM 消息。

（6）软交换设备向 MG2 发送 Add 命令，指示创建一个新的 Context，在当前 Context 中加入语音网络侧的物理终端（即中继）并将其 Local Control 模式设置为 SendReceive ；软交换设备向 MG2 发送 Add 命令，指示在当前 Context 中加入媒体终端，并向 MG2 通告远端 MG1 接收媒体信息的 IP 地址、RTP 端口及采用的语音算法等。

（7）MG2 向软交换设备发送应答并确认将选择了指定的语音中继终端与媒体终端加入当前 Context 中，并向软交换设备报告本地接收媒体信息的 IP 地址和 RTP 端口及采用的语音算法等。

（8）软交换设备向主叫相连的 PSTN 交换局返回 ACM 消息。

（9）被叫应答，与被叫相连的 PSTN 交换局向软交换设备发送应答消息 ANM。

（10）软交换设备向与主叫相连的 PSTN 交换局发送 ANM 消息。

（11）软交换设备向 MG 发送 Modify 命令，将当前 Context 中物理终端与媒体终端的 Local Control 模式都设置为 SendReceive，并向 MG1 通告远端 MG2 接收媒体信息的 IP 地址和 RTP 端口及语音算法等。

（12）MG1 通过 Reply 命令确认。

（13）软交换设备向 MG2 发送 Modify 命令，将当前 Context 中媒体终端的 LocalControl 模式都设置为 SendReceive。

（14）MG2 通过 Reply 命令确认。呼叫进入通话状态。

2.4　BICC 协议

2.4.1　与 BICC 协议有关的网络结构

BICC 协议是由 ITU-T SG11 小组制定的，是一种在骨干网中实现与承载无关的呼叫控制协议。其主要目的是解决呼叫控制和承载控制分离的问题，使呼叫控制信令可以在各种网络上承载。BICC 协议主要应用在移动通信系统 3G 的 R4 核心网中，与 BICC 协议有关的网络接口及相关的协议如图 2-25 所示。

图中 Nc 是移动通信系统 3G 的 R4 核心网中 MSC Server（或 GMSC Server）间的呼叫控制信令接口，采用与承载无关的呼叫控制协议 BICC，BICC 提供在宽带传输网上等同 ISUP 的信令功能。

Nb 接口是 MGW 之间的接口，用来在 R4 核心网内承载用户的语音媒体流，有 IP 与 ATM 承载两种方式。现在主要采用 IP 承载。

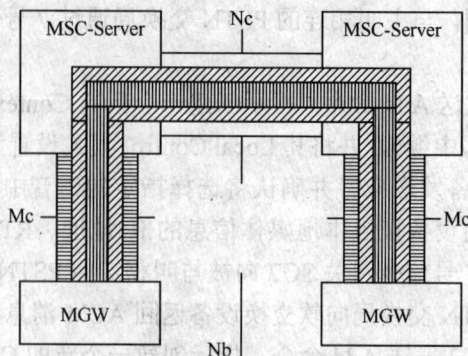

图 2-25 与 BICC 协议有关的网络接口

Nb 接口协议可分为用户面（Nb-UP）和控制平面。TS 29.415 定义了用户面（Nb-UP）的协议；Nb-UP 在承载面 MGW 之间提供业务数据流的组帧、差错校验、速率匹配及定时控制等功能，支持压缩语音、数据流的传输。

Nb 控制面在采用 IP 时，控制面协议为 IPBCP，IPBCP 在对等实体之间交互媒体流特性、端口号、IP 地址等信息，用于建立、修改媒体流连接。IPBCP 使用隧道方式从 Mc、Nc 接口传输，隧道协议为 Q.1990（BICC 承载控制隧道协议）。Q.1990 协议在 Mc 接口的传输遵从 29.232 协议，Q.1990 协议在 Nc 接口的传输遵从 Q.765.5 协议。

Mc 接口是 MSC Server 与媒体网关 MGW 之间的接口，Mc 接口采用 ITU_T 及 IETF 联合制定的 H.248 协议，并增加了针对 3GPP 特殊需求的 H.248 扩展事务（Transaction）及扩展包（Package）定义。

图 2-25 所示的画横线的部分表示 MSC Server 与媒体网关 MGW 之间的 H.248 协议，画斜线的部分表示隧道协议，画竖线的部分表示 IPBCP，空白部分表示 MSC Server（或 GMSC Server）间的 BICC 协议。

2.4.2　BICC 协议

1. BICC 协议概述

ITU-T 在 2000 年 7 月颁布了 BICC 协议能力集 1（CS-1）协议，2001 年 6 月颁布了 CS-2 协议。BICC 得到包括 ATM 论坛、3GPP 和 IETF 在内的其他标准化组织的认同，并获得工业界的支持，被列为软交换网络的一种呼叫控制协议。

BICC 信令是在 ISUP 信令的基础上发展起来的，在对基本呼叫流程及补充业务特性的支持方面基本和 ISUP 类似；BICC 新增的"应用信息传输"（APM）机制使得 Nc 接口两端的呼叫控制节点间可以交互承载相关的信息：包括承载地址、连接参考、承载特性、承载建立方式及支持的 Codec 列表等；BICC 还可为 MGW 间的承载控制信令在 Nc 接口上提供隧道传输功能。

BICC 协议采用呼叫信令和承载信令功能分离的思路，重新定义一个骨干网络中使用的呼叫控制信令协议，可以控制包括 ATM 网络和 IP 网络在内的各种网络。呼叫控制协议基于 N-ISUP 信令，沿用 ISUP 中的相关消息，并利用 APM（Application Transport Mechanism）机制传送 BICC 特定的承载控制信息，因此可以承载全方位的 PSTN/ISDN 业务。呼叫与承载的分离，使得异种承载的网络之间的业务互通变得十分简单，只需要完成承载级的互通，业务不用进行任何修改,各种端到端的窄带业务特性,包括各种增值业务和附加业务特性可以继续保持。

定义 BICC 的基本目的是支持窄带电信业务在宽带分组骨干网上的传送,包括 ATM 网络和 IP 网络在内的各种宽带数据网络,利用该信令协议可以承载全方位的 PSTN/ISDN 业务,同时要求现有与窄带 ISDN 的网络接口不受影响,各种端到端的窄带业务特性,包括各种增值业务和附加业务特性可以继续保持。

BICC 协议基于的网络的一般结构如图 2-26 所示。其中,ISN 称为接口服务节点,物理上对应于互通网关,包含呼叫服务功能(CSF)、承载控制功能(BCF)和承载媒体功能(BMF)3 个功能实体。对等 CSF 之间运行 BICC 协议,建立呼叫联系;BCF 负责数据网络中的承载建立,运行该网络的承载控制协议;BMF 则完成本地节点的承载连接,物理上对应为交换机中的交换结构或路由器中的路由结构,中间还可能包含若干中间节点。其中,TSN 为转接服务点,相当于电话网中的长途交换节点,GSN 为网关服务节点,对应于两个不同运营商网络间的接口局;TSN 和 GSN 在物理上都由 MSC Server 与媒体网关 MGW 两部分组成。CMN 为呼叫中介节点,只提供特定的呼叫服务,完成呼叫控制信令 BICC 的转发,物理上只有 MSC Server 部分,不包括媒体网关 MGW,不需要通过 H.248 协议控制媒体网关。

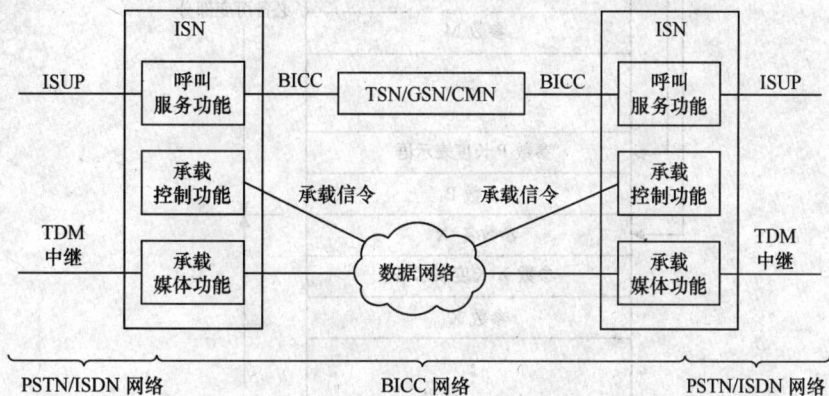

ISN:接口服务节点 TSN:转接服务点
GSN:网关服务节点 CMN:呼叫中心节点

图 2-26 BICC 协议基于的网络的一般结构

2. BICC 消息结构

BICC 的消息格式和 ISUP 消息格式基本相同,BICC 消息由呼叫实例码、消息类型编码、必备固定部分,必备可变部分和任选部分组成。前 2 个部分是公共部分,其格式适用于所有的消息;后 3 个部分是消息的参数,它的内容和格式随消息而变。与 ISUP 消息格式比较,BICC 消息少了路由标记部分,电路识别码换成了呼叫实例码,其他部分是相同的。BICC 的消息格式如图 2-27 所示。

(1)呼叫实例码

呼叫实例码(Call Instance Code,CIC)是局间呼叫关系对应的逻辑编号,指示了该消息对应于哪一次呼叫实例。其功能与 ISUP 消息中的电路识别码功能相似,但不标识电路,且进行了扩充,呼叫实例码 CIC 扩充为用 32bit(电路识别码为 12bit)表示,使得局间呼叫实例的数目理论上可达 4 294 967 296 条(2^{32})。

发送顺序

八位位组
发送顺序

8	7	6	5	4	3	2	1

呼叫实例码
消息类型编码
必备固定参数 A
⋮
必备固定参数 A
到参数 M 的指针
⋮
到参数 P 的指针
到任选部分开始的指针
参数 M 长度表示语
参数 M
⋮
参数 P 长度表示语
参数 P
参数名=X
参数 X 长度表示语
参数 X
⋮
参数名=Z
参数 Z 长度表示语
参数 Z
任选参数结束

必备固定部分

必备可变部分

任选部分

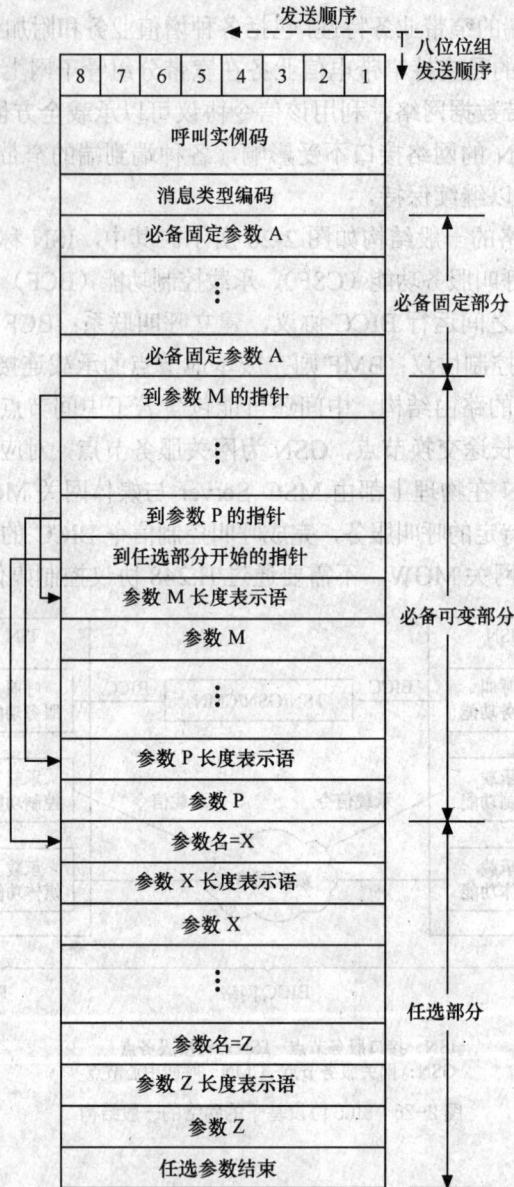

图 2-27　BICC 的消息格式

（2）消息类型

BICC 消息类型编码由一个八位位组字段组成，且对于所有消息都是必备的。消息类型编码统一规定了每种 BICC 消息的功能和格式。

（3）参数部分

BICC 消息参数部分包括必备固定部分、必备可变部分和任选部分。不同的消息类型都有自己特有的参数。

对于一个指定的消息类型，必备且有固定长度的参数包括在必备固定部分。这些参数的名称、长度和出现次序统一由消息类型规定，因此在该部分中不包括参数的名称及长度指示，只给出参数的内容。

必备可变长部分也包括消息必须具有的参数，但这些参数的长度是可以变化的。对于特定的消息，这部分参数的名称和次序是事先确定的，因而消息的名称不必出现，只需由一组指针来指明各参数的起始位置，然后用每个参数的第一个八位位组来说明该参数的长度（字节数），在长度指示之后是参数的内容。

任选部分包含一些任选的参数。这些参数出现与否、出现的顺序都是可变的。因此任选部分的每个参数都由参数名称、参数长度指示和参数内容 3 部分组成。整个任选部分的开始位置由必备可变部分的最后一个指针来指明。任选部分的末尾是一个结束标志，编码是全"0"。

（4）参数示例

BICC 消息中的参数大多数与 ISUP 消息中的参数类似，BICC 的一个重要特点是引入了 ATM（Application Transport Mechanism）机制传送 BICC 协议特定的控制信息，APM 机制传送的信息是在应用传送参数中传送的，应用传送参数的格式如图 2-28 所示。

8	7	6	5	4	3	2	1
1	ext.			应用上下文识别符			lsb
1a	ext.	Msb					
2	ext.		空闲			SNI	RCI
3	ext.	SI		APM 分段指示语			
3a	ext.		分段本地参考				
4 ⋮ n			APM- 用户信息				

图 2-28　应用传送参数的格式

其中应用上下文识别符用来说明 APM—用户信息的内容，如当应用上下文识别符的编码为"000 0101"时，表示传送的是"承载偶联传送 BAT ASE"。BAT ASE 负责以 APM 可传送的形式准备信息。

APM—用户信息字段包含了特定的应用信息。这个字段的格式与编码取决于 APM—用户应用和在相关建议中的定义。

应用传送参数的封装应用信息的一般排列如图 2-29 所示。

8=MSB	7	6	5	4	3	2	1=LSB
1	标识符 1						
2	长度指示语 1						
3	兼容性信息 1						
4	内容 1						
m	标识符 n						
	长度指示语 n						
	兼容性信息 n						
p	内容 n						

图 2-29　封装应用信息字段的格式

封装应用信息字段中的每个信息单元有相同的结构。一个信息单元由 4 个字段组成，它们总是按以下顺序出现：标识符（一个八位位组），长度指示语，兼容性信息，内容。

信息单元有两类："构成式"和"简单式"。"构成式"信息单元的内容字段由一个或多个信息单元组成，每个信息单元的结构如上所述。"简单式"信息单元的内容字段仅包括一个值。

标识符用来区别不同的信息单元，并说明信息单元是"构成式"还是"简单式"。

长度指示语规定了兼容性信息和内容的长度。长度指示语规定的长度不包括标识符和长度指示语。兼容性信息说明当收到的信息单元是不认识时的处理方式：

- 传递信息单元
- 丢弃信息单元
- 丢弃 BICC 数据
- 释放呼叫

内容字段包括信息单元要传送的信息内容。

2.4.3　BICC 的承载控制隧道协议

1. 承载控制隧道协议的功能

BICC 的承载控制隧道协议（BCTP）是一种通用的隧道机制，目的是借助呼叫控制功能之间的 BICC 协议和呼叫控制功能与承载控制功能之间的 CBC 接口协议来隧道传送 BCP。BICC 的承载控制隧道协议传送 BCP 支持的隧道协议数据单元（PDU）。

BCTP 假设在隧道传送 PDU 生成实体与接收实体之间已经提供一个可靠的、顺序的、点到点的信令传送服务。

BCTP 支持在以下协议进行 BCP 隧道传送。

BICC 协议：在完成呼叫控制功能（CCU）的 MSC Server 之间利用 BICC 的 APM 机制。

CBC 协议：在完成呼叫控制功能（CCU）的 MSC Server 与完成承载控制功能（BCF）的媒体网关（MGW）之间的接口利用 H.248 的隧道包。

BCTP 支持的承载控制协议是 BICC 的 IP 承载控制协议（IPBCP）。

2. BCTP PDU 的格式

BCTP 在每个被隧道传送的 BCP 信息包前均增加 2 个八位位组（二进制编码的协议控制信息 PCI 字段）。第 1 个八位位组包含 1bit 的 BCTP 版本错误指示语（BYEI）字段和 5bit 的 BCTP 版本指示语字段。第 2 个八位位组包含 1bit 的隧道协议错误指示语（TPEI）字段和 6bit 的隧道协议指示语字段。当 6bit 的隧道协议指示语字段的值为 100 000 时表示 BCTP PDU 传送的是文本编码协议（IPBCP）。

隧道传送 PDU 的生成实体按照 BCTP 指示语对 PDU 的内容进行处理，并且把 BCTP 指示语加到每个出局的 PDU 之前。TPEI 和 BVEI 的值均置为"无指示"，BCTP 版本指示语指明了 BCTP 使用的版本。6bit 的隧道协议指示语字段的值设置为"100 000"，表示 BCTP PDU 传送的是文本编码协议（IPBCP）的数据包。

收到隧道传送的 PDU 后，隧道传送 PDU 的接收实体首先对 BCTP 版本指示语的值进行检查并确定是否支持，在检查并扣除了 BCTP 指示语八位位组后，将入局 PDU 分发到承载控制协议处理实体。

2.4.4　BICC 的 IP 承载控制协议

BICC 的 IP 承载控制协议（IPBCP）用于传送媒体流信源/信宿之间的媒体流特性、端口号和源 IP 地址，以建立和修改 IP 承载。IPBCP 之间的信息交互可以在 BICC 呼叫建立期间，也可以在呼叫建立之后。IPBCP 使用会话描述协议 SDP 对信息进行编码。

1．IPBCP 的消息类型

IPBCP 在对等 BIWF 间使用消息来传递信息。IPBCP 中定义了以下 4 种消息。

（1）请求（Request）：请求建立或修改 IP 承载，发起 IP 承载建立请求的 BIWF 称之为 I-BIWF。

（2）接收（Accepted）：接收先前收到的请求消息，收到 IP 承载建立请求的 BIWF 称之为 R-BIWF。

（3）混乱（Confused）：对 IP 承载建立或修改请求消息的响应，表示不能处理先前收到的请求消息。

（4）拒绝（Rejected）：对 IP 承载建立或修改请求消息的响应，表示拒绝先前收到的请求消息。

I-BIWF 或者 R-BIWF 都可以发起一个 IP 承载修改请求。

2．IPBCP 消息内容

IPBCP 消息内容包括会话、时间描述和媒体描述，由于 IPBCP 使用会话描述协议 SDP 对信息进行编码，会话、时间描述和媒体描述字段的格式请参考本书 2.2.5 小节"SDP 语法"。

（1）会话和时间描述

会话和时间描述包括以下字段：

① 协议版本（v）；

② 起源（0）；

③ 会话名（。）；

④ 连接数据（c）；

⑤ 会话属性（a）——标识 IPBCP 版本和消息类型；

⑥ 时间（t）。

（2）媒体描述

媒体描述包括以下字段：

① 媒体描述{m}；

② 媒体属性（a）——附加的属性，用来支持 RTP 动态负荷类型，DTMF，其他信号音、信号和封包时间。

3. IPBCP 的传送程序

IPBCP 的传送要求在 BIWF 之间提供可靠的、顺序的、点到点的信令传送。

下面简要说明 MGW 之间成功的 IP 承载建立过程。

当 I-BIWF 接收到控制层的 IP 承载建立请求后，向 R-BIWF 发送请求消息，启动 T1 定时器。请求消息必须包含"媒体通知"（m 字段）。（c）字段包含 I-BIWF 的媒体流接口 IP 地址。请求消息中可选地包含媒体属性字段（信号音、信号能力和封包时间）。

R-BIWF 一旦收到 I-BIWF 的请求消息，检查请求消息。如果可接受，则回应接受消息。接受消息必须包含媒体通知字段（m），媒体通知字段"m"中除了"端口"外，应该与请求消息的一致，"c"字段包含 R-BIWF 的媒体流接口 IP 地址，接受消息中的信号音、信号能力和封包时间代表了可接受的值。

I-BIWF 一旦接收到 R-BIWF 来的接受消息，则停止 TI。检查接受消息，要求接受消息中的媒体通知字段中除了"端口"外，应该与请求消息的一致，媒体属性字段中除了信号音、信号能力和封包时间外，应该与请求消息的一致，接受消息中的信号音、信号能力和封包时间代表了可接受的值。

如果 I-BIWF 接受了收到的接受消息，则在双方 BIWF 建立起成功的 IP 承载，必须通知发起建立请求的控制层。

2.4.5 BICC 信令流程

1. BICC 信令基于的网络结构

现在中国移动已建设了世界上最大的软交换长途汇接网，在软交换长途汇接网中不同的软交换设备之间采用与承载无关的呼叫控制信令 BICC，软交换设备与媒体网关 TMG 之间采用 H.248 协议。始发地 VMSC（落地 VMSC）与软交换设备之间采用 ISUP 信令。下面以一个移动用户通过软交换长途汇接网呼叫被叫移动用户为例说明相应的信令流程。BICC 信令基于的网络结构如图 2-30 所示，信令流程如图 2-31 所示。

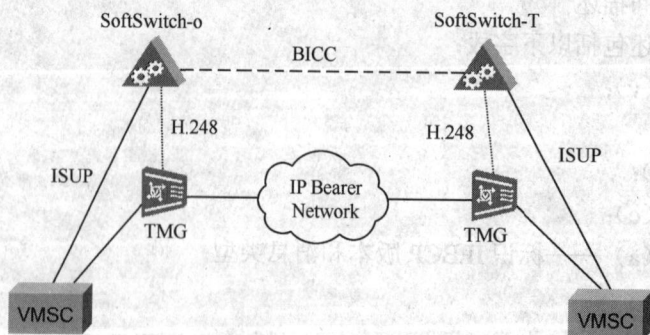

图 2-30 BICC 信令基于的网络结构

2. BICC 信令流程

BICC 信令流程如图 2-31 所示，下面对 BICC 信令流程予以说明。

MSC1	SoftSwitch-O	TMG-O	SoftSwitch-T	TMG-T	MSC2

[1] IAM (CLD, FCI)

[2] ADD.req ($C1，T1)

[3] ADD.rep (C1，T1)

[4] ADD.req (C1，$T2)

[5] ADD.rsp (C1，T2)

[6] NTF.lnd (C1，T2，TunnelData1)

[7] NTF.rsp (C1，T2)

[8] IAM(CLD, FCI, connect_forward, FastTunnel, TunnelData1)

[9] ADD.req ($C2，$T3，TunnelData1)

[10] ADD.rsp (C2，T3)

[11] NTF.lnd (C2，T3，TunnelData2)

[12] NTF.rsp (C2，T3)

[13] APM (TunnelData2)

[14] MOD.req (C1，T2，TunnelData2)

[16] ADD.req (C2，T4)

[15] MOD.rsp (C1，T2)

[17] ADD.rsp (C2，T4)

[18] IAM (CLD，FCI)

[19] NTF.req (C1，T2)

[20] NTF.rsp (C1，T2)

[21] UP_INIT

[23] NTF.req (C2，T3)

[24] NTF.rsp (C2，T3)

[25] ACM

[26] ACM

[27] ACM

[28] ANM

[29] ANM

[30] ANM

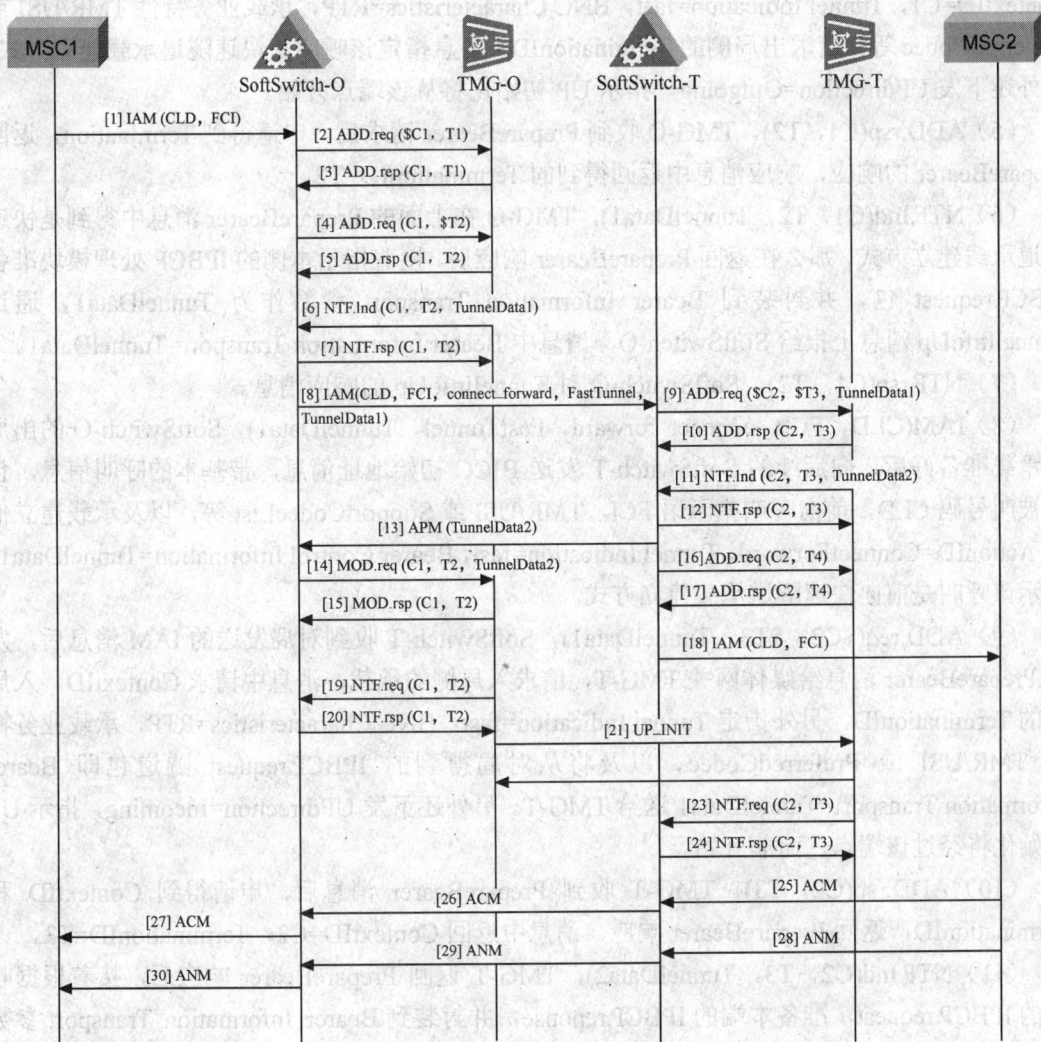

图 2-31　BICC 信令流程

（1）发端局 MSC1 收到主叫发起的一个长途呼叫，选择经过软交换长途汇接网转发，就向软交换 SoftSwitch-O 发送 ISUP 初始地址消息 IAM(CLD, FCI)，消息中带基本的呼叫信息，包括被叫号码 CLD，前向呼叫指示语 FCI 等。

（2）ADD.req($C1，T1)，软交换 SoftSwitch-O 收到 IAM 消息后，根据 IAM 消息的 CIC，取得该 CIC 对应的电路对应的 TerminationID=T1，接着向媒体网关 TMG-O 发送 ReserverCircuit（保留电路）消息（对应到 H.248 协议即是 ADD.req 消息），请求建立关联，分配关联号 ContextID，并将半永久终端号 TerminationID=T1，BNC Characteristics=TDM，承载业务特性 TMR/USI 等参数通过 ReserverCircuit 消息一起下发。

（3）ADD.rsp(C1，T1)，TMG-O 收到 ReserverCircuit 消息后，分配 ContextID，保留电路，并返回响应消息，消息中返回得到的 ContextID=C1。

（4）ADD.req(C1，$T2)，SoftSwitch-O 接着通过发送 PrepareBearer 命令（对应到 H.248 协议即是 ADD.req 消息），准备出局侧的 RTP 终端 Termination，PrepareBearer 消息中指定

ContextID=C1，Tunnel Indication=fast，BNC Characteristics=RTP，承载业务特性 TMR/USI 或 PreferredCodec 等，请求出局侧的 TerminationID，消息指定该呼叫是快速隧道承载建立方式。另外还下发 UPdirection=Outgoing，指示 UP 初始化将从该端点开始。

（5）ADD.rsp(C1，T2)，TMG-O 收到 PrepareBearer 请求后，申请得到 Termination，返回 PrepareBearer 的响应，响应消息中返回得到的 TerminationID=T2。

（6）NTF.Ind(C1，T2，TunnelData1)，TMG-O 在上面的 PrepareBearer 消息中得到是快速隧道承载建立方式，那么在返回 PrepareBearer 响应后，接着指示本侧的 IPBCP 处理模块准备 IPBCP.request 包，并封装到 Bearer Information Transport 参数作为 TunnelData1，通过 TunnelInfoUp 消息上报给 SoftSwitch-O，消息中 Bearer Information Transport=TunnelData1。

（7）NTF.rsp(C1，T2)，SoftSwitch-O 对 TunnelInfoUp 的响应消息。

（8）IAM(CLD，FCI，connect_forward，FastTunnel，TunnelData1)，SoftSwitch-O 的出局侧承载准备好后，向后续的 SoftSwitch-T 发送 BICC 初始地址消息，带基本的呼叫信息，包括被叫号码 CLD，前向呼叫指示语 FCI，TMR/USI 或 SupportCodecList 等，以及承载建立信息 ActionID=ConnectForward，Tunnel Indication=fast，Bearer Control Information=TunnelData1，指示该呼叫是前向快速隧道承载建立方式。

（9）ADD.req($C2，$T3，TunnelData1)，SoftSwitch-T 收到对局发送的 IAM 消息后，发送 PrepareBearer 消息给媒体网关 TMG-T，请求入局侧的承载，消息中请求 ContextID，入局侧的 TerminationID，另外指定 Tunnel Indication=fast，BNC Characteristics=RTP，承载业务特性 TMR/USI 或 PreferredCodec，以及将从对局得到的 IPBCP.request 隧道包即 Bearer Information Transport=TunnelData1 送给 TMG-T。另外还下发 UPdirection=Incoming，指示 UP 初始化将经过该端点，而非开始。

（10）ADD.rsp(C2，T3)，TMG-T 收到 PrepareBearer 消息后，申请得到 ContextID 和 TerminationID，返回 PrepareBearer 响应，消息中返回 ContextID=C2，TerminationID=T3。

（11）NTF.Ind(C2，T3，TunnelData2)，TMG-T 返回 PrepareBearer 响应后，接着根据收到的 IPBCP.request，准备本端的 IPBCP.reponse，并封装到 Bearer Information Transport 参数作为 TunnelData2，通过 TunnelInfoUp 消息（封装在 NTF.Ind 中）上报给 SoftSwitch-O，消息中 Bearer Information Transport=TunnelData2。

（12）NTF.rsp(C2，T3)，SoftSwitch-T 对 TunnelInfoUp 的响应。

（13）APM(TunnelData2)，SoftSwitch-T 收到 TunnelInfoUP 消息带上的 TunnelData2 后，将通过 APM 消息送回 SoftSwitch-O，Bearer Control Information=TunnelData2，如果该呼叫是带 Codec 协商时，还有同时将 SelectedCodec 和 SupportedCodecList 附带在 APM 消息中。

（14）MOD.req(C1，T2，TunnelData2)，SoftSwitch-O 收到 APM 消息携带的 TunnelData2 后，将 TunnelData2 通过 TunnelInfoDown 消息带到 TMG-O，消息中 Bearer Information Transport=TunnelData2。

（15）MOD.rsp(C1，T2)，对 TMG-T 对 TunnelInfoDown 的响应。

（16）ADD.req(C2，T4)，SoftSwitch-T 准备完入局侧分组端点的承载后，选路得到出局侧的 TDM 资源的 TerminationID。接着向 TMG-T 下发 ReserverCircuit 保留 TDM 电路，消息中指定 ContextID=C2，TerminationID=T4，BNC Characteristics=TDM，承载业务特性 TMR/USI 等。

（17）ADD.rsp(C2，T4)，TMG-T 对 ReserverCircuit 的响应。

（18）IAM(CLD，FCI)，SoftSwitch-T 出局侧电路保留成功后，将向落地局 MSC-T 发送 ISUP 初始地址消息，带基本的呼叫信息，包括被叫号码 CLD，前向呼叫指示语 FCI 等。

（19）NTF.req(C1，T2)，当承载控制面完成 IPBCP 的交互后，承载建立成功，TMG-O 的 T2 将会上报 BearerEstablishedInd 消息，指示承载已经建立成功。

（20）NTF.rsp(C1，T2)，对 BearerEstablishedInd 的响应。

（21）UP_INIT，TMG-O 的 T2 端点根据 PrepareBearer 时下发的 UPdirection=Outgoing，从该端点开始 UP 面初始化，向后续的交换局发送初始化消息。

（22）UP_INIT_ACK，后续的 TMG-T 的端点 T3 返回 UP 面初始化消息的响应。

（23）NTF.req(C2，T3)，TMG-T 的 T3 承载建立并 UP 初始化成功后，T3 将上报 BearerEstablishedInd，指示承载已经建立成功。

（24）NTF.rsp(C2，T3)，BearerEstablishedInd 的响应。

（25）～（27）落地局 MSC-T 发送 ISUP 地址全消息 ACM 给 SoftSwitch-T，SoftSwitch-T 将其转换为 BICC 消息 ACM 发送给 SoftSwitch-O，SoftSwitch-O 将其转换为 ISUP ACM 消息发送给发端局 MSC1。

（28）～（30）落地局 MSC-T 发送 ISUP 应答消息 ANM 给 SoftSwitch-T，SoftSwitch-T 将其转换为 BICC 消息 ANM 发送给 SoftSwitch-O，SoftSwitch-O 将其转换为 ISUP ANM 消息发送给发端局 MSC1。呼叫建立成功，开始通话。

2.5　信令传输协议

2.5.1　信令传输协议的结构

现有的通信网络可分为传统的电路交换网和以 IP 为基础的分组数据网。电路交换网包括固定电话网和移动网，它主要提供传统的语音业务。另外，以 IP 为基础的分组数据网发展迅速。不同的网将按各自的最佳方向独立演进，融合发展。最终形成一个统一的、融合的、主要是以 IP 为基础的分组化网，然而，从传统的电路交换网到分组化网将是一个长期的渐进过程。

在电路交换网和 NGN 的融合过程中，以电路交换为基础的网络和以分组交换为基础的 NGN 网络之间的通信势必要求信令能够互通，两个全球最大的网络将长期共存，信令互通的潜力将是巨大的。更重要的是，下一代网络是以 IP 为基础的，无论是软交换体系结构还是第三代移动通信系统都采用基于 IP 的分组交换网络，因此信令网关是必不可少的。

信令网关的作用就是完成两个不同网络之间控制信息的相互转换，以实现一个网络中的控制信息能够在另一个网络中延续传输。信令网关是在两个网络的边界接收和发送信令的代理，是两个网络间的信令关口，对信令消息进行翻译、中继或终结处理。信令网关可以独立设置，也可以与其他网关综合设置，以便处理与接入线路或中继线路有关的信令。

目前在电话交换网络中常用的信令如图 2-32 所示。

图中移动应用部分 MAP，CAMEL（移动网络定制应用增强型逻辑服务器）应用部分（CAP），基站子系统应用部分（RANAP），无线接入网络应用部分（BSSAP）为移动通信系统使用的信令；ISDN 用户部分（ISUP），电话用户部分（TUP）是移动通信网和固定网都使用的信令；智能网应用部分（INAP）为固定网使用的信令；DSS1 是 ISDN 用户—网络接口的呼叫控制信令，V5.2 为接入网和交换机之间的信令。

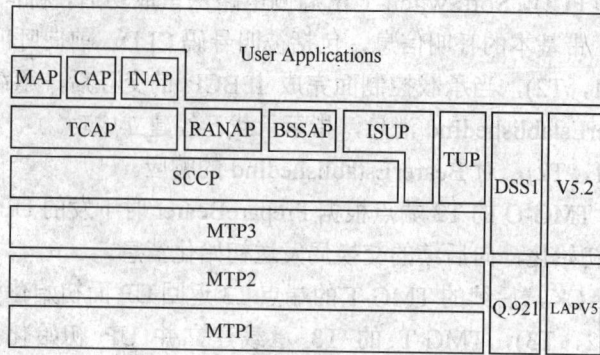

图 2-32　电话网中的信令结构

消息传递部分（MTP）的功能是在信令网中提供可靠的信令消息传递，将用户发送的消息传送到用户指定的目的地信令点的指定用户部分，在系统或信令网故障情况下，采取必要措施以便恢复信令消息的正常传送。

电话用户部分（TUP）是 7 号信令方式的第四功能级中最先得到应用的用户部分。TUP主要规定了有关电话呼叫的建立和释放的信令程序及实现这些程序的消息和消息编码，并能支持部分用户补充业务。

ISDN 用户部分（ISUP）是在 TUP 的基础上扩展而成的。ISUP 提供综合业务数字网中信令功能，以支持基本的承载业务和附加承载业务。对于基本承载业务，ISUP 的功能是建立、监视和拆除 ISDN 网中各交换机之间 64kbit/s 的电路连接。由于 ISDN 的承载业务包括了各种各样的信息传送，而不同信息对传输通路的要求是不同的，因此 ISUP 必须根据终端用户对承载业务的不同要求来选择电路及在业务类型交替时更换电路类型提供信令支持。由于 ISDN用户对承载业务的要求是通过用户—网络接口的 D 信道信令（Q.931 建议）传送到网络的，因此，ISUP 必须和 D 信道信令配合工作。ISUP 还必须对附加承载业务（主叫线号码识别、呼叫前转、闭合用户群、直接拨入、用户—用户信令）提供信令支持。

为了满足新的用户部分（例如智能网应用和移动通信应用）对消息传递的进一步要求，CCITT 补充了信令连接控制部分 SCCP 来弥补 MTP 在网络层功能的不足。SCCP 提供了较强的路由和寻址功能，迭加在 MTP 上，与 MTP 中的第三级共同完成 OSI 中网络层的功能，至于那些满足于 MTP 服务的用户部分（例如 TUP），则可以不经 SCCP 直接与 MTP 第三级连络。SCCP 通过提供全局码翻译增强了 MTP 的寻址选路功能，从而使 7 号信令系统能在全球范围内传送与电路无关的端到端消息，同时 SCCP 还使 7 号信令系统增加了面向连接的消息传送方式。SCCP 与原来的第三级相结合，提供了 OSI 模型中的网络层功能。

事务处理能力（TC）是指通信网中分散的一系列应用在相互通信时采用的一组规约和功能。这是目前通信网提供智能网业务和支持移动通信网中与移动台游动有关的业务的基础。TCAP 将上层的智能网应用，移动通信应用和维护管理应用的各个节点之间的信息交互都抽象为远端操作和对远端操作的响应，即一个节点给远端节点发送一个操作命令，远端节点执行该操作命令并将执行操作命令后的响应信息返回给始发节点，为完成一个任务（如智能网中的一次呼叫卡业务），在两个节点之间要传送多个操作及响应，为完成同一个任务在两个节点之间传送的多个操作及响应就构成一个对话（事务），TCAP 的另一个功能是完成对两个节点之间对话（事务）的管理。TCAP 本身又分为两个子层：成分子层和事务处理子层。成分子层完成 TC 用户之间对远端操作的请求及响应的数据的传送，事务处理子层用来处理包括成分在内的消息交换，为其用户之间提供端到端的连接。

智能网应用部分 INAP 用来在智能网各功能实体间传送有关的信息流，以便各功能实体协同完成智能业务。《智能网应用规程》主要规定了业务交换点 SSP 和业务控制点 SCP 之间，SCP 和智能外设 IP 之间，业务控制点 SCP 与业务数据点 SDP 之间的接口规范。在移动通信系统中完成类似功能的是 CAMEL（移动网络增强型逻辑的客户化应用）应用部分 CAP。

移动应用部分 MAP 的主要功能是在数字移动通信系统 GSM 中的移动交换中心 MSC，归属位置登记器 HLR，拜访位置登记器 VLR 等功能实体之间交换与电路无关的数据和指令，从而支持移动用户漫游、频道切换和用户鉴权等网络功能。

基站子系统应用部分（BSSAP）是基站控制器 BSC 与移动交换中心 MSC 之间的信令。基站控制器 BSC 与移动交换中心 MSC 之间的信令接口采用 7 号信令作为消息传送协议。包括物理层（信令数据链路 MTP－1）、链路层（信令链路 MTP－2）、网络层（MTP－3 和 SCCP）和应用层，在信令连接控制部分 SCCP 中采用了面向连接传送功能（服务类别 2）。基站子系统应用部分（BSSAP）包括 BSS 操作维护应用部分 BSSOM MAP、直接传送应用部分 DTAP 和 BSS 管理应用部分 BSS MAP。BSSOM MAP 部分用于和网络维护中心 OMC 之间交换维护管理信息。DTAP 部分用于透明传送 MS 与 MSC 之间的消息。BSS MAP 主要用于传送无线资源管理消息，对 BSS 的资源使用，调配和负荷进行控制和监视，以保证呼叫的正常建立和进行。

为了实现以 IP 为基础的 NGN 与电话网的互通，在 IP 网上传送电话网的信令是一个必须解决的问题。在 20 世纪 90 年代末，IETF 成立了信令传输（SIGTRAN）工作组来解决分组形式的电话信令在 IP 网络上传输的问题，提出了 SIGTRAN 构架来实现在 IP 网络节点之间传输电话网的信令（如 SS7 ISUP，TUP 和 DSS1 信令）。

SIGTRAN 构架如图 2-33 所示，SIGTRAN 构架是在流控传输协议（SCTP）上加上用户适配层（UAL）来传输电话网信令的用户部分，用户适配层是由多个适配模块所组成。SCTP 是在标准的互联网协议（IPv4，IPv6）支持下工作的，与 TCP 和 UDP 位于同一层。

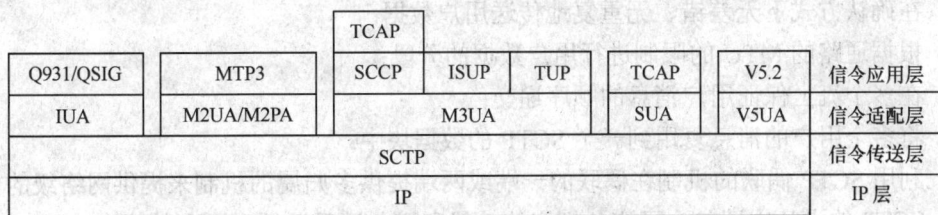

Q931/QSIG	MTP3	TCAP			TCAP	V5.2	信令应用层
		SCCP	ISUP	TUP			
IUA	M2UA/M2PA	M3UA			SUA	V5UA	信令适配层
SCTP							信令传送层
IP							IP 层

SCTP：流传送控制协议　IUA：ISDN 用户适配层　M3UA：MTP 第三级用户适配层
M2UA/M2PA：第二级用户适配层/MTP 第二级用户对等适配层
SUA：信令连接控制部分用户适配层　V5UA：V5.2 用户适配层　TUP：电话用户部分
SCCP：信令连接控制部分　TCAP：事务处理能力控制部分　ISUP：ISDN 用户部分

图 2-33　信令传输协议 SIGTRAN 的结构

流传送控制协议 SCTP 提供多个流的，可靠的数据传输，用户数据的捆绑和分段，阻塞和流量控制，防止"拒绝服务"和"伪装"的攻击等功能。

用户适配层包括 SUA（信令连接控制部分用户适配层）、M3UA（MTP 第三级用户适配层）、M2UA（第二级用户适配层）、M2PA（MTP 第二级用户对等适配层）、IUA（ISDN 用户适配层）和 V5UA（V5.2 用户适配层）5 个适配模块，它们分别为上层现有的电话用户/应用提供原来的原语接口（如管理指示，数据操作等原语），满足各种电话信令协议适配的要求，并把上层特定信令协议打包在 SCTP 上传输。

现在采用得比较多的适配层协议是 M3UA（MTP 第三级用户适配层），M3UA 用来适配 7 号信令系统消息传递部分 MTP 第三级的功能，在 M3UA 的支持下，（7 号信令）系统高层的 ISUP、SCCP、TCAP、MAP、INAP 和 CAP 消息的内容可在 IP 网络中透明传输。

2.5.2 流传送控制协议 SCTP

1. 流传送控制协议 SCTP 的功能

IP 网中的传输层通常使用 UDP 或 TCP。但是这两者都不能完全满足电信网中信令承载的要求。

UDP 是基于消息的，提供快速的无连接业务。这使其适合于传输对时延敏感的信令消息。但是，UDP 本身仅提供不可靠的数据报业务，而差错控制，包括消息顺序、消息重复检测和丢失消息重传等，只能由上层应用来完成。

TCP 虽然提供了差错和流量控制，但 TCP 是面向字节流的。这意味着消息的描述必需由应用来完成，而且在消息结束的时侯要显式通知 TCP 以迫使其立即发送相应的字节数据；同时许多应用只需要信令消息的部分有序，例如只要求属于同一呼叫或同一会话的消息有序传送。而 TCP 只提供严格的字节流按序传输，这会导致不必要的队头阻塞并使消息的传输时延增大；TCP 连接直接由一对传输地址（IP 地址和端口号）识别，从而无法提供对多宿主机的透明支持。

SCTP 发展了 UDP 和 TCP 两种协议的长处。它一方面增强了 UDP 业务并提供数据报的可靠传输；另一方面，SCTP 的协议行为类似于 TCP 并试图克服 TCP 的某些局限。SCTP 是可靠的数据报传输协议，能在不可靠传递的分组网络（IP 网）上提供可靠的数据传输。

SCTP 主要能完成以下功能：

- 在确认方式下无差错、无重复地传送用户数据；
- 根据通路的 MTU 的限制进行用户数据的分段；
- 在多个流上保证用户消息的顺序递交；
- 将多个用户的消息复用到一个 SCTP 的数据块中；
- 利用 SCTP 偶联的机制在偶联的一端或两端提供多归属的机制来提供网络级的保证；
- SCTP 的设计中还包含了避免拥塞的功能和避免遭受泛播和匿名的攻击。

2. SCTP 中的一些术语

（1）SCTP 偶联

SCTP 偶联实际上是在两个 SCTP 端点间的一个对应关系，它包括了两个 SCTP 端点以及包括验证标签和传送顺序号码等信息在内的协议状态信息。一个偶联可以由使用该偶联的 SCTP 端点用传送地址来唯一识别，在任何时候两个 SCTP 端点间都不会有多于一个的偶联。

从一定意义上讲，SCTP 实际上是面向连接的，但 SCTP 偶联的概念比 TCP 的连接的概念范围更大。SCTP 层在两个 SCTP 端点间通过对一组传送地址建立偶联，SCTP 偶联的端点可以在建立的偶联上发送 SCTP 分组。SCTP 偶联可以包含用多个可能的起源/目的地地址的组合，这些组合包含在每个 SCTP 端点的列表中。

（2）SCTP 端点

SCTP 端点是 SCTP 分组中逻辑的接收方或发送方。在一个多归属的主机上，一个 SCTP 端点可以由对端主机表示为 SCTP 分组可以发送到的一组合格的目的地传送地址，或者是可以收到 SCTP 分组的一组合格的起源传送地址。一个 SCTP 端点使用的所有传送地址必须使用相同的端口号，但可以使用多个 IP 地址。SCTP 端点使用的传送地址必须是唯一的。

（3）流

流是两个 SCTP 端点之间建立的一个单向逻辑通道。对于顺序递交业务，在这个通道中所有的用户消息都必须按照顺序进行递交。

（4）传送地址

传送地址是用网络层地址、传送层协议和传送层端口号来定义的。当 SCTP 在 IP 上运行时，传送地址就是由 IP 地址和 SCTP 端口号的组合来定义的，这里 SCTP 就充当传送协议。

3. SCTP 消息的格式及参数

在 SCTP 偶联的两个端点的对等层之间，通过发送 SCTP 分组来传送 SCTP 高层的信息及 SCTP 端点之间的控制信息。SCTP 分组是封装在 IP 数据包的数据区中传送的。

（1）SCTP 分组格式

SCTP 分组由公共的分组头和若干数据块组成。每个数据块中既可以包含控制信息，也可以包含用户数据。除了 INIT，INIT ACK 和 SHUTDOWN COMPLETE 数据块外，其他类型的多个数据块可以捆绑在一个 SCTP 分组中。如果一个用户消息不能放在一个 SCTP 分组中，则这个消息可以被分成若干个数据块。SCTP 分组的格式如图 2-34 所示。

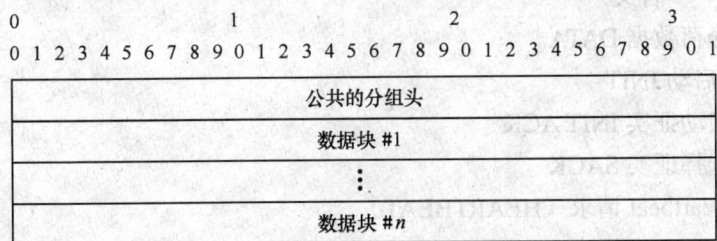

图 2-34 SCTP 分组的格式

① SCTP 公共分组头字段的格式

SCTP 公共分组头字段的格式如图 2-35 所示。

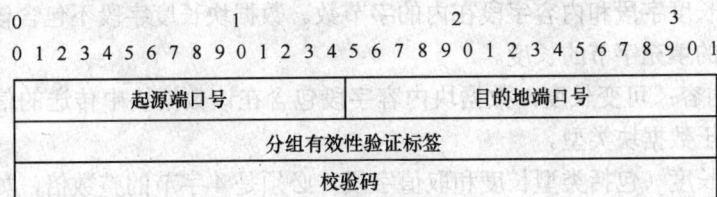

图 2-35 SCTP 公共分组头字段的格式

- 起源端口号：16bit 的无符号整数，该端口号用来识别 SCTP 发送方的端口号码。
- 目的端口号：16bit 的无符号整数，该 SCTP 端口号用来确定分组的去向。接收方主机将利用该端口号把 SCTP 分组解复用到正确的接收端点或应用。

接收方使用起源端口号和起源 IP 地址以及目的地端口号和可能的目的地 IP 地址来识别属于某个偶联的分组。

- 验证标签：32bit 的无符号整数，接收到分组的接收方使用验证标签来判别发送方的这个 SCTP 分组的有效性。除了一些特殊情况外，发送方必须将该验证标签设置为在偶联启动阶段从对端点收到的启动标签的值。
- 校验码：32bit 的无符号整数，该字段用来传送 SCTP 分组的校验码。

② 数据块字段的一般格式

SCTP 分组中数据块字段的格式如图 2-36 所示，每个数据块中都包括数据块类型字段、数据块特定的标志位字段、数据块长度字段和数据块内容字段。

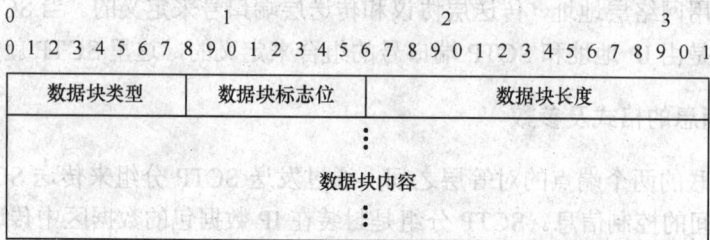

```
0                   1                   2                   3
0 1 2 3 4 5 6 7 8 9 0 1 2 3 4 5 6 7 8 9 0 1 2 3 4 5 6 7 8 9 0 1
┌───────────────┬───────────────┬───────────────────────────────┐
│   数据块类型   │  数据块标志位  │          数据块长度           │
├───────────────┴───────────────┴───────────────────────────────┤
│                              ⋮                                 │
│                         数据块内容                              │
│                              ⋮                                 │
└────────────────────────────────────────────────────────────────┘
```

图 2-36　SCTP 分组中数据块字段的格式

- 数据块类型：8bit 无符号整数，该字段用来确定数据块中的内容字段的信息类型。该参数的取值范围为 0～254，255 留作今后的扩展。

几个主要的数据块类型字段的编码分配如下。

类型编码	含义
0	净荷数据 DATA
1	启动 INIT
2	启动证实 INIT ACK
3	选择证实 SACK
4	Heartbeat 请求（HEARTBEAT）
5	Heartbeat 证实（HEARTBEAT ACK）
10	状态 Cookie（COOKIE ECHO）
11	Cookie 证实（COOKIE ACK）

- 数据块长度：16bit 的无符号整数，该值用来表示包含数据块类型字段、数据块标志位字段、数据块长度字段和内容字段在内的字节数。数据块长度字段不包含该数据块中最后一个参数中包含的填充字节的长度。
- 数据块内容：可变长度，数据块内容字段包含在该数据块中传送的信息，该字段的使用和格式取决于数据块类型。

数据块的总长度（包括类型长度和取值字段）必须是 4 字节的整数倍，如果该长度不是 4 字节的整数倍，则发送方应当向数据块中填充全 0 的字节，这些填充的字节不计入数据块长度字段。发送方填充的字节数应不超过 3 个字节，在接收方忽略所有的填充字节。除最后一个参数外，其他参数中的填充字段则作为数据块长度进行计算。

（2）几种常用的数据块的格式和功能

① 启动 INIT 数据块的格式

启动 INIT 数据块用来启动两个 SCTP 端点间的一个偶联。INIT 数据块的格式如图 2-37 所示。

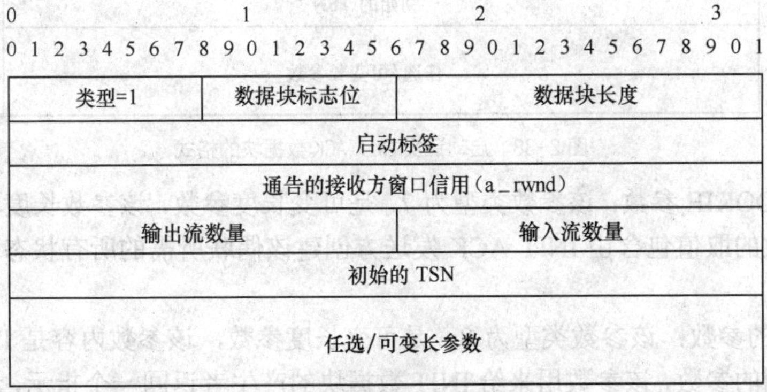

图 2-37　启动 INIT 数据块的格式

INIT 数据块中的主要参数介绍如下。

● 启动标签：32bit 无符号整数，发送该消息的 SCTP 端点为该偶联分配的标签值，INIT 消息的接收方应记录这个启动标签参数的值，在 INIT 消息的接收方发送的与该偶联相关的每个 SCTP 分组中的验证标签字段的值必须与这个标签值相同。

启动标签允许除 0 以外的的任何值，如果在收到的 INIT 数据块中的启动标签为 0，则接收方必须作为错误处理，并且发送 ABORT 数据块中止该偶联。

● 通告的接收方窗口信用值 a_rwnd：32bit 的无符号整数，这个值表示指定的缓冲区的容量，用字节数表示，是 INIT 发送方为这个偶联预留的窗口大小。在偶联存活期间，这个缓冲区的容量不应减少，即不应把该偶联的专用缓冲区取走，但端点可以在发送的 SACK 数据块中修改 a_rwnd 的值。

● 输出流数量：16bit 的无符号整数，用来定义发送 INIT 数据块的一方希望在该偶联中创建的输出流的数量。该值不允许为 0，接收方收到该参数为 0 的 INIT 数据块后应中止该偶联。

● 输入流数量：16bit 的无符号整数，定义了发送这个 INIT 数据块的一方允许对端在该偶联中所创建的流的数量。该值不允许为 0，接收方收到该参数为 0 的 INIT 数据块后应中止该偶联。

● 初始的 TSN：32bit 的无符号整数，定义发送方将使用的初始的传送顺序号 TSN。

② 启动证实 INIT ACK 数据块的格式

INIT ACK 数据块用来确认 SCTP 偶联的启动。启动证实 INIT ACK 数据块的格式如图 2-38 所示。

INIT ACK 的参数部分与 INIT 数据块的参数部分相同。不同的是这些参数代表的是 INIT ACK 数据块的发送方确定的参数值，另外，INIT ACK 数据块还另外使用两个可变长度的参数：状态 COOKIE 和未识别的参数。这两个参数说明如下。

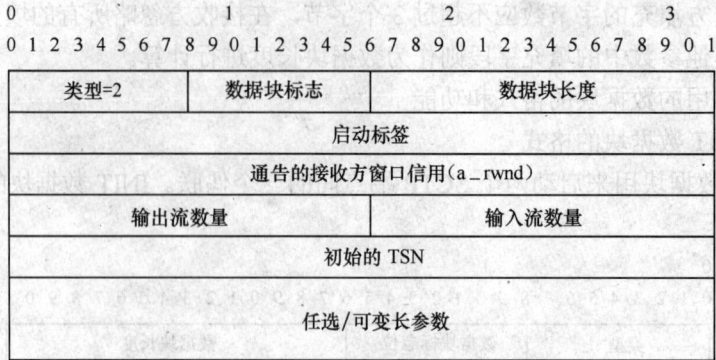

图 2-38　启动证实 INIT ACK 数据块的格式

● 状态 COOKIE 参数：该参数类型为 7，是可变长度参数，该参数长度取决于 COOKIE 的长度，该参数的取值包含由 INIT ACK 发送方创建该偶联所需的所有状态和参数信息，以及消息授权码。

● 不识别的参数：该参数类型为 8，是可变长度参数，该参数内容是 INIT 数据块中包含的一个不识别的参数，该参数用来给 INIT 数据块的产生者返回一个指示，这个参数值字段包含了从 INIT 数据块中复制过来的不识别参数的完整的参数类型长度和参数值。

③ 净荷数据 DATA 数据块的格式

净荷数据 DATA 数据块用来传送 SCTP 高层用户的信息，是使用得最广泛的数据块。净荷数据 DATA 数据块的格式如图 2-39 所示。

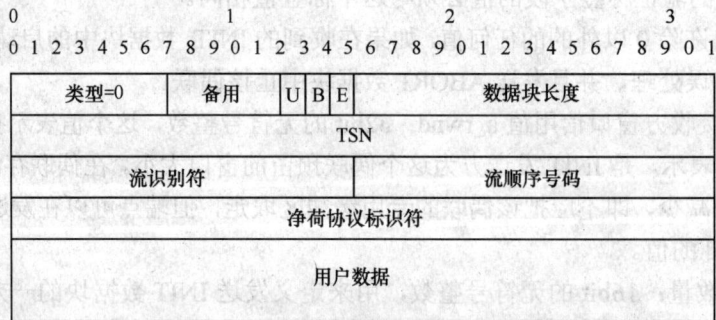

图 2-39　净荷数据 DATA 数据块的格式

● U 比特：称为非顺序比特。如果该比特设置为 1，指示这是一个非顺序的 DATA 数据块，不需要给该数据块分配流顺序号码，所有接收方必须忽略流顺序号码。在重新组装完成后，如果需要，非顺序的数据块不需要尝试任何重新排序的过程就可以由接收方直接递交到高层。如果一个非顺序的用户消息被分段，则消息的每个分段中的 U 比特必须被设置为 1。

● B 比特：称为分段开始比特。如果该比特被设置，则指示这是用户消息的第一个分段。

● E 比特：称为分段结束比特。如果该比特被设置，则指示这是用户消息的最后一个分段。

● TSN：32bit 无符号整数，该值表示该数据块的传送顺序号 TSN。

● 流标识符：16bit 无符号整数，该字段用来识别用户数据属于的流。

● 流顺序号码：16bit 无符号整数，该值用来表示所在流中的用户数据的顺序号码。该字段的有效值为 0～65 535。当一个用户消息被 SCTP 分段后，则必须在消息的每个分段中都带相同的流顺序号码。

- 净荷协议标识符：32bit 无符号整数，该值表示一个应用或上层协议特定的协议标识符。这个值由高层协议传递到 SCTP 并发送到对等层，这个标识符不由 SCTP 使用，但却可以由特定的网络实体或对等的应用来识别在 DATA 数据块中携带的信息类型。其中 M2UA 协议净荷使用编码 2，M3UA 协议净荷使用编码 3，SUA 协议净荷使用编码 4。

- 用户数据：长度可变，它用来携带用户数据净荷，该字段必须被填充为 4 字节的整数倍，发送方填充的字节数应不超过 3 个字节，接收方忽略所有的填充字节。

④ 选择证实 SACK 数据块的格式

这个数据块通过使用 DATA 数据块中的传送顺序号 TSN 来向对等端点确认接收到的 DATA 数据块，并通知对等端点所收到的 DATA 数据块中的间隔，所谓间隔就是指收到的 DATA 数据块的 TSN 不连续的情况。选择证实 SACK 数据块的格式如图 2-40 所示。

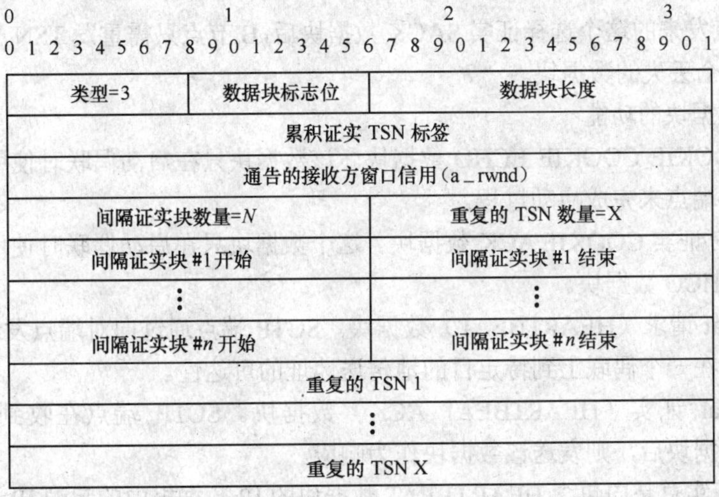

图 2-40　选择证实 SACK 数据块的格式

- 累积证实 TSN 标签：32bit 无符号整数，该参数包含了已经连续接收到的 TSN 序列的最后一个 TSN 的值。

- 通告的接收方窗口信用 a_rwnd：32bit 的无符号整数，该字段指示发送 SACK 数据块方的接收缓冲容量。

- 间隔证实块的数目：16bit 的无符号整数，用来指示 SACK 数据块中包含的间隔证实块的数目。

- 重复的 TSN 的数目：16bit 的无符号整数，该字段包含了该端点收到的具有重复的 TSN 号码的数目，每个重复的 TSN 号码都被列在间隔证实块列表后。

- 间隔证实块：这个字段中包含了若干个间隔证实块，间隔证实块的数量由间隔证实块数量字段确定，每个间隔证实块都由间隔证实块开始和间隔证实块结束两个字段组成。

- 间隔证实块开始：16bit 无符号整数，该字段用来指示这个间隔整数块的起始 TSN 偏移，为了计算实际的 TSN 号码，必须要用累积 TSN 证实加上偏移号码。计算出的 TSN 标识是在这个间隔证实块中第一个被收到 DATA 数据块的 TSN。

- 间隔证实块结束：16bit 无符号整数，用来指示这个间隔证实块的结束 TSN 偏移，为了计算实际的 TSN，需要把累积 TSN 证实加上这个偏移号码。这个计算出的 TSN 是在这个间隔证实块中最后收到的 DATA 数据块的 TSN。

- 重复的 TSN：32bit 无符号整数，用来指示在上一个 SACK 后发送后收到的 TSN 重复的个数，一个接收者每收到一个重复的 TSN，在发送 SACK 前，都把这个 TSN 加到重复的 TSN 列表中，每发送一次 SACK 后，则把统计重复 TSN 的计数器重新清 0。

例如，A、B 节点是两个 SCTP 端点，设 A 节点已正确接收到了 B 节点发来的 TSN 号码小于和等于 50 的连续的数据块，并正确接收到了 TSN 号码为 52、53、54、56、57、58 的数据块，则 A 节点向 B 节点发送的选择证实 SACK 数据块中的累积证实 TSN 标签=50，在该选择证实 SACK 数据块中还包含两个间隔证实块，这两个间隔证实块的格式如下。

| 间隔证实块开始=2 | 间隔证实块结束=4 |
| 间隔证实块开始=6 | 间隔证实块结束=8 |

收到 A 节点发来的这个选择证实 SACK 数据块后，B 节点只需重发 TSN 号码=51 和 TSN 号码=55 的这两个丢失的数据块。

（3）其他数据块的功能

① 状态 COOKIE COOKIE ECHO 数据块。该数据块只在启动偶联时使用，它由偶联的发起者发送到对端点来完成启动过程。

② COOKIE 证实 COOKIE ACK 数据块。这个数据块只在启动偶联时使用，它用来证实收到 COOKIE EHCO 数据块。

③ HeartBeat 请求（HEARTBEAT）数据块。SCTP 端点通过向对端点发送 HeartBeat 请求数据块来检测在一个偶联上到特定目的地传送地址的可达性。

④ HeartBeat 证实（HEARTBEAT ACK）数据块。SCTP 端点在收到对端点发来的 HEARTBEAT 数据块后，则发送该数据块作为响应。

HeartBeat 证实总是向包含 HEARTBEAT 数据块的 IP 数据报中的起源 IP 地址发送，作为对该 HEARTBEAT 数据块的响应。

4．SCTP 的程序

SCTP 的程序主要包括偶联的建立、数据的传递、拥塞控制、故障管理和偶联关闭等部分。下面主要说明偶联的建立程序和数据传递程序。

（1）偶联的建立

SCTP 偶联实际上是在两个 SCTP 端点之间的一个对应关系，偶联的建立是由 SCTP 用户发起请求来启动的。设 SCTP 端点 A 的用户要求与 SCTP 端点 B 的用户之间建立一个 SCTP 偶联。建立 SCTP 偶联的程序如图 2-41 所示。

- SCTP 用户发送 INITIALIZE 请求原语。

SCTP 用户向 SCTP 发送 INITIALIZE 原语，参数中包含与该偶联相关的本端端口号和本地合格的地址列表，SCTP 收到该请求原语后，启动其内部的数据结构，为建立操作环境分配所需的资源，并向高层协议返回一个本地 SCTP 实例名。

- SCTP 用户发送 ASSOCIATE 原语。

SCTP 用户收到返回的地 SCTP 实例名后，向 SCTP 发送 ASSOCIATE 请求原语，要求建立到 SCTP 端点 B 的 SCTP 偶联,参数中包含本地 SCTP 实例名,目的地传送地址和出局的流数量。

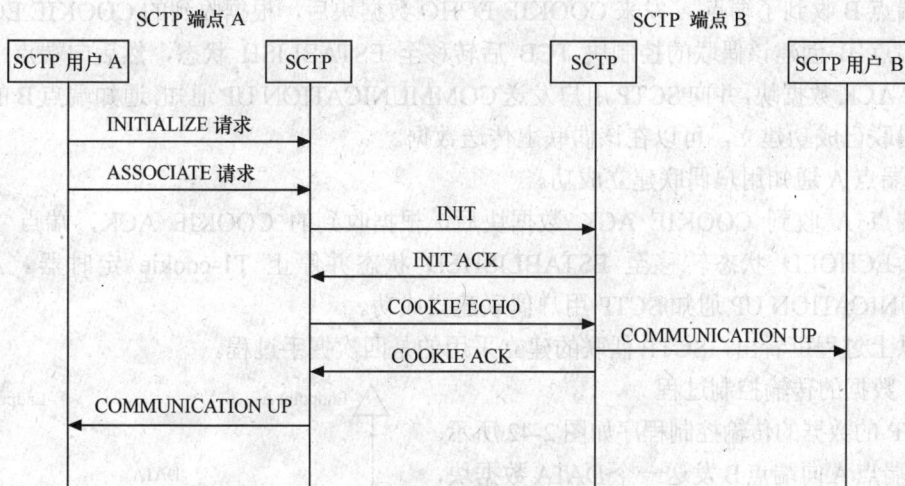

图 2-41　建立 SCTP 偶联的程序

- 端点 A 的 SCTP 向端点 B 的 SCTP 发送 INIT 数据块。

端点 A 的 SCTP 收到用户的 ASSOCIATE 请求原语后,根据相关参数的内容向端点 B 的 SCTP 发送 INIT 数据块,INIT 数据块的格式如图 2-38 所示,在启动数据块中,包含有 A 端点为该偶联分配的启动标签 Tag_A、为偶联预留的接收的窗口容量,建议的输出流的数量、输入流的数量和在该偶联上发送数据的初始的 TSN 号码等必备参数和 IP 地址参数、防止 Cookie 过期参数、主机名地址参数和支持的地址类型参数等可选参数。A 在发送了 INIT 后,启动 T1-init 定时器并进入 COOKIE WAIT 状态。

- 端点 B 的 SCTP 发送 INIT ACK 数据块。

端点 B 的 SCTP 在收到 INIT 数据块后,应立即用 INIT ACK 数据块响应。INIT ACK 数据块中的目的地 IP 地址必须设置成接收到的 INIT 数据块的起源 IP 地址。在这个响应数据块中除了填写其他参数外,端点 B 必须将消息中 SCTP 公共分组头字段的验证标签字段的值设置为 Tag_A,将端点 B 自己的启动标签字段置成 Tag_B,并且 B 创建一个状态 COOKIE,在状态 COOKIE 中应当包含消息鉴权码、状态 COOKIE 创建的时间标记、状态 COOKIE 的寿命以及建立该偶联所需的信息,并且在 INIT ACK 数据块中的状态 COOKIE 参数中发送给端点 A。在发送了包含状态 COOKIE 参数的 INIT ACK 后,B 端点应当删除与该偶联有关的任何本地资源,这样可以避免资源被恶意占用。

- 端点 A 的 SCTP 发送 COOKIE ECHO 数据块。

当端点 A 收到带有状态 COOKIE 参数的 INIT ACK 数据块后,需要停止 T1-init 定时器并离开 COOKIE-WAIT 状态,然后端点 A 把从 INIT ACK 数据块中收到的状态 Cookie 取出来并在 COOKIE ECHO 数据块中发送给端点 B,并启动 T1-cookie 定时器后进入 COOKIE-ECHOED 状态。

如果定时器超时了,则端点 A 应当重新传送 COOKIE ECHO 数据块并重新启动 T1-COOKIE 定时器。这个过程将一直重复,直到端点接收到一个 COOKIE ACK 数据块或者是到达了 Max.Init.Retransmits 的门限,此时应标记对端点 B 为不可达,并使该偶联进入关闭 CLOSED 状态。

- 端点 B 发送 COOKIE ACK 数据块并通知用户偶联成功建立。

当端点 B 收到了端点 A 发来 COOKIE ECHO 数据块后，根据收到的 COOKIE ECHO 数据块，端点 B 创建该偶联的控制块 TCB 后转移至 ESTABLISH 状态，然后向端点 A 发送 COOKIE ACK 数据块，并向 SCTP 用户发送 COMMUNICATION UP 通知，通知端点 B 的 SCTP 用户：偶联已成功建立，可以在该偶联上传送数据。

- 端点 A 通知用户偶联建立成功。

当端点 A 收到 COOKIE ACK 数据块后，根据收到的 COOKIE ACK，端点 A 会从 COOKIE-ECHOED 状态转移至 ESTABLISHED 状态并停止 T1-cookie 定时器。A 也用 COMMUNICATION UP 通知 SCTP 用户偶联建立成功。

由以上过程可看出，SCTP 偶联的建立采用的是四次握手过程。

（2）数据的传输控制过程

SCTP 的数据的传输控制程序如图 2-42 所示。

① 端点 A 向端点 B 发送一个 DATA 数据块，启动丁 3-RTS 定时器。DATA 数据块中必须带有如下参数。

TSN：DATA 数据块的初始 TSN。

流标识符（Stream Identifier）：用户数据属于的流，假设流标识符为 0。

流顺序码（Stream Sequence Number）：所在流中的用户数据的顺序号码，该字段从 0~65 535。

用户数据（User Data）：携带用户数据净荷。

② 端点 B 收到 DATA 数据块后，返回 SACK 数据块。SACK 数据块中必须带有如下参数。

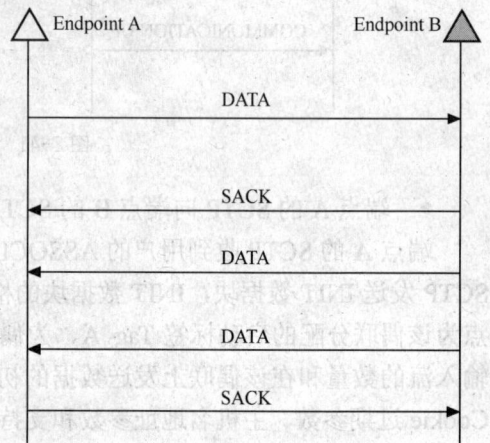

图 2-42 SCTP 的数据的传输控制程序

累积证实 TSN 标签：端点 A 的初始 TSN。

间隔块：此值为 0。

端点 A 收到 SACK 数据块后，停止 T3-RTX 定时器。

③ 端点 B 向端点 A 发送第一个 DATA 数据块。DATA 数据块中必须带有如下参数。

TSN：端点 B 发出 DATA 数据块的初始 TSN。

流标识符：用户数据属于的流，假设流标识符为 0。

流顺序码：所在流中的用户数据的顺序号码。

假设流顺序码为 0。

用户数据（User Data）：携带用户数据净荷。

④ 端点 B 向端点 A 发送第二个 DATA 数据块。DATA 数据块中必须带有如下参数。

TSN：端点 B 发出 DATA 数据块的初始 TSN+1。

流标识符：用户数据属于的流，假设流标识符为 0。

流顺序码：所在流中的用户数据的顺序号码，此时流顺序码为 1。

用户数据：携带用户数据净荷。

⑤ 端点 A 收到 DATA 数据块后，返回 SACK 数据块。SACK 数据块中必须带有如下参数。

累积证实 TSN 标签：端点 B 的初始 TSN。

间隔块（Gap Ack Block）：此值为 0。

从以上流程可看出，在 SCTP 中，采用了很多措施来实现数据的可靠传输，下面简要说明。

① 数据的发送的一般过程

SCTP 偶联建立之后，该偶连两端的 SCTP 用户就可在该偶联上双向传送数据了。当接收到 SCTP 用户发来的发送请求原语 SEND 后，SCTP 把用户消息转换成 DATA 数据块，为每一个 DATA 数据块分配一个 TSN 号码，如果用户要求顺序传送，根据用户要求在数据块中设置相应的流标识符和数据流的顺序号码，将 U 标志位设置为 0。多个 DATA 数据块和控制数据块可以由发送方进行捆绑，在一个 SCTP 分组中传送。这个 SCTP 分组的最大长度不应大于当前通路的 MTU。在 SCTP 分组中，控制数据块应当在 DATA 数据块之前，在一个 SCTP 分组的公共分组头中包含发送方的端口号码和接收端的目的端口号、对端的验证标签和 SCTP 分组的校验码，然后将 SCTP 分组发送到首选通路，即对端点当前的首选目的地传送地址，并启动重发定时器 T3-rtx。

② 证实和重发

SCTP 为每个用户数据分段或未分段的消息都分配一个传送顺序号码 TSN，TSN 号码独立于流一级的流顺序号码。接收方对所有收到的 TSN 进行证实，尽管此时在接收序列中可能存在接收到的 TSN 不连续，采用这种方式，可以使可靠的递交功能与流的顺序递交相分离。SCTP 端点必须要证实接收到的每个有效的 DATA 数据块，一般采用 RFC 2581 4.2 节定义的延时证实算法。要明确的是，至少应对收到两个分组（注意：不是每两个 DATA 数据块）进行证实，并且应当在收到 DATA 数据块 200ms 之内产生这个证实。接收端利用 SACK 数据块来发送证实，在一个 SACK 数据块中可以证实接收到的多个 DATA 数据块，通过设置累积的 TSN ACK 字段，可以指示最后接收到的连序的有效数据块的 TSN。任何收到的 DATA 数据块的 TSN 大于累积的 TSN 证实值的情况，都应在间隔块字段中报告。发送端可以利用接收到的 SACK 数据块中的数据确定丢失的数据块并立即重发，也可以在规定时间内没有收到证实的时候，重发丢失的分组。

③ 流内消息的顺序递交

SCTP 中的流用来指示需要按顺序递交到高层协议的用户消息的序列，在同一个流中的消息需要按照其顺序进行递交。SCTP 用户可以在偶联建立时规定在一个偶联中所支持的流的数量，这个数量可以协商。用户消息通过流号来进行关联，对于需要按照顺序传送的数据，发送端必须把 U 标志位设置为 0，接收端收到的 U 标志位设置为 0 的 DATA 数据块时，必须按照他们的流顺序号码递交给高层。如果到达的 DATA 数据块的顺序号码失序，则端点必须保存这些数据块，直到他们被重新排序后再递交给高层协议。当某个流由于等待下一个连续的用户消息造成闭塞时，其他流上的顺序递交不应受影响。

SCTP 也提供非顺序递交的业务，SCTP 端点可以通过把 DATA 数据块的 U 标志位设置为 1 来指示对于一个特定传送的 DATA 数据块可以采用无序递交的方式。当一个端点收到的 DATA 数据块的 U 标志位设置为 1，则该端点不使用排序机制并立即把这些数据递交给高层。

④ 支持多宿

如果使用多个目的地传送地址作为到一个 SCTP 端点的目的地地址，则这个 SCTP 端点可以被看作是多归属的。端点的高层协议 ULP 可以在多个目的地地址中选择一个地址作为到这个多归属 SCTP 点的首选通路。缺省的情况是一个端点总是在首选通路上发送数据，当 SCTP 传送数据包给目的 IP 地址时，如果此 IP 地址的状态变为不可到达，SCTP 可以将消息发送给一个交替的 IP 地址，这个地址是包含在建立偶联时由对端端点绑定的一组 SCTP 传送地址列表中的，这个信息是从 INIT 或 INITACK 数据块中得到的。这样，在偶联的一端甚至两端，可容忍网络级错误。

2.5.3　信令适配协议

信令适配层协议（M3UA）完成 7 号信令与 IP 网中传送 7 号信令高层的适配功能，M3UA 用来模拟 7 号信令网中消息传递部分 MTP 第三层的功能，位于 IP 网络中的应用服务器进程 ASP 或 IP 信令点 IPSP 中的 M3UA 层向 MTP-3 用户提供一整套原语，这些原语与 7 号 信令网中信令点 SP 的 MTP-3 向高层提供的原语相同。这样，ASP 或 IPSP 的 ISUP 和/或 SCCP 层并不知道它所希望的 MTP-3 业务是由远端 SGP 的 MTP3 层提供，而不是本地的 MTP3 层。信令网关进程 SGP 的 MTP3 层也不知道本地用户实际是通过 M3UA 的远端用户。这样，M3UA 把 MTP3 层的业务扩展到远端基于 IP 的应用。

1.　使用 M3UA 实现互通的信令网关的结构

信令网关使用 M3UA 实现 7 号信令网节点与 IP 网的软交换设备的互通的结构如图 2-43 所示，在这种结构中，信令网关使用 M3UA 协议来完成 7 号信令系统 MTP 与基于 IP 的信令传送的适配。信令网关接收到来自 7 号信令网的消息后，信令网关对消息中的 7 号信令地址（DPC、OPC 等）和信令网关所设置的选路关键字进行比较，确定 IP 网中的应用服务器（AS）和应用服务器进程（ASP），从而找到目的地的用户。

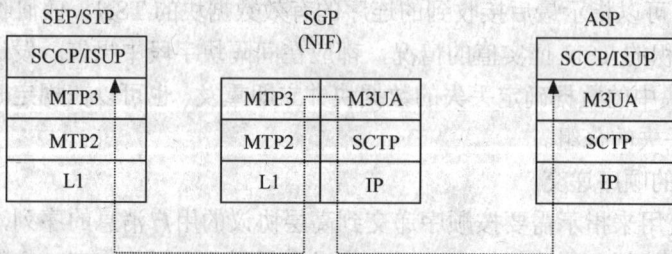

图 2-43　信令网关使用 M3UA

在图 2-43 中，SEP/STP 是传统的 7 号信令网中的信令点或信令转接点，SGP 是信令网关进程，ASP 是应用服务器进程。

SG 是 7 号信令网中的信令点，它包含一个或多个信令网关进程 SGP，信令网关进程 SGP 在 IP 网和 7 号信令网的边界接收或发送 7 号信令的高层用户消息。

应用服务器 AS 是处理 7 号信令高层用户消息的逻辑实体。例如应用服务器可以是软交换单元，它处理由 7 号信令 DPC/OPC/CIC_范围所识别的所有 PSTN 中继的呼叫过程。应用服务器也可以是虚拟数据库单元，它处理由特定 7 号信令 DPC/OPC/MTP 用户_SSN 组合所识别的事务处理。应用服务器进程 ASP 是应用服务器的进程实例，例如 ASP 可以是 MGC、IP SCP 或 IP HLR 的进程，其中的一个或几个处于激活状态处理业务。

在图 2-43 中，信令网关中的 MTP3 收到由 7 号信令网中的信令点（信令转接点）发送给

IP 目的信令点的消息后，用 MTP-TRANSFER indication 原语发送给信令网关中的互通功能 NIF，由 SGP 的 NIF 将其翻译为 MTP-TRANSFER request 原语并发送到本地 M3UA，由本地 M3UA 根据选路关键字（选路关键字是一组描述 7 号信令的参数和参数值，它唯一地定义了由特定应用服务器处理的信令业务）选择路由将消息发送给指定的应用服务器中的 M3UA。应用服务器中的 M3UA 将接收到的用户消息用 MTP-TRANSFER indication 原语发送给相应的用户进程。

应用服务器中的 M3UA 从应用进程接收到用户发送到 7 号信令网中的信令点用户消息后，由本地的 M3UA 将其发送给信令网关中的 M3UA，由 M3UA 用 MTP-TRANSFER indication 原语送给 SGP 的 NIF，由 NIF 用 MTP-TRANSFER request 原语发送到 MTP3 高层接口，并选路到 7 号信令的 SEP/STP。

对于 MTP3 管理消息，它要求 ASP 的 MTP3 用户协议也应当像 7 号信令 SEP 节点一样，能接收到 7 号信令点可用性、7 号信令网络拥塞和用户部分可用性的指示。为了完成这个功能，信令网关不能将从 7 号信令网收到的 7 号信令系统 MTP3 的管理消息（例如来自 7 号信令网的 TFP 或 TFA）封装为 Data 消息的净荷从 SGP 发送到 ASP，SG 必须终结这些消息而产生适当的 M3UA 消息。当 SGP 发现 AS 的状态发生改变时，如果该事件引起 SPMC 的状态改变，互通功能就向 7 号信令网发送必要的 MTP3 信令网管理消息。

2. 7 号信令点码表示

在 7 号信令网中，信令网关为来自 7 号信令网的消息选择路由，将其发送到 IP 域中的一组应用服务器，同时信令网关也为来自 IP 域中应用服务器的消息选路到 7 号信令网。SG 自身作为 7 号信令网的一个物理节点，为了管理的目的，SG 必须要用 7 号信令点码来表示。SG 的点码也可以用来指示 SG 的本地 MTP3 用户，例如 SG 内部的 SCCP 功能。

一个应用服务器可以与信令网关 SG 有相同的信令点码、或者有独立的信令点码，或者与其它应用服务器共同使用一个信令点码。如果需要，也可以用单个信令点码来表示 SG 和所有的应用服务器。如果单个 ASP 或一组 ASP，通过多个 SG 与 7 号信令网连接，每个 ASP 都可以有自己的信令点码，如图 2-44 所示。在这种情况下，SG 被看作是 7 号信令网中的 STP，每个 SG 都有到相同 ASP 的路由，在故障情况下，一个 ASP 对于这些 SG 中的某一个变为不可用时，允许在 SG 和 7 号信令网间使用 MTP3 路由管理消息，通过简单的重新选路到另外一个 SG，而不需要改变 7 号信令业务对应的 ASP 的目的地信令点编码 DPC。当特定的 ASP 经多个 SGP 到达时，SGP 中对应的选路关键字应该一致。

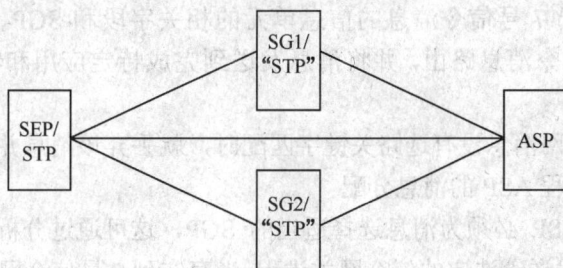

SEP/STP：信令点 / 信令转接点
SG1/STP：信令网关 1/ 信令转接点
ASP：应用服务器

图 2-44 通过两个 SG 接入 ASP

3. 选路上下文和选路关键字

SGP 和 AS 间 7 号信令消息的分配是由选路关键字和相关的选路上下文确定，选路关键字是用于匹配 7 号信令消息的一组 7 号信令参数。选路上下文参数是四字节值（整数），它以 1:1 关系与选路关键字关联，因此选路上下文可以看作是用来指向选路关键字条目的指针。构成选路关键字条目的 7 号信令地址/选路信息包括 MTP3 路由标记中的 OPC、DPC、SIO 或 MTP3-用户的特定字段，例如 ISUP 的 CIC 等。可以配置 ASP 在一个单独的 SCTP 偶联上处理与多个 AS 有关的信令业务，在 ASP 激活和去活管理消息中开始或停止信令业务由选路上下文参数鉴别。在 ASP 中，选路上下文参数唯一地识别与每个 AS 有关的信令业务范围。

（1）选路关键字

选路关键字由 7 号信令消息中的相关信息单元组成，M3UA 协议中使用的选路关键字有：

① DPC；

② SIO+DPC；

③ SIO+DPC+OPC；

④ SIO+DPC+OPC+CIC。

从 7 号信令网的角度看，每个选路关键字要限制在一个单独的目的地信令点码中。

选路关键字必须唯一，即接收到的一个 7 号信令消息只能匹配到一个选路关键字或不能匹配出选路关键字，但不能匹配到多个选路关键字，特定选路关键字中的参数没必要连续，例如配置的 AS 能够处理多个 PSTN 中继，而这些中继的 CIC 无需是连续的。

（2）选路上下文和选路关键字的配置

在 SGP 中，有两种方式设置选路关键字，第一种方式是通过管理接口配置选路关键字及选路关键字与选路上下文参数之间的关系，第二种方式是使用 M3UA 动态注册/注销程序配置选路关键字，通过在信令网关和应用服务器之间发送的 M3UA 消息来配置选路关键字及选路关键字与选路上下文参数之间的关系。M3UA 单元至少要实施一种选路关键字的设置。

4. 消息分配

（1）信令网关进程 SGP 的消息分配

从 7 号信令网收到的消息要选路到适当的 IP 目的地，SGP 必须使用从 MTP3-用户接收到的消息中的相关信息来完成消息分配功能。为了支持消息分配，SGP 必须维护网络地址翻译表，通过入局 7 号信令消息的信息单元的相关字段和 SGP 设置的选路关键字的比较，确定入局 7 号信令消息路由，并将消息发送到完成特定应用和特定业务范围的应用服务器。

当接收的 7 号信令网消息没有选路关键字匹配时，就丢弃该消息并通告管理功能。

（2）应用服务器进程 ASP 的消息分配

应用服务器进程 ASP 必须为消息选择适当的 SGP，这可通过分析消息的目的地点码和 SLS 来确定，并将消息发送给选定的信令网关进程。当存在到 7 号信令网的几个路由（或 SGP）时，考虑到从 SGP 接收的 7 号信令网目的地的可用性/拥塞状态，每个 SGP 的可用性状态配置变化和故障克服机制，ASP 要为每一个 7 号信令目的地维护可用 SGP 路由的状态表，但没有 M3UA 消息来维护 SGP 的状态。当对 SGP 的 SCTP 偶联存在，就认为 SGP 已经准备响应

ASPSM 消息来与一个 AS 中的一个 ASP 通信。

5. 7 号信令与 M3UA 的互通

（1）信令网关与 7 号信令网的接口

SG 负责终结 7 号信令协议的 MTP3，并向基于 IP 的用户提供延伸。信令网关 SG 应该以标准的 7 号信令网接口与 7 号信令网连接，使用 7 号信令系统的消息传递部分（MTP）传送和接收消息信号单元，并提供可靠的消息传递。

作为 7 号信令接口，它可以是 64kbit/s 的信令链路，也可以是 2Mbit/s 的高速信令链路。

（2）SG 中的 7 号信令与 M3UA 的互通

信令网关的 M3UA 适配层应提供 7 号信令网与 IP 网间的传送功能的互通。它允许向存在 MTP3-用户端点并基于 IP 的应用服务器进程传送和接收 MTP3-用户信令消息。对 7 号信令用户部分管理，要求 ASP 就像 7 号信令网的信令点 SP 的 MTP3-用户协议，能接收 7 号信令点可用性、7 号信令网拥塞和远端用户部分不可用性的指示。为完成这些功能，在 SG 的 MTP3-用户高层接口接收到的 MTP-PAUSE、MTP-RESUME 和 MTP-STATUS indication 原语应该传送到远端 ASP 的 MTP3-用户低层接口。从 7 号信令网接收的 MTP3 管理消息，例如目的地禁止传递消息 TFP 或目的地允许传递消息 TFA 并不是简单地封装后发送到 ASP，SG 必须终结这些消息，并产生适当的 M3UA 消息。当 SG 确定 SPMC（以特定的信令点码在 7 号信令网中表示的一组应用服务器 AS）的状态由激活（AVAI）变为非激活（UNAVAI）时，向相关的邻近 7 号信令节点发送 MTP 禁止传递（TFP）消息，当 SG 确定 SPMC 的状态由 UNAVAI 变为 AVAI 时，向相关的邻近 7 号信令节点发送 MTP 允许传递（TFA）消息。

（3）应用服务器

应用服务器簇负责完成 7 号信令的高层功能，例如提供软交换能力的应用服务器，必须根据 7 号信令网的规范为给定信令点提供电话用户部分 TUP 或综合业务数字网用户部分 ISUP 的功能。

在 ASP 连接到多个 SG 的情况下，M3UA 必须根据到这些目的地路由的可用性/拥塞状态来维护被配置的 7 号信令目的地的状态和路由消息。

6. M3UA 消息的格式

（1）M3UA 消息的一般格式

在信令网关 SG 和应用服务器 AS 的 M3UA 对等层之间通过传送 M3UA 消息来相互通信，M3UA 消息是封装在 SCTP 分组的 DATA 数据块的用户数据字段中传送的。M3UA 消息的格式中包含一个公共消息头和多个由消息类型定义的参数。M3UA 消息的一般格式如图 2-45 所示。

公共消息头包括版本、消息类别、消息类型和消息长度。

① M3UA 协议版本。版本字段包括 M3UA 适配层的版本，所支持的版本为：

0000 0001　Release 1.0 protocol

② 消息类别。消息类别字段说明了 M3UA 消息的类别。

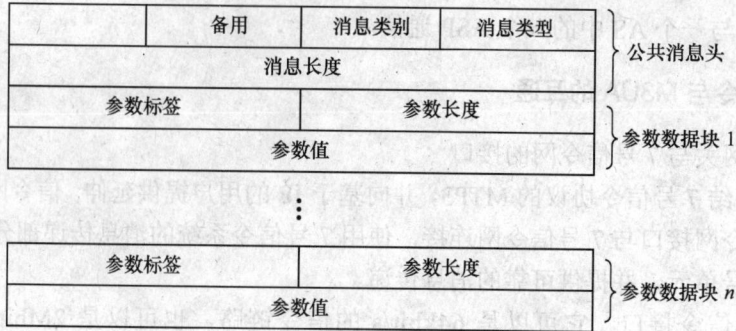

图 2-45 M3UA 消息的一般格式

③ 消息类型编码。对于每一种类别的消息，又可以分为不同的消息类型。

④ 消息长度。消息长度字段定义了消息的八位位组长度，长度包括消息头在内。对于消息的最后一个参数，如果包含填充，那么消息长度应把填充信息包含在内。

（2）数据消息的格式

在传送消息类别中目前只定义了数据（Data）消息一个消息类型，数据（Data）消息是最重要的 M3UA 消息，7 号信令系统的高层用户数据的内容就是在数据（Data）消息中传送的。数据（Data）消息由公共消息头和多个参数组成。Data 消息的参数格式如图 2-46 所示。

图 2-46 DATA 消息参数格式

DATA 消息包含 7 号信令 MTP3 用户协议数据，它是一个 MTP-TRANSFER 原语，包含了完整的 MTP3 路由标记。DATA 消息包含如下参数。

网络外貌参数是一个任选参数，目前暂不使用。

选路上下文参数也是一个任选参数，用来说明与 DATA 消息相关的选路，在 SGP 和 ASP 之间只使用一个选路关键字的情况下，不要求发送选路上下文。在多个选路关键字和选路上下文用于公共的偶联时，必须发送选路上下文用于识别业务流。协助内部分配 DATA 消息。

协议数据参数是一个必选参数，协议数据参数包含起源 7 号信令 MTP3 消息，协议数据参数的格式如图 2-47 所示。协议数据参数包含业务指示语、网络指示语、目的地点码、起源点码、信令链路选择码（SLS）和协议数据字段，协议数据字段包括 MTP3-用户协议单元（例如 ISUP、SCCP 或 TUP 参数）。

```
 0                   1                   2                   3
 0 1 2 3 4 5 6 7 8 9 0 1 2 3 4 5 6 7 8 9 0 1 2 3 4 5 6 7 8 9 0 1
```

空闲	OPC			
空闲	DPC			
空闲	SI	空闲	NI	空闲	SLS
协议数据				

图 2-47　协议数据参数的格式

7．M3UA 消息的功能

M3UA 消息包括传送消息、信令网管理 SSNM 消息、应用服务器进程管理 ASPM 消息、M3UA 选路关键字管理（RKM）消息、应用业务维护（ASPTM）消息和管理消息这几个类别。下面简要说明这些消息的功能。

（1）传送消息的功能

传送消息类别中只定义了数据（Data）消息这一个消息类型，数据（Data）消息用来在信令网关 SG 和应用服务器 AS 之间传送 7 号信令系统高层用户数据的内容。

（2）信令网管理 SSNM 消息

信令网管理 SSNM 消息主要用来在 SGP 和 ASP 之间交换 7 号信令目的地信令点的可用状态和 7 号信令网拥塞状态。下面简要说明该组消息类型和功能。

① 目的地不可用消息 DUNA

SG 中的 SGP 向所有相关的 ASP 发送 DUNA 消息，用来指示 SG 已经确定了一个或多个 7 号信令目的地不可达。它也用于 SGP 响应 ASP 消息不可达的 7 号信令目的地。ASP 的 MTP3 用户应当停止向 DUNA 消息中被影响的目的地发送业务。

② 目的地可用消息 DAVA

SGP 向所有相关的 ASP 发送 DAVA 消息，用来指示 SG 已经确定了一个或多个 7 号目的地信令点目前可到达，或用来响应 DAUD 消息。收到该消息后，ASP 的 MTP3-用户应当恢复到 DAVA 消息中指定的目的地信令点的业务。

③ 目的地用户部分不可用消息 DUPU

SGP 向 ASP 发送 DUPU 消息，通知 7 号信令网节点上的远端对等 MTP3-用户部分不可用。

（3）应用服务器进程管理 ASPM 消息

应用服务器进程管理 ASPM 消息用来向远端 MU3A 对等层指示，适配层是否已经准备好为 ASP 中已配置的所有的选路关键字接收信令网管理消息 SSNM 或应用服务器进程管理消息 ASPM。

① ASP Up 消息

ASP Up 消息用来向远端 MU3A 对等层指示，适配层已经准备好为 ASP 中已配置的所有选路关键字接收 SSNM 或 ASPM 管理消息。

② ASP Up Ack 消息

ASP Up Ack 消息用来证实从远端 M3UA 对等层接收的 ASP Up 消息。

（4）应用业务维护消息

ASP 和 SG 之间利用应用业务维护（ASPTM）消息来指出远端 M3UA 对等层是否已准备好处理特定应用服务器的信令业务。

① ASP 激活消息

ASP 发送 ASP 激活消息（ASPAC）来指出远端 M3UA 对等层准备处理特定应用服务器的信令业务，ASPAC 只影响选路上下文识别的选路关键字的 ASP 状态。

② ASP 激活消息 Ack

ASPAC Ack 消息用于证实从远端 M3UA 对等层接收的 ASP 激活消息。

8. M3UA 的程序

M3UA 层需要响应从本地其他层收到的不同原语和从 M3UA 对等层收到的消息，下面简要说明 M3UA 响应这些事件的程序。

（1）SCTP 偶联的建立

当从本地层管理接收到原语 M-SCTP_ESTABLISH request，M3UA 将启动 SCTP 偶联的建立。M3UA 层通过向本地 SCTP 层发送 SCTP-Associate 原语而与远端 M3UA 对等层建立 SCTP 偶联，当成功地建立 SCTP 偶联时，SCTP 将向本地 M3UA 层发送 SCTP COMMUNICATION_UP 指示。在两个节点建立 SCTP 偶联的过程如图 2-41 所示。在启动请求的 SGP 或 IPSP，当完成偶联的建立时，M3UA 将向本地层管理发送 M-SCTP_ESTABLISH confirm 原语。在对等的 M3UA 层，在成功地完成入局 SCTP 偶联建立时，向本地管理发送 M-SCTP_ESTABLISH indication 原语。

（2）建立 SGP 和 ASP 之间业务的 M3UA 消息流程

单个 ASP 在一个 AS/（1+0 备份）时，在 SGP 和 ASP 之间建立业务的 M3UA 消息的流程如图 2-48 所示。

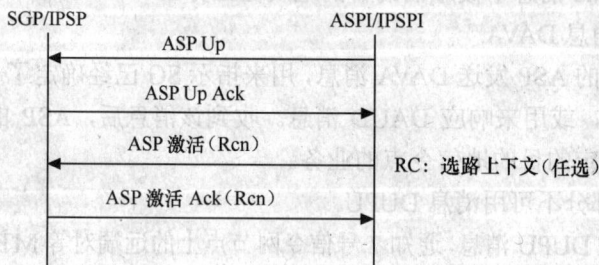

图 2-48 单个 ASP 在一个 AS 时建立业务的流程

SGP 和同一个 AS 中的两个 ASP 之间建立业务的 M3UA 消息流程如图 2-49 所示。在该例中，假设两个 ASP 都是激活的并且采用负荷分担的方式。

在 ASP 已经成功建立到 SGP 的 SCTP 偶联后，ASP 向 SGP 发送 ASP Up 消息，指示对等的 ASP M3UA 层可用。ASP 总是作为 ASP UP 消息的发起者，这个动作可由来自层管理的 M-ASP_UP_request 原语启动。当 SGP 收到 ASP UP 消息且内部的远端 ASP 处于 ASP-DOWN 状态时，SGP 就标记远端的 ASP 为 ASP-INACTIVE 状态并用 M_ASP_UPindication 原语通知层管理。SGP 向 ASP 发送 ASP_Up_Ack 消息响应接收的 ASP Up 消息。

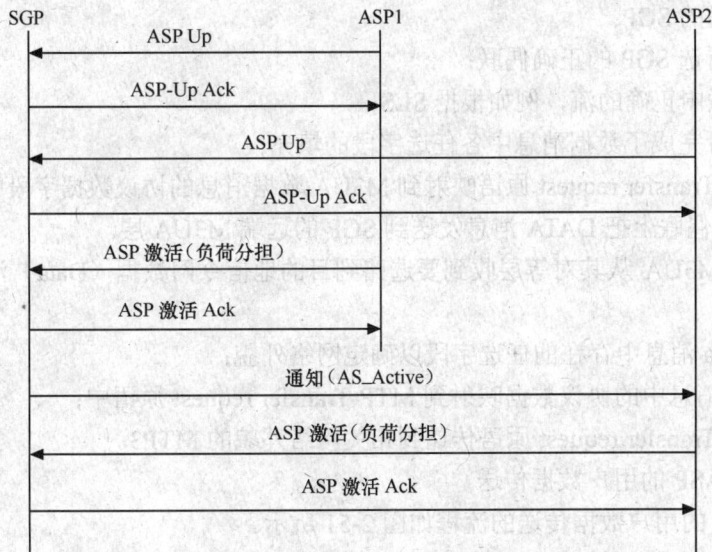

图 2-49 SGP 和同一个 AS 中的两个 ASP 之间建立业务的流程

当 ASP 发送 ASP Up 消息时，它启动定时器 T（ack），如果 T（ack）定时时间到，ASP 还没有接收到对 ASP_Up 的响应，ASP 就重新开始启动定时器 T（ack），并重新发送 ASP_Up，一直到接收到 ASP_Up_Ack 消息，T（ack）是可设置参数，它的缺省值为 2s。

当 ASP 收到 SGP 发来的 ASP_Up_Ack 消息后，ASP 就可以向 SGP 发送 ASP 激活（ASPAC）消息，用来指示 ASP 已经准备好处理业务。这个动作可由来自层管理的 M-ASP_Active_request 原语发起或自动地由 M3UA 管理功能发起。当 ASP 希望通过一个公共的 SCTP 偶联处理多个应用服务器业务量时，ASP 激活消息中包含多个选路上下文，用来指示 ASP 激活消息适用的应用服务器。在 ASP 的起始 ASP 激活消息中并不需要包括同时要激活的所有选路上下文，可使用多个独立的 ASP 激活消息。在 ASP 激活消息不包含选路上下文参数的情况下，接收者必须通过配置数据知道 ASP 是哪个 AS 的成员。对于能够成功激活 ASP 的应用服务器，当 SGP 接收到 ASP 激活消息后，将标记远端的 ASP 为 ASP-ACTIVE 状态，并用 ASP 激活 Ack 消息响应。其中包括相关的选路上下文和有关 ASP 激活消息中反映的任何业务模式类型值。

当 ASP 发送 ASP 激活消息时，它启动定时器 T（ack），在定时器 T（ack）溢出时，如果 ASP 还没有接收到对 ASP 激活的响应消息，ASP 就重新启动 T（ack），并重新发送 ASP 激活消息，一直到接收到 ASP 激活 Ack 消息。T（ack）是可设置参数，它的缺省值为 2s。

（3）在 SGP 和 ASP 之间传送用户数据的 M3UA 流程

在 SG 和 AS 处于 ACTIVE 状态时，在 SGP 和 ASP 之间就可以传送高层用户的数据了。

① ASP 到 SGP 的用户数据传送

从 ASP 到 SGP 的用户数据传送的流程如图 2-50 所示。

当 ASP 的 MTP3 用户有数据需要传送到 7 号信令网时，它将使用 MTP-Transfer request 原语要求 ASP 发送数据，当从 M3UA 用户收到 MTP-Transfer request 原语后，ASP 的 M3UA 将采取如下动作：

a. 确定正确的 SGP；

b. 确定到所选 SGP 的正确偶联；

c. 确定偶联中正确的流，例如根据 SLS；

d. 确定是否完成了数据消息中各任选字段的填充；

e. 把 MTP-Transfer request 原语映射到 M3UA 数据消息的协议数据字段中；

f. 在 SCTP 偶联上把 DATA 消息发送到 SGP 的远端 M3UA 层。

当 SGP 的 M3UA 从其对等层收到要选路到目的地信令网数据（Data）消息后，它将采取如下动作：

a. 评估 Data 消息中存在的任选字段以确定网络外貌；

b. 把 Data 消息中的协议数据映射到 MTP-Transfer request 原语中；

c. 把 MTP-Transfer request 原语传递到相关网络外貌的 MTP3。

② SGP 到 ASP 的用户数据传送

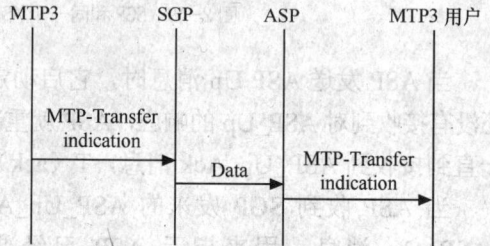

SGP 到 ASP 的用户数据传送的流程如图 2-51 所示。

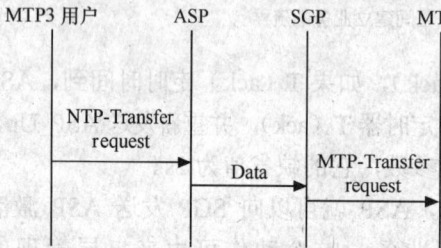

图 2-50　从 ASP 到 SGP 的用户数据传送的流程　　　图 2-51　SGP 到 ASP 的用户数据传送的流程

如果 SGP 的 MTP3 有数据需要传递到用户部分，它将给 SGP 发送 MTP-Transfer 指示原语。在收到 MTP-Transfer 指示原语后，SGP 的 M3UA 将采取如下动作：

a. 确定正确的 ASP；

b. 确定到选择好的 ASP 的正确偶联；

c. 确定偶联中正确的流，例如根据 SLS；

d. 确定 Data 消息中的任选字段是否设置完全；

e. 把 MTP-Transfer 指示原语的参数映射到 M3UA Data 消息的协议数据字段中；

f. 在 SCTP 偶联上向 ASP 的远端对等 M3UA 层发送 Data 消息。

当收到从 SGP 的远端 M3UA 对等层发来的 Data 消息后，ASP 的 M3UA 将采取如下动作：

a. 评估 Data 消息中存在的任选字段；

b. 将 Data 消息中的净荷映射为 MTP Transfer 指示原语；

c. 将 MTP Transfer 指示原语发送到用户部分，在收到多个用户部分消息时，将使用 Data 消息中的任选字段确定正确的用户部分。

小　　结

在下一代网络中的各个功能模块分离成为独立的网络部件，各个部件之间通过标准的协议通信，共同配合完成各种业务。

　　IP 网络中媒体信息传输的协议栈自上而下是媒体编码、实时传输协议（RTP）、UDP、IP 和数据链路层协议。

　　在我国下一代网络中采用的主要的语音编码有 PCM（G.711 编码），采用参数语音编解码技术的 G.729、G.729A 和 G.723.1 编码等。

　　RTP 实际上包含两个相关的协议：RTP 和 RTCP。RTP 用于传送实时数据，如语音和图像数据。RTP 本身不提供任何保证实时传送数据和服务质量的能力，而是通过提供负荷类型指示、序列号、时戳、数据源标识等信息，使接收端能根据这些信息来重新恢复正确的数据流。RTCP 用来传送监视实时数据传送质量的统计数据，同时可以在会议业务中传送与会者的信息。

　　用户数据报协议（UDP）的主要功能是确定接收媒体信息的端口号码，以便区分不同的媒体流。

　　IP 的主要功能是确定接收媒体信息的计算机，完成 IP 网络中的路由选择，将媒体信息发送到接收媒体信息的计算机上。

　　多媒体编码数据在 IP 网络中传送时所占的带宽不仅包含多媒体编码所占的带宽，还包含 RTP 头部、UDP 头部、IP 头部和数据链路层头部所占的带宽。

　　会话启动协议 SIP 是由 Internet 工程任务组 IETF 提出的一个在基于 IP 网络中，特别是在 Internet 这样一种结构的网络环境中，实现多媒体实时通信应用的一种信令协议。

　　在下一代网络体系中，SIP 主要应用于软交换设备与应用服务器间、不同的软交换设备之间、SIP 智能终端与 SIP 服务器之间，不同的 SIP 服务器之间。这些实体之间的呼叫控制信令用 SIP 传送，媒体描述由 SDP 定义。

　　SIP 的网络模型采用了 IP 网络常用的客户机/服务器（C/S）结构，将发起请求的一方定义为客户机，接受请求完成各种功能的实体定义为服务器。SIP 的网络模型结构中有两类基本的网络实体：SIP 用户代理和 SIP 网络服务器。用户代理是驻存在终端系统中的功能块，而 SIP 服务器是处理与多个呼叫相关联信令的网络设备。

　　用户代理包括客户机程序（用户代理客户机 UAC）和服务器程序（用户代理服务器 UAS）。在用户发送请求时由客户机程序处理，在用户处理请求，发送应答消息时由服务器程序处理。

　　SIP 系统的网络服务器主要有代理服务器、重定向服务器和注册服务器。

　　代理服务器是代表其他客户机发起请求，既充当服务器又充当客户机的中间程序。重定向服务器接收请求消息，但不将这些请求消息传递给下一服务器，而是把请求消息中的被叫用户地址映射成零个或更多个新地址，向请求方发送应答以指示被叫用户的地址。当用户接入 SIP 网络或者到达某个 SIP 网络的新域时，需要将当前所在位置登记到网络中的注册服务器上，以便其他用户能够通过位置服务器确定该用户的位置。

　　SIP 使用 SIP 的通用资源定位器（URL）来标识用户，并根据该 URL 进行寻址。

　　SIP 消息是 SIP 客户机和服务器之间通信的基本信息单元。SIP 消息是一个基于文本的协议。SIP 消息有请求消息和状态消息（也称做应答消息）两大类，请求消息是从客户端发送到服务器的，而状态消息是从服务器发送到客户端的。每个消息，不管是请求消息还是状态消息都由一个起始行、零个或多个头部和任选的消息体这几部分组成。

　　由于 SIP 仅定义了请求消息和状态消息两种，因此起始行又可分为请求行和状态行两种格式。请求行规定了所提交请求的类型，而状态行则指出某个请求是成功还是失败。如果表示请求失败，状态行则指出失败类型或失败原因。

SIP 请求消息使用方法来表达请求服务器执行的操作的类型。在基本的 SIP 中定义了 6 种不同的方法：邀请（INVITE）、证实（ACK）、询问（OPTIONS）、再见（BYE）、取消（CANCEL）和登记（REGISTER）。6 种方法中，INVITE 和 ACK 用于建立呼叫、完成三次握手，或者用于呼叫建立以后改变会话属性；BYE 用于结束会话；OPTIONS 用于对服务器能力的查询；CANCEL 用来取消已经发出，但还未最终结束的请求；REGISTER 用于客户机登录服务器，向服务器报告用户位置等信息（包括用户的呼叫处理属性）。

消息头部提供了关于请求或应答的参数。常用的头部有 From 头部、To 头部、Call-ID 头部、CSeq 头部、Max-Forwards 头部和 Via 头部。

From 头字段是指示请求发起方的逻辑标识，它可能是请求发起方用户的注册账号。

To 头字段指定请求消息的逻辑接收者或者是用户或资源的注册账号，该地址同样是作为请求消息的目标地址。

Call-ID 头字段是用来将消息分组的唯一性标识。在我国原信息产业部关于 SIP 的标准中规定，在一个对话中，UA 发送的所有请求消息和响应消息都必须有同样的 Call-ID。

消息体通常描述将要建立的会话的类型，包括所交换的媒体的描述。但是 SIP 并不定义消息体的结构或内容。其结构和内容使用另一个不同的协议来描述，消息体结构可以使用会话描述协议 SDP 来描述，在与 PSTN 互通的情况下，消息体结构也可包括 ISUP 消息。

会话描述协议 SDP 中传送的内容主要包括传输的媒体类型编码、接收媒体信息的 IP 地址、端口号码、传输协议等信息。

下一代网络的一个重要特点是呼叫控制与承载分离，软交换设备完成呼叫控制功能，媒体网关完成媒体信息的处理。H.248/Megaco 协议是软交换设备与媒体网关之间的一种媒体网关控制协议。H.248 协议在软交换设备与媒体网关、软交换设备与各种接入网关之间采用。

H.248 协议的目的是对媒体网关的承载连接行为进行控制和监视。为此，H.248 提出了网关的连接模型概念对媒体网关内部对象进行抽象和描述，模型的基本构件有两个：终端和关联域。

终端是 MG 上的一个逻辑实体，它可以发送和/或接收一个或者多个数据流。在一个多媒体会议中，一个终端可以发送或者接收多个媒体流。

终端分为半永久性终端和临时性终端两种。半永久性终端代表物理实体，例如中继媒体网关所连接的一个 PCM 中继上的一个时隙，只要媒体网关中连接有该中继群，这个终端就存在。临时性终端代表临时性的信息流，例如 RTP 媒体流，只有当媒体网关使用这些信息流时，这个终端才存在。每个终端有一个终端标识（Termination ID），在创建时由网关分配，在网关内全局唯一。

关联域代表一组终端之间的相互关系，实际上对应为呼叫，在同一个关联域中的终端之间可相互通信（不包括空关联）。关联域的创建、修改和删除均由相应的 H.248 命令完成。每个关联域有一个关联标识符（Context ID），关联域的标识符在该关联域被创建时由媒体网关分配，关联标识符在媒体网关范围内全局唯一。

软交换设备通过与 MG 交换消息来控制 MG 的动作，一个 H.248 协议消息中可包含多个事务，每个事务可包含多个关联域，在每个关联域中包含多个命令，每个命令可带多个参数（描述符）。

H.248 协议使用命令对连接模型中的逻辑实体进行管理，命令提供了对关联域和终端特性进行控制的机制。H.248/Megaco 协议有 Add、Momfy、Subtract、Move、AuditValue、AuditCapabilities、Notify 和 ServiceChange 8 个命令。

Add 命令用来向一个关联中添加终端；Modify 命令用来修改终端的特性、事件和信号；Subtract 命令用来解除一个终端与它所处的关联之间的联系；Move 命令用来将一个终端从它当前所在的关联转移到另一个关联；MG 使用 Notify 命令向 MGC 报告 MG 内发生的事件。

在 H.248/Megaco 协议中，命令的参数定义为描述符。描述符由名称和一些参数值组成。不同的命令中可包含相同的描述符。

媒体描述符用于说明终端的媒体流参数。媒体参数由终端状态描述符和流描述符 Stream 来表征。终端状态描述符说明终端的特性，在 Stream 描述符中包含一个流标识（Stream ID），在同一个关联域中，具有相同流标识的媒体流是互相连接的。Stream 描述符包括本地控制描述符（Local Control）、本地描述符（Local）和远端描述符（Remote）。本地描述语描述网关自远端实体接收的媒体流的特性，远端描述语描述网关向远端实体发送的媒体流特性。

事件描述语包括一个请求标识和一列请求网关检测和报告的事件。请求标识用于关联事件请求和事件报告。请求的事件可为：传真音、导通测试结果、挂机和摘机等。

信号（Signals）描述语包含请求网关向终端发送的一组信号。信号具体描述由封包定义，在描述语中用封包名+信号标识予以引用。

数字映像描述符规定了作用在 MG 中的拨号方案，用于检测和报告在终端处接收到的数字。数字映像描述符由数字映像名称与分配的一组数字字符串组成。

不同类型的网关可以支持不同类型的终端。H.248 协议通过允许终端具有可选的特性（Property）、事件（Event）、信号（Signal）和统计（Statistic）来实现不同类型的终端。为了实现 MG 和 MGC 之间的互操作，H.248 协议将这些可选项组合成包（Package）。

BICC 协议是由 ITU-T SG11 小组制定的，是一种在骨干网中实现使用与业务承载无关的呼叫控制协议。其主要目的是解决呼叫控制和承载控制分离的问题，使呼叫控制信令可以在各种网络上承载。BICC 协议主要应用在移动通信系统 3G 的 R4 核心网中。

BICC 信令是在 ISUP 信令的基础上发展起来的，在对基本呼叫流程及补充业务特性的支持方面基本和 ISUP 类似；BICC 新增的"应用信息传输"（APM）机制使得 Nc 接口两端的呼叫控制节点间可以交互承载相关的信息：包括承载地址、连接参考、承载特性、承载建立方式及支持的 Codec 列表等；BICC 还可为 MGW 间的承载控制信令在 Nc 接口上提供隧道传输功能。

在移动通信系统 3G 的 R4 核心网中，Nc 是 MSC Server（或 GMSC Server）间的呼叫控制信令接口，采用与承载无关的呼叫控制协议 BICC，BICC 提供在宽带转输网上等同 ISUP 的信令功能。Mc 接口是 MSC Server 与媒体网关 MGW 之间的接口，Mc 接口采用 ITU_T 及 IETF 联合制定的 H.248 协议，并增加了针对 3GPP 特殊需求的 H.248 扩展事务（Transaction）及扩展包（Package）定义。Nb 接口是 MGW 之间的接口，Nb 控制面在采用 IP 时，控制面协议为 IPBCP，IPBCP 在对等实体之间交互媒体流特性、端口号、IP 地址等信息，用于建立、修改媒体流连接。IPBCP 使用隧道方式从 Mc，Nc 接口传输，隧道协议为 Q.1990（BICC 承载控制隧道协议）。

　　BICC 消息由呼叫实例码、消息类型编码、必备固定部分，必备可变部分和任选部分组成。呼叫实例码（Call Instance Code，CIC）是局间呼叫关系对应的逻辑编号，指示了该消息对应于哪一次呼叫实例。消息类型编码统一规定了每种 BICC 消息的功能和格式。BICC 消息参数部分包括必备固定部分、必备可变部分和任选部分。不同的消息类型都有自己特有的参数。

　　为了实现 IP 网与电话网的互通，在 IP 网上传送电话网的信令是一个必须解决的问题。SIGTRAN 构架用来实现在 IP 网络节点之间传输电话网的信令（如 SS7 ISUP，TUP 和 DSS1 信令）。SIGTRAN 构架是在流控传输协议（SCTP）上加上用户适配层（UAL）来传输电话网信令的用户部分。

　　SCTP 是可靠的数据报传输协议，能在不可靠传递的分组网络（IP 网）上提供可靠的数据传输。

　　信令适配层协议完成 7 号信令与 IP 网中传送 7 号信令高层的适配功能，采用的协议主要有 7 号信令 MTP 第二级用户适配层（M2UA）、7 号信令 MTP 第二级用户对等适配层（M2PA）、7 号信令 MTP 第三级用户适配层（M3UA）和 7 号信令连接控制部分用户适配层（SUA）。M3UA 将是信令网关的主导技术。

习　题

　　1．简要说明 RTP 的功能。

　　2．简要说明 RTP 数据的封装结构。

　　3．G.723.1 编码数据的比特率为 6.3kbit/s（或比特率为 5.3kbit/s 时），每 30ms 传送一个语音包，在不考虑静音压缩和数据链路层头部所占的带宽的情况下，计算在 IP 网络中传送一路 G.723.1 语音所占的带宽。

　　4．G.729 编码数据的比特率为 8kbit/s，每 20ms 传送一次，在不考虑静音压缩和数据链路层头部所占的带宽的情况下，简单估算一下在 IP 网络中传送一路 G.729 语音所占的带宽。

　　5．简要说明 SIP 的客户机/服务器（C/S）结构。

　　6．SIP 消息有哪两大类？分别说明这两大类消息的发送方向。

　　7．简要说明 SIP 请求消息的一般格式。

　　8．简要说明 INVITE（邀请）消息和 REGISTER（登记）消息的功能。

　　9．简要说明 SIP 应答消息的格式。

　　10．分别说明 To 头部字段、Contact 头部字段和请求消息 REQUEST-URL 表示的地址的含义。

　　11．简要说明 Via 头部字段的作用。

　　12．简要说明会话描述协议（SDP）的功能，会话描述协议（SDP）的内容一般是如何传送的？

　　13．说明网关的连接模型中终端和关联域的概念。

　　14．说明 H.248/Megaco 协议消息中消息、事务，关联域命令，参数（描述符）的关系。

　　15．简要说明 Add 命令、Momfy 命令和 Notify 命令的功能。

　　16．简要说明媒体描述符包含几个部分及各部分的作用。

第 **3** 章　软交换网络的主要设备

学 习 指 导

　　本章首先说明了软交换网络总体结构，然后介绍了软交换设备的功能、软交换设备的硬件结构和软件结构，中继媒体网关（综合媒体网关）的功能、硬件结构和软件结构，综合接入设备 IAD 的功能、硬件结构。信令网关的组网结构，信令网关硬件功能、硬件结构和软件结构；归属位置寄存器 HLR 的功能、硬件结构和软件结构，并说明了在组网时对以上设备进行配置的数据。

　　通过对本章的学习，应掌握以上设备的功能和接口，了解这些硬件结构和软件结构。

3.1　软交换网络概述

　　以软交换为核心技术的 NGN 是业务、控制、接入和承载彼此分离的网络，是一个开放、可扩展性强的网络。

　　软交换的基本含义就是把呼叫控制功能从媒体网关中分离出来，通过服务器上的软件实现基本呼叫控制功能，包括呼叫选路、管理控制、连接控制（建立会话、拆除会话）和信令互通（如从 SS7 到 IP）。其结果就是把呼叫传输与呼叫控制分离开，为控制、交换和软件可编程功能建立分离的平面，使业务提供者可以自由地将传输业务与控制协议结合起来，实现各种业务。

　　软交换网络总体结构如图 3-1 所示。软交换网络的设备主要包括控制层的软交换设备和信令网关，接入层中的各种的媒体网关，包括中继媒体网关、综合接入媒体网关、媒体服务器、综合接入设备 IAD 和各种智能终端，业务层的应用服务器。

　　控制层是下一代网络的核心控制部分，该层的设备一般被称为软交换设备、软交换机或媒体网关控制器（MGC），在移动通信系统中一般将其称为 MSC 服务器（MSC Server）。它主要完成呼叫控制、媒体网关接入控制、资源分配、协议处理、路由、认证、计费等主要功能，并可以向用户提供基本语音业务、移动业务、多媒体业务以及其他业务等。

　　信令网关（SG）的作用是通过电路与 7 号信令网相连，将窄带 7 号信令转换为可以在 IP 网上传送的信令，即将 MTP-3 及其以下协议适配在 IP 网络上传输。对信令的处理由 SS 完成，即将 7 号信令系统中 MTP-3 及其以下协议适配成后通过 IP 网络传输，对涉及 7 号信令系统的高层信令（如 ISUP，SCCP，TC，MAP，INAP，CAP），信令网关不做处理，仅透明传送到软交换，由软交换进行处理。

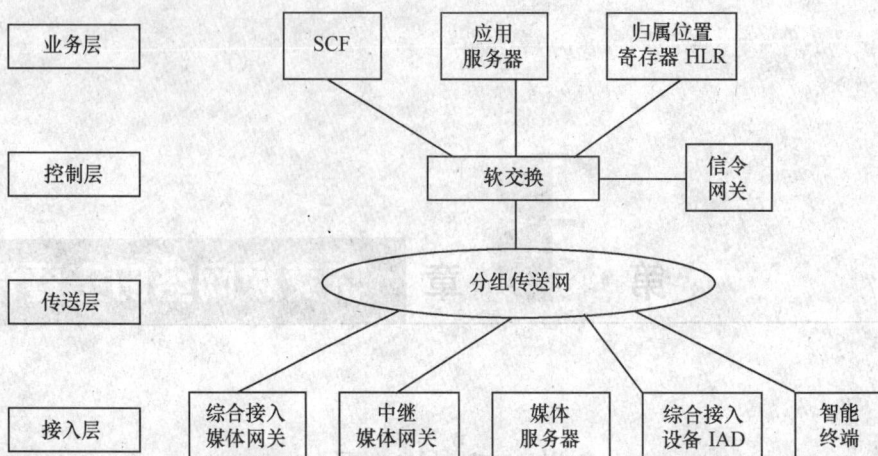

图 3-1　软交换网络总体结构

接入层的主要作用是利用各种接入设备实现不同用户的接入，并实现不同信息格式之间的转换。接入层的设备都没有呼叫控制的功能，它必须和控制层设备相配合，才能完成所需要的操作。中继媒体网关一侧通过中继电路与 PSTN 的交换局连接，另一侧与分组网连接，完成原有电路交换的 TDM 流与 ATM 或 IP 流格式的转换。通过与控制层设备的配合，在分组网上实现语音业务的长途/汇接功能。AG（综合接入网关）是 Access Gateway 的缩写。与中继媒体网关一样，接入网关主要也是为了在分组网上传送语音而设计的，所不同的是，接入网关的电路侧提供了比中继网关更为丰富的接口。这些接口包括直接连接模拟电话用户的 POTS 接口、连接传统接入网的 V5.2 接口、连接 PBX 小交换机的 PRI 接口等，从而实现铜线方式的综合接入功能。

移动媒体网关（Mobile Media Gateway）：位于移动电路交换网和分组交换网之间，用来终结与采用电路交换方式的移动通信网中的中继电路；也可位于移动网的基站子系统和分组交换网之间，为移动用户提供业务接入。

媒体服务器（Media Server）：是软交换体系中提供专用媒体资源功能的独立设备，也是下一代分组语音网络中的重要设备，提供基本和增强业务中的媒体处理功能，包括业务音（如彩铃）提供、会议、交互式应答（IVR）、通知、高级语音业务等。

在下一代网络中，业务与控制分离，业务部分单独组成应用层。应用层的作用就是利用各种设备为下一代网络体系提供业务能力上的支持。设备主要包括应用服务器（Application Server）、用户数据库（归属位置寄存器）和原有智能网的业务控制点（SCP）。应用服务器的主要作用是向业务开发者提供开放的应用程序开发接口（API），以便为下一代网络开发各种业务。用户数据库：存储网络配置和用户数据。SCP 是原有智能网的业务控制点。控制层的软交换设备可利用原有智能网平台为用户提供智能业务。此时软交换设备应具备 SSP 功能。

3.2　软交换设备

3.2.1　软交换设备的功能

软交换设备是多种逻辑功能实体的集合，主要提供综合业务的呼叫控制、连接以及部分业务功能，是软交换网络中语音/数据/视频业务呼叫、控制、业务提供的核心设备，也是目前电路交换网向分组网演进的主要设备之一。在移动软交换中控制层的设备叫 MSC Server。

固网软交换的功能结构如图 3-2 所示，软交换的主要功能包括呼叫控制功能，多媒体业务的处理和控制功能，业务提供功能，业务交换功能，互通功能，SIP 代理功能，计费功能，路由、地址解析和认证功能，7 号信令系统应用部分的处理功能，过负荷控制能力，H.248 终端、SIP 终端、MGCP 终端的控制和管理功能，H.323 终端控制、管理功能、过负荷控制能力等功能。

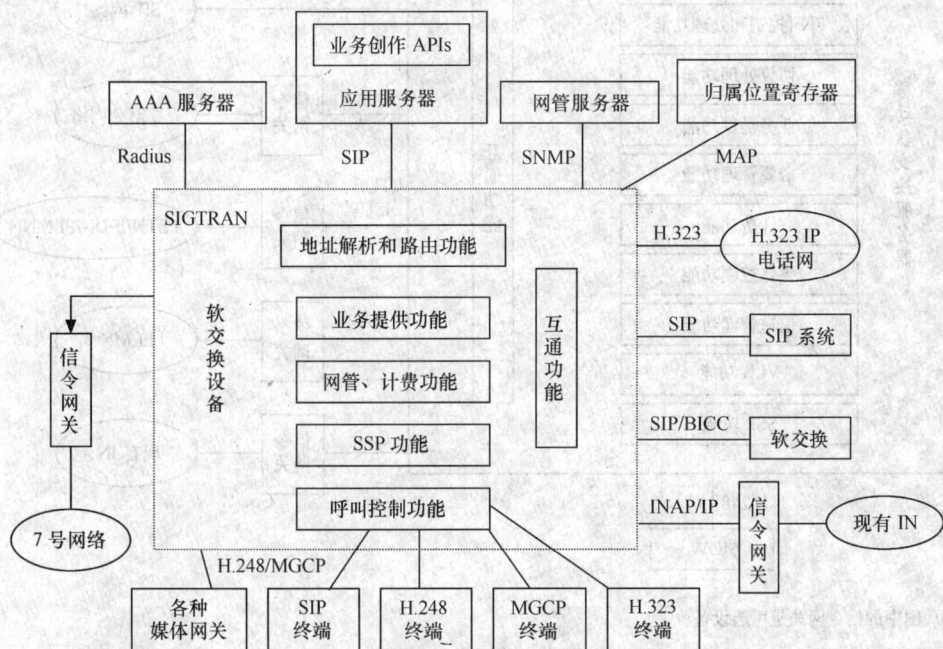

图 3-2 固定网络软交换的功能结构

软交换的主要设计思想是业务/控制与传送/接入分离，各实体之间通过标准的协议进行连接和通信。软交换处理的协议及控制的媒体流可以基于 IP 承载方式，也可以基于 ATM 方式。

移动软交换系统功能结构如图 3-3 所示。

比较图 3-2 和图 3-3 可发现，移动软交换系统和固定网软交换系统的功能基本类似，主要的区别是在移动软交换系统中包含移动性管理功能，同时在移动软交换系统中包括来访位置寄存器 VLR 的功能，用来保存当前在其管辖范围内活动的移动用户的用户数据。

1．呼叫控制和处理功能

软交换设备可以为基本业务/多媒体业务呼叫的建立、维持和释放提供控制功能，包括呼叫处理、连接控制、智能呼叫触发检出和资源控制等。

当软交换位于 PSTN/ISDN 本地网时，应具有本地电话交换设备的呼叫处理功能。

软交换设备应能够识别媒体网关报告的用户摘机、拨号和挂机等事件；控制媒体网关向用户发送各种音信号，如拨号音、振铃音、回铃音等；提供满足运营商需求的拨号计划。

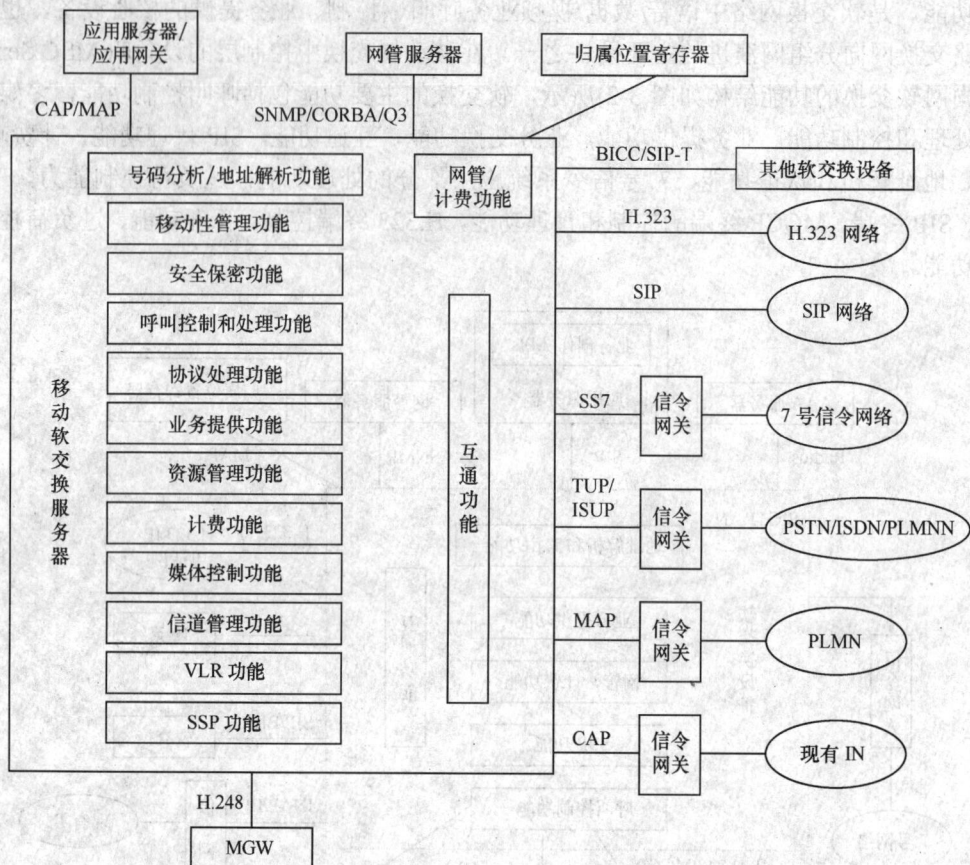

注：图中的信令网关是可选设备。

图 3-3　移动软交换系统功能结构

软交换设备可以控制媒体网关/媒体服务器发送互动式语音应答 IVR，以完成诸如二次拨号等多种业务。

软交换可以直接与 H.248 终端、MGCP 终端、H.323 终端和 SIP 客户端终端进行连接，提供相应业务。

软交换应能对接收到的号码进行分析，完成路由和中继选择的功能，并具有重选路由的功能。

软交换支持基本的两方呼叫控制功能和多方呼叫控制功能，提供对多方呼叫控制功能，包括多方呼叫的特殊逻辑关系、呼叫成员的加入/退出/隔离/旁听以及混音过程的控制等。

软交换设备可以支持话务员功能（可选）。

当软交换位于 PSTN/ISDN 长途网时，应具有长途电话交换设备的呼叫处理功能。

当软交换设备内部不包含信令网关时，软交换应能够采用 SS7/IP 与外设的信令网关互通，完成整个呼叫的建立和释放功能，其主要承载协议采用 SCTP。

2. 协议处理功能

软交换是一个开放的、多协议的实体，因此必须采用标准协议与各种媒体网关、终端和网络进行通信，这些协议包括与媒体网关互通的协议 H.248，MGCP，与信令网关互通的 SCTP，M2UA，M3UA 协议，7 号信令的应用层协议 ISUP，TUP，INAP，MAP 等。与 AAA 服务器互通的 RADIUS 协议，与其他软交换设备互通的 BICC 协议和 SIP，与综合接入网关互通的 ISDN DSSI，V5.2，IUA 协议，与 H.323 IP 电话网互通的 H.323 协议，与网管中心互通的 SNMP 等。

原信息产业部发布的《软交换设备总体技术要求》规定软交换设备与各种媒体网关之间的协议采用 H.248 协议。软交换应既支持文本编码方式，也支持二进制编码方式。有关 H.248 协议的内容请参考本书的第 2 章。

MGCP 是软交换设备与 MGCP 终端或软交换设备与综合接入设备（IAD）之间使用的协议。MGCP 的连接模型基于端点和连接两个构件。端点发送或接收数据流，它可以是物理端点或虚拟端点；连接由软交换控制的终端在呼叫涉及的端点间建立，可以是点到点、点到多点连接。连接按呼叫划分，一个端点可以建立多个连接，不同呼叫的连接可以终结于同一个端点。MGCP 结构简单，但由于 MGCP 在描述能力上的欠缺，限制了其在大型网关上的应用。

当软交换不提供 SS7 链路连接的网络上传送 PSTN 信令消息时，采用 M3UA/SCTP 的方式与信令网关对接，该协议可以用来在 IP 网上提供可靠的数据传输，以提供接入 7 号信令网的功能。有关 M3UA 协议内容参考本书的第 2 章。

流传送控制协议（SCTP）主要用来在无连接的 IP 网络中提供可靠的数据传输。SCTP 可在确认方式下，无差错、无重复传送用户数据；根据通路的 MTU 限制，进行用户数据的分段；并在多个流上保证用户消息的顺序递交；把多个用户的消息复用到 SCTP 的数据块中；利用 SCIP 偶联机制提供网络级的故障保证，同时 SCTP 还具有避免拥塞的特点和避免遭受泛播和匿名的攻击。

电话用户部分（TUP）和 ISDN 用户部分（ISUP）是 7 号信令系统中用来在交换局之间传送与电路有关的信令，从而完成中继电路的连接和释放，并能传送支持基本的承载业务和附加承载业务的信息。由于 TUP 传送的信息较少，现在主要使用 ISUP 信令。

智能网应用部分 INAP 用来在智能网各功能实体间传送有关的信息流，以便各功能实体协同完成智能业务。《智能网应用规程》主要规定了业务交换点 SSP 和业务控制点 SCP 之间，SCP 和智能外设 IP 之间，业务控制点（SCP）与业务数据点（SDP）之间的接口规范。在移动通信系统中完成类似功能的是移动网络增强型逻辑的客户化应用（CAMEL）应用部分（CAP）。

移动应用部分 MAP 的主要功能是在数字移动通信系统（GSM）中的移动交换中心 MSC（在移动软交换中为 MSC Server），归属位置登记器（HLR），访问位置登记器（VLR）等功能实体之间交换与电路无关的数据和指令，从而支持移动用户漫游、频道切换和用户鉴权等网络功能。

7 号信令的应用层协议 ISUP，TUP，INAP，MAP 部分的内容在信令网关与软交换设备之间是透明传输的，ISUP，TUP，INAP，MAP 部分的信令信息由软交换设备处理。

为了支持综合接入媒体网关的 ISDN 用户接入，综合接入媒体网关通过 IUA（ISDN 用户适配协议）方式将 ISDN DSS1 协议的第三层消息（Q.931）交由软交换设备处理。

对于接入综合接入媒体网关的 V5.2 接口用户，综合接入媒体网关通过 V5UA（V5.2 用户适配协议）方式将 V5.2 协议消息交由软交换设备处理。

在固定软交换网中，软交换设备之间采用 SIP 进行互通，软交换设备与 SIP 系统互通时采用 SIP，SIP 是在 IP 网络上进行多媒体通信的应用层控制协议，可用于建立、修改、终结多媒体会话和呼叫。SIP 采用基于文本格式的客户—服务器方式，以文本的形式表示消息的语法、语义和编码，客户机发起请求，服务器进行响应。SIP 独立于底层协议（TCP 或 UDP），而采用自己的应用层可靠性机制来保证消息的可靠传送。

在移动软交换网络中，软交换设备之间采用 BICC 协议互通。BICC 协议支持独立于承载技术和信令传送技术的窄带 ISDN 业务，BICC 协议属于应用层控制协议，可用于建立、修改、终结呼叫。BICC 协议采用呼叫信令和承载信令功能分离的思路，定义了网络中使用的呼叫控制信令协议，包括 7 号信令网络、ATM 网络和 IP 网络在内的各种网络。呼叫控制协议基于 N-ISUP 信令，沿用 ISUP 中的相关消息，并利用 APM（Application Transport Mechanism）机制传送 BICC 特定的承载控制信息，因此可以承载全方位的 PSTN/ISDN 业务。呼叫与承载的分离使得异种承载的网络之间的业务互通变得十分简单，只需要完成承载级的互通，业务不用进行任何修改。

3. 业务提供功能

软交换应能够提供语音业务、移动业务、多媒体业务，包括基本业务和补充业务；可以与现有智能网配合提供现有智能网提供的业务；可以与第三方合作，提供多种增值业务和智能业务。

有关软交换网络实现的业务及各种业务的实现原理参见本书的第 4 章。

4. 业务交换功能

业务交换功能主要包括对与呼叫相关的事件进行监视，完成智能业务的触发，在识别到智能业务时向业务控制功能 SCF 报告，管理呼叫控制功能和 SCF 之间的信令，按照业务控制功能 SCF 的要求修改呼叫连接处理功能，在 SCF 控制下处理 IN 业务。并完成业务交互作用管理功能。

5. 互通功能

软交换应可以通过信令网关实现分组网与现有 7 号信令网的互通。

软交换可以通过信令网关与现有智能网互通，为用户提供多种智能业务；允许 SCF 控制 VoIP 呼叫且对呼叫信息进行操作（如号码显示等）。

软交换可以通过软交换中的互通模块，采用 H.323 协议实现与现有 H.323 体系的 IP 电话网的互通。

软交换可以通过软交换中的互通模块，采用 SIP 实现与未来 SIP 网络体系的互通。

软交换可以与其他软交换设备互联互通，它们之间的协议可以采用 SIP 或 BICC 协议。

软交换提供 IP 网内 H.248 终端、SIP 终端、H.323 终端和 MGCP 终端之间的互通。

6. 资源管理功能

软交换应提供资源管理功能，对系统中的各种资源进行集中的管理，如资源的分配、释放和控制、资源状态的检测、资源使用情况统计、设置资源的使用门限等。

软交换可以根据业务类型或用户业务等级属性来控制相应的媒体流带宽分配，能控制媒体服务器上的各种媒体资源，控制智能终端/媒体网关设备完成到所需媒体资源的承载连接，如播放录音、通知、语音信箱等。

7. 计费功能

软交换应具有采集详细话单及复式计次功能，并能够按照运营商的需求将话单传送到相应的计费中心。

当使用记账卡等业务时，软交换应具备实时断线的功能。在用户接入授权认证通过后，与软交换连接的计费中心应从用户数据库（漫游用户应在其开户地计费中心查找）提取余额信息并折算成最大可通话时间传给软交换设备，软交换设备启动相应的定时器以免用户透支。开始通话时由软交换设备启动计费计数器，在用户拆线或网络拆线时终止计费计数器。最终由软交换设备将采集的数据发送到相应的计费中心，由计费中心生成 CDR 并根据费率生成用户账单并扣除记账卡用户的一定余额（对漫游用户应将账单送到其开户地相应的计费中心，由它负责扣除记账卡用户的一定余额），并汇总上交给相应的结算中心。

软交换对同一呼叫可同时进行复式跳表和详细计费。

详细计费的计费内容可包括：序号、日期、连接开始时间、连接终止时间、PSTN/ISDN 侧接通开始时间、PSTN/ISSDN 侧释放时间、时长、接入号码、卡号、被叫用户号码、主叫用户号码、原被叫号码、与 CENTREX 相关参数、入中继群标识、用户的 URL、各种媒体流的入 RTP 数、各种媒体流的出 RTP 数、IP 出字节数、语音业务类别（如基本业务、补充业务等）、智能网业务类别、多媒体业务类别、数据业务类别、主叫侧媒体网关/终端的 IP 地址、被叫侧媒体网关/终端的 IP 地址（包括多方业务涉及的地址）、主叫侧软交换设备 IP 地址、被叫侧软交换设备 IP 地址、通话终止原因、运营商标识、QoS 等级。

软交换应支持对同一呼叫可以提供多张话单的功能。对于多张话单可以理解如下。

（1）软交换可以对一个呼叫提供不同类型的话单，例如，详细计费话单和立即计费话单。

（2）软交换不应对同一呼叫以同一类型的计费方式提供多张话单。

软交换应能根据主叫计费类别、来话中继群、呼叫类型决定计费方式。

具有端局功能的软交换应具有控制综合接入媒体网关或 IAD 设备发送反转极性或 16kHz 计费信号（可选）的功能。

对智能业务的计费，软交换应支持"智能网应用规程"（INAP）中所规定的各种计费操作。在智能网的计费中，由 SCP 决定是否计费、计费类别及计费相关信息，由 SCP 或 SSP 计费。

在软交换中应有计费类别（Charge Class）与具体费率值的对应表。对应表的大小至少为 1 000 项。对每一计费类别均应有全费、减费功能。全费、减费应能自动转换，具有可用人机命令修改减费日期及时间的能力，以及具有一天费率转换次数至少可达 3～10 次的能力。软交换应能根据中继群、用户号码、承载业务类型确定计费费率。软交换对 CENTREX 的群内呼叫的费率应能根据呼叫所跨越的区域灵活设定，如根据模块内呼叫、模块间呼叫、局间呼叫等不同情况设置费率。软交换计费信息应在内存中暂存 24h，以便查询。软交换应具有在维护终端上输出指定时间、指定中继、指定电话号码的详细话单的功能。

对于点对点业务的多媒体业务，可按照运营商的要求分别按照以下方式计费。

（1）按会话时长计费，即可以对呼叫中每一媒体类型的会话时长分别计费。

（2）按流量计费，即按会话中每一媒体类型的流量分别计费。

（3）进行组合计费，即对语音按时长计费、对视频或数据按流量计费等。

对于点对多点多媒体业务，可按照运营商的要求分别按照以下方式计费。

（1）按会话时长计费，即可以对多段分别进行计费，也可以对呼叫中每一媒体类型的通话时长分别计费。

（2）按流量计费，即可对多段分别进行计费，也可以按通话中媒体的总流量计费。

8. 认证与授权功能

软交换应支持本地认证功能，可以对所管辖区域内的用户、媒体网关进行认证与授权，以防止非法用户设备的接入。

9. 地址解析功能

软交换设备应可以完成 E.164 地址至 IP 地址、别名地址至 IP 地址的转换功能，同时也可完成重定向功能。

对于号码分析和存储功能，要求软交换支持存储主叫号码 20 位、被叫号码 24 位，并能扩充到 28 位号码的能力，具有分析 10 位号码然后选取路由以及在任意位置增、删号码的能力。

一个软交换设备对一个目标局可选择的最大路由数不少于 5 个。

软交换设备具有处理同一地区不等位长度号码的能力。

考虑到软交换初期的使用，软交换应具有配置多区号的能力。

10. 语音处理控制功能

软交换应可以控制媒体网关是否采用语音压缩，并提供可以选择的语音压缩算法。算法应至少包括 G729，G723.1，可选支持 G.726。

对于移动软交换，算法应支持 UMTS-AMR2 编解码（必选）、UMTS_AMR 编解码（可选）和 G711A 编解码。UMTS AMR 和 UMTS_AMR2 语音信号共有 8 种编码速率，包括：12.2kbit/s，10.2kbit/s，7.95kbit/s，7.4kbit/s，6.7kbit/s，5.9kbit/s，5.15kbit/s 和 4.75kbit/s，其中 12.2kbit/s 为必选速率，其他为可选速率。移动软交换应可以控制媒体网关完成不同编码之间的转换功能，支持 TDM 网络侧 PCM 码流与分组承载网络（IP 或者 ATM）侧语音编解码方式（如 UMTS_AMR2，G.711A/μ）的相互转换，并且支持 AMR 编解码 8 种不同速率之间转换（可选）。

软交换应可以控制媒体网关是否采用回声抵消技术。

软交换应可以控制媒体网关对语音包缓存区的大小进行设置。

11. 过负荷控制能力

软交换应能在系统或网络过负荷时，具有对负荷控制的能力，例如，限制某些方向的呼叫或自动逐级限制普通用户的呼出等。

软交换能根据网络拥塞的不同程度进行分级拥塞控制。

软交换在发生拥塞时应完成以下功能。

（1）最少的帧舍弃。

（2）以高概率和最小变化保持服务质量。

（3）限制拥塞扩散并能从严重拥塞状态得到恢复。

软交换能根据资源的使用情况和网络的拥塞情况，动态调整编码方式，并通知网关设备（可选功能）。

软交换机能够定义服务质量的门限值，并下发给网关设备。

软交换应能对话务统计数据和设备运行状态进行分析，通过人机命令预定或立即执行话务控制命令。

软交换能按百分比根据来话的主叫类别、主叫号码、时间段、入中继群标识来限制至特定出中继、目的码的呼叫量。限制的目的码可以是国家号码、长途区号、局号、用户号码、特服号码；限制比例可连续调整。同时提供相应的解除控制命令。

软交换能根据来话的主叫类别、主叫号码、时间段、入中继群标识来限制在规定的时间间隔内至特定出中继、目的码允许选择路由的最大试呼次数。限制数量可连续调整。

12．与移动业务相关的功能

除了完成固定软交换设备需完成的功能外，移动软交换服务器需增加的功能主要包含移动性管理功能、安全保密功能和查询被叫移动位置，完成对被叫移动用户呼叫控制的功能。

移动性管理功能主要包括位置登记、切换和呼叫重建。

位置登记是指移动用户进入一个新的位置区后应向其注册的归属位置寄存器 HLR 报告其当前所在的位置，管辖移动用户当前位置的拜访归属位置寄存器 VLR 应从用户注册的归属位置寄存器 HLR 获得该移动用户的用户数据。在 VLR 中存储当前活动在 MSC Server/VLR 区域中的移动用户的有关数据。存储数据的内容目前应有以下内容：IMSI、MSISDN、类别、用户状态、基本业务信息、补充业务信息、ODB 信息、漫游限制信息和 CAMEL 签约信息。

当移动用户在通话过程中从一个小区移动到另一个小区时要进行切换，以便移动用户能够使用其新进入的小区分配的语音信道进行通话。MSC Server 应能支持同一 MSC Server 下不同 RNC 之间的切换，同一 MSC Server 下不同 MGW 之间的切换以及不同 MSC Server 之间的切换。对于双模手机用户，MSC Server 应能支持同一 MSC Server 下 BSC 与 RNC 之间的信道切换（可能连接在相同或不同的 MGW 上），以及不同 MSC Server 之间的切换。

呼叫重建是指在一次呼叫中由于信道切换等原因失去一个业务信道时重新建立呼叫，MSC Server 应能支持呼叫重建功能。

安全保密功能包括鉴权、使用临时移动用户识别码 TMSI 和对用户信息加密。

MSC Server 应支持用户鉴权功能，按照从 HLR/AuC 获取的鉴权 5 元组（必选）或 3 元组（可选）对用户进行认证与授权，以防止非法用户的接入。鉴权 5 元组分别是随机数（RAND）、期望响应（XRES）、加密密钥（CK）、完整性密钥（IK）、鉴权令牌（AUTN）。与 GSM 相比，增加了 IK 和 AUTN 两个参数，其中完整性密钥提供了接入链路信令数据的完整性保护，鉴权令牌增强了用户对网络侧合法性的鉴权。

TMSI 用于在无线路径上保护用户的识别号，以便对 IMSI 保密。MSC Server 应能支持此功能。

MSC Server 应能支持在 UTRAN/BSS 中对语音信息及数据信息进行加密，应能支持在 UTRAN/BSS 中采用不同的加密算法。

由于移动用户的位置随时可能发生变化，当移动用户为被叫时，关口 MSC（GMSC）Server 应能够根据被叫移动用户的 MSISDN 号码查询移动用户的实际位置，获取漫游号码 MSRN 后将呼叫接续至被叫移动用户当前所在的拜访 MSC Server，拜访 MSC Server 应具有对被叫移动用户进行寻呼所必需的呼叫处理功能。

13．与数据/多媒体业务相关的功能

软交换应能支持通过 H.323 协议与 H.323 系统互通，并能完成 SIP 与 H.323 协议的转换。

软交换应能够透明传输终端与服务器、终端与终端间的所有信息，包括文本与语音等。

软交换应可以控制媒体资源来提供对网络终端的媒体业务，包括网络录音通知、双方音频和视频的呼叫、会议呼叫等。

软交换应负责控制语音码型变换、混合、有效负荷处理，并协商针对不同媒体类型的底层控制机制。

14．利用黑白名单进行呼出过滤功能

软交换应该具有黑白名单的功能，能够根据主叫用户号码或入中继标识码，禁止允许某些主叫用户从某一入中继的来话对一些目的码的呼叫。考虑到软交换大容量和跨地域的特点，对黑白名单的容量做进一步的增强，其中黑名单支持 200 000（暂定），白名单支持 20 000（暂定）。

15．呼叫鉴权功能

软交换应能够对域内用户和其他运营商网络来的呼叫进行鉴权的功能，判断用户是否有权限使用本网络的业务。

16．呼叫拦截功能

软交换应能够根据用户属性和用户所拨号码对不允许的呼叫给予拦截，并送相应的录音通知。

17．多区号功能

多区号功能指的是在一台软交换内部可以支持多于一个区号，不同区号间的呼叫在计费上按长途收费。

支持这种业务主要是考虑到软交换及软交换网络以下两个方面的特征。

（1）软交换的容量较大，可以同时支持比较多的用户数。

（2）软交换网络承载在分组网上，分组网与电路交换网相比，不存在物理位置的限制，因此由一台软交换管理的用户之间的物理位置会非常分散。

当一个软交换设备对位于区号 A、区号 B、区号 C 的用户进行控制时，将区号 A 内的话务与区号 A 与区号 B 间的话务都按同一种计费标准进行收费是不合理的，也会由于用户没有位置的标识而使软交换在用户数据管理及维护上产生混乱。为了计费的合理性及数据管理的

便利，需要软交换能够支持为不同的域分配不同的区号并据此进行计费及相关维护操作。

对多区号业务，软交换应提供以下功能。

（1）软交换应支持对不同区号的用户间有相对独立的业务属性，包括计费策略等。

（2）软交换在主叫号码显示时应能支持显示不同的区号。

（3）软交换最少应能支持 100 个区号（暂定）。

18．系统安全性

软交换应能完整支持 IPSec 协议，包括 IP 认证标头（Authentication Head，AH）及 IP 封装安全装载（Encapsulating Security Payload，ESP）。能够对所有通过软交换的消息进行加密。

软交换应该具有防止拒绝服务攻击（Dos 攻击）能力，应该至少支持以下几种防 DoS 攻击的机制：TCP 同步洪泛攻击，Ping 超大包攻击，ICMP 攻击，IP 分片和分布式 DoS 攻击。

软交换应该具有完整的协议检测功能，防止非法报文的攻击。

19．流量检测功能

软交换承载在分组网络上，其管理的终端都是通过分组网与软交换相连接。软交换为终端提供的业务不仅仅是语音业务，还有视频及数据业务。

对于视频及数据业务，在计费及管理上都有进行流量检测的需求。

在计费上，除按照时长进行计费外，还有按流量进行计费的需求。

在管理上，应该能够配置、检测及控制分组设备（分组终端，TG、AG、SG 等）流量的功能。避免分组设备无限制使用承载网的带宽资源。

对流量检测功能，软交换应该能够提供以下功能。

（1）支持对指定分组设备进行流量统计。

（2）支持对分组设备可使用带宽上限的配置。

（3）能够对已超过带宽配置上限设备在业务上进行限制。

3.2.2 软交换设备的性能及可靠性指标

1．系统容量

系统容量是指软交换可接入的用户数或中继数。根据我国通信行业标准，当软交换位于端局时，设备容量（可接入的用户数）为 10 万以上；当软交换位于汇接局时，设备容量（可接入的中继数）为 20 万中继以上，并可根据需要灵活扩展。

2．系统处理能力

系统处理能力是用处理机忙时试占次数 BHCA 来衡量的，BHCA 表示在处理机忙时能处理的呼叫数量。根据我国通信行业标准，当软交换位于端局时，处理能力为 140 万以上 BHCA；当软交换位于汇接局时，处理能力为 300 万以上 BHCA。

目前主要的厂家生产的软交换设备的容量都能满足标准的要求，例如，华为公司生产的软交换设备 SoftX3000 的容量指标取值如下。

最大支持的 TDM 中继数是 36 万，最大支持的网关数为 200 万，最大支持的黑白名单容量为 200 万，最大支持的用户数 POTS 用户数为 200 万，V5 用户数为 200 万，IP 话务台数量为 10 万，最大支持的多媒体终端数：SIP 终端数为 200 万，H.323 终端数为 100 万。

SoftX3000 的处理能力指标为：单个业务处理模块的 BHCA 值为 40 万，系统 BHCA 值为 1 600 万。

3. 时延

时延是指软交换对消息的转发时间。要求软交换的平均时延为 50ms，保证消息的转发时间不超过 200ms 的概率为 95%。

4. 系统可靠性和可用性

（1）软交换系统必须采用容错技术设计，系统必须达到或超过 99.999%的可用性，全系统每年的中断时间小于 3min。

（2）要求软交换系统具有高可靠性和高稳定性。主处理板、电源和通信板等系统主要部件应具有热备份冗余，并支持热插拔功能。

（3）软交换的 IP 出口设备应能够支持以主备用方式同时与分组承载网的网络设备相连接，即支持 IP 接口单板间的热备份机制。

（4）软交换要支持端口级的热备份机制。

（5）软交换设备应保证在运行的系统上引入第三方业务时不会引起业务的中断或系统瘫痪。

（6）当软交换设备发生故障或与媒体网关连接中断时，应不影响正在通信的呼叫。

3.2.3　软交换设备的维护管理要求

操作维护系统是软交换设备中负责系统的管理和操作维护的部分，是用户使用、配置、管理、监视软交换设备的工具集合。

软交换应支持本地和远程两种方式进行维护，远程维护可以采用支持拨号方式和 IP 方式。直接利用 IP 网络进行远程维护时需要充分考虑加密措施，解决安全问题。

软交换可以通过内部的 SNMP 代理模块与支持 SNMP 的网管中心进行通信。

软交换设备的管理包括配置管理、故障管理、性能管理、计费管理和安全管理。

1. 配置管理

配置管理是指软交换设备能支持利用脱机、在线配置，远程配置方式对软交换进行配置，能提供数据备份功能，提供命令行和图形界面两种方式对整机数据进行配置，并能提供数据升级功能等。

2. 故障管理

软交换可以定期地执行系统自检。根据检测自身过载情况的发生及其严重的程度，采取合理协调内部工作，减小过载导致的不良影响。

软交换应具备完善的告警系统，并可以按照故障的严重程度分类，一般至少应分为紧急告警和非紧急告警两大类。

软交换设备告警的内容主要包括系统资源告警，各类媒体网关及连接状况告警，SS7 信令网关告警和传输质量告警。

系统资源告警的内容有：系统 CPU 占有率、存储空间占有率超过门限值，发生设备倒换等情况。

各类媒体网关及连接状况告警包括媒体网关工作状态告警，媒体网关连接状态告警和媒体网关发生倒换重启等情况。

SS7 信令网关告警包括发生信令链路倒换和 7 号信令路由告警等情况。

传输质量告警的内容包括：丢包率超过门限值，重发指标越界告警；事务处理出错告警等。

3. 性能管理

性能管理包括业务量统计、测量功能和话务控制功能。

（1）业务量统计、测量功能

软交换设备应能够提供业务统计功能，以反映本设备的业务负荷信息和运行状况。

软交换应可以根据各类接续类型进行呼叫次数的统计。接续类型包括：国际呼叫，国内长途呼叫，本地呼叫，域内呼叫，域外呼叫，各类终端（H.248 终端、SIP 终端、MGCP 终端）的呼叫，各类媒体网关（IP 中继网关、综合接入网关、ATM 中继网关）的呼叫，补充业务呼叫，智能业务呼叫和增值业务呼叫。

测量项目包括试呼次数，摘机后久不拨号次数，占用次数，接通次数，应答次数，久叫不应次数和被叫忙次数。

可以按照上述的呼叫类型、目的码、去话中继群、来话中继群等对各类接续的业务量进行统计，这些统计应至少包括接通次数、应答次数、占用业务量、接通业务量、应答业务量和统计的起止时间，并能根据需要对相应中继群统计失败原因。

当按照目的码统计业务量时的目的码包括：国际去话接续即 00＋对端国家号码＋后续 1～3 位；国内长途去话接续即 0＋对端长途区号；本地接续即本地区各局号；特服号即 1XY；目的网关即网关标识，目的软交换即软交换标识或软交换的 IP 地址。

软交换应能完成处理机占用率的统计，其内容有：处理机名称、处理机占用率、处理机忙时试占次数（BHCA）和统计的起止时间。

（2）话务控制功能

话务控制功能的基本要求是根据对话务统计数据和设备运行状态分析，通过人机命令预定或即时执行话务控制命令，以达到有效疏通正常话务，遏制超量话务对网络冲击的目的。话务控制命令可预定执行起止日期时间，如输入时省略执行日期时间参数和周期，则要求命令立即执行，直到输入解除控制命令。

话务控制包括目的码控制、呼叫间隙控制和对"难以到达"的呼叫控制。

目的码控制是指按百分比限制从指定入中继群的来话至特定目的码的呼叫量。被限制的目的码可以是国家号码、长途区号、局号、用户号码或特服号码，号码最长 20 位，可以指定限制的用户类别，限制比例值可连续数值调整。同时提供相应的解除目的码控制功能。

呼叫间隙控制是指在规定的时间间隔内，对指定入中继群至特定目的码的呼叫规定允许选择路由的最大试呼次数，使试呼次数不超过该规定的值。可以指定限制的用户类别，限制数量可连续数值调整。同时提供相应的解除呼叫间隙控制功能。

对"难以到达"的呼叫控制是指软交换根据固定时间间隔内（通常为 5min）到达某一目的码的试呼数及应答试呼比来判断到达此目的码的呼叫是否为"难以到达"的呼叫。当判定呼叫难以到达时，软交换按规定的百分比限制此类呼叫或软交换按固有时间间隔可通过的试呼数来限制该类呼叫。当判定此目的码的呼叫"非难以到达"时，呼叫限制自动解除，可以指定被限制话务的入中继群号码及限制的用户类别，指定比例值可连续数值调整，同时提供相应的解除控制命令。

4. 计费管理

软交换至少应具备根据计费对象进行计费和信息采集功能，并负责将采集信息送往计费中心，同时还应可选支持复式计费、立即计费的功能。

软交换对同一呼叫可同时进行复式跳表和详细计费。

软交换应能根据主叫计费类别、来话中继群、呼叫类型决定计费方式。

具有端局功能的软交换应具有控制综合接入媒体网关或 IAD 设备发送反转极性或 16kHz 计费信号（可选）的功能。

对智能业务的计费，软交换应支持"智能网应用规程"（INAP）中所规定的各种计费操作。在智能网的计费中，由 SCP 决定是否计费、计费类别及计费相关信息，由 SCP 或 SSP 计费。

对于点对点业务的多媒体业务：可以按会话时长计费，可以按流量计费，也可以采用组合计费方式：即对语音按时长计费，对视频或数据按流量计费。

在软交换中应有计费类别（Charge Class）与具体费率值的对应表。对应表的大小至少为 1 000 项。对每一计费类别均应有全费、减费功能。全费、减费应能自动转换，具有可用人机命令修改减费日期及时间的能力，以及具有一天费率转换次数至少可达 3～10 次的能力。软交换应能根据中继群、用户号码、承载业务类型确定计费费率。软交换对 CENTREX 的群内呼叫的费率应能根据呼叫所跨越的区域灵活设定，如根据模块内呼叫、模块间呼叫、局间呼叫等不同情况设置费率。软交换计费信息应在内存中暂存 24h，以便查询。软交换应具有在维护终端上输出指定时间、指定中继、指定电话号码的详细话单的功能。

根据不同的呼叫类型和业务，可以分别对主叫号、账号或被叫号计费。

当软交换设备采用时长计费时，要求其计费单位精确到 1s；当采用流量计费时，要求计费单位精度精确到一个字节。

5. 安全管理

软交换应对维护人员的访问权限有严格的规定。维护员登录时要求账户和密码，系统对每次访问做记录。根据维护员的需要，系统可以对其权限进行分类，如系统管理员、配置管理员、维护管理员等。

系统应提供区分功能类型和操作级别的权限管理功能，实现不同类型、不同级别的操作员具有不同的人机命令集权限。权限管理应能精确到人机命令的参数和参数值。

系统应记录所有操作员的所有操作日志，内容至少应包括操作时间、命令执行时间、操作员、操作终端输入的命令内容、命令结果等。

3.2.4　软交换设备的结构

1. 软交换设备的硬件结构

由于软交换设备主要完成呼叫控制功能，相对于传统的 PSTN 交换机来说，软交换控制设备的硬件结构比较简单，软交换设备的硬件结构如图 3-4 所示。

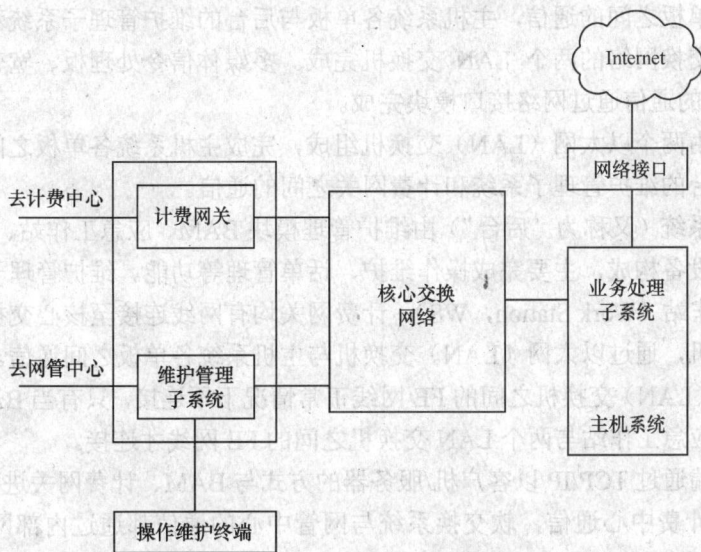

图 3-4　软交换设备的硬件逻辑结构

由图 3-4 可见，软交换控制设备由网络接口，业务处理子系统、核心交换网络、后台的维护管理子系统和计费网关组成。

网络接口模块提供经过 IP 网络与各类网关设备的外部接口，外部接口可采用 10/100M BaseT 接口。网络接口模块主要由 IP 网络接口板和 IP 转发模块板组成。IP 网络接口板通过 10/100M BaseT 接口连接到承载网的两个 LAN 交换机，完成到外部 IP 网络设备的通信，IP 网络接口板完成物理层消息的处理。IP 转发模块板连接到核心交换网络，完成二层 MAC 消息的封装/解封装功能，并根据传输层协议或具体的应用层协议通过核心交换网络把消息分发到业务处理子系统的相应的信令处理模块。

业务处理子系统（又称为"主机"或"前台"）是软交换控制设备的核心部分，主要完成业务处理、资源管理等功能。业务处理子系统主要包括宽带信令处理板、多媒体信令处理板、固定呼叫控制板、中心数据库板、系统管理板等部分。在处理器模块（卡）中，协议的处理和业务生成、控制全部由软件完成。各个处理器模块之间通过高速以太网连接在一起，构成一种"松耦合"方式的并行多处理器系统。

宽带信令处理板处理经过 IP 转发模块分发的 IP 包，进行 UDP，SCTP，M2UA，M3UA，V5UA，IUA，MGCP，H.248 等协议的处理后，将消息分发到相应的固定呼叫控制板进行事务层/业务层处理。

多媒体信令处理板完成 UDP，TCP，H.323 和 SIP 多媒体协议的处理。

固定呼叫控制板完成 MTP3，ISUP，INAP，MGCP，H.248，H.323，SIP，R2，DSS1 等

呼叫控制及协议的处理，实现 M3UA，IUA，V5UA 消息的转发，并生成话单，将话单存放到话单池，固定呼叫控制板产生并存放在话单池的话单将定时向计费网关发送。

中心数据库板作为设备的核心数据库，存储软交换系统中所有与呼叫定位、网关资源管理、出局中继选路等有关的数据。

系统管理板完成系统程序、数据加载和管理功能，通过串口总线、共享资源总线对机框中所有单板进行管理并将其状态反馈给后台，控制系统的显示面板指示灯的状态。

主机系统各单板之间的通信，主机系统各单板与后台的维护管理子系统和计费网关之间的通信通过核心交换网络的两个 LAN 交换机完成。多媒体信令处理板、宽带信令处理板与外部 IP 网络设备的通信通过网络接口模块完成。

核心交换网由两个以太网（LAN）交换机组成，完成主机系统各单板之间的通信，主机系统各单板与后台的维护管理子系统和计费网关之间的通信。

维护管理子系统（又称为"后台"）由维护管理模块 BAM、应急工作站、操作维护终端、计费网关和连接设备构成，主要完成操作维护、话单管理等功能。维护管理子系统的 BAM、应急工作站、工作站（Work Station，WS）、计费网关均有网线连接至核心交换网的两个以太网（LAN）交换机，通过以太网（LAN）交换机与主机系统各单板之间通信。其中应急工作站与两个以太网（LAN）交换机之间的 FE 网线正常情况下不连接，只有当 BAM 与主机系统通信不正常时，应急工作站与两个 LAN 交换机之间的 FE 网线才连接。

操作维护终端通过 TCP/IP 以客户机/服务器的方式与 BAM、计费网关进行通信。

计费网关与计费中心通信，软交换系统与网管中心的通信都通过内部网络完成。计费网关采用 FE 接口通过内部网络与计费中心通信。维护管理系统通过内部网络接到网络管理中心。

2．软交换设备的软件结构

软交换设备的运行软件是指存放在软交换设备的处理机系统中，对软交换设备的各种业务进行处理的程序和数据的集合。

软交换设备的运行软件由程序和数据两大部分组成。程序可分为实时操作系统、运行支撑子系统、设备（协议）适配层、呼叫服务器、资源管理器、业务处理器、数据管理器。

（1）软交换设备的程序结构

软交换设备的软件系统采用分布式设计，其有分层、模块化的特点，软件系统独立于其硬件平台，升级方便，软交换设备软件系统的结构如图 3-5 所示。

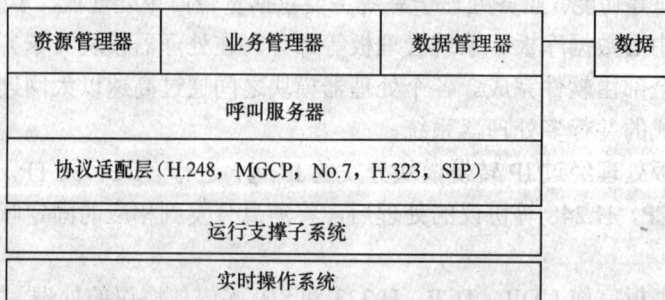

图 3-5　软交换设备软件系统的结构

在操作系统层之上采用运行支撑子系统。运行支撑子系统向上屏蔽了具体操作系统，使上层应用软件可以移植到各种主流操作系统平台上，实现了业务与平台的无关性。

运行支撑子系统在实时操作系统的支持下，完成进程调度定时、系统控制、文件管理和通信功能。

进程调度系统驻留在模块处理机和业务处理机上，在实时多任务环境下提供面向进程、基于消息驱动的开发平台，提供内存管理和内存查错功能，进程间可发送同步和异步消息，和通信系统结合在一起具有控制和维护全网内的消息发送和寻址能力。

进程调度系统具有系统运行监控功能和系统故障恢复能力，能监测 CPU 和系统重要资源的使用情况、进程的过频繁及死循环运行；能监测和恢复进程运行过程中的异常中断。

定时系统为进程提供软件定时功能，包括软件相对定时和软件绝对定时。定时系统提供软件时钟，引入外部高精度时钟基准，确保时钟的准确性。

实时操作系统上的系统控制对计算机部件的启动过程进行控制和协调。系统启动的步骤为自动识别硬件环境、系统初始化、加载计算机部件数据、启动文件管理、启动数据库系统、启动告警系统，最后是启动业务处理、信令处理等部分。

设备（协议）适配层负责处理外部（信令网关或媒体网关）通过各种标准协议发来的信令消息，如 H.248，MGCP，H.323，SIP，BICC，7 号，V5，Q.931 等，并将各种标准协议的信令消息转化为统一的内部消息送给呼叫服务器（Call Server）进行处理，并将呼叫服务器（Call Server）发来的内部消息转换为相应的标准协议的消息发给外部（信令网关或媒体网关）。

呼叫服务器作为系统的控制枢纽，提供统一的呼叫控制。呼叫服务器模块主要包括呼叫控制程序、呼叫分析程序和资源管理程序。

在呼叫建立阶段，呼叫控制程序接收到设备（协议）适配层发来的内部呼叫控制消息时建立呼叫，要求呼叫分析程序对接收到的信息进行分析，呼叫分析程序首先根据主叫信息或中继信息得到该次呼叫的呼叫源，从而找到入口分析的号码分析表，再根据被叫号码查询号码分析表，按照号码分析表的数据配置进行各种处理，如本局落地、中继出局、触发智能业务、进行各种指定的号码变换等，根据呼叫分析程序确定的路由选择电路，向资源管理器要求分配空闲的电路，并通过设备（协议）适配层向媒体网关发出控制命令，最终完成呼叫的接续。呼叫接续成功后，呼叫控制程序监视来自设备（协议）适配层的呼叫控制消息以判断呼叫状态并进行相应的处理，例如，收到应答信号则命令媒体网关进行联网操作，并指示计费子系统开始进行计费处理；收到释放信号则命令媒体网关释放呼叫、释放各种呼叫处理资源，并通知计费子系统结束计费。

资源管理器（Resource Manager）负责与呼叫相关的电路资源和各种媒体资源的管理和分配。对于入局呼叫，由于电路是对端局选定的，资源管理器不需要完成电路选择操作，只需要检查电路状态是否可用，如果可用，则把该条电路状态置忙，完成呼叫接续，否则返回错误，通知呼叫分析程序释放呼叫。对于出局呼叫，呼叫服务器向资源管理器发出选线请求，资源管理器根据数据设定的电路选线规则进行电路选择，资源管理器选定了电路后，返回出端电路所在的模块号和电路号给呼叫服务器，完成电路的选择。呼叫释放时，呼叫服务器将电路置为空闲后，向资源管理器更新电路状态，恢复电路空闲，完成电路的循环使用。

业务处理器（Service Manager）负责提供软交换控制设备与上层 SCP、应用服务器之间的交互。

数据管理器（Data Manager）提供对内部数据库的统一存取接口。

（2）软交换设备的数据

软交换设备的各项业务功能都是由程序来完成的，而这些功能的描述、引入、删除及应用范围和环境等的控制功能，是由专门的数据来描述的。程序和数据是分离的，程序是依据数据的设定来响应各类事件，完成软交换的各项业务功能。

数据用来描述软交换的软、硬件配置和运行环境等信息，从实用的角度来看，数据又分为局数据、用户数据。这些数据基本固定，在需要时维护管理人员也可通过人机命令修改。

① 局数据

局数据包括基础数据、对接数据和业务数据。

a. 基础数据

基础数据是软交换配置数据库的基础，包括硬件数据、本局数据和计费数据。基础数据中的关键参数在后续的数据配置过程中将被多次索引。

硬件数据主要说明软交换设备安装的位置，包括机架所处的机房的编号，机架在机房中的具体位置，管理配电盒的单板所属机框在机架内的位置号，宽带信令处理板、多媒体信令处理板、固定呼叫控制板、中心数据库板、系统管理板等单板的模块号，说明宽带信令处理板、多媒体信令处理板、固定呼叫控制板、中心数据库板、系统管理板等单板的安装位置（所在的机架号、机框号、位置号）。IP 网络接口板和 IP 转发模块板的安装位置，外部 IP 网络为软交换设备的 IP 转发模块的以太网（FE）端口配置的 IP 地址，地址掩码，默认网关（与 SoftX3000 连接的路由器）的 IP 地址，确定中央数据库单板的安装位置并确定其完成的功能等信息。

本局数据用于定义软交换机在 7 号信令网中的基础信息和与呼叫处理有关的基础信息。

软交换机在 7 号信令网中的基础信息主要包括软交换机的信令点编码，信令点编码的长度，本局处于哪个信令网络中，是否支持信令转接功能。

软交换机与呼叫处理有关的基础信息包括软交换机所在的国家的国家码（如中国为 86）和软交换机所在的地区的区号，各类用户或各类入中继的呼叫源，各呼叫源所对应的号码分析表的索引。

计费数据配置说明如何确定各类呼叫的付费方（主叫付费、被叫付费、第三方付费和免费），计费的费率，话费记录方式（详细话单、计次表）。

基础数据中的关键参数在后续的数据配置过程中将被多次索引，如各类单板的模块号、软交换机的 IP 转发模块的以太网（FE）端口配置的 IP 地址、码分析表的索引（在华为系统中称为号首集）、呼叫源码、计费源码和计费选择码。

b. 对接数据

对接数据主要用于定义软交换与媒体网关、PSTN 交换机、其他软交换、PBX 等设备对接时与信令、协议以及中继密切相关的数据。

对接数据主要包括媒体网关数据、MRS 资源数据、协议数据、信令数据、路由数据、中继数据。

c. 业务数据

业务数据主要用于定义拨号方案、用户号码分配方案、限呼方案、业务配合信息、业务规则信息等数据。

业务数据主要包括号码分析数据、限呼数据、话务控制、网管控制、智能业务数据、查询 SHLR 数据和其他应用数据。

② 用户数据

用户数据包括由软交换处理的各类用户（普通语音用户、多媒体用户、PRA 用户、V5 用户、小交换机 PBX 用户、Centrex）的电话号码，设备安装位置（用户所在的媒体网关的地址和用户的终端标识号），处理该用户的呼叫控制板的模块号，用户对应的呼叫源码，计费源码，呼入呼出权限（国际长途有权、国内长途有权、本地网有权等）用户可使用的补充业务数据（如无条件前转业务、来电显示等）。

在规定时间后还不交费的用户也可在用户数据中设置欠费停机数据从而临时取消该用户的呼叫权限。

对于多媒体用户，还包括设备标识、协议类型、设备类型、认证方式和认证密码等。设备标识指定该多媒体设备的标识，既可以是字母也可以是数字，最长为 32 位，其格式取决于各多媒体设备所采用的注册、认证方式；协议类型指定该多媒体设备采用的协议，如 SIP、H.323。网络接口模块号指定分发该多媒体设备 SIP 消息的网络接口模块板的模块号，仅对 SIP 的多媒体设备有效。设备类型指定该多媒体设备的类型、用户终端或者 IAD，仅对 H.323 协议的多媒体设备有效。认证方式和认证密码定义多媒体设备向软交换设备注册的方式和密码。

3.3 媒体网关

3.3.1 媒体网关的概念和分类

媒体网关（Media Gateway）是软交换网络中接入层的主要设备，媒体网关的主要功能是将一种网络中的媒体转换成另一种网络所要求的媒体格式。

按照媒体网关所在位置的不同，媒体网关可分为中继媒体网关和接入媒体网关。

中继媒体网关是在电路交换网和 IP 分组网络之间的网关，主要完成电路交换网的承载通道和分组网的媒体流之间的转换、可以处理音频、视频或者 T.120，也可以具备处理这三者的任意组合的能力、能够进行全双工的媒体翻译、可以演示视频和音频消息，实现交互式语音应答（简称为 IVR）功能，也可以进行媒体会议等。IP 中继媒体网关在网络中的位置如图 3-6 所示。

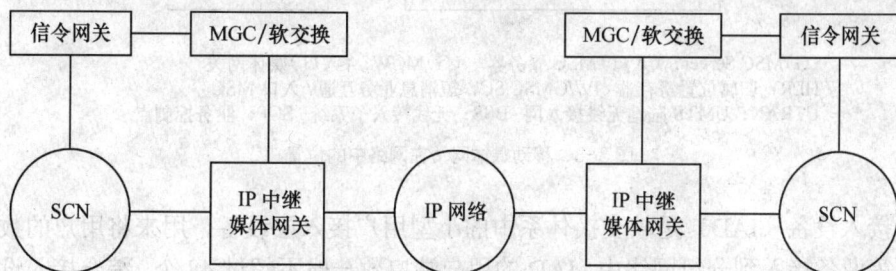

图 3-6 中继媒体网关在网络中的位置

综合接入媒体网关（Integrated Access Media Gateway）是用户终端设备和核心分组网之间的接入设备，用于为各种用户提供多种类型的业务接入，如模拟用户接入、ISDN 接入、V5 接入、xDSL 接入、LAN 接入等，并接入到 IP 网或 ATM 网。综合接入媒体网关在网络中的位置如图 3-7 所示。

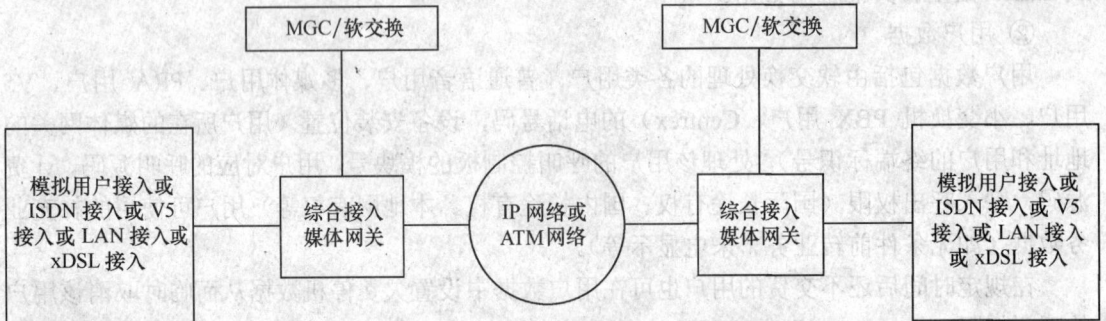

图 3-7　综合接入媒体网关在网络中的位置

当移动媒体网关（Mobile Media Gateway）位于移动电路交换网和分组交换网之间时，其功能是终结大量中继电路，完成电路交换网的承载通道和分组网的媒体流之间的转换；当移动媒体网关位于移动网的基站子系统和分组交换网之间时，主要功能是为移动用户提供业务接入。移动媒体网关在网络中的位置如图 3-8 所示。

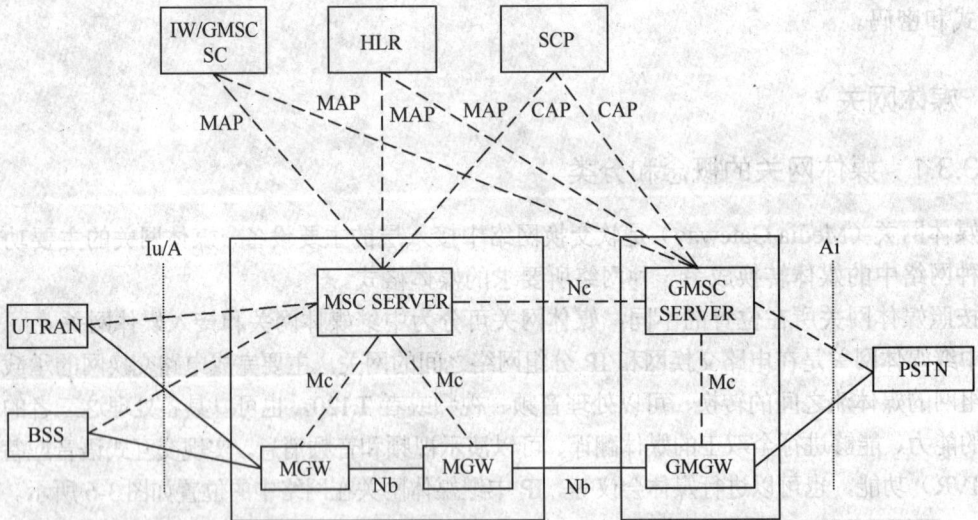

(G)MSC Server：（入口）MSC 服务器　　(G)MGW：（入口）媒体网关
HLR：归属位置寄存器　IW/GMSC SC：短消息业务互通 / 入口 MSC
UTRAN：UMTS 陆地无线接入网　BSS：无线接入子系统　SCP：业务控制点

图 3-8　移动媒体网关在网络中的位置

综合接入设备（IAD）是软交换体系中的小型用户接入层设备，用来将用户的数据、语音及视频等业务接入到分组网络中，IAD 的用户端口数一般不超过 48 个。综合接入设备 IAD 在网络中的位置如图 3-9 所示。

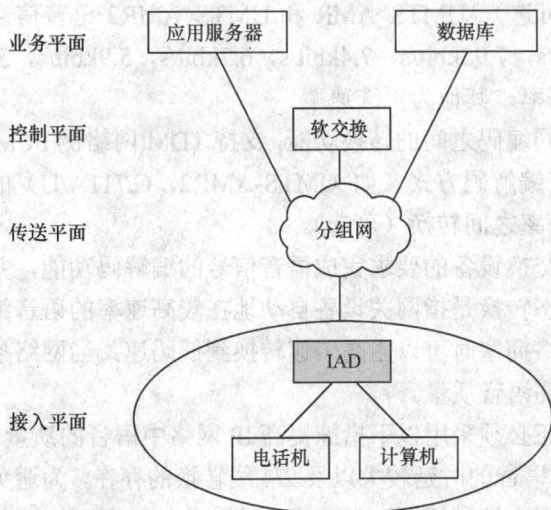

图 3-9　综合接入设备 IAD 在网络中的位置

3.3.2　综合媒体网关的功能和结构

综合媒体网关可以完成中继媒体网关 TG 和接入网关的功能，也可以包含信令网关的功能。

IP 中继媒体网关与电路交换网络（SCN）之间采用电路交换方式，其媒体流采用 TDM（时分复用模式）格式。IP 中继媒体网关与 IP 网络之间采用分组交换方式，其媒体流采用分组化方式，一般称为 RTP 格式。IP 中继媒体网关的主要功能是在 IP 网络和电路交换网络（SCN）之间提供媒体格式映射和代码转换功能，即终止电路交换网络设施（中继线路等），将媒体流分组化并在 IP 网络中传输，IP 中继媒体网关也应该在 IP 网络去往 SCN 的方向上将分组化的媒体流转变为 TDM（时分复用模式）格式。IP 中继媒体网关与软交换设备之间的接口采用 H.248 协议，软交换设备通过 H.248 协议对 IP 中继媒体网关所连接的呼叫进行控制。

当综合媒体网关作为综合接入媒体网关 AG 使用时，是用户终端设备和核心分组网之间的接入设备，可以将模拟用户、ISDN 用户、通过 V5 接口接入的接入网的用户、通过 xDSL 方式接入或 LAN 方式接入的用户接入到核心分组网中。

在具体实现过程中根据需要可以也将信令网关与媒体网关集成在一个设备中实现。

1．综合媒体网关的主要功能

综合媒体网关主要功能是完成语音信号的编解码功能，保证 IP 语音的服务质量（QoS）、根据网关控制器/软交换设备的命令对它所连接的呼叫进行控制、完成资源状态管理和分配。

（1）语音处理功能要求

综合媒体网关设备的基本功能是完成对语音媒体流的处理，提供媒体格式映射和代码转换功能。网关设备应具有语音信号的编解码功能，支持 G.711，G.729，G.723.1 编码，当综合媒体网关设备作为移动媒体网关 MGW 时，还应支持 UMTS-AMR2 编解码（必选）、

UMTS_AMR 编解码（可选），UMTS_AMR 和 UMTS_AMR2 语音信号有 8 种编码速率，包括：12.2kbit/s，10.2kbit/s，7.95kbit/s，7.4kbit/s，6.7kbit/s，5.9kbit/s，5.15kbit/s 和 4.75kbit/s，其中 12.2kbit/s 为必选速率，其他为可选速率。

媒体网关应具有不同编码之间的转换功能，支持 TDM 网络侧 PCM 码流与分组承载网络（IP 或者 ATM）侧语音编解码方式（如 UMTS-AMR2，G.711A/U）的相互转换，并且支持 AMR 编解码 8 种不同速率之间转换（可选）。

媒体网关应根据软交换设备的要求完成语音信号的编解码功能，并能完成语音编码的动态转换。语音编码的动态转换是指网关设备自动地在较高速率的语音编码和较低速率的语音编码之间的转换，当网络拥塞时可以由高码速转换到低码速，当网络条件较好时，可以由低码速转换到高码速以提高语音质量。

综合媒体网关设备还必须采用以下措施提高 IP 网络中语音的质量。

由于在 IP 网上传送语音的时延较大以及 2/4 线转换的存在，为避免回声对通话质量的影响，网关设备必须具有回声控制机制，在网络环境恶化的情况下，网关设备应能采用回声抵消技术。为节约带宽，提高带宽利用率，网关设备应具有语音活动检测的功能和静音压缩、产生舒适噪声的功能。由于在 IP 网中存在路由的不对称性以及分组在各个节点的处理时间可能不同，将会造成分组的时延抖动，时延抖动是影响通话质量的一个重要因素，因此为保证一定的通话质量，网关必须设有输入缓冲，以尽可能地消除时延抖动对通话质量的影响。一般情况下，收端输入缓冲是根据网络时延抖动的最差情况而设计的，这种做法的一个缺点是往往会使端到端的时延过大，通信效率降低。因此为了使网络时延能反映网络的负载情况，要求网关设备能根据网络的负载情况动态调整输入缓冲，以使网络的端到端时延在网络的当前条件下是最小的。

（2）呼叫处理与控制要求

网关设备在启动和重启动时应向网关控制器/软交换设备进行注册，向网关控制器/软交换设备报告其配置状况。网关在注册网关控制器/软交换设备失败后，在有备份网关控制器/软交换设备的情况下，网关设备应根据备份网关控制器列表有序地向备份网关控制器/软交换设备进行注册，直到注册成功。

网关设备应能根据网关控制器/软交换设备的命令对它所连接的呼叫进行控制，完成接续、中断、动态调整带宽等功能。网关设备必须建立和维护与网关控制器/软交换设备之间的关联。

网关应能够通过相关的信令检测出 PSTN 侧的用户占线、久振、无应答等状态，并将用户状态向网关控制器/软交换设备报告。网关应能根据网关控制器/软交换设备的指示向用户播放正确的提示音，继续进行呼叫处理。网关必须具有根据网关控制器/软交换设备的指示生成回铃音的功能。网关设备可具有 IVR（交互式语音应答）功能，并能提供中、英文两套 IVR 系统以便用户自由选择。IVR 系统是电话用户和网关设备交互信息的桥梁，要求其具有简单、易懂、功能全面的特点。IVR 功能是可选功能。

网关设备应具有 DTMF 检测和生成的功能，当用户输入错误时能够及时提醒用户重新输入，并允许用户键入"*"清除错误的输入。

网关设备应能自动识别语音信号和传真/Modem 信号并进行相应的操作。

媒体网关作为移动媒体网关 MGW 时，应能根据移动软交换服务器设备的命令对它所连接的呼叫资源进行控制，配合移动交换服务器实现媒体网关控制、承载建立、漫游切换等业务过程。

在网关控制器/软交换设备发生故障的情况下，在网关设备中处于运行态的媒体流应被继续维持。

网关设备应能检测到由于通信链路的故障、拥塞或网关设备/网关控制器/软交换设备故障而造成的网关与网关控制器之间连接的中断，应能在故障恢复或拥塞消除后恢复连接。

网关设备应能向网关控制器/软交换设备报告底层连接的异常故障，如 TDM 链路故障等；网关设备应能报告超出 QoS 门限值的媒体流事件。

当由于异常事件而使得网关设备单方面地终止某个终结点上的业务时，网关设备应向网关控制器/软交换设备报告该终结点已经被终止业务并通告原因。网关设备也应能够向网关控制器/软交换设备请求释放某个终结点并通告原因。

（3）资源控制要求

网关设备必须向网关控制器/软交换设备报告由于故障、恢复或管理行为而造成的物理实体的状态改变，这些物理实体是支持承载体终结点、媒体资源的实体或与信令信道相关的设备。网关设备必须能够报告终结点是否处于业务运行状态或脱离了业务。

网关设备应能够支持对 TDM 电路终结点的阻塞管理和释放。

受控制的网关设备必须能够根据网关控制器或软交换设备的请求为任何或所有的连接释放当前正在使用或预留的所有资源。网关设备应具有资源发现机制以便允许 MGC 发现网关设备所具有的资源。网关设备应及时地向网关控制器/软交换设备报告当前正在动态使用的资源以减少网关控制器/软交换设备和网关设备之间信息的不一致性。

由于资源耗尽或资源暂时不可用，网关设备应能够向网关控制器/软交换设备报告不能执行所请求的操作。网关控制器/软交换设备可以向网关设备指示专用于某个呼叫的资源或通过通配符机制指示网关设备能用于某个呼叫的资源集合。

网关设备应能检测到网关设备的资源使用状态与网关控制器/软交换设备的资源管理状态的不同步，并应能使之恢复同步。

2. IP 综合媒体网关的接口

综合媒体网关是在电路交换网和 IP 分组网络之间的网关设备，IP 综合媒体网关在电路交换网络侧采用数字综合接口，在 IP 网络侧采用 LAN 接口、SDH 接口和串行同步接口。

（1）在电路交换网络侧的接口

综合媒体网关在电路交换网络侧的接口有 E1 接口和 SDH 光接口。采用的信令可以有 7 号信令系统的综合业务数字网用户部分 ISUP，也可采用综合业务数字网用户—网络接口信令 DSSI，接入网与交换机之间的 V5.2 接口信令。这些信令主要完成用户接入呼叫的处理、接续、控制与维护管理等功能，保证程控交换机和 IP 综合媒体网关设备的协调动作。

当综合媒体网关与在电路交换网侧的交换局之间采用 7 号信令系统的综合业务数字网用户部分 ISUP 信令时，电路交换网侧的交换局可通过信令网关在交换局与软交换设备之间传送 ISUP 信令；当电路交换网侧的交换局的信令通过与综合媒体网关之间的信令链路来传送时，综合媒体网关必须包含信令网关功能，利用信令传输协议 SIGTRAN 在 IP 网络中将 ISUP 信令传送给软交换设备，由软交换设备完成对 ISUP 信令消息的处理。

ISDN 的 PRI 接口是 IP 综合媒体网关设备接入公用电话网（PSTN/ISDN）的方式之一，当 IP 综合媒体网关通过 ISDN PRI 接口接入公共电话网时，网关设备必须支持 ISDN PRI 信令。ISDN PRI 接口物理层协议为 I.431，速率为 2 048kbit/s，接口信令结构为 30B + D，其中 30 个 B 信道均为语音通道，用于透明地传递用户语音信息，D 信道为信令信道，用于传送信令。ISDN PRI 的数据链路层协议为 ITU-T Q.921，该协议规定了用户—网络接口上第二层实体经 D 信道交换信息的规则。PRI 数据链路层 30 条数据链路复用一条 64kbit/s D 信道。PRI 协议的第三层采用 Q.931 信令，Q.931 信令定义了用户—网络接口的呼叫控制协议，它规定了 B 信道上连接的建立过程。当 IP 综合媒体网关采用 PRI 接口时，IP 综合媒体网关必须支持 ISDN 用户适配层协议 IUA，利用 ISDN 用户适配层协议 IUA 将从 ISDN 的 PRI 接口接收到的 Q.931 信令消息通过 IP 网络透明地传送给软交换设备，由软交换设备完成对 Q.931 信令消息的处理。

由于接入网关可以连接 V5 接入网，因此接入网关需要内嵌 V5.2 用户适配层（V5UA）协议的功能实体，因此软交换和接入媒体网关（AG）之间的接口要支持 V5UA 协议，将从 V5 接入网接收到的 V5.2 消息通过 IP 网络透明地传送给软交换设备，由软交换设备完成对 V5.2 信令消息的处理。

① 数字中继接口

数字中继接口是 IP 电话网关设备与公用电话网（PSTN/ISDN）相连的方式之一，IP 综合媒体网关设备通过 PCM 数字中继线与公用电话网上的程控交换机相连，以 E1 为单位。

② SDH 光接口

当公用电话网（PSTN/ISDN）的交换局与 IP 综合媒体网关的中继数量很大时，公用电话网（PSTN/ISDN）的交换局与 IP 综合媒体网关之间可采用 SDH 接口（任选），SDH 接口以 STM-1 为基本速率。

（2）在用户侧的接口

当综合媒体网关作为接入媒体网关时应支持用户侧的各种接口。

① 模拟 z 用户接口

综合接入媒体网关应提供模拟 z 接口以支持模拟电话机的接入。

② ISDN 基本速率接口

综合接入媒体网关应提供 ISDN 基本速率接口（BRI），以支持 ISDN 业务接入，BRI 接口包括两条传输速率为 64kbit/s 的全双工的 B 通道和一条传输速率为 16kbit/s 的全双工的 D 通道。B 通道用来传送用户信息，D 通道用来传送用户—网络信令或低速的分组数据。其线路传输系统采用 2B1Q 编码。

③ V5.2 接口

综合接入媒体网关应提供 V5.2 接口（任选）用于支持接入网的接入，接入网可支持模拟电话接入、ISDN 基本速率接口（BRI）和 ISDN 一次群速率接入。

④ LAN 接口

综合接入媒体网关可以提供 10Base-T 和/或 100Base-T 接口支持以太网接入（任选）。

⑤ ADSL 接口

综合接入媒体网关可以提供 ADSL 接口，用于双绞线上的高速数据传送，以接入相对分散的宽带用户。

（3）在 IP 网络侧的接口

IP 综合媒体网关在 IP 网络侧可采用以太网接口，也可采用 POS 接口。POS（IP Over SDH）是指通过 SDH 提供的高速传输通道直接传送 IP 分组，它位于数据传输骨干网，使用点到点协议 PPP 将 IP 数据包映射到 SDH 帧上，按各次群相应的线速率进行连续传输，其网络主要由大容量的高端路由器经由高速光纤传输通道连接而成。

由于控制信令（包括 H.248 与 SIGTRAN）与语音需要在同一 IP 网络上传输，为保证安全，可以将控制信令流、语音媒体流分别承载在两个 MPLS VPN 上传送。

① LAN 接口

LAN 接口是 IP 综合媒体网关设备接入 IP 网的接口方式之一，IP 综合媒体网关设备的 LAN 接口可采用以太网接口，其传输速率根据 IP 综合媒体网关设备的不同级别可以采用 10Mbit/s，100Mbit/s 或者吉比特以太网接口。

② POS 接口

IP 综合媒体网关可以提供 155Mbit/s。或 622Mbit/s POS 接口（任选）接入 IP 网络。

③ 与网管中心接口

媒体网关应与网管中心之间的接口可采用 10Mbit/s，100Mbit/s 接口。

3. 综合媒体网关的结构

（1）综合媒体网关的硬件结构

综合媒体网关设备主要完成 TDM/IP/ATM 承载处理和媒体流格式转换功能，设备硬件从逻辑结构上可以分为网关控制子系统、分组处理子系统、TDM 处理子系统、业务资源子系统、时钟子系统、信令转发子系统、用户接入子系统、操作维护子系统和级联子系统。综合媒体网关设备的逻辑结构如图 3-10 所示。

① 网关控制子系统

网关控制子系统是综合媒体网关设备的承载资源和业务资源的控制管理中心，综合媒体网关由网关控制子系统通过 H.248 协议与 MGC 设备交互，调用设备内部资源，控制完成承载建立和媒体流格式转换操作。

网关控制子系统包括协议处理单元和连接管理单元，协议处理单元完成 H.248 协议传输层、网络层协议的解析和适配，同时完成 H.248 协议栈的处理和消息解析及封装；连接管理单元除了具备协议处理单元的功能外，还将 H.248 消息转化为对设备内部承载资源和业务资源的调用和管理操作，比如时隙联网、IP 端点连接、语音编解码变换等；同时，设备内部承载资源和业务资源的操作结果也是通过协议处理单元封装为不同的 H.248 消息。网关控制子系统与网关控制器 MGC/软交换设备交互的 H.248 消息基于 IP 分组方式，通过分组处理子系统提供物理接口，具体采用哪个接口可以通过软件进行配置。

② 分组处理子系统

分组处理子系统完成媒体流（语音和窄带数据业务）的分组接入、适配功能，同时完成分组交换功能。

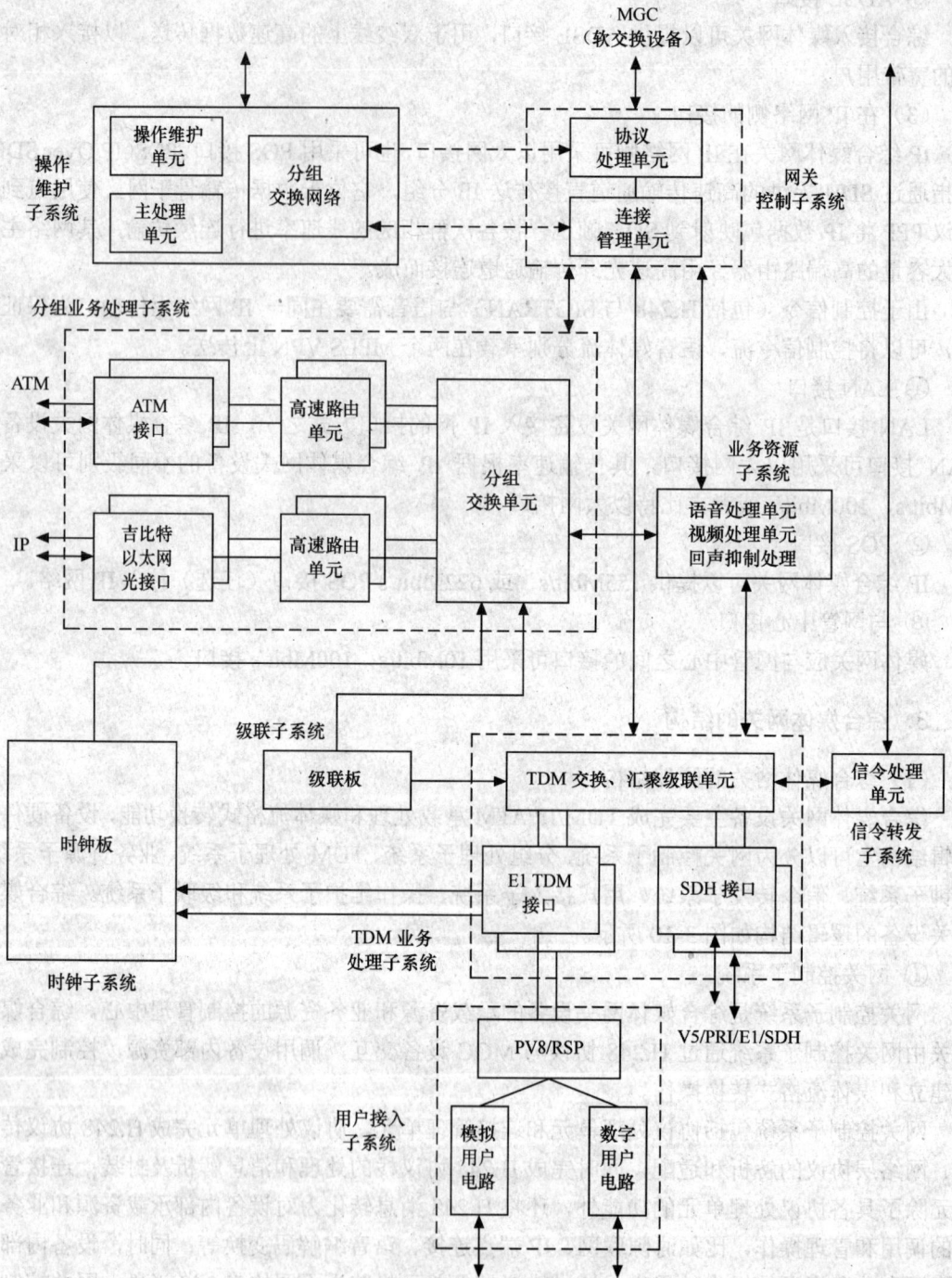

图 3-10 综合媒体网关设备的硬件逻辑结构

分组处理子系统提供接入分组网的接口，既可接入 IP 网络，也可接入 ATM 网络。在接入 IP 网络时，可通过吉比特以太网光接口板、10/100Mbit/s 以太网接口板、155M bit/s POS 光接口板或 622Mbit/s POS 光接口板接入。在接入 ATM 网络时，可通过 155M bit/s ATM 光接口板接入。

对于从 IP 侧来的数据包，通过 IP 分组接口单板接入后，发送给高速路由单元单板，高速路由单元单板首先修改数据包的 MAC 地址信息，根据系统配置的承载关系，通过分组交换单板转发给指定的语音处理单元，完成语音业务流的码变换和回波抵消功能；对于从语音处理单元侧来的数据包，由分组交换单板通过内部分组业务总线转发给高速路由单元，高速路由单元接收到分组业务数据包后，去掉内部通信的数据包头，然后通过 IP 分组接口单板转发出去。

此外，分组处理子系统可以为网关控制子系统提供 H.248 协议交互或传送信令传输协议 SIGTRAN 的物理接口。

③ TDM 处理子系统

TDM 处理子系统提供 TDM 业务接入和交换功能。

TDM 处理子系统包括 TDM 交换单元、TDM 汇聚级连单元、32E1 TDM 接口板、155M SDH/SONET 接口板等单板。其中，TDM 交换单元负责整个设备 TDM 交换和 TDM 时隙的管理，TDM 汇聚级连单元完成本框内的 TDM 交换与中心交换框之间的 TDM 级联功能。TDM 处理子系统通过 TDM 接口单板（如 32E1 TDM 接口板、155M bit/s SDH/SONET 接口板）接入 TDM 业务，在连接管理单元的控制下连接指定时隙，完成数据帧的转发。

对于通过 TDM 网络接入的信令，由 TDM 处理子系统接入后，通过内部时隙连接转发给信令处理子系统，再由信令子系统完成信令的 IP 分组适配处理后转发给 MGC 设备。

④ 业务资源子系统

业务资源子系统提供各种业务资源和业务流格式转换功能，支持 G.711/G.729/G.726/G.723/AMR 语音编解码，支持放音、收号、回声抑制和混音功能。

业务资源子系统主要包括语音处理单元、视频处理板、回波抵消单元。其中，语音处理单元同时支持语音编解码变换、放音、收号、回声抑制和混音功能；回波抵消单元只提供回声抑制功能。视频处理板提供视频业务流格式变换功能。

单板的配置数量根据实际交换局点和话务量要求确定，通过配置不同的业务资源单板优化资源的利用率。

⑤ 时钟子系统

时钟子系统为综合媒体网关设备提供必要的参考时钟。时钟子系统主要包括时钟板和分组业务交换单元单板。

时钟板单板从外部时钟参考源（如线路时钟、BITS 时钟）提取参考时钟，通过内部时钟驱动后，输出 16kHz 时钟信号。对于主控框，通过背板送给分组业务交换单元；分组业务交换单元将接收到的时钟信号进一步分频、锁相、分发和时钟信号驱动，输出设备内部所需要的各种时钟信号。时钟子系统同时可以为下一级网络设备提供 2MHz 的时钟参考源。

⑥ 信令转发子系统

信令转发子系统完成信令的适配和转发功能。综合媒体网关支持 TDM 承载信令在 IP 分组网络的适配转发，基于标准的 SIGTRAN 协议来实现。

信令转发子系统主要包括信令处理单元。其中 TDM 侧的信令由 TDM 接口单板接入，通过内部 TDM 交换到信令处理单元。对于 IP 分组侧，信令处理单元完成 IP 分组侧信令的适配后，通过内部通道，由指定的接口转发给 MGC 设备。

⑦ 操作维护子系统

操作维护子系统完成设备的操作维护、数据配置和设备管理功能。

操作维护子系统主要包括操作维护单元和主处理单元，其中操作维护单元完成整个设备的维护管理，MPU 完成本框的设备管理。综合媒体网关设备通过操作维护单元对设备进行集中管理，框与框之间通过级联的 FE 通道进行操作维护消息的通信。

操作维护子系统同时可以提供网关控制子系统的所有功能，是否提供此功能可以通过软件进行设置。

⑧ 级联子系统

级联子系统提供综合媒体网关的框间级联功能。

级联子系统主要包括级联板，级联板与分组交换单板、TDM 交换单元、TDM 汇聚级连单元配合完成框间级联功能。

⑨ 用户接入子系统

用户接入子系统提供 POTS、ISDN BRI（2B＋D）、ISDN PRI（30B＋D）、ADSL、ADSL2＋、10Base-T 和/或 100Base-T 等用户接口，提供多种业务的接入。

（2）综合媒体网关的软件结构

综合媒体网关的软件结构如图 3-11 所示。综合媒体网关的运行软件由程序和数据两大部分组成。

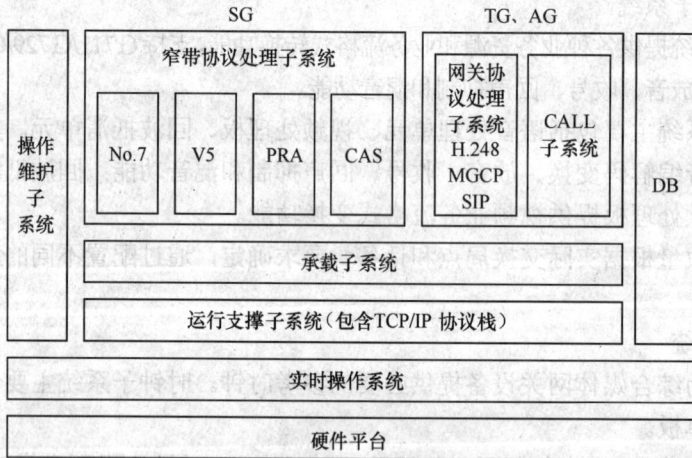

图 3-11　综合媒体网关的软件结构

① 综合媒体网关的程序

综合媒体网关的程序包含实时操作系统、运行支撑子系统、承载子系统、操作维护子系统、窄带信令处理子系统、网关协议处理子系统、业务控制（CALL）子系统和数据库。

在操作系统层之上采用运行支撑子系统。运行支撑子系统向上屏蔽了具体操作系统，使上层应用软件可以移植到各种主流操作系统平台上，实现了业务与平台的无关性。

运行支撑子系统在实时操作系统的支持下工作，运行支撑子系统为上层应用软件模块提供系统支撑功能。包括进程调度、通信、文件操作、版本控制、诊断测试、主备控制、系统监控、告警等功能。在此基础之上对 IP 栈进行完善，为板间通信、上层协议管理等提供底层支持。

承载子系统驻留在各硬件单板的 CPU 上，主要完成用户电路的挂机检测、用户电路的测试、放音、DTMF 收发号、ISDN 用户消息收集转发、VoIP 编解码、T 网的接续、ADSL 用户的配置管理等功能。承载系统对上提供完成其特定功能的接口，可以方便地被其他模块调用。

网关协议处理子系统负责维持本系统和软交换设备之间的通信连接，网关和软交换设备之间的协议可以是 H.248、MGCP 中的一种，网关协议处理子系统解释软交换设备的命令，网关协议处理子系统基于 IP 作底层传输。

业务控制（CALL）子系统主要实现整个系统的呼叫控制，本模块完成网关控制命令（如 H.248 的控制命令）的执行。网关协议从逻辑角度描述了呼叫及其操作，CALL 将从软交换接收到的命令转换为对 MG 中设备的控制命令，完成对硬件的驱动；同时 CALL 将从 MG 外围设备接收到的信号转换为标准的 H.248 的消息并通过网关协议处理模块转发给软交换设备。

当综合媒体网关内置信令网关功能时，在应用软件中可增加窄带信令处理子系统。窄带信令处理子系统包含 TDM 和 IP 两侧，负责原交换机的信令（7 号信令、V5 接口信令、ISDN 用户—网络接口信令（PRA）、随路信令（CAS））的处理，实现 PSTN 设备与软交换设备的信令互通，和呼叫控制模块一起来完成整个呼叫。

操作维护子系统完成对综合媒体网关的维护管理，并对外提供操作维护接口。

② 综合媒体网关的数据

综合媒体网关的数据包括硬件数据、协议对接数据和用户数据。

硬件数据主要说明综合媒体网关安装的位置，包括机架所处的机房的编号，机架在机房中的具体位置，管理配电盒的单板所属机框在机架内的位置号，设备和资源管理板、业务和协议处理板、交换和级联板、各种接口板、媒体资源处理板、时钟板等单板的安装位置（所在的机架号、机框号、位置号）。

协议对接数据主要说明与综合媒体网关所属的软交换设备（媒体网关控制器 MGC）之间的对接数据。

综合媒体网关与所属的软交换设备（媒体网关控制器 MGC）之间采用 IP 承载进行传输，接口数据说明媒体网关的以太网接口板的 IP 地址，地址掩码及所连接的 IP 网关的 IP 地址（下一跳地址）。

对于大型的综合媒体网关，需将其划分为多个虚拟媒体网关（Virtual Media Gateway，VMGW），VMGW 指的是将物理上的媒体网关设备从逻辑上分成多个不同的 VMGW，每个 VMGW 通过虚拟媒体网关标识来区别，可以由不同的 MGC 管理。配置网关数据时，首先需要设置虚拟媒体网关标识；然后为指定的虚拟媒体网关（VMGW）配置其归属的媒体网关控制器（MGC），一个虚拟媒体网关最多可以配置 3 个媒体网关控制器，其中必须有且只有 1 个主控制器。在任一时刻，虚拟媒体网关只能受控于 1 个媒体网关控制器，当主控制器发生故障或虚拟媒体网关与主控制器之间通信异常时，虚拟媒体网关才会切换并受控于从控制器。

与媒体网关控制器的协议对接数据用来说明媒体网关与软交换设备（媒体网关控制器 MGC）之间采用的协议类型、综合媒体网关所归属的媒体网关控制器 MGC 的 IP 地址和协议端口号。

当媒体网关与软交换设备（媒体网关控制器（MGC））之间采用的协议类型是 H.248 时还要确定与 H.248 信令链路有关的数据，说明 H.248 信令链路所连接的虚拟媒体网关号和媒体网关控制器的号码，H.248 协议采用的传输协议类型（SCTP 或 UDP），本地 IP 地址、本地端口号、目的 IP 地址、目的端口号，处理 H.248 协议的协议处理板所在的位置等数据。

当媒体网关支持内嵌信令网关功能时还要定义与信令网关有关的数据。

当媒体网关支持接入网关功能时还需定义与接入用户有关的数据，当接入网关用于接入 POTS 用户时，与 POTS 用户有关的数据主要是每个 POTS 用户所在的端口的物理位置、媒体网关标识、终端标识号 terminalid 和用户的电话号码。

当媒体网关支持 ISDN 接入（包括基本接口和基群接口）时，媒体网关与所连接的 ISDN 用户间采用 DSSl 信令进行通信，而媒体网关与媒体网关控制器间则采用 IUA 协议，媒体网关需要完成 IUA 链路相关数据的设置。

与 ISDN 用户有关的数据主要是每个 ISDN 用户所在的端口的物理位置、媒体网关标识、终端标识号 terminalid、IUA 链路集号、ISDN 接口 ID 和用户的电话号码。

3.3.3　接入网关 IAD 的功能和结构

综合接入设备 IAD 是下一代网络的用户接入层设备，其功能是将用户的数据、语音及视频等应用需求接入到分组交换网络中，在分组交换网络中完成相应的功能。综合接入设备 IAD 是小型的用户接入层设备，IAD 的用户端口数一般不超过 48 个。综合接入设备 IAD 在网络中的位置如图 3-9 所示。

1. 综合接入设备 IAD 的接口

综合接入设备 IAD 是小型的用户接入层设备，一般安装在距离用户较近的位置，如家庭、办公室、小区或商业楼宇的楼道，无需专门的机房。软交换与 IAD 之间处理的协议及控制的媒体流一般基于 IP 承载方式，通过 IP 网络传输。综合接入设备 IAD 的接口包括用户侧接口和网络侧接口。

（1）用户侧接口

综合接入设备 IAD 在用户侧接口主要是接入模拟电话机的接口，在 IAD 有数据接入功能时，用户侧应提供 10Mbit/s 或 100Mbit/s Base-T 以太网接口。

① 与模拟电话机连接相关的接口

在企业使用的综合接入设备 IAD 中与模拟电话机连接相关的接口有 FXS 口和 FXO 口。FXS 口用于连接普通电话机，FXO 口用于将 IAD 设备连接到 PSTN 端局的模拟用户线接口。IAD 中与 FXS 口相连接的设备是模拟用户电路。模拟用户电路有 7 项基本功能，常用 BORSCHT 这 7 个字母来表示。

B(Battery feeding)——馈电，IAD 通过馈电电路来完成向用户话机发送符合规定的电压和电流，电压要求不低于 24V，在用户线环阻≤1 000Ω时（包括话机内阻 300Ω）。话机电流应不低于 18mA。

O——过压保护，在用户电路处应有保护措施。在遇高压或大电流等意外情况（如雷击、电力线故障）时，力求用户电路不受影响。

R——振铃控制，振铃控制功能在模拟用户电路中是一个受控开关，在正常情况下，受控开关使连接电话机的外线与内线接通。当需要向用户振铃时，由控制部分发来振铃控制信号，受控开关转换，使用户外线与铃流发生器接通，向电话机发送振铃信号。

S —— 用户监视和扫描，监视功能是通过用户直流回路的通断来判定用户线回路的接通和断开状态，向 IAD 的控制功能报告用户的摘、挂机状态。

C —— 编译码和滤波，编译码完成两个相反方向上的转换，编码器将用户线上送来的模拟信号转换为数字信号，译码器则完成相反的数/模转换。编译码和滤波功能是不可分的，一般地应该在编码之前进行带通（300～3 400Hz）滤波，而在译码之后需要进行低通滤波。IAD 采用 G.711A 律编码方式。

H —— 二、四线转换，用户线上的信号是以二线双向的形式传送的，进入 IAD 内部后，需要将用户的收发通路分开，以单向的两对线传输，即四线单向的形式，通常这项功能是在话音信号编码之前和反向通路的译码之后进行的，一般采用三元件复合阻抗完成。

T —— 用户线路的特性侧试是可选功能，测试控制功能在用户电路上是由两对测试开关来体现的。测试开关在处理机的控制下，能够将用户线连接到测试设备上，对用户线外线或内线进行测试。

FXO 口用于将 IAD 设备连接到 PSTN 端局的模拟用户线，IAD 中与 FXO 口相连接的设备完成电话机的功能，IAD 设备可通过 FXO 口完成与 PSTN 端局的连接。

② 以太网接口

当 IAD 要求有数据接入功能时，用户侧应提供 10Mbit/s 或 100Mbit/s Base-T 以太网接口。要求 IAD 具有二层以太网交换机的特性。IAD 的数据特性仅要求是二层的，IAD 包括的数据特性有：支持用户的数据终端（如 PC）数据接入特性；提供标准的以太网接口；可支持 IEEE 802.1Q VLAN（虚拟局域网）标准；支持基于端口的 VLAN 及 VLAN Tag（VLAN 标签）；支持 IEEE 802.1D 网桥和 Spanning Tree（生成树）协议，当网络中出现环路时，Spanning Tree 协议可以采用生成树的算法从逻辑上断开其中一条连接，使其成为备份线路；支持流量控制；支持 IEEE 802.IP 优先级信息包，以便对时延敏感的语音、数据基于优先级传送；能完成 MAC 地址（以太网卡的硬件地址）自学习；支持全线速的速率转发帧；支持 Internet 组管理协议 IGMP 动态组播（可选），Internet 组管理协议是用于管理 Internet 协议多播组成员的一种通信协议，IAD 和相邻的路由器利用 IGMP 来建立多播组的组成员。

（2）网络侧接口

IAD 网络侧至少应有一个 10Mbit/s 或 100Mbit/s Base-T 以太网接口。

网络侧接口遵守 IEEE 802.3 规范定义的以太网相关标准，支持动态主机配置协议 DHCP 实现动态 IP 地址分配，同时支持静态配置 IP 地址。

软交换与 IAD 之间的媒体控制协议可采用 H.248 或 MGCP，推荐采用 H.248 协议。

对于 IAD 的 IP 地址分配，可以采用动态配置，也可以采用静态配置。IAD 可以通过 DHCP 服务器动态获得 IP 地址。

2．IAD 的功能要求

IAD 的功能包含呼叫处理功能、协议处理功能、媒体控制功能、语音处理功能和业务支持功能。

（1）呼叫处理功能

IAD 能够接受软交换的命令，并按照命令进行各类事件侦测，检测用户线的状态，如摘机、挂机等，并上报给软交换。IAD 应能够检测模拟电话用户的摘机事件并向软交换报告，按照软交换所下发的拨号计划（Digital Map）接收用户的拨号，应能够识别出用户所拨的 DTMF 号码，将其转换为相应的数字，并对所接收的号码进行分析，按照预定原则将匹配的号码信息封装在信令中上报给软交换，否则将回送给用户相应的错误提示（可以本地用 IVR 播放错误信息或者上报错误拨号由软交换提示播放提示错误）。IAD 允许最长拨打号码是 28 位。

IAD 能够将 DTMF 信号与其他语音信号一样封装成 RTP 包。若采用了压缩编码技术，接收端 IAD 应具备恢复生成 DTMF 信号的功能；能够根据软交换的指示，产生并向用户放送各种信号音及铃流；根据相关呼叫控制命令完成语音的编码和打包，并能动态调整语音编解码算法；能够根据软交换的指示，产生并向用户放送各种信号音及铃流；IAD 能根据软交换的指令，释放任何已建立的连接所占用的及预留的所有资源。

（2）语音处理功能

IAD 应支持 G.711，G.729，G.723.1 编解码方式，能根据软交换的命令选择相应的编码方式，以完成语音的编码和打包，并能根据网络的忙闲情况，提供不同的编解码方式的能力（此功能为任选），即当网络拥塞时，可依据软交换的控制将高速编码算法转换为低速编码算法，以便从源端进行流量控制，缓解拥塞状况；当网络资源宽松时，可以依据软交换的控制将低速编码算法转为高速编码算法，以提高通信质量（流量管理由软交换控制）。

由于在 IP 网上传输的时延较大，为避免回声对通话质量的影响，IAD 设备应具有回声抑制功能。在通话过程中，为了提高带宽利用率，IAD 要求提供静音检测技术以进行静音压缩。在接收方应能产生舒适背景噪声以模拟真实环境。

由于 IP 网中路由的不对称性及各 IP 节点的处理时间不同，会造成分组的时延抖动，影响通话质量，因此 IAD 应设有输入缓冲，以尽可能消除时延对通话质量的影响。

（3）资源管理功能

IAD 能够识别并执行软交换对于某一呼叫或通过通配符指示的匹配使用呼叫的资源及完成资源预留。

当 IAD 资源耗尽或资源不足时，IAD 应向软交换返回相应的错误信息，指示不能执行所要求的动作。

IAD 能够接受软交换的审计命令 Audit，并按照命令要求回送资源状态信息，使软交换的资源状态与自身实际情况保持同步。

（4）业务支持功能

IAD 在软交换的控制下，应支持基本的电话业务、传真业务、数据业务等。支持的补充业务包括向用户提供标准的模拟电话的语音服务、缩位拨号、热线服务、呼出限制、免打扰、查找恶意呼叫、截接服务、无应答呼叫前转、无条件呼叫前转、遇忙呼叫前转、遇忙回叫、呼叫等待、三方通话、会议电话、主叫号码显示、主叫号码显示限制、区别振铃等。

（5）协议处理功能

IAD 应支持 H.248 或 MGCP，推荐 IAD 采用 H.248 协议。支持 TCP/IP 协议簇，包括 IEEE 802.3 以太网标准、快速以太网标准、IEEE 802.3x 全双工标准、IEEE 802.1Q VLAN 标准、IEEE 802.1P QOS 标准、IEEE 802.1D 网桥和 Spanning Tree 协议。

为了保证语音信息经过 IAD 以后可以在 IP 网上传输，I AD 应支持实时传输协议（RTP）

与实时传输控制协议（RTCP）。

IAD 应支持动态主机配置协议 DHCP，以便 IAD 可以动态获得 IP 地址。

IAD 应支持简单文件传输协议 TFTP。可利用 TFTP 完成动态升级（可选）。

IAD 应支持远程登录服务协议 Telnet 对 IAD 进行管理。

（6）对管理接口的要求

由于 IAD 是用户端设备，在网络中量大、分布广、基于动态私网 IP，需要采用专门的管理系统来对 IAD 进行管理，以防止给软交换网网元管理系统造成压力并使其暴露在用户侧，所以 IAD 应支持采用 SNMP 以便专门的 IAD 管理系统对 IAD 设备进行监控、查询与配置。

IAD 管理系统对可以对 IAD 设备的数据配置包含 IAD 网络参数配置、IAD 协议参数配置、IAD 设备 VLAN 配置、服务类型的配置和对 IAD 设备的端口进行管理。

IAD 网络参数配置包含对以下网络参数的查询或修改：IP 地址的配置方式（DHCP、固定 IP 地址或 BOOTP，PPPoE），IAD 设备 IP 地址，IAD 设备子网掩码，IAD 设备默认网关，IAD 设备 DNS 服务器地址，IAD 管理系统的 IP 地址，IAD 管理系统 DNS 标志（IAD 是否采用 DNS 的方式来获得 IAD 管理系统的 IP 地址），IAD 管理系统域名（IAD 采用 DNS 方式时 IAD 管理系统的域名），IAD 管理系统 Trap 监听端口，MGC 软交换配置（至少配置两个 MGC 软交换），每个 MGG 软交换的 IP 地址，每个 MGC 软交换 DNS 标志（IAD 是否采用 DNS 的方式来获得 MGCI 软交换的 IP 地址），每个 MGC 软交换 DNS 域名（IAD 采用 DNS 方式时 MGCR 软交换的域名），每个 MGC 软交换的端口（软交换与 IAD 通信的端口），PPPoE（用户名、密码）（可选）。

IAD 协议参数配置功能包括可以对 IAD 设备业务协议参数（MGCP 参数或 H.248 协议参数）进行查询和修改。

VLAN 配置（可选）包含完成对 IAD 设备 VLAN 配置功能（查询、增加、删除修改 VLAN 接口）。

服务类型的配置包含对各种数据包的服务类型的设置和修改。

对 IAD 设备的端口进行管理的功能包括能对 IAD 设备端口物理属性参数（如语音增益、脉冲拨号属性、反极性属性等）进行查询或修改，能对 IAD 设备端口业务进行管理，包括对端口的业务类型、业务状态进行查询、启动或终止端口业务，能对 IAD 设备端口进行复位，具备对 IAD 设备端口状态进行监视的功能。

（7）安全要求

对 IAD 的安全要求包括网络安全、系统维护安全和用户接入的安全。

① 网络安全

由于 IAD 是用户端设备，在网络中量大、分布广、同时基于动态私网 IP，IAD 可能通过公用 Internet 接入软交换网络，所以 IAD 中应该充分考虑到网络安全，网络安全可以体现为以下方面。

a. 数据机密性 —— IAD 在通过网络传输 IP 包前对包进行加密（可选）。

b. 数据完整性 —— IAD 要对接收的 IP 包进行认证，以确保数据在传输过程中没有被篡改。

c. 数据源认证 —— IAD 接收方要对 IP 包的源地址进行认证。这项服务基于数据完整性服务。

d. 抗重播保护 —— 对于非法实体发送的 IP 包，IAD 应有自己的保护安全措施，如根据远端 SDP 描述拒绝非法 RTP 媒体流。

为保证 IAD 的安全，可以考虑让 IAD 通过 IP Sec 体系架构实现网络安全功能。IP Sec 体系架构可遵循以下标准：IP 安全性协议 IP Sec，Internet 密钥交换（IKE），数据加密标准（DES），消息摘要 5（MD5），安全散列算法（SHA），AH-认证头和封装安全载荷 ESP。

IAD 采取的安全策略应该与软交换所采取的安全策略相同。对于信令传输和媒体传输可采用不同的安全策略。对媒体流传输的安全性，在保证安全的同时不能降低语音质量。

② 系统维护安全

IAD 对操作人员的访问应有严格的规定，操作人员登录 IAD 时，要求输入账号与密码。对于无权的用户，IAD 将不开放任何权限。IAD 可设置用户级、普通管理员级及超级管理员级三级用户权限。

③ 用户接入的安全

软交换通过媒体控制协议对 IAD 进行控制，允许或拒绝 IAD 所接的用户接入网络并享有相关的业务。IAD 可以通过唯一设备标识码向软交换注册并认证。IAD 向软交换传送数据时，应保证用户信息的安全性、保密性和完整性。

3. 接入网关 IAD 的结构

接入网关 IAD 主要完成用户的接入，IAD 主要由用户接口模块、TDM 控制和交换模块、分组语音处理模块、网络接口模块组成，IAD 的逻辑结构如图 3-12 所示。

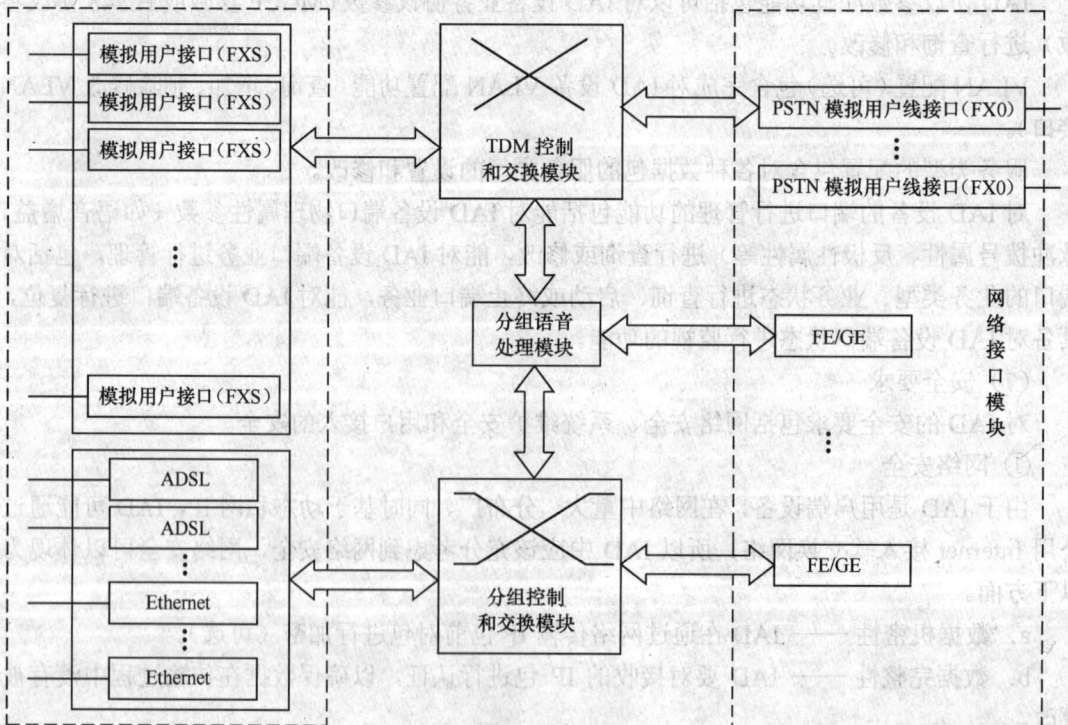

图 3-12 IAD 的逻辑结构

各个模块提供的功能如下。

用户接口模块包括模拟用户接口电路、ADSL 接口电路和以太网接口电路，模拟用户接口电路提供用户电话机的接入，ADSL 接口电路提供用户的 ADSL 接入，以太网接口电路提供用户通过以太网方式接入。

TDM 控制和交换模块通过 TDM 交换网，实现各种窄带业务的交换。

分组控制和交换模块通过分组交换网实现各种宽带业务的交换和汇聚。

分组语音处理模块通过通过语音编解码方式将语音业务流转换成 IP 包，接入软交换网络。

网络接口模块提供 FE 光（电）接口、GE 光接口等网络接口上行至业务汇聚分发设备或者其他上层网络设备，也可提供到 PSTN 交换机模拟用户线的接口。

3.4　信令网关

3.4.1　信令网关的组网结构

信令网关（SG）是在 7 号信令网与 IP 网的边缘接收和发送信令消息的信令代理。信令网关最基本的功能就是提供 TDM 7 号信令网（例如 PSTN）与 IP 网之间的信令连接，对信令消息进行中继、翻译处理。信令网关（SG）在网络中的位置如图 3-13 所示。由图可见，为了实现与 7 号信令网的互通，信令网关（SG）首先需要终接 7 号信令链路，然后利用 SIGTRAN 将信令消息的内容传递给媒体网关控制器（MGC）（或 IP SCP/IP HLR）进行处理。媒体网关（MG）只负责终接局间中继，并且按照来自 MGC 的控制指令的指示完成媒体流的处理。

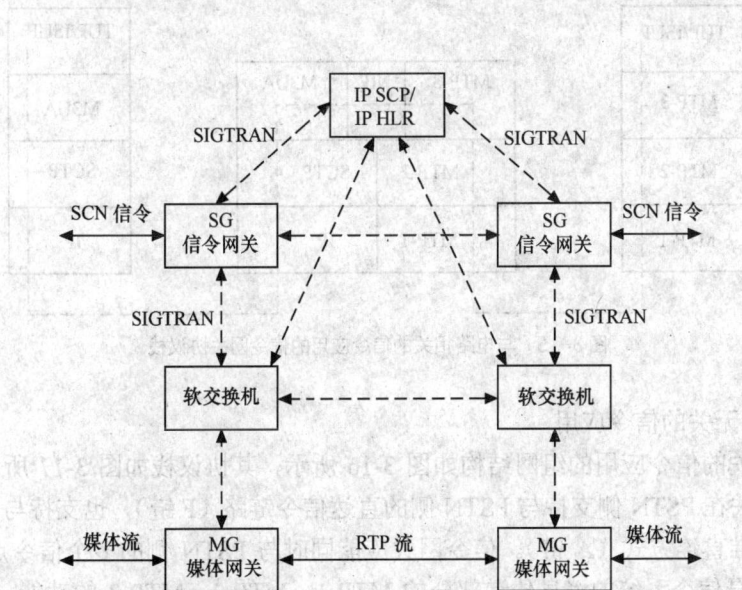

图 3-13　信令网关（SG）在网络中的位置

信令网关设备的组网应用主要分为信令点代理的组网应用和信令转接点组网应用。

（1）信令点代理的组网应用

信令点代理的组网应用包括与电路相关的信令应用和与电路无关的信令应用。

① 与电路相关的信令应用

与电路相关的信令应用的组网结构如图 3-14 所示，其协议栈如图 3-15 所示。由图可见，在这种结构下，信令网关在 PSTN 侧支持与 PSTN 侧的程控交换机之间的直达信令链路（F 链），也支持与 PSTN 侧的信令转接点之间准直连方式（A 链）。信令网关应能同时与 PSTN 侧的多个信令点/信令转接点互连，支持 7 号信令系统的消息传递部分的 MTP-1，MTP-2，MTP-3 的功能。在 IP 侧，信令网关必须支持 M3UA，SCTP 功能，将 PSTN 侧与媒体网关相连的程控交换机发出的 TUP/ISUP 消息通过 IP 网络传送给软交换机处理，信令网关与 IP 网上的软交换机共享一个信令点码，共同提供完整的信令点功能。

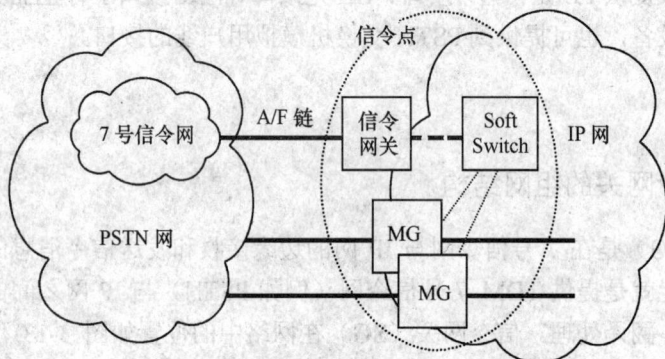

图 3-14　与电路相关的信令应用的组网结构

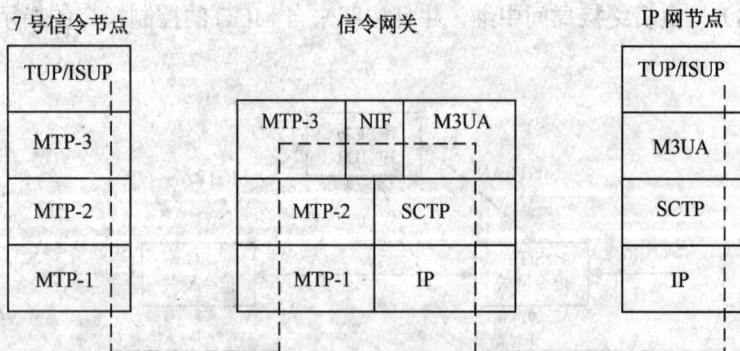

图 3-15　与电路相关的信令应用的信令网关协议栈

② 与电路无关的信令应用

与电路无关的信令应用的组网结构如图 3-16 所示，其协议栈如图 3-17 所示，在这种结构下，信令网关在 PSTN 侧支持与 PSTN 侧的直达信令链路（F 链），也支持与 PSTN 侧的信令转节点之间准直连方式（A 链）。信令网关应能同时与 PSTN 侧的多个信令点/信令转接点互连，支持 7 号信令系统的消息传递部分的 MTP-1，MTP-2，MTP-3 的功能。在 IP 侧，信令网关必须支持 M3UA，SCTP 功能，将 PSTN 侧发出的 SCCP 消息及高层消息通过 IP 网络传送给 IP-SCP 或 IP-HLR 处理，信令网关与 IP 网上的信令点共享一个信令点码，共同提供完整的信令点功能，在这种情况下，IP 网中的信令点（SCP 或 HLR）应包含 SCCP 及 7 号信令系统的应用部分的功能（TC，INAP 或 CAP，MAP）。

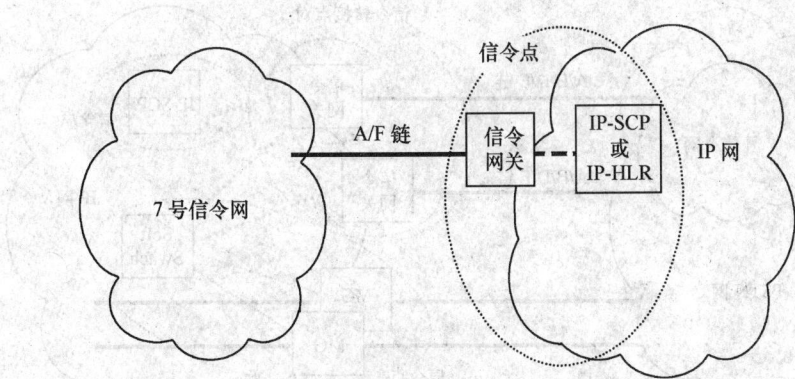

图 3-16　与电路无关的信令应用的组网结构

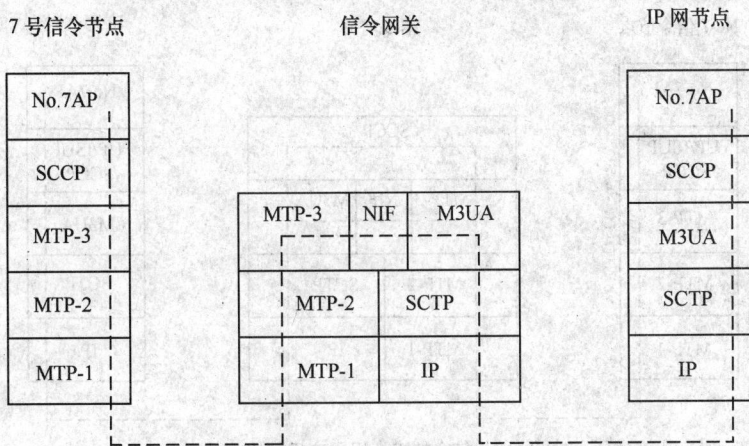

图 3-17　与电路无关的信令应用的信令网关协议栈

（2）信令转接点组网应用

信令转接点组网应用的组网结构如图 3-18 所示，其协议栈如图 3-19 所示，在这种结构下，信令网关在 PSTN 侧应该能够支持 A/B/C/D/E 链（A 链是指信令点与所属的信令转接点之间的链路，B 链是指同一平面的高级信令转接点之间的信令链路，C 链是指不同平面的高级信令转接点之间的对应信令链路，D 链是指低级信令转接点与高级信令转接点之间的信令链路，E 链是指信令点与非所属的信令转接点之间的链路），信令网关应该能够同时与多个信令点/信令转接点互连，信令网关应该能够支持信令转接点对的组网方式。信令网关可以使用 TDM 的 C 链或 M2PA 的 C 链来支持到另一网关的冗余路由。在 IP 侧，信令网关能够与一个/多个软交换机或者基于 IP 的智能业务控制点（IP-SCP）或基于 IP 的归属位置寄存器（IP-HLR）互连，支持信令路由的冗余配置，即信令网关和 IP 网的应用实体之间至少要配置两个 SCTP 偶联，信令网关具有自己独立的信令点码，提供完整的信令转接点功能。信令网关必须支持 PSTN 到 IP，IP 到 PSTN 和 PSTN 到 PSTN 的信令消息流。

在 PSTN 侧，信令网关必须支持 MTP-1，MTP-2，MTP-3，SCCP（任选）。在 IP 侧，信令网关必须支持 M3UA，SCTP。

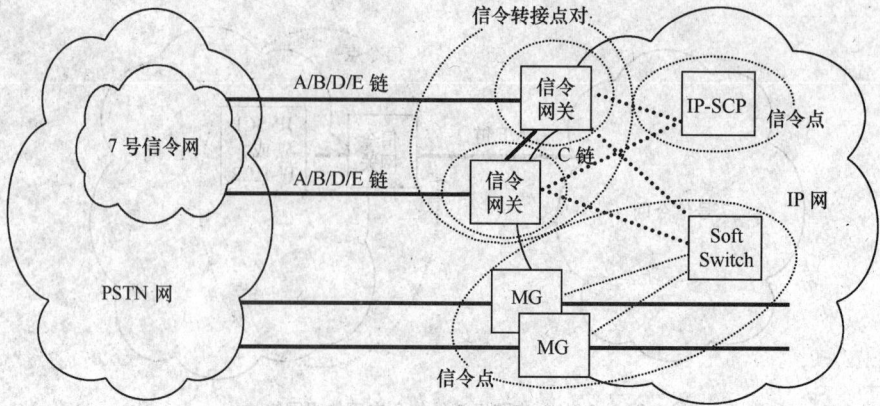

图 3-18　信令转接点组网应用的组网结构

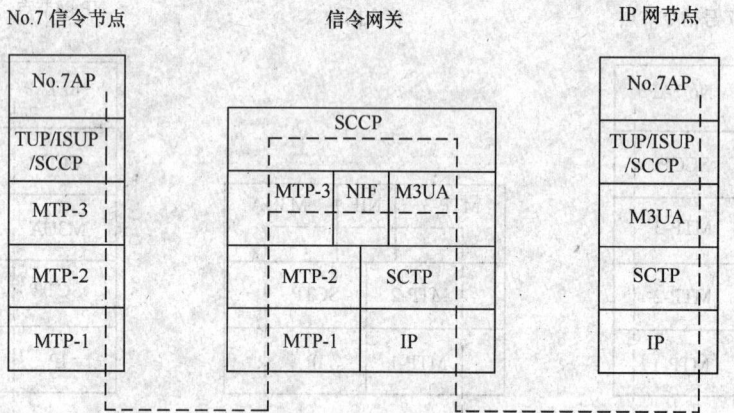

图 3-19　信令转接点组网应用的协议栈

3.4.2　信令网关的功能和结构

1.　信令网关的功能要求

（1）协议的适配功能要求

信令网关位于 7 号信令网与 IP 网络之间，对信令网关的协议的适配功能要求可分为对 7 号信令网侧的要求和 IP 网络侧的要求。

① 7 号信令网侧协议的适配功能要求

SG 应支持下列 7 号信令协议和功能。

a. 消息传递部分 MTP

MTP 分为 3 个功能级。

第一功能级（信令数据链路功能）规定了信令数据链路的物理特性、电气特性和功能特点。第二功能级（信令链路功能）规定了在一条信令链路上传递可变长的信令消息所需的程序。它包括信号单元定界、信号单元定位、差错检测、差错校正、起始定位、信令链路差错监视和流量控制程序。第三功能级（信令网功能）规定了在任意两个信令点之间可靠传递消息的功能和程序，甚至在信令链路和信令转接点故障或拥塞的情况下仍要保证可靠地传送信令消息，第三功能级包括信令消息处理和信令网管理两部分。

b. 信令连接控制部分

信令连接控制部分（SCCP）为消息传递部分（MTP）提供附加功能，以便通过7号信令网，在电信网的交换局和交换局、交换局和专用中心之间传递电路相关和非电路相关的信息。信令连接控制部分（SCCP）提供了较强的路由和寻址功能，迭加在 MTP 上，与 MTP 中的第三级共同完成 OSI 中网络层的功能，SCCP 通过提供全局码翻译增强了 MTP 的寻址选路功能，从而使7号信令系统能在全球范围内传送与电路无关的端到端消息，同时 SCCP 还使7号信令系统增加了面向连接的消息传送方式。SCCP 与原来的第三级相结合，提供了 OSI 模型中的网络层功能。

② IP 网侧的功能要求

SG 要支持下列协议：链路层协议、IP、SCTP、M3UA 适配层协议、M2PA 适配层协议。链路层协议主要是 LAN 数据链路层协议。

（2）SG 的消息屏蔽功能

SG 的消息屏蔽功能包括 MTP 消息的屏蔽和 SCCP 消息的屏蔽。

① SG 的 MTP 屏蔽功能

在7号信令网的节点之间传递各种数据时，MTP 提供一种可靠的传递方法。MTP 的屏蔽是依靠 MTP 消息中所携带的信令点编码（DPC 和 OPC），链路组和其他信息参数或这些参数的组合来防止未经授权的消息越权通过 SG。

② SG 的 SCCP 消息的屏蔽

SCCP 消息的屏蔽是采用应用特定路由信息，以提供一种网络层的安全性。7号信令协议的 SCCP 的功能是在 MTP 选路的基础上，允许消息接入至一个节点的一种特定应用。其应用的寻址是依照全局码（GT），将 GT 翻译为 DPC 和 SSN（GTT）。SCCP 将根据上述地址以及它们的组合来防止未经授权的消息越权通过 SG。

（3）对 SG 的操作、管理和维护要求

信令网关可以由信令网管理中心（NMC）通过它们之间的接口进行操作、管理和维护，信令网关也可以通过操作工作台进行操作、管理和维护。应该使用独立的管理和维护接口对信令网关进行管理。

信令网关设备应具有配置管理、故障管理和性能管理的功能。

① 配置管理

信令网关应该能够支持软件的加载和数据增加、删除和修改，并应能配置信令网关 SG 的本局信令点编码、目的地信令点编码、信令路由、信令链路组、信令链路（64kbit/s）、信令链路（2Mbit/s）、M2PA 的信令链路、应用服务器（AS）、应用服务器进程（ASP）、信令网关进程（SGP）和物理设备有关的数据。

② 状态管理

信令网关应该能够对 SG 的目的信令点、信令路由、信令链路组、信令链路（64kbit/s）、信令链路（2Mbit/s）、M2PA 的信令链路、应用服务器（AS）、应用服务器进程（ASP）、SCTP 偶联和物理设备的状态进行管理。

③ 故障管理

信令网关应能识别故障或事件发生，并产生故障告警信息，通知网元管理系统。在故障或事件消失后，应能检测出故障或事件消失，并应产生恢复告警信息，通知网元管理系统。并能够在告警中提供充分的信息以帮助定位、排除故障以及隔离故障单元。

④ 性能管理

信令网关应能进行指定信息的统计和采集、设定时间范围的指定信息的统计和采集及中止任何指定信息的统计和采集。

⑤ 消息维护监视功能

信令网关应能对 TDM 侧和 IP 侧的信令进行实施的记录和解码，并能够根据用户的设置对某一信令信息单元进行跟踪监测。

（4）接口要求

信令网关位于 7 号信令网与 IP 网络之间，信令网关应提供连接到 7 号信令网的 TDM 接口和连接到 IP 网络的接口。

7 号信令网的 TDM 接口有 64kbit/s 的信令数据链路和 2Mbit/s 的高速信令链路。IP 接口包括：10BaseT/Fx、100BaseT/Fx 和 1000BaseT/Lx/Sx/Cx（可选）的以太网接口。

（5）信令网关的容量要求

信令网关的容量要求如下。

64kbit/s 信令链路的最大数量应不小于 512。

2Mbit/s 信令链路最大的数量应不小于 128。

最大信令链路组的数量应不小于 256。

最大信令路由的数量应不小于 2 000。

最大目的信令点数量应不小于 1 000。

SCTP 偶联支持的最大流数量 SPMC 应不小于 1 000。

最大 AS 数量应不小于 1 000。

最大 SCTP 偶联数量应不小于 1 000。

最大 IP 接口吞吐量应不小于 160Mbit/s。

（6）信令网关的性能要求

① 设备的信令处理能力

信令网关的最大的信令处理能力应不小于 160 000MSU/s。

② 信令链路的负荷

信令链路的负荷是用信令链路上忙时传送消息信令单元的占用时长和可以传送的最大消息信令单元的数量表示。

采用 64kbit/s 信令链路时，在电话网只开通用户基本业务的情况下，一条信令链路的正常负荷应不小于 0.2Erl，最大负荷应不小于 0.4Erl。在消息长度为 18 个八位位组的条件下，处理能力每秒不小于 225MSU；在支持 INAP 等功能时，一条信令链路的正常负荷应不小于 0.4Erl，最大负荷应不小于 0.8 Erl。在消息长度为 30 个八位位组的条件下，处理能力每秒不小于 225MSU。

采用 2Mbit/s 信令链路时，一条信令链路的正常负荷应不小于 0.2Erl，最大负荷不小于 0.4Erl。

③ GTT 能力

对全局码 GT 译码的能力 GTT 由总的对全局码 GT 译码的最大数量和每秒处理 GTT 的最大数量两个参数表示。要求 GTT 译码的最大数量应不小于 200 000，每秒处理 GTT 的最大数量应不小于 8 000GTT/s。

④ 信令网关的时延

信号消息的传递时延是网络的重要参数，它影响呼叫的建立时间和对业务请求的响应时间。消息在信令网关的时延就是信令网关的时延。信令网关的时延根据其提供服务的不同分为 M3UA 模型的 SG 时延和 M2PA 模型的 SG 时延。下面主要说明 M3UA 模型的 SG 时延。SG 采用 M3UA 的时延有两种，一种是 MTP 消息经 SG 适配到 IP 网中传送，称其为 MTP 转接时延；另一种是被叫地址为 GT 的 SCCP 消息，经 SG 中继转送到 IP 网中传送，称其为 SCCP 无连接中继时延。

MTP 转接时延如表 3-1 所示。

表 3-1 　　　　　　　　　　　　　　M3UA 模型的 SG 转接时延要求

负 荷 情 况	50%	95%
正常负荷	<40ms	<80ms
超过正常负荷 15%	<80ms	<160ms
超过正常负荷 30%	<200ms	<400ms

M3UA 模型的 SCCP 无连接中继时延的要求如表 3-2 所示。

表 3-2 　　　　　　　　　　　　　　SCCP 无连接中继时延的要求

翻译功能的业务负荷	中继时延（ms）	
	50%	95%
标称	70～175	140～350
+15%	140～273	280～545
+30%	350～488	700～975

⑤ 信令网关的可用性

SG 的可用性是 99.999%，即不可用性不大于 5min /年。

⑥ 信令网关的准确度

信令网关的准确度是用来衡量 MTP 差错检出功能的指标。

对所有信号单元 MTP 不能检出的差错率应不大于 10^{-10}，MTP 故障丢失的消息应不大于 10^{-7}，MTP 故障消息次序的颠倒和重复应不大于 10^{-10}。

2. 信令网关的结构

（1）信令网关硬件的结构

信令网关是实现 PSTN 和软交换网络之间的信令互通的设备，信令网关硬件的逻辑结构如图 3-20 所示。信令网关由系统支撑模块、信令接口模块、信令底层处理模块和业务处理模块 4 个模块组成。

系统支撑模块主要实现软件/数据加载、设备管理维护及板间通信等功能，包括系统板、热插拔控制板、框间互连设备等几个部分。系统通过高速总线实现业务框内板间通信，通过 TDM 交换总线实现板间的 TDM 交换和备份功能，通过以太网接口和框间互连设备配合实现业务框间通信，通过业务框间的 HW 通道实现 TDM 任何时隙的交换。各板的应用软件包括程序和数据，可以由维护终端设置从后台或 Flash Memory 加载。若前台发现无法与后台建立联系，也可以将预烧在 Flash Memory 中的程序和数据加载，并启动应用软件的运行。

外部时钟源 —— 时钟单元（CKII）

系统支撑模块
设备管理单元（HSYS）

高速总线

TDM 交换总线

IP 接口（FE）
软交换设备 —— IP 接口单元（VIEB）

LAN 驱动和 IP 分发单元（SBPI 极）

FE

Local 高速总线

宽带信令处理单元（SBPU）

E1/T1 接口
PSTN、PLMN
信令网 —— 窄带 E1/T1 接口单元（EPII）

HW

窄带信令处理单元（SLPU）

信令接口模块　信令底层处理模块　业务处理模块

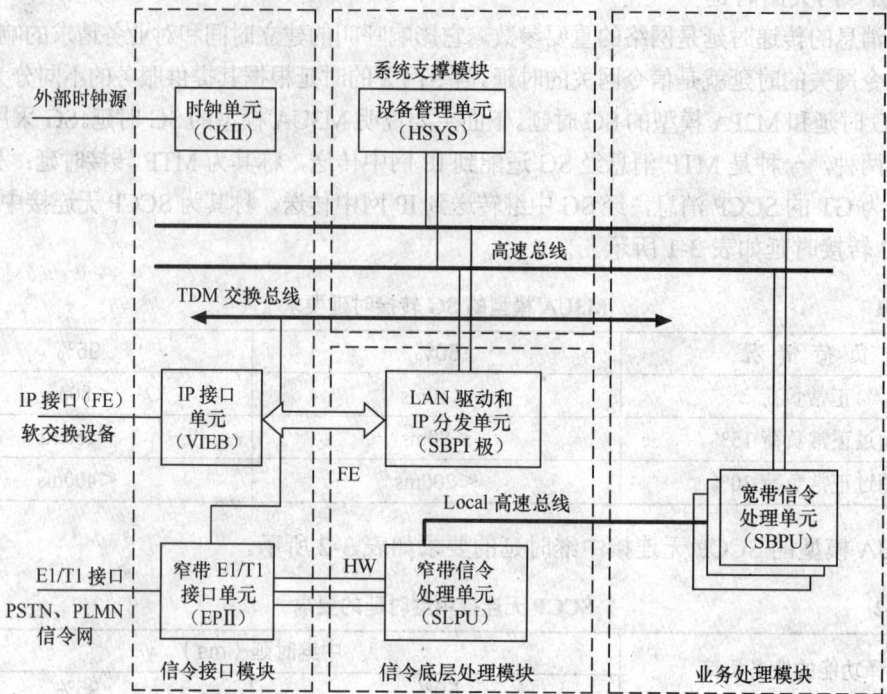

图 3-20　信令网关硬件的逻辑结构

信令接口模块提供各类物理接口以满足系统组网的需求，包括窄带接口单元和宽带接口单元。窄带接口单元提供到固定电话网 PSTN、移动通信网 PLMN 的信令接口，宽带接口单元提供到 IP 网络的以太网接口。

信令底层处理模块包括 7 号信令 MTP2 处理单元、SIGTRAN 协议消息处理单元、LAN 驱动及 IP 分发单元，主要提供信令的底层协议处理功能。

业务处理模块由多个业务处理单元组成，完成业务特性所需的底层协议（SCTP，M2PA）和上层信令协议（MTP3，M3UA，SCCP）的处理。

（2）信令网关软件的结构

信令网关软件的结构如图 3-21 所示。信令网关软件由实时操作系统、支撑子系统、IP 协议栈、操作维护子系统、SG 信令处理模块和数据库组成。

信令网关软件采用层次结构，在硬件系统之上是实时操作系统，在实时操作系统层之上采用运行支撑子系统。运行支撑子系统向上屏蔽了具体操作系统，使上层应用软件可以移植到各种主流操作系统平台上，实现了业务与平台的无关性。

运行支撑子系统在实时操作系统的支持下工作，运行支撑子系统为上层应用软件模块提供系统支撑功能，包括进程调度、通信、文件操作、版本控制、诊断测试、主备控制、系统监控、告警等功能，在此基础之上对 IP 协议栈进行完善，为板间通信、上层协议管理等提供底层支持。

IP 协议栈部分完成对 IP 网络中以太网协议和 IP 的处理。

SG 信令处理模块包括 MTP 处理模块、SCCP 处理模块和 SIGTRAN 协议处理系统。MTP 处理模块完成对 7 号信令的消息传递部分 MTP 的协议处理，SCCP 处理模块完成对信令连接控制部分 SCCP 的协议处理。SIGTRAN 协议处理系统完成流控制传送协议（SCTP）和信令适配层协议（M2UA 和 M3UA）的处理。

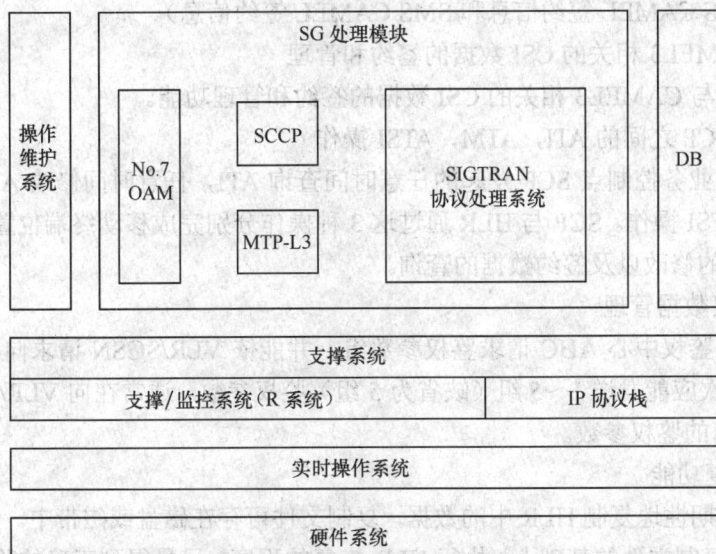

图 3-21　信令网关软件的结构

操作维护子系统完成对综合媒体网关的维护管理，并对外提供操作维护接口。

3.5　归属位置寄存器

3.5.1　归属位置寄存器的功能及位置

1. 移动通信系统中的归属位置寄存器

归属位置寄存器（HLR）是数字移动通信系统中的重要组成部分，HLR 是管理部门用于移动用户管理的数据库。每个移动用户都应在某个归属位置寄存器注册登记。

（1）HLR 在移动软交换网络中的位置

归属位置寄存器（HLR）在移动软交换网络中的位置可参见图 3-8。由图可见，移动软交换网络中的软交换服务器（MSC Server）通过 MAP 与 HLR 连接。当移动用户位于 MSC Server 的管辖范围时，MSC Server 可通过该接口向移动用户注册所在的 HLR 报告移动用户的位置信息，要求得到移动用户的相关用户数据；当 GMSC 接收到对一个被叫移动用户 MS 的呼叫时，就会根据该被叫移动用户（MS）的 MSISDN 号码确定移动用户 MS 注册的 HLR，要求得到被叫移动用户（MS）的相关用户数据和能连接到此 MS 的路由信息（漫游号码），以便确定接续路由。

（2）HLR 的主要功能

① 存储归属地移动用户的用户数据

HLR 中主要存储归属地移动用户的两类信息：一是用户的用户数据，包括移动用户识别号码（IMSI）、MSISDN、基本电信业务签约信息、业务限制（例如限制漫游）、运营者决定的闭锁业务 ODB 数据和始发 CAMEL 签约信息 O-CSI、终结 CAMEL 签约信息 T-CSI 等数据；二是有关用户目前所处位置（当前所在的 MSC、VLR 地址）的信息，以便建立至移动台的呼叫路由。

对于 GPRS 用户，除了存储以上数据外，还存储 GPRS 签约数据、SGSN CAMEL 签约信息（包含 GPRS CAMEL 签约信息和 SMS CAMEL 签约信息）。

② 支持 CAMEL3 相关的 CSI 数据的签约和管理

HLR 应支持与 CAMEL3 相关的 CSI 数据的签约和管理功能。

③ 支持与 SCP 之间的 ATI，ATM，ATSI 操作

HLR 应支持业务控制点 SCP 发起的任意时间查询 ATI，任意时间修改 ATM，任意时间签约数据查询 ATSI 操作。SCP 与 HLR 通过这 3 种操作分别完成移动终端位置与状态信息的查询、签约数据的修改以及签约数据的查询。

④ 用户鉴权数据管理

HLR 应能向鉴权中心 AUC 请求鉴权参数组，并能依 VLR/SGSN 请求向 VLR/SGSN 提供鉴权参数。每次应能发送 1～5 组（缺省为 5 组）鉴权参数。通常在向 VLR/SGSN 发送后，在 HLR 中删除旧的鉴权参数。

⑤ HLR 恢复功能

HLR 应能周期性地复制 HLR 中的数据，复制文件可存在磁盘或磁带中。当 HLR 重新启动后，在前一次复制文件的基础上，执行 HLR 恢复的程序，尽量得到正确的移动用户位置与补充业务的信息。为避免错误数据的扩散，若询问 VLR 得到了否定结果，HLR 应撤销 MS 的位置信息，等待 MS 的位置更新。

⑥ 虚拟 HLR 功能

HLR 应支持虚拟 HLR 的功能，即一个 HLR 物理实体应支持多个 HLR 的逻辑标识。每个虚拟 HLR 的操作维护和用户数据管理功能相对独立，并可以从远端接入。

⑦ 支持电路域移动性管理

HLR 应支持电路域移动用户的 MAP 接口的移动性管理程序，包括位置更新和位置删除等，存储归属地移动用户目前所处位置（当前所在的 MSC，VLR 地址）的信息。

⑧ 支持分组域移动性管理

HLR 应支持分组域移动用户的 MAP 接口的移动性管理程序，包括 GPRS 的路由区更新和路由区删除等，存储归属地移动用户目前所处位置（当前所在的 SGSN 地址）的信息。

HLR 应能配合 VLR/SGSN 完成位置登记功能，应能向前一个 VLR/SGSN 发起取消登记等功能。

当 HLR 从 VLR/SGSN 收到 PURGE 请求消息后，HLR 应能设置此移动台为 PURGE（不可及）状态。当支持 GPRS 网关支持节点（GGSN）与 HLR 之间的 GC 接口时，若 MS 重新登记，HLR 应能通过 GC 接口通知 GGSN。

⑨ 支持呼叫相关的处理

HLR 应支持电路域移动被叫的呼叫取路由和获取漫游号码的过程。

当 MS 为被叫时，HLR 应能按照 GMSC SERVER 或 MSC SERVER 的请求，要求被叫 VLR 分配漫游号码（MSRN），然后将 MSRN 发往请求的 MSC SERVER，即支持给每次呼叫提供路由信息。

⑩ 支持为分组业务提供路由信息

此功能为可选功能。

HLR 应支持分组域移动被叫的呼叫取路由和获取漫游号码的过程。

当系统支持 Gc 接口时，HLR 应能为网络侧发起的分组呼叫提供路由信息。

若分组呼叫因被叫终端原因失败时，HLR 应能存储相应的 GGSN 地址。

⑪ 补充业务操作

HLR 应能够与 MS 配合完成补充业务的激活、去活、登记、删除、口令修改等程序。

2．固定电话本地网中的 SHLR

固定电话本地网智能化改造前，PSTN 的用户数据存储在各个交换局的本地数据库中，固网的封闭性以及终端的固定化很难对新的业务需求做出快速反应，难以根据用户的特性为用户创造需求。借鉴移动网的成功经验，在固网中引入集中的用户业务属性数据库，称为固网 SHLR 或 SDC（用户数据中心），用来保存本地网中所有用户的逻辑号码、地址号码、业务接入码及用户增值业务签约信息等数据。

固网智能化的目的是通过对 PSTN 的优化改造实现固网用户的移动化、智能化和个性化，从而创造更多的增值业务。其改造的核心思想是用户数据集中管理，并在每次呼叫接续前增加用户业务属性查询机制，使网络实现对用户签约智能业务的自动识别和自动触发。

（1）SHLR 在网络中的位置

在固网智能化改造采用"软交换汇接局完全访问 SHLR"模式时，SHLR 在网络中的位置如图 3-22 所示。

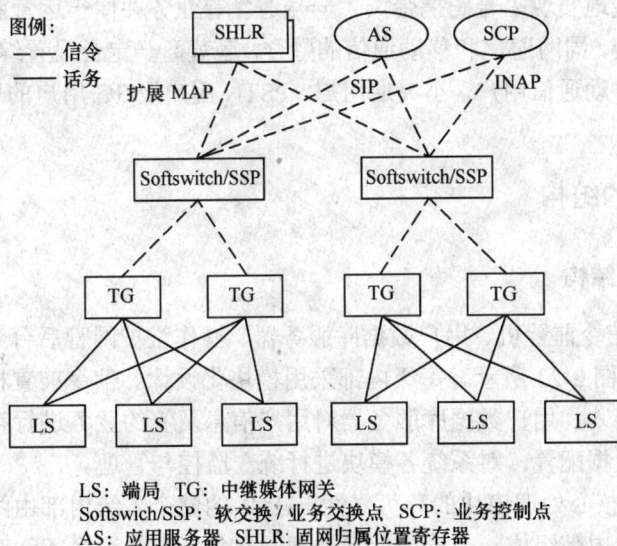

LS：端局　TG：中继媒体网关
Softswich/SSP：软交换 / 业务交换点　SCP：业务控制点
AS：应用服务器　SHLR：固网归属位置寄存器

图 3-22　固网智能化后 SHLR 在网络中的位置

（2）SHLR 的主要功能

① 保存全网用户的用户数据

SHLR 用来保存本地网中所有用户（包括 RSTN，PHS 及 3G 用户）的逻辑号码、地址号码、业务接入码及用户增值业务签约信息等数据。

逻辑号码又称业务号码、用户号码，是运营商分配给用户的唯一号码，也是用户对外公布的号码；为被叫方显示的主叫号码或主叫方所拨的被叫号码，同时也是运营商识别用户并计费的号码。地址号码又称物理号码、路由号码，是运营商内部分配的路由号码，用于网络内部寻址，该号码不对外公布。业务接入码是由运营商分配，用于指示交换设备路由或触发业务的引示号码。该接入码可由用户拨打、交换设备自动加插或 SHLR 下发。通过与 PSTN 网络中的独立汇接局/SSP 交互，完成主、被叫用户号码信息及增值业务信息的查询功能；同时 SHLR 具有平滑演进能力，支持今后的补充业务数据在 SHLR 中的存储和查询。

② 完成智能业务触发

SHLR 可完成接入码方式的主叫侧智能业务与被叫侧智能业务，以及智能业务的多重触发。在 SHLR 中存放了全网主、被叫用户签约的智能业务数据。

在每次呼叫接续前，由 MS/SSP 首先根据主、被叫号码查询 SHLR。SHLR 根据主、被叫用户的号码查询用户的签约数据，如用户登记有智能业务，SHLR 可根据智能业务的类别给 MS/SSP 发送相应的智能业务的接入码，由 MS/SSP 根据智能业务的接入码触发智能业务。根据采用的查询协议不同，可以一次查询完成主被叫签约的智能业务信息，也可以分多次分别查询和处理主被叫用户签约的智能业务。SHLR 通常能支持多种访问协议（如 INAP，ISUP（+）和 MAP），可以根据网络具体情况采用其中的一种访问协议。

③ 实现混合放号

引入 SHLR 后，可以将用户号码独立出来，实现用户使用的号码与用户实际的端口、设备的分离，用户所使用的号码可以在用户的接入端口在网络内（或不同网络）迁移时无需改变；这样就能很方便地实现"号码携带"、"一号通"等业务并便于运营商实现混合放号。

随着通信的发展，固网通信和移动通信的融合，运营商一定会设置综合归属位置寄存器，以便能够同时存放移动通信用户、小灵通用户、PSTN 用户及 3G 用户的用户数据，以便支持各种不同的业务。

3.5.2　HLR 的结构

1. HLR 的硬件结构

HLR 的硬件由信令前置机、用户数据库服务器、操作维护网管后台（包括客户端和服务器）3 部分组成，如图 3-23 所示。每级内部采用模块化设计。信令前置机用于与各 PSTN 端局和软交换 SS 的接入。用户数据库服务器对用户信息及签约业务进行存取。操作维护网管则对整个系统进行数据配置，对系统各模块进行统一监控与管理。

为保证 HLR 的核心处理模块的高可靠性，HLR 的整个系统内部由两个相互隔离的局域网组成。信令前置机内部组成一个核心业务处理网，负责与软交换 SS 对接业务的处理；信令前置机、用户数据库服务器与操作维护网管后台组成另外一个网，称为内部组网。此内部组网用于信令前置机与后台数据库通信，作为前台查询用户数据的通道，同时，它为操作维护网管维护前后台各网元设备提供了网络平台。HLR 内部组网还通过路由器与外部局域网相连，以连接远端受理系统。

信令前置机基于 3G 系列硬件平台。用户数据服务器采用商用高档、中档或低档服务器，主要取决于支持的用户数。操作维护后台网管客户端采用 PC 机，OMC 服务器采用中档或低档服务器。

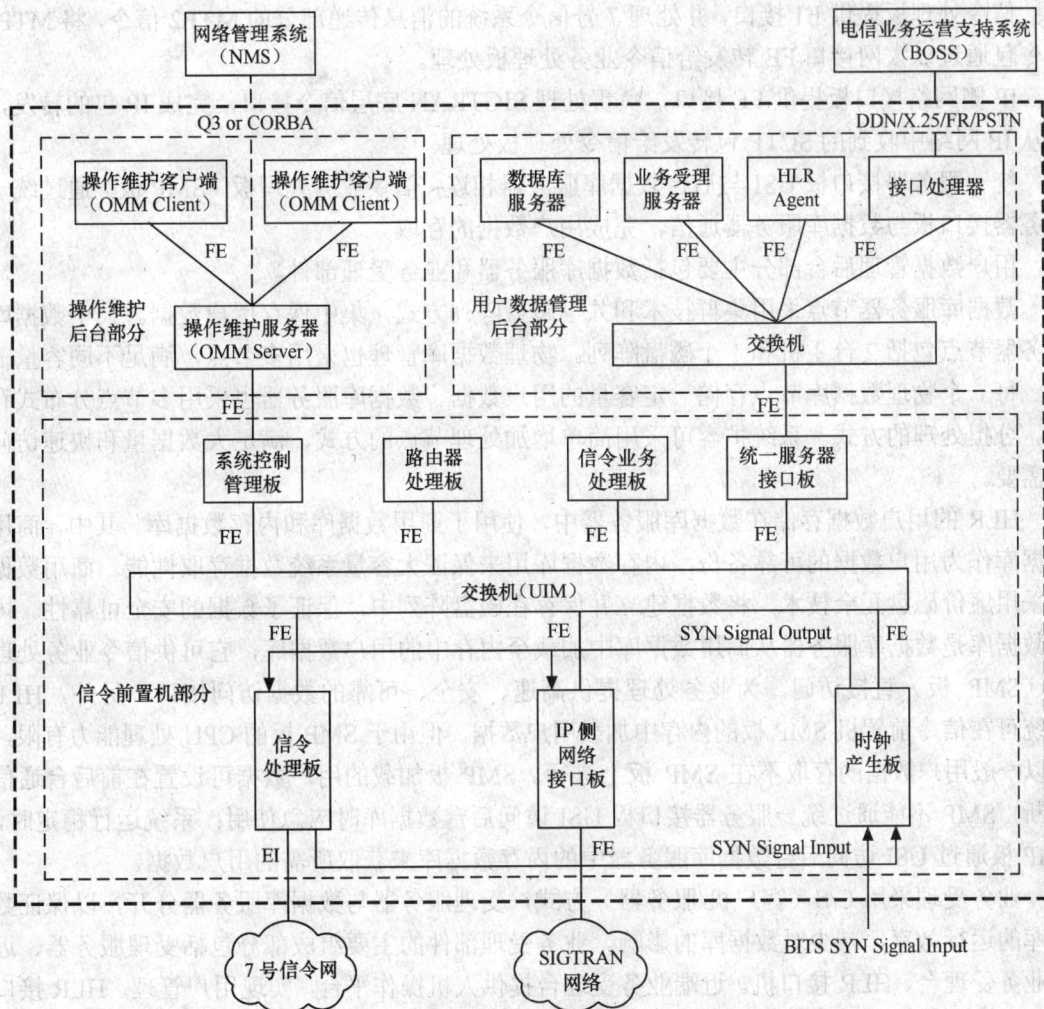

图 3-23　HLR 的硬件结构

　　信令前置机由系统控制管理板、信令业务处理板、统一服务器接口板、路由器处理板 IP 侧网络接口板（IPI 板）、通用接口板（UIM）、信令处理板（SPB）及时钟产生板（CLKG）组成。

　　信令前置机采用信令处理板（SPB 板）提供 EI 接口，实现窄带 7 号信令的接入，采用 IP 侧网络接口板提供 IP 信令接口，接入到 SIGTRAN 信令网。信令前置机通过系统控制管理板（OMP）的控制口与网管服务器和数据库服务器相连；而操作维护的网管服务器通过系统控制管理板（OMP）的控制口与前置机间传送网管数据，实现网管系统对前置机的监控。

　　系统控制管理板对信令前置机所有单板进行监控管理。同时，它与后台操作维护部分相连，是操作维护服务器（OMM Server）的维护代理，用来保存设备的配置信息、版本文件等，并且是各单板设备同操作维护服务器的信息通道，传送各种告警信息、统计信息等。

　　信令业务处理板处理各种信令接口板传送的信令消息，如窄带 7 号信令、SIGTRAN 信令；同时处理各种应用层信令，如移动性管理信令、呼叫处理信令、SMS 处理信令、MAP 信令和 HLR 相关信令，并具有呼叫观察、统计等功能。

信令处理板提供 E1 接口，并处理 7 号信令系统的消息传递部分的 MTP2 信令，将 MTP3 信令包通过以太网接口 FE 转发给信令业务处理板处理。

IP 侧网络接口板提供 FE 接口，负责处理 SIGTRAN 底层信令接口，完成 IP 包的转发，将从 IP 网络中收到的 SCTP 包转发给信令处理板处理。

统一服务器接口板 USI 与后台数据库服务器相连，信令业务处理板（SMP 板）通过统一服务器接口板与数据库服务器通信，完成用户数据的存取。

用户数据管理后台部分主要包括数据库服务器和业务受理部件。

数据库服务器节点采用集群技术和共享磁盘阵列方式，集中保存用户数据。1 个数据库服务器节点包括 2 台主机和 1 个磁盘阵列。物理数据库管理也采用多节点，满足不同容量需求。每一个物理数据库节点存储一定容量的用户数据。数据库服务器也采用多节点分布式存储、分担处理的方式。系统扩容可采用简单增加处理节点的方式，满足大数据量和快速访问的需要。

HLR 的用户数据存储在数据库服务器中，使用了商用数据库和内存数据库。其中，商用数据库作为用户数据的可靠备份，内存数据库用来保证大容量系统数据存取性能。商用数据库采用廉价磁盘冗余技术，将数据建立并保存在磁盘阵列中，保证了数据的安全可靠性。内存数据库是数据库服务器从商用数据库中加载至内存中的用户数据库，它可供信令业务处理板（SMP 板）直接访问，为业务处理提供高速、安全、可靠的数据访问接口。另外，HLR 系统可在信令前置机 SMP 板的内存中加载用户数据，但由于 SMP 板的 CPU 处理能力有限，所以一般用户数据的存取不在 SMP 板上进行。SMP 板加载的用户数据可设置在前后台通信中断，SMP 不能通过统一服务器接口板 USI 访问后台数据库时应急使用；系统运行稳定时，SMP 板通过 USI 访问后台数据库服务器中的内存数据库来获取所需的用户数据。

业务受理采用 C/S（客户机/服务器）方式，受理服务器与数据库服务器分开，以保证数据库的运行效率，减少对数据库的影响。业务受理部件的主要组成部分包括受理服务器、近端业务受理台、HLR 接口机。近端业务受理台提供人机操作平台，实现用户管理。HLR 接口机为上级网管中心提供开放式接口，使 BOSS 系统能够接入 HLR，HLR 接口机收到业务受理请求后，通过业务受理服务器进行用户各项业务的操作。通过本地路由器或调制解调器等设备，远端 BOSS 机可以采用多种方式（DDN，X.25 等）接入到本地以太网，完成用户业务受理操作。

业务受理服务器接收近端受理台和通过 HLR 接口机接入的远端业务受理请求，存取各数据分布节点的用户数据，完成用户数据的查询、增加、删除和修改。受理服务器不保存用户数据，而是通过本地以太网，以数据库提供的 C/S 连接方式连接到数据库服务器，并与信令前置机相连，构成三层结构模式，实现用户数据的管理功能。

业务受理服务器接收受理台/HLR 接口机发来的操作请求，完成对物理数据库的操作，通知数据库引擎同步内存数据库，最后给受理台/HLR 接口机返回响应。

业务受理服务器负责对内存数据库的操作。业务受理服务器修改物理数据库后，要发送消息通知数据库引擎，由数据库引擎去修改内存数据库中的用户数据，只有在业务受理服务器收到数据库引擎成功地修改了内存数据库中用户数据的消息后，业务受理服务器才能提交物理数据库。如果数据库引擎修改失败或超时，业务受理服务器回滚物理数据库操作。业务受理服务器在对用户数据完成操作后（包括操作物理数据库、发送消息通知数据库引擎），还要发送消息给 HLR MAP，使 HLR 通过 MAP 信令向 VLR/SGSN 插入/删除用户数据。

操作维护后台部分包括操作维护服务器 OMM Server。OMM Server 是整个系统的维护中心，采用 C/S 架构。OMM Client 是维护系统的客户端，采用普通 PC 机；OMM Server 采用中档或低档服务器。

操作维护服务器 OMC Server 保存了整个设备的配置数据，具有网络配置、告警管理、性能统计、信令跟踪等功能。OMC Server 通过内部组网与前台 OMP 连接，与数据库模块、业务受理服务器连接，实现对信令前置机及后台各模块的数据配置与管理。OMM Server 则负责前台文件观察、业务观察等各种维护功能。

操作维护子系统的客户端模块采用普通 PC 机，是操作维护与操作员的人机界面，可以完成操作维护的功能设置、数据的显示与历史信息的查询等操作。

2．HLR 的软件结构

HLR 的软件结构如图 3-24 所示，HLR 的软件由实时操作系统、运行支撑子系统、IP 协议栈、MTP 处理模块、SIGTRAN 协议处理系统和 SCCP 处理模块、业务处理子系统、数据库子系统和操作维护子系统组成。

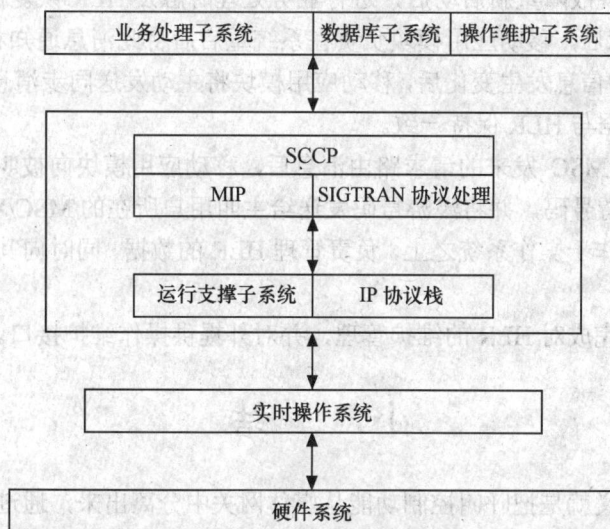

图 3-24　HLR 的软件结构

HLR 的软件结构软件采用层次结构，在硬件系统上是实时操作系统，在实时操作系统层之上采用运行支撑子系统。运行支撑子系统向上屏蔽了具体操作系统，使上层应用软件可以移植到各种主流操作系统平台上，实现了业务与平台的无关性。

运行支撑子系统在实时操作系统的支持下工作，运行支撑子系统为上层应用软件模块提供系统支撑功能，包括进程调度、通信、文件操作、版本控制、诊断测试、主备控制、系统监控、告警等功能，IP 协议栈部分完成对 IP 网络中以太网协议和 IP 的处理，为板间通信、上层协议管理等提供底层支持。

MTP 处理模块完成对 7 号信令的消息传递部分 MTP 的协议处理，SIGTRAN 协议处理系统完成流控制传送协议 SCTP 和信令适配层协议 M2UA 和 M3UA 的处理，SCCP 处理模块完成对信令连接控制部分 SCCP 的协议处理。

业务处理子系统提供各种业务功能的实现，包括用户移动性管理、呼叫处理业务、补充业务、操作维护业务等。

HLR 与 MSC/VLR 或 SS 之间信息的交换均是经过业务处理子系统来完成。业务处理子系统包括移动应用模块、转换层模块和消息分配模块。

消息分配模块在各业务处理机节点之间均衡分配信令消息。

转换层模块的主要功能是完成应用层之间对话的管理，转换层接收 MAP 层所发的消息有对话处理消息和业务消息。转换层将对话消息转换成 TC 对话处理原语，向 TC 事务处理子层发该对话消息，完成与同层实体之间的对话管理。将业务消息转换成 TC 成份原语，向 TC 的成分子层发送成份消息。同样，转换层接收 TCAP 消息。对于对话消息，转换为 MAP 对话消息转发。接收 TCAP 的成分消息，向应用层发业务消息。

移动应用模块完成对 MAP 信令的处理，完成移动性管理业务、操作维护管理业务、呼叫处理业务、补充业务。

在用户位置更新时，移动应用模块将用户的位置信息登记到数据库，并将用户的相关数据发送给 MSC/VLR，并完成 MSC/VLR 向 HLR 请求用户的鉴权信息。

在 MSC/VLR 出现故障重新启动后，进行业务处理时触发 HLR 恢复程序，以恢复数据。

在 HLR 出现故障后，移动应用模块负责在系统重启后将此消息通知相关 MSC/VLR。

在 HLR 用户签约信息发生变化后，移动应用模块将主动发送同步消息，以确保用户所在的 MSC/VLR 中的数据与 HLR 保持一致。

在收到入口移动 MSC 发来的请求路由消息后，移动应用模块向被叫移动用户当前所在的 MSC/VLR 寻求漫游号码，并将漫游号码发送给主叫用户所在的 MSC/VLR。

数据库子系统工作于操作系统之上，负责管理 HLR 的数据，同时向其他子系统提供数据库访问接口。

操作维护子系统完成对 HLR 的维护管理，并对外提供操作维护接口。

小　结

软交换的基本含义就是把呼叫控制功能从媒体网关中分离出来，通过服务器上的软件实现基本呼叫控制功能，包括呼叫选路、管理控制、连接控制（建立会话、拆除会话）和信令互通（如从 SS7 到 IP），其结果就是把呼叫传输功能与呼叫控制功能分离开，为控制、交换和软件可编程功能建立分离的平面，使业务提供者可以自由地将传输业务与控制协议结合起来，实现各种业务。

软交换网络的设备主要包括位于控制层的软交换设备和信令网关，接入层中的各种的媒体网关，包括中继媒体网关、综合接入媒体网关、媒体服务器、综合接入设备 IAD 和各种智能终端，业务层的应用服务器。

软交换设备是多种逻辑功能实体的集合，主要提供综合业务的呼叫控制、连接以及部分业务功能，是软交换网络中语音/数据/视频业务呼叫、控制、业务提供的核心设备，也是目前电路交换网向分组网演进的主要设备之一。在移动软交换中控制层的设备叫 MSC Server。

软交换的功能主要包括呼叫控制功能，多媒体业务的处理和控制功能，业务提供功能，业务交换功能，互通功能，SIP 代理功能，计费功能，路由、地址解析和认证功能，7 号信令系统应用部分的处理功能，过负荷控制能力，H.248 终端、SIP 终端、MGCP 终端的控制和管理功能，H.323 终端控制、管理功能、过负荷控制能力等功能。移动软交换系统和固定网软交换系统的功能基本类似，主要的区别是在移动软交换系统中包含移动性管理功能，同时在移动软交换系统中包括来访位置寄存器，用来保存当前在其管辖范围内活动的移动用户的用户数据。

由于软交换设备主要完成呼叫控制功能，相对于传统的 PSTN 交换机来说，软交换控制设备的硬件结构比较简单，软交换控制设备由网络接口，业务处理子系统、核心交换网络、后台的维护管理子系统和计费网关组成。

软交换设备的运行软件由程序和数据两大部分组成。程序可分为实时操作系统、运行支撑子系统、设备（协议）适配层、呼叫服务器、资源管理器、业务处理器、数据管理器构成。

软交换设备的各项业务功能都是由程序来完成的，而这些功能的描述、引入、删除及应用范围和环境等的控制功能，是由专门的数据来描述的。程序和数据是分离的，程序是依据数据的设定来响应各类事件，完成软交换的各项业务功能。

数据用来描述软交换的软、硬件配置和运行环境等信息，从实用的角度来看，数据又分为局数据、用户数据。局数据包括基础数据、对接数据和业务数据。

基础数据是软交换配置数据库的基础，包括硬件数据、本局数据和计费数据。

对接数据主要用于定义软交换与媒体网关、PSTN 交换机、其他软交换、PBX 等设备对接时与信令、协议以及中继密切相关的数据。

业务数据主要用于定义拨号方案、用户号码分配方案、限呼方案、业务配合信息、业务规则信息等数据。

用户数据包括由软交换处理的各类用户（普通语音用户、多媒体用户、PRA 用户、V5 用户、小交换机 PBX 用户、Centrex）的电话号码，设备安装位置（用户所在的媒体网关的地址和用户的终端标识号），处理该用户的呼叫控制板的模块号，用户对应的呼叫源码，计费源码，呼入呼出权限（国际长途有权、国内长途有权、本地网有权等）用户可使用的补充业务等数据。对于多媒体用户，还包括设备标识、协议类型、设备类型、认证方式和认证密码等数据。

媒体网关（Media Gateway）是软交换网络中接入层的主要设备，媒体网关的主要功能是将一种网络中的媒体转换成另一种网络所要求的媒体格式。

按照媒体网关所在位置的不同，媒体网关可分为中继媒体网关和接入媒体网关。

中继媒体网关是在电路交换网和 IP 分组网络之间的网关，主要完成电路交换网的承载通道和分组网的媒体流之间的转换、可以处理音频、视频或者数据文件传输协议 T.120，也可以具备处理这三者的任意组合的能力、能够进行全双工的媒体翻译、可以演示视频和音频消息，实现交互式语音应答（简称为 IVR）功能，也可以进行媒体会议等。

综合接入媒体网关（Integrated Access Media Gateway）是用户终端设备和核心分组网之间的接入设备，用于为各种用户提供多种类型的业务接入，如模拟用户接入、ISDN 接入、V5 接入、xDSL 接入、LAN 接入等，并至少支持接入到 IP 网或 ATM 网之一。

综合接入设备（IAD）是软交换体系中的小型用户接入层设备，用来将用户的数据、语音及视频等业务接入到分组网络中。

当移动媒体网关（Mobile Media Gateway）位于移动电路交换网和分组交换网之间时，其功能是终结大量中继电路，完成电路交换网的承载通道和分组网的媒体流之间的转换；当移动媒体网关位于移动网的基站子系统和分组交换网之间时，主要功能是为移动用户提供业务接入。

IP 中继媒体网关与电路交换网络（SCN）之间采用电路交换方式，其媒体流采用 TDM（时分复用模式）格式。IP 中继媒体网关与 IP 网络之间采用分组交换方式，其媒体流采用分组化方式，一般简称为 RTP 格式。IP 中继媒体网关的主要功能是在 IP 网络和电路交换网络（SCN）之间提供媒体格式映射和代码转换功能，即终止电路交换网络设施（中继线路等），将媒体流分组化并在 IP 网络中继媒体网关上传输，IP 中继媒体网关也应该在 IP 网络去往 SCN 的方向上将分组化的媒体流转变为 TDM（时分复用模式）格式。IP 中继媒体网关与软交换设备之间的接口采用 H.248 协议，软交换设备通过 H.248 协议对 IP 中继媒体网关所连接的呼叫进行控制。

综合媒体网关在电路交换网侧的接口有 E1 接口和 SDH 光接口，当综合媒体网关作为接入媒体网关时应支持用户侧的各种接口，包括模拟 Z 用户接口、ISDN 基本速率接口（BRI）、V5.2 接口、LAN 接口和 ADSL 接口。采用的信令可以有 7 号信令系统的综合业务数字网用户部分 ISDN，也可采用综合业务数字网用户—网络接口信令 PRI，接入网与交换机之间的 V5.2 接口信令。

IP 综合媒体网关在 IP 网络侧可采用以太网接口，也可采用 POS 接口。

LAN 接口是 IP 综合媒体网关设备接入 IP 网的接口方式之一，IP 综合媒体网关设备的 LAN 接口可采用以太网接口，其传输速率根据 IP 综合媒体网关设备的不同级别可以采用 10Mbit/s，100Mbit/s，或者吉比特以太网接口。

PoS（IP over SDH）是指通过 SDH 提供的高速传输通道直接传送 IP 分组，它位于数据传输骨干网，使用点到点协议 PPP 将 IP 数据包映射到 SDH 帧上，按各次群相应的线速率进行连续传输，其网络主要由大容量的高端路由器经由高速光纤传输通道连接而成。

由于控制信令（包括 H.248 与 SIGTRAN）与语音需要在同一 IP 网络上传输，为保证安全，可以将控制信令流、语音媒体流分别承载在两个 MPLS VPN 上传送。

综合媒体网关设备主要完成 TDM/IP/ATM 承载处理和媒体流格式转换功能，设备硬件从逻辑结构上可以分为网关控制系统、分组处理子系统、TDM 处理子系统、业务资源子系统、时钟子系统、信令转发子系统、用户接入子系统、操作维护子系统和级联子系统。

综合媒体网关的运行软件由程序和数据两大部分组成。

综合媒体网关的程序包含实时操作系统、运行支撑子系统、承载子系统、操作维护子系统、窄带信令处理子系统、网关协议处理子系统、业务控制（CALL）子系统和数据库。

综合媒体网关的数据包括硬件数据、协议对接数据和用户数据。硬件数据主要说明综合媒体网关安装的位置，协议对接数据主要说明与综合媒体网关所属的软交换设备（媒体网关控制器 MGC）之间采用的协议类型、综合媒体网关所归属的的媒体网关控制器 MGC 的 IP 地址和协议端口号。当媒体网关支持接入网关功能时还需定义与接入用户有关的数据，当接入网关用于接入 POTS 用户时，与 POTS 用户有关的数据主要是每个 POTS 用户所在的端口的物理位置、媒体网关标识、终端标识号 terminal id 和用户的电话号码。

信令网关（SG）是在 7 号信令网与 IP 网的边缘接收和发送信令消息的信令代理。为了实现与 7 号信令网的互通，信令网关（SG）首先需要终接 7 号信令链路，然后利用 SIGTRAN 将信令消息的内容传递给媒体网关控制器 MGC（或 IP SCP/IP HLR）进行处理。

信令网关位于 7 号信令网与 IP 网络之间，对信令网关的协议的适配功能要求可分为对 7 号信令网侧的要求和 IP 网络侧的要求。

对 7 号信令网侧协议的适配功能要求包括支持消息传递部分 MTP 和信令连接控制部分（SCCP）的功能。

在 IP 网侧，SG 要支持 IP、SCTP、M3UA 适配层协议、M2PA 适配层协议。链路层协议主要是 LAN 数据链路层协议。

信令网关主要由系统支撑模块、信令接口模块、信令底层处理模块和业务处理模块 4 个模块组成。

系统支撑模块主要实现软件/数据加载、设备管理维护及板间通信等功能；信令接口模块提供各类物理接口以满足系统组网的需求，包括窄带接口单元和宽带接口单元；信令底层处理模块包括 7 号信令 MTP2 处理单元、SIGTRAN 协议消息处理单元、LAN 驱动及 IP 分发单元，主要提供信令的底层协议处理功能；业务处理模块由多个业务处理单元组成，完成业务特性所需的底层协议（SCTP、M2PA）及以上层信令协议（MTP3，M3UA，SCCP）的处理。

信令网关软件由实时操作系统、支撑子系统、IP 协议栈、操作维护子系统、SG 信令处理模块和数据库组成。

信令网关软件采用层次结构，在硬件系统上是实时操作系统，在实时操作系统层之上采用运行支撑子系统。运行支撑子系统为上层应用软件模块提供系统支撑功能，包括进程调度、通信、文件操作、版本控制、诊断测试、主备控制、系统监控、告警等功能，IP 协议栈部分完成对 IP 网络中以太网协议和 IP 的处理。SG 信令处理模块包括 MTP 处理模块、SCCP 处理模块和 SIGTRAN 协议处理系统。MTP 处理模块完成对 7 号信令的消息传递部分 MTP 的协议处理，SCCP 处理模块完成对信令连接控制部分 SCCP 的协议处理。SIGTRAN 协议处理系统完成流控制传送协议 SCTP 和信令适配层协议 M2UA 和 M3UA 的处理。操作维护子系统完成对综合媒体网关的维护管理，并对外提供操作维护接口。

归属位置寄存器（HLR）是数字移动通信系统中的重要组成部分，HLR 是管理部门用于移动用户管理的数据库。每个移动用户都应在某个归属位置寄存器注册登记。HLR 中主要存储归属地移动用户的两类信息：一是用户的用户数据，包括移动用户识别号码（IMSI）、MSISDN、基本电信业务签约信息、业务限制（例如限制漫游）、运营者决定的闭锁业务 ODB 数据和始发 CAMEL 签约信息（O-CSI）、终结 CAMEL 签约信息（T-CSI）等数据；一是有关用户目前所处位置（当前所在的 MSC，VLR 地址）的信息，以便建立至移动台的呼叫路由。

固定电话本地网智能化改造前，PSTN 的用户数据存储在各个交换局的本地数据库中，固网的封闭性以及终端的固定化很难对新的业务需求做出快速反应，难以根据用户的特性为用户创造需求。借鉴移动网的成功经验，在固网中引入集中的用户业务属性数据库，称为固网 SHLR 或 SDC（用户数据中心），用来保存本地网中所有用户的逻辑号码、地址号码、业务接入码及用户增值业务签约信息等数据。固网智能化的目的是通过对 PSTN 的优化改造实现固网用户的移动化、智能化和个性化，从而创造更多的增值业务。其改造的核心思想是用户数据集中管理，并在每次呼叫接续前增加用户业务属性查询机制，使网络实现对用户签约智能业务的自动识别和自动触发。

　　HLR 的硬件由信令前置机、用户数据库服务器、操作维护网管后台（包括客户端和服务器）3 部分组成。信令前置机用于与各 PSTN 端局和软交换 SS 的接入。用户数据库服务器对用户信息及签约业务进行存取。操作维护网管则对整个系统进行数据配置，对系统各模块进行统一监控与管理。

　　HLR 的软件由实时操作系统、运行支撑子系统、IP 协议栈、MTP 处理模块、SIGTRAN 协议处理系统和 SCCP 处理模块、业务处理子系统、数据库子系统和操作维护子系统组成。

　　运行支撑子系统在实时操作系统的支持下工作，运行支撑子系统为上层应用软件模块提供系统支撑功能，包括进程调度、通信、文件操作、版本控制、诊断测试、主备控制、系统监控、告警等功能。IP 协议栈部分完成对 IP 网络中以太网协议和 IP 的处理，为板间通信、上层协议管理等提供底层支持。

　　MTP 处理模块完成对 7 号信令的消息传递部分 MTP 的协议处理，SIGTRAN 协议处理系统完成流控制传送协议 SCTP 和信令适配层协议 M2UA 和 M3UA 的处理，SCCP 处理模块完成对信令连接控制部分 SCCP 的协议处理。

　　业务处理子系统提供各种业务功能的实现，包括用户移动性管理、呼叫处理业务、补充业务、操作维护业务等。

习　　题

1. 说明固定网络软交换的功能结构。
2. 与固定网络软交换比较，移动软交换系统主要增加了哪些功能。
3. 简要说明软交换设备的性能指标。
4. 简要说明软交换设备的硬件结构。
5. 简要说明软交换设备软件系统的结构。
6. 简要说明软交换设备的主要数据。
7. 简要说明中继媒体网关在网络中的位置。
8. 简要说明综合接入媒体网关在网络中的位置。
9. 简要说明移动媒体网关在网络中的位置。
10. 简要说明综合媒体网关设备的基本功能。
11. 简要说明综合媒体网关的数据有哪些？
12. 简要说明综合接入设备 IAD 用户侧的接口。
13. 画图说明 IAD 的逻辑结构。
14. 说明信令网关作为信令转接点组网应用时的协议栈结构。
15. 说明归属位置寄存器 HLR 在移动软交换网络中的位置及功能。
16. 说明 SHLR 的主要功能。
17. 说明 HLR 的软件结构。

第4章 下一代网络业务的实现方式

学习指导

本章介绍了下一代网络业务的特点、业务分类、下一代网络业务的实现方式，介绍了下一代网络中实现各种新业务的主体设备应用服务器和媒体资源服务器的功能及结构，介绍业务开放接口技术，并说明了在下一代网络中典型业务的实现方案和信令流程。

通过对本章的学习，应掌握应用服务器和媒体资源服务器的功能及结构，了解下一代网络中典型业务的实现方案和信令流程。

4.1 下一代网络的业务

4.1.1 下一代网络业务的特点

以软交换为核心的下一代网络具有控制与承载分离、接入终端的多样性、开放的业务平台等技术特点，从而可以支持语音、数据与多媒体的融合，使业务更丰富且更具有个性化、智能化、实现方式灵活。

下一代网络之所以受到如此的关注，与它所提供的业务密切相关，它不但继续了现有网络所提供的各种业务，同时能够提供更加丰富多彩的数据业务以及多媒体业务和应用，并且由于其分层结构和开放接口，业务提供方式灵活多样，业务种类更加丰富和个性化。

NGN 是一个分组网络，它提供包括电信业务在内的多种业务，能够利用多种带宽和具有 QoS 保障能力的传送技术，实现业务功能与底层传送技术的分离；它允许用户自由接入不同业务提供商的网络，支持通用移动性，实现用户对业务使用的一致性和统一性。

在传统的电信网中，新业务的提供是通过智能网来支持的，但由于智能网业务开发接口不开放，长期以来新业务的提供仍然需要依靠设备生产厂家，使业务开发周期长。而软交换网络的业务平台采用开放、简便的业务开发接口，运营商能根据自身市场的业务需求，自行开发业务，缩短业务开发周期，达到快速占领市场的目的。

下一代网络业务的主要特点如下。

1. 快速提供业务

软交换网络采用业务、控制、接入分离的体系结构。这种集中控制、分散接入的架构使得在软交换网络上提供的业务能够更加迅速地实现广覆盖。运营商只需在软交换设备或应用服务器上加载业务逻辑，通过网关设备接入需要覆盖的用户即可快速部署业务。

2. 业务的个性化及移动化

软交换网络强大的业务提供能力可以对用户提供个性化的业务。个性化业务是指针对某一特定群体或个体的业务，如针对某个企业、某所大学、某个城市或某个客户开展的业务。个性化业务的提供将让客户享受到更优质的服务，同时也给运营商带来更丰厚的利润。通用个人通信（Universal Personal Telecommunication，UPT）、企业级统一通信等业务均允许用户根据自己的需要修改业务属性或定制业务功能；个人业务助理为用户提供了自行定制业务的手段和途径。软交换网络的业务触发能力和集中控制能力使网络的智能化能力、移动业务能力得到了提升。

3. 丰富的业务接入手段

软交换网络能够覆盖当前网络可提供的各种接入手段，包括：中继接入、窄带接入、宽带 DSL 和 LAN 接入、PHS 移动接入及 3G 接入等。同时由于控制与接入的分离，使得用户的接入手段对上层业务透明。因此，运营商可根据用户的业务需求、规模大小、线路资源情况等灵活运用各种接入手段接入用户，扩大网络的覆盖范围。

4. 多媒体特性明显

通信带宽的制约将随着下一代网络的发展而逐步消失，人们已不满足于基本的语音通信，希望在语音沟通的同时得到更多的多媒体信息。例如可视电话在进行语音交流的同时，还可以看到对方的相貌和表情。多媒体特性的另一个表现为语音识别和语音文本的双向转换。人们可以从电话中收听 E-mail，也可以将会议的录音直接转换为文本进行存储。多媒体特性将是软交换网络业务最基本、最明显的特性。

5. 业务的智能化

软交换网络的通信终端具有多样化、智能化的特点，网络业务和终端特性结合起来可提供更加智能化的业务。同时用户可以将多种业务组合起来，形成新的业务；用户也可以通过业务门户进行简单的选择和配置生成个性化的业务；用户还可以通过网络设置修改业务特性。业务的智能化将使通信与人们的工作生活更加息息相关。

软交换网络综合了固定电话网、移动电话网和 IP 网络的优势，使得模拟用户、数字用户、移动用户、ADSL 用户、ISDN 用户、IP 窄带网络用户和 IP 宽带网络用户，都能作为下一代网络中的一员相互通信；软交换网络将为各种用户提供质量高、价格低的包括语音、数据和图像的多媒体业务，用户可以通过 Web 界面方式和智能终端等灵活地控制业务的产生、调用、执行和管理，完成对带宽、服务质量（QoS）、路由和筛选的管理。

4.1.2　下一代网络的业务

通过软交换网络为用户提供的业务有很多种类，按照业务特点和业务的实现方式，这些业务可以分为基本业务、补充业务和增强业务 3 类。

1．基本业务

基本业务是在软交换网络中提供的最普通的业务，是组成补充业务的基础，软交换网络中提供的基本业务包括基本语音、传真和点对点视频多媒体业务。

（1）基本语音业务

基本语音业务是指在软交换网络中各类用户之间基本的通话业务，包括软交换所控制的 SIP 用户、H.323 用户、通过 IAD 接入的用户、通过 AG 接入的用户之间基本的通话业务。语音业务编码包括 G.711，G.723.1 和 G.729。

（2）传真业务

传真业务是指软交换网络中各类用户之间发送和接收传真。

（3）点对点视频多媒体业务

点对点视频多媒体业务是指多媒体用户（例如 SIP 用户、H.323 用户）之间的点对点视频通信。视频终端用户在建立连接之后，相互之间能够实时地传送音频信息和视频信息。

可视电话业务是一种集图像、语音于一体的多媒体通信业务，可以实现人们面对面的实时沟通，即通话双方在通话过程中能够互相看到对方场景。可视电话可以通过分组方式或电路方式来实现，目前中国移动要求的可视电话业务是指基于电路域（CS）承载来实现的可视电话业务，完全符合 3GPP 相关规范的要求。

2．补充业务

补充业务是在基本业务的基础上增加用户的业务数据和业务特征并由软交换进行业务控制而实现的业务。

软交换除了能够继承原有 PSTN/ISDN 网络所提供的各种补充业务以外，还可以为用户提供很多其他种类的补充业务。

软交换提供的业务种类繁多，层出不穷，不同业务之间有交叉和重复，并且出于市场或者运营的考虑，某些业务具有相同的业务特征但使用不同的业务名称，很难进行统一定义，但从业务的实现上看，这些业务都是由软交换设备提供的，需要增加用户的业务数据和业务特征，并由软交换进行业务控制，统称为补充业务。

软交换除了可以提供原有 PSTN/ISDN 网络的各种补充业务以外，还可以提供很多新的补充业务。下面主要介绍软交换网络新增的补充业务。

（1）主叫姓名显示业务

主叫姓名显示业务是指软交换能够向被叫用户提供主叫用户的姓名，并在被叫用户的终端设备上显示出来。

（2）主叫姓名显示限制业务

主叫姓名显示限制业务是指主叫用户有权限制在被叫用户的终端上显示其姓名。

（3）被连接姓名显示业务

被连接姓名显示业务是指软交换能够向主叫用户提供被连接用户（即应答该呼叫的用户）的姓名，并在主叫用户的终端设备上显示出来。

（4）被连接姓名显示限制业务

被连接姓名显示限制业务是指被连接用户有权限制在主叫用户的终端上显示其姓名。

（5）用户不在线呼叫前转业务

用户不在线呼叫前转业务是指当用户处于不在线或未注册状态时，任何向此用户号码发起的呼叫都将被转移到预先设定的号码。

（6）按时间段前转业务

按时间段呼叫前转业务是指用户可以设定指定时间段的呼叫前转，在用户设定并激活按时间段前转后，任何在呼叫转移时间段内对此用户发起的呼叫都将被转移到预先设定的号码，而在此时间段外的呼叫则不会被转移。

（7）按主叫号码前转业务

按主叫号码前转业务是指用户可以设定特定的主叫号码，在用户设定并激活按主叫号码前转后，只有特定的主叫号码对此用户发起呼叫时才被转移到预先指定的号码，而除特定的主叫号码外发起的呼叫则不会被转移。

（8）有选择的无条件呼叫前转业务

有选择的无条件呼叫前转业务是指系统将根据用户设定的时间、主叫号码等条件有选择地进行无条件前转。

（9）有选择的遇忙呼叫前转

有选择的遇忙呼叫前转业务是指系统将根据用户设定的时间、主叫号码等条件有选择地进行遇忙呼叫前转。

（10）有选择的无应答呼叫前转

有选择的无应答呼叫前转业务是指系统将根据用户设定的时间、主叫号码等条件有选择地进行无应答呼叫前转。

（11）视频会议业务

视频会议业务是指软交换网络中的视频终端用户可以在多点间实时传送音频信息和视频信息的业务。

（12）群振呼叫

群振呼叫是指用户可以预先设定需要振铃的号码，当有用户呼叫该用户时所有预先设定的号码的终端同时振铃。

（13）依次振铃

依次振铃是指用户可以预先设定需要振铃的号码和振铃顺序，当有用户呼叫该用户时系统将根据用户设定的顺序依次对指定号码的终端进行振铃。

（14）区别振铃

区别振铃是指系统可以根据被叫用户的需要，对来自不同主叫用户的呼叫使用不同的振铃提示。

（15）个人用户号码

个人用户号码是指系统为用户分配一个唯一的个人号码，其他用户只要拨打这个号码就可以找到该用户。用户可以根据需要设定不同时间、不同主叫所接续的被叫号码。

（16）一线多号

一线多号是指系统可以为一条用户线分配多个号码，用户拨打其中任何一个号码，都可以接通呼叫。

（17）一号多线

一号多线是指系统可以为多条用户线分配一个相同的号码，用户拨打这个号码后，系统按照一定的规则将呼叫接续到其中一条用户线。

软交换可以提供但不限于上述补充业务，上述补充业务也不限于由软交换设备实现。

3．增强业务

在软交换网络中，软交换可以访问应用服务器、Web 服务器等各种服务器或者通过应用编程接口 API 访问第三方应用，为用户提供各种业务，这些业务的业务控制和业务数据功能通常由各种服务器或者第三方提供，软交换仅作为呼叫控制实体。这类业务种类更加繁多，并且不同运营商、不同厂家叫法不同。即使相同的业务和业务特征也可能用不同的业务名称，而相同的业务名称也可能是不同的业务形式，并且不同业务之间有交叉和重复，很难做准确、细致的分类。

通过各种服务器或者第三方提供的增强业务有很多种，将典型的增强业务介绍如下。

（1）点击拨号业务和 Web800 业务

点击拨号业务和 Web800 业务都是用户从 Web 启动的业务，即用户在 Web 页面上点击或者输入要拨打的电话号码并输入主叫用户号码，从而建立两个用户的连接。因此，点击拨号业务和 Web800 业务都属于点击拨号类业务，区别在于被叫号码不同，前者是一个普通的被叫用户号码，而后者则是一个 800 号码。

（2）统一消息业务

统一消息业务（United Message Service，UMS）是指所有的消息（语音、电子邮件、传真、文本等数据）都可以由一个收信箱做统一的管理，用户可以通过收信箱、电话、传真机等多种设备发送和接收信息，信息的存储和管理与用户设备无关。

统一消息业务最主要的内容就是按照用户要求实现各类媒体之间的转换。

统一消息业务把用户现在所能用到的各种信息载体，包括语音信息、电子信息（如电子邮件）、文字信息（如短消息）等数码化，以同一种形式来存放。发送方可以使用电子邮件、语音邮件、手机、电话中的任何一种工具发出信息，这些信息经过转化后将集中存放在这个系统的中央邮箱中，而接收方则可以在自己方便的任何时刻、任何地点，使用电话、电脑、手机中的任何一种工具连接到系统的服务器，并获取所需信息。UMS 业务融合了语音、数据业务，为各种终端提供了一个统一的数据平台，消除了各种终端之间的差异带来的通信障碍。

（3）点击传真业务

点击传真业务是指用户可以通过 Web 页面激活传真业务，将指定的信息发送到指定的传真机上。

（4）IP Centrex、广域 Centrex 和 VPN

IP 虚拟用户交换机业务 Centrex、广域 Centrex（WAC）和虚拟专用网业务 VPN 是为集团用户提供的业务，是指利用公网的资源为集团用户提供专网的语音、数据和多媒体服务。一般具有网内呼叫、网外呼叫、闭合用户群等业务特征。

（5）Web Conference 业务

Conference 业务是通过 Web 方式发起多方会议的业务，会议参与方通过预先分配的 Conference Number 登录并参与会议。在会议过程中会议管理员可以增加或删除会议参与方，会议参与方可以同步浏览、更新会议内容，也可以发送即时消息、传送文件等。

（6）呈现业务

呈现（Presence）是针对 SIP，H.323 等用户提供的业务。用户可以修改自己当前的通信状态，当其状态改变时，系统将当前状态通知相应的状态订阅用户。

（7）即时消息业务

即时消息业务是针对 SIP，H.323 等用户提供的业务。用户之间可以进行语音、文本和图像的交流，实现在线语音聊天、即时消息传送、网页推送、文件传送、白板共享、协同工作等实时业务。即时消息业务可以与呈现（Presence）业务合用，用户可以感知某个好友是否在线并决定是否向该好友发送信息。

系统允许用户添加或删除好友，并且显示好友的在线或离线状态。

（8）记账卡类业务

记账卡类业务允许用户在任何一部终端上发起呼叫，并且把呼叫费用记在规定的账号上。

（9）被叫集中付费业务

被叫集中付费业务是一种体现在计费性能方面的业务，它的主要特征是对该业务用户的呼叫（包括语音、视频等）费用均由被叫用户来支付，主叫用户不用支付呼叫费用。

（10）用户自助业务

用户自助业务是指用户可以通过 Web 服务器实现个人数据维护，并可以通过 Web 定制业务，实现业务的网上定制、网上业务查询、话费查询、修改密码、修改业务特征等。这种用户自助业务属于基于 Web 的业务管理和业务配置，应该是业务的辅助工具，它可以作为业务特征应用到很多业务中，方便用户管理和使用业务。

4.2 基于软交换的业务实现方式

在软交换网络中，不同业务类型有不同的实现方式。基本业务和补充业务是由软交换设备提供的，而增强业务则由应用服务器等各种服务器或者由第三方来提供，也可由软交换与智能网设备配合实现。

4.2.1 软交换设备实现方式

基本业务和补充业务都是由软交换设备来实现的，其实现如图 4-1 所示。

对于语音、传真和点对点视频通信这类基本业务，软交换通过不同协议的基本呼叫流程来控制呼叫的建立、连接和释放，控制媒体资源服务器提供语音资源，实现这类业务，不需要特殊的业务处理。

对于号码识别类补充业务，软交换需要查询用户的业务数据，根据用户需要设置基本呼叫控制流程中某个消息某个字段的取值，从而实现号码的显示/限制。

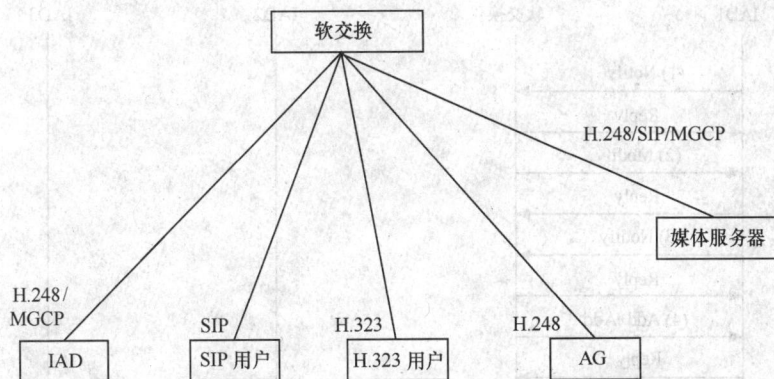

图 4-1　由软交换设备实现业务示意图

对于呼叫前转类补充业务，软交换需要对申请了前转业务的用户数据进行查询并对用户状态进行判断，从而建立新的前转呼叫。

对于多方通话类补充业务，软交换需要控制媒体资源服务器设备，从而为三方通话和会议呼叫提供语音资源和会议资源。

对于多方视频类补充业务，软交换需要控制媒体资源服务器设备，为视频会议业务提供视频会议资源。

对于姓名显示类补充业务，需要有特定的数据库来完成号码和姓名之间的映射，数据库应尽量集中而避免分散放置，软交换对于申请了姓名显示的用户，要根据主叫用户号码查询相应的数据库，得到主叫用户的名字，显示给被叫用户。

其他补充业务也都是基于软交换的业务数据查询、业务逻辑控制和媒体资源服务器的媒体资源来实现的。

下面以对由软交换设备控制的 H.248 IAD 终端实现无应答呼叫前转业务为例说明基于软交换的业务实现方式。

设由软交换设备控制的 H.248 IAD 终端 1 呼叫 H.248 IAD 终端 2，IAD 终端 2 已经申请了无应答呼叫前转业务，要求在规定时间内无应答时将呼叫前转到 H.248 IAD 终端 3。完成以上无应答呼叫前转业务的信令流程如图 4-2 所示。

（1）主叫用户摘机，IAD1 向软交换发送 Notify 命令，报告摘机事件。

（2）软交换向 IAD 发送 Modify 命令，回送拨号音，等待用户输入被叫号码，并要求 IAD1 监视主叫挂机。

（3）IAD1 向软交换发送 Notify 消息，将被叫号码送至软交换。

（4）软交换向 IAD1 发送 Add 命令，在 IAD1 中创建一个新 context，并在 context 中加入模拟终端和 RTP 终端，其中 Mode 设置为 Receiveonly 或 Inactive，并设置抖动缓存、语音压缩算法等。IAD1 通过 Reply 命令返回其 RTP 端口号及采用的语音压缩算法。

（5）软交换向 IAD2 发送 Add 命令，在 IAD2 中创建一个新 context，并在 context 中加入模拟终端和 RTP 终端，其中 Mode 设置为 SendReceive，并说明主叫的地址及端口号、设置抖动缓存、语音压缩算法等，并对被叫用户进行振铃。IAD2 通过 Reply 命令返回其 RTP 端口号及采用的语音压缩算法。

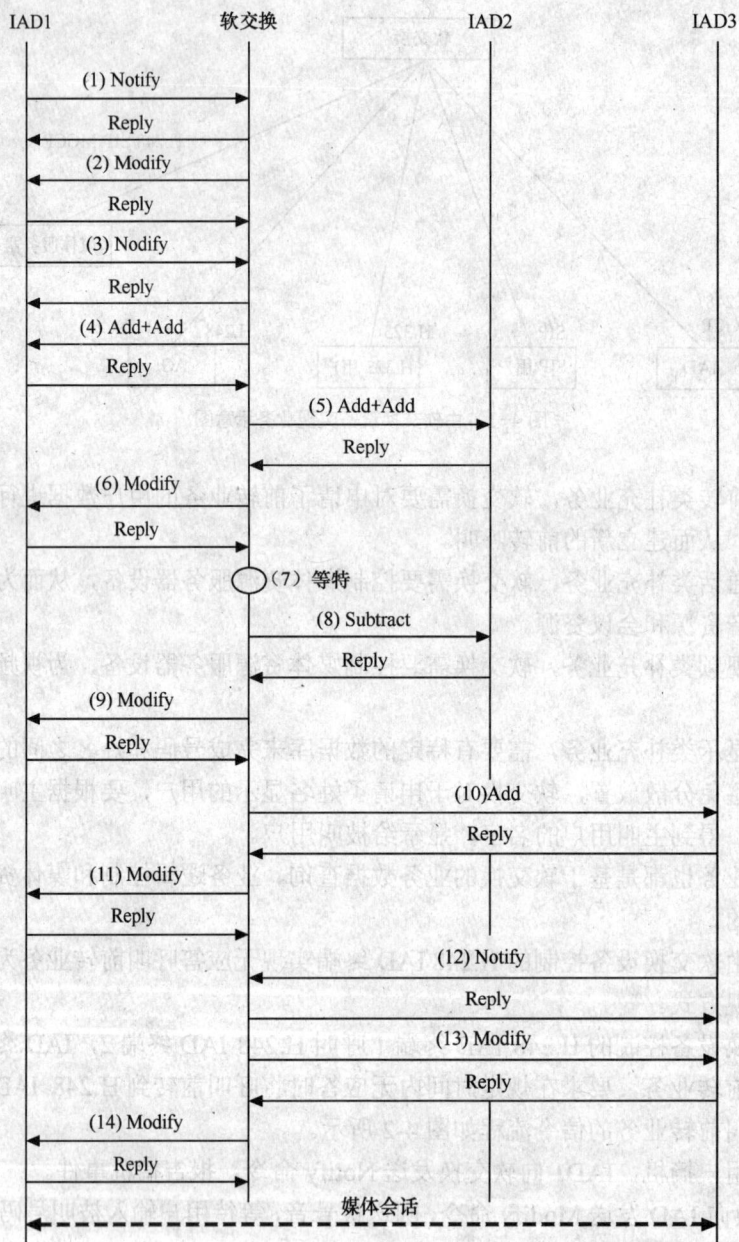

图 4-2　由软交换控制的无应答呼叫前转业务的信令流程

（6）软交换向 IAD1 发送 Modify 命令，送回铃音，并告之远端地址。

（7）软交换判断被叫 IAD2 已经申请了无应答呼叫前转业务，开始计时等待，若被叫未在指定时间内接听，则开始进行无应答呼叫前转，前转目的终端为 IAD3。

（8）软交换向 IAD2 发送 Subtract 命令，删除模拟终端和 RTP 终端，停止振铃并监视摘机事件，IAD2 回送响应。

（9）软交换向 IAD1 发送 Modify 命令，停送回铃音并监视挂机事件。

（10）软交换向 IAD3 发送 Add 命令，在 IAD3 中创建一个新的 context，并在 context 中

加入模拟终端和 RTP 终端，其中 Mode 设置为 SendReceive，并说明主叫的地址及端口号、设置抖动缓存、语音压缩算法等，并对被叫用户进行振铃。IAD3 通过 Reply 命令返回其 RTP 端口号及采用的语音压缩算法。

（11）软交换向 IAD1 发送 Modify 命令，重新送回铃音，和告之新的远端地址。

（12）被叫用户摘机，IAD3 向软交换发送 Notify 命令。

（13）软交换向 IAD3 发送 Modify 命令，切断振铃音，并监视被叫挂机。

（14）软交换向 IAD1 发送 Modify 命令，切断回铃音，设置 Mode=SendReceive。

H.248 IAD 终端 1 和 H.248 IAD 终端 3 之间开始通话。

4.2.2　由各种服务器提供

增强业务可以由应用服务器等各种服务器提供，也可以由第三方提供，即相同的业务会有不同的实现方式。由各种服务器提供业务的实现示意如图 4-3 所示。

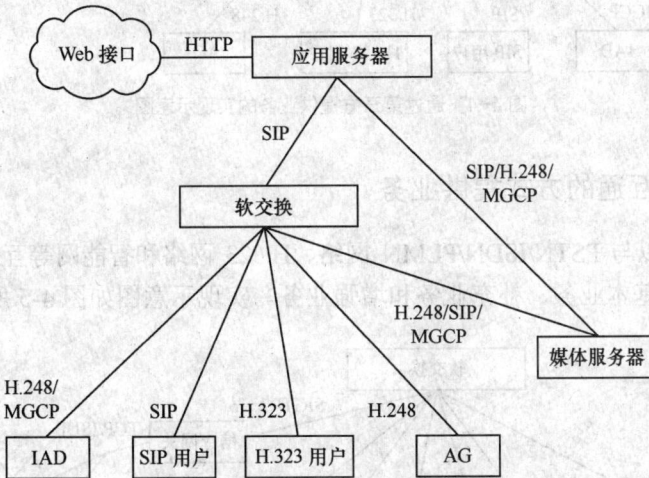

图 4-3　由各种服务器提供业务的实现示意图

应用服务器是软交换体系中提供业务的重要平台，可以为用户提供各种各样的增强业务。应用服务器为增强业务提供业务控制和业务数据功能，控制软交换设备完成呼叫控制，控制媒体资源服务器为各种业务提供各种媒体资源。

Web 接口主要为用户定制和管理业务提供辅助工具，用户通过 Web 接口可以灵活地定制业务、管理个人用户数据和业务数据。

4.2.3　由第三方提供

在软交换网络中，业务可以由第三方提供，由第三方提供业务的实现示意如图 4-4 所示。

在图 4-4 中，第三方应用是提供增强业务的平台，第三方应用可利用应用编程接口 API 完成业务控制和业务数据功能。API（如 PARLAY）网关完成 API 与软交换网络中各种协议之间的映射。第三方通过 API 网关控制软交换完成呼叫控制功能，控制媒体资源服务器设备为各种业务提供各种媒体资源。

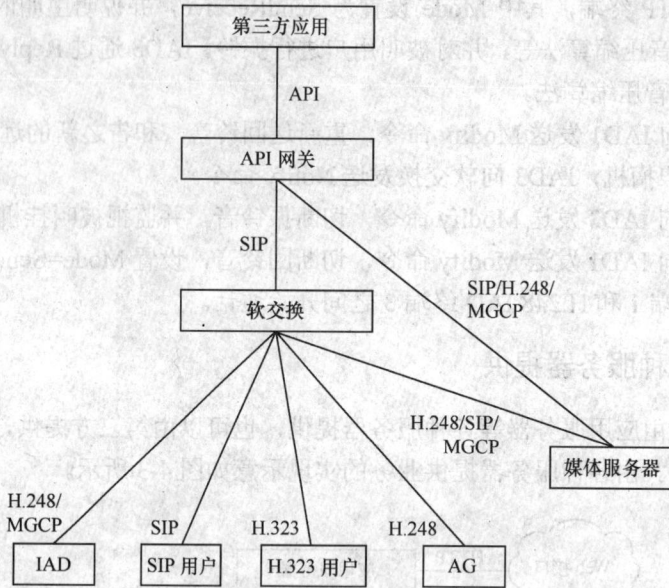

图 4-4 通过第三方提供业务的实现示意图

4.2.4 通过互通的方式提供业务

软交换网络可以与 PSTN/ISDN/PLMN 网络、H.323 网络和智能网等互通，向软交换所控制的用户提供各种基本业务、补充业务和增强业务。实现示意图如图 4-5 所示。

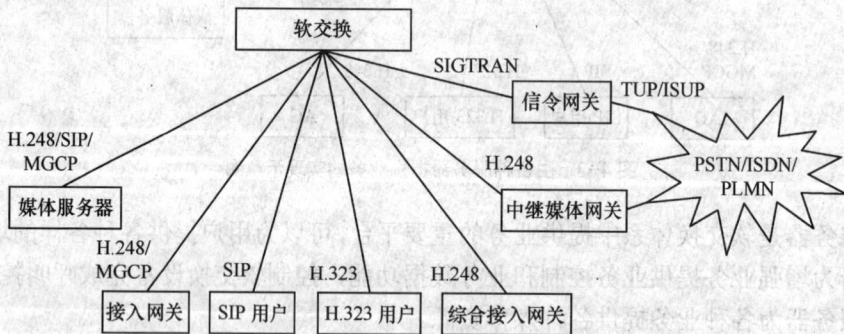

图 4-5 通过互通的方式提供业务实现示意图

当软交换与 PSTN/ISDN/PLMN 网络互通提供语音和传真这类基本业务时，软交换和 PSTN/ISDN/PLMN 网络的交换机通过不同协议的基本呼叫流程来控制软交换用户与 PSTN/ISDN/PLMN 网络用户之间的呼叫建立、连接和释放，完成承载连接的建立。如果业务需要，由软交换控制媒体资源服务器或由网络的交换机向用户提供录音通知等语音资源。

当软交换与 PSTN/ISDN/PLMN 网络互通提供号码识别类补充业务时，软交换和 PSTN/ISDN/PLMN 网络的交换机需要查询用户的业务数据，根据用户需要设置基本呼叫控制流程中某个消息某个字段的取值，从而实现号码的显示/限制。

当软交换与 PSTN/ISDN/PLMN 网络互通提供呼叫前转类补充业务时，软交换和 PSTN/

ISDN/PLMN 网络的交换机需要对申请了前转业务的用户数据进行查询并对用户状态进行判断，从而建立新的前转呼叫。

当软交换与 PSTN/ISDN/PLMN 网络互通提供多方通话类补充业务时，软交换需要控制媒体资源服务器设备，从而为三方通话和会议呼叫提供语音资源和会议资源。与 PSTN/ISDN/PLMN 网络的交换机通过 SG/TG 完成基本的信令互通和承载建立。

软交换与 PSTN/ISDN/PLMN 网络的互通也可以提供其他补充业务，这些补充业务基本的业务数据和业务控制都应该由软交换设备提供，PSTN/ISDN/PLMN 网络的交换机主要完成基本的呼叫接续和承载建立。

4.2.5　与智能网互通

软交换网络可以与智能网互通，为用户提供各类增强业务。软交换与智能网互通有业务触发方式和数据访问方式两种方式。

（1）业务触发方式：软交换设备提供 SSF 功能访问智能网的 SCP。

（2）数据访问方式：软交换网络中的应用服务器访问智能网 SCP 中的数据。

1．业务触发方式

对于业务触发方式，软交换设备提供 SSF 功能访问智能网的 SCP。软交换通过信令网关与智能网的 SCP 互通，为软交换所控制的 SIP 用户、H.248 的 IAD 用户、AG 用户、H.323 用户提供智能网 SCP 中的智能业务。例如记账卡（300 号）业务、被叫集中付费（800号）业务、虚拟专用网（VPN）业务、通用个人通信业务、大众呼叫业务、电话投票业务、广域集中用户交换业务、号码携带业务、点击拨号、点击 800 业务等。这些业务具体的业务含义和业务特征取决于原有 SCP 中的业务含义和业务特征。实现示意如图 4-6 所示。

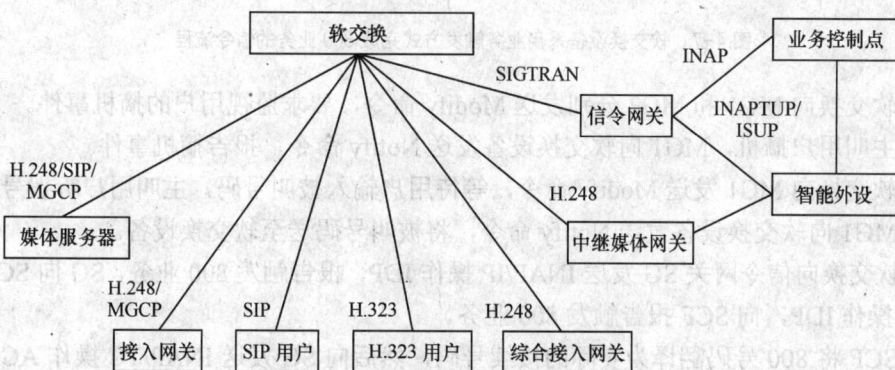

图 4-6　业务触发方式

下面说明软交换设备采用业务触发方式完成 800 业务的信令流程。

设主叫用户与 IAD（MG1）连接；主叫用户拨 800 号码；800 号码翻译到的被叫用户与 AG（MG2）连接；IAD 与 AG 属于一个软交换的管辖区域内；呼叫完成后被叫先挂机。具体流程如图 4-7 所示。

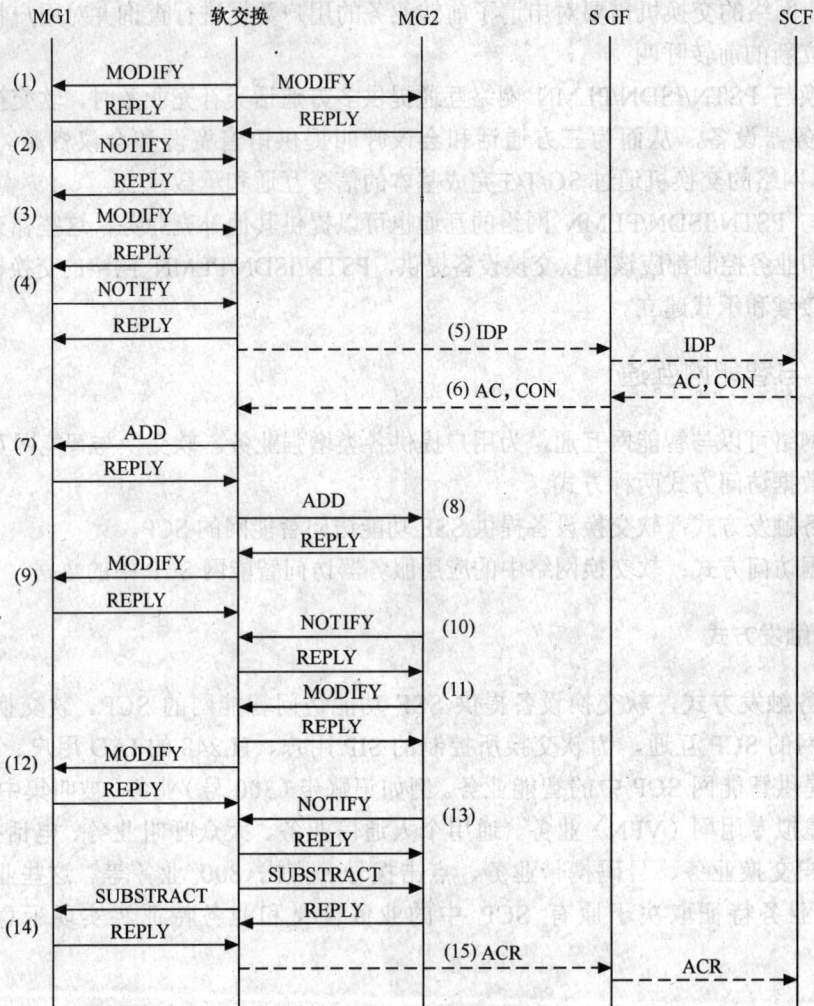

图 4-7 软交换设备采用业务触发方式完成 800 业务的信令流程

（1）软交换向 MG1 和 MG2 分别发送 Modify 命令，要求监视用户的摘机事件。

（2）主叫用户摘机，MG1 向软交换设备发送 Notify 命令，报告摘机事件。

（3）软交换向 MG1 发送 Modify 命令，等待用户输入被叫号码，主叫用户听拨号音。

（4）MG1 向软交换设备发送 Notify 命令，将被叫号码送至软交换设备。

（5）软交换向信令网关 SG 发送 INAP/IP 操作 IDP，报告触发 800 业务，SG 向 SCF 发送 INAP/TC 操作 IDP，向 SCF 报告触发 800 业务。

（6）SCF 将 800 号码翻译为实际的接续号码，然后向 SG 发送 INAP/TC 操作 AC（申请计费）和 CONNECT（连接），要求软交换对被叫进行计费并接续到实际的接续号码（位于 MG2），SG 将这两个操作转换为 INAP/IP 操作，然后向软交换发送。

（7）在 MG1 中创建一个新 context，并在 context 中加入 TDM termination 和 RTP termination，其中 Mode 设置为 ReceiveOnly，并设置抖动缓存、语音压缩算法等。MG1 通过 Reply 命令返回其 RTP 端口号及采用的语音压缩算法。

（8）在 MG2 中创建一个新 context，并在 context 中加入 TDM termination 和 RTP termination，

其中 Mode 设置为 SendReceive，并设置抖动缓存、语音压缩算法等。

MG2 通过 Reply 命令返回其 RTP 端口号及采用的语音压缩算法。

（9）软交换向 MG1 发送 Modify 命令，告之远端地址。

（10）被叫用户摘机，MG2 向软交换发送 Notify 命令。

（11）软交换向 MG2 发送 Modify 命令，切断振铃音。

（12）软交换向 MG1 发送 Modify 命令，切断回铃音，Mode=SendReceive。

（13）被叫挂机，MG2 向软交换发送 Notify 命令。

（14）软交换分别向 MG1 和 MG2 发送 Subtract 命令。

（15）软交换向 SC GF 发送 INAP/IP 操作 ACR（申请计费报告），SGF 向 SCF 发送 INAP/TC 操作 ACR，向 SCF 报告计费的结果。

2．数据访问方式

对于数据访问方式，软交换网络中的应用服务器通过信令网关与智能网的 SCP 互通，进行数据互访，获得业务所需要的业务数据或用户数据，其实现示意如图 4-8 所示。

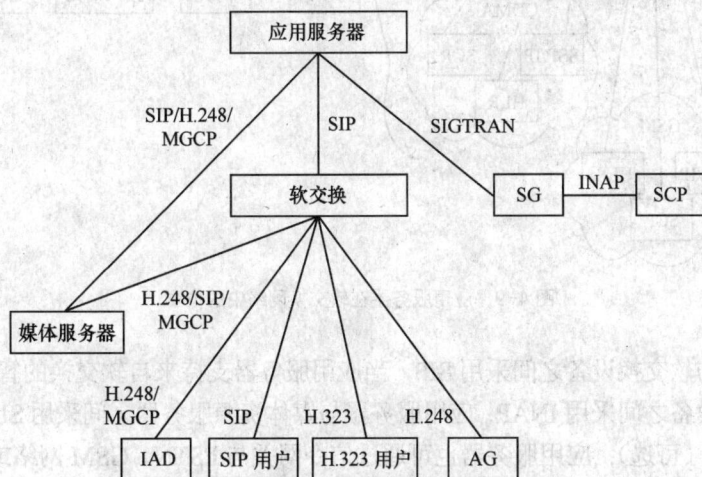

图 4-8　数据访问方式

4.3　应用服务器

4.3.1　应用服务器在软交换网络中的位置与协议接口

应用服务器是在软交换网络中向用户提供各类增强业务的设备，负责增强业务逻辑的执行、业务数据和用户数据的访问、业务的计费和管理等，它应能通过 SIP 控制软交换设备完成业务请求，通过 SIP/H.248（可选）/MGCP（可选）协议控制媒体资源服务器设备提供各种媒体资源。

应用服务器可选地可以支持智能网协议，也可以向第三方开放 API 接口。

在软交换网络中，应用服务器的位置如图 4-9 所示。

应用服务器是软交换网络中提供增强业务的实体，它为各种业务的执行和管理提供环境。应用服务器通过 IP 网络与其他设备连接，应支持 10Mbit/s/100Mbit/s 以太网接口、1 000Mbit/s

以太网接口（可选）。

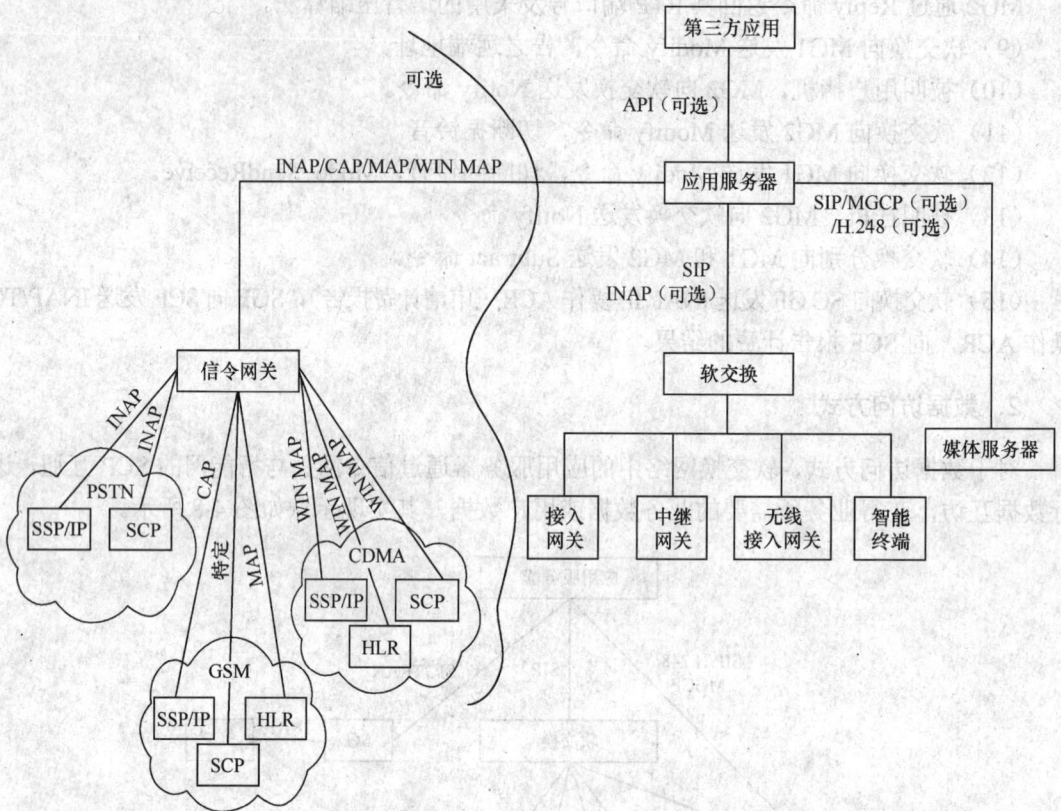

图 4-9　应用服务器在软交换网络中的位置

应用服务器与软交换设备之间采用 SIP，当应用服务器支持来自软交换的智能呼叫时，应用服务器与软交换设备之间采用 INAP；应用服务器与媒体资源服务器之间采用 SIP（首选）、H.248（可选）或 MGCP（可选）；应用服务器也可通过信令网关与 PSTN、GSM 网络或 CDMA 网络的 SCP、SSP/IP、HLR 等设备互通，采用 INAP/CAP/MAP/WIN MAP 完成与 PSTN、GSM 网络或 CDMA 网络的智能业务的互通。应用服务器与 PSTN 的业务控制点（SCP）、业务交换点（SSP）、智能外设（IP）之间通过信令网关采用 INAP 进行互通。应用服务器与 GSM 网络的业务交换点（SSP），智能外设（IP）之间通过信令网关采用 CAP 进行互通，应用服务器与 GSM 网络的 HLR 之间通过信令网关采用 MAP 进行互通。应用服务器与 CDMA 网络的业务交换点（SSP），智能外设（IP）、业务控制点（SCP），HLR 之间通过信令网关采用 WIN MAP 进行互通。

应用服务器与第三方应用之间采用应用编程接口 API，API 可以是 PARLAY API 或其他 API。

应用服务器处理来自软交换网络的 SIP 业务请求，并根据业务执行的需要，使用 SIP（首选）、H.248 协议（可选）或 MGCP（可选）控制媒体资源服务器，为各种增强业务提供各种媒体资源。应用服务器首先要通过 SIP 与软交换设备进行互通，向软交换网络中的各种用户提供各类增强业务。

应用服务器除了处理软交换的 SIP 业务请求，为软交换网络中的用户提供增强业务以外，还可以支持智能网协议，也可以提供 API，调用第三方应用。应用服务器支持智能网协议有以下两种情况。一种情况是应用服务器与软交换的 SSF 功能之间通过 INAP 规程互通，为来自软交换的智能网呼叫提供服务；另一种情况是应用服务器通过信令网关与现有智能网的 SSP/IP/HLR 等设备互通，通过 INAP/CAP/MAP 和 WIN MAP 等协议分别向 PSTN，GSM，CDMA 用户提供智能网业务。如果业务需要，应用服务器也可以与业务控制点（SCP）进行互通，包括访问 SCP 的数据库，以及基于 CS-2 的业务逻辑的互通。

应用服务器对智能网的支持取决于具体的智能网网络和协议。对于固定智能网，应用服务器应支持能力集 1 和能力集 2 的协议，对于 GSM 智能网，应支持 CAMEL2 和 CAMEL3 协议，对于 CDMA 智能网，应支持 WIN Phase1 和 WIN Phase2 的协议。今后，随着各个网络智能网技术的发展，应用服务器还需要支持其他阶段的协议。

当应用服务器提供 API 调用第三方应用时，API 可以是 PARLAY API 或其他 API。当应用服务器提供 PARYLAY API 时，应具有 PARLAY 网关的功能，完成 PARLAY API 与底层各种协议之间的映射。

4.3.2　应用服务器的功能

应用服务器在软交换网络中主要提供业务控制功能、计费功能、应用执行环境功能、媒体控制功能、业务数据功能、协议处理功能、操作维护管理功能等。当应用服务器提供开放 API 时，还应具有 API 功能、PARLAY 网关功能。

应用服务器的功能模块如图 4-10 所示。

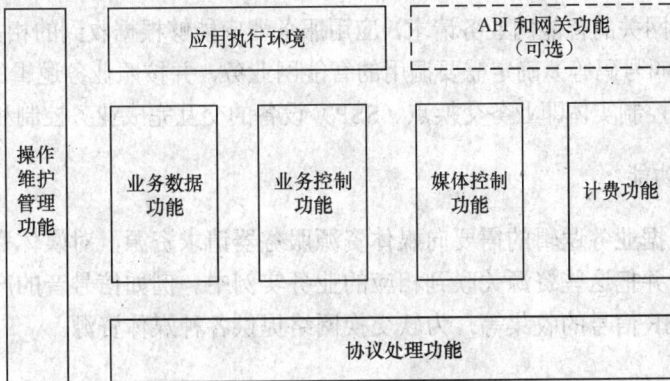

图 4-10　应用服务器的功能模块

应用服务器为软交换网络中的增强业务提供应用执行环境，通过协议处理功能对呼叫分配合适的协议，然后由业务控制功能根据业务逻辑执行的需要对业务进行控制，并通过业务数据功能调用业务执行过程中所需要的业务数据和用户数据。在业务控制的过程中，如果需要，应用服务器会对媒体资源服务器的媒体资源进行控制，为呼叫提供各种媒体资源，并通过计费功能根据业务和管理的需要对呼叫进行计费。

为了保证业务的正常运行，应用服务器通过操作维护管理功能提供必要的业务管理、维护、统计等功能。

如果应用服务器向第三方提供开放接口，可以通过 PARLAY 网关和 API 调用第三方应用。

1．业务控制功能

对于来自软交换的业务请求，应用服务器能够控制与软交换之间的 SIP 业务请求，业务请求可以是软交换发起的，也可以是应用服务器启动的。应用服务器与软交换之间的接口采用 SIP，当应用服务器收到软交换设备通过 SIP 发来的业务请求后，要根据收到的相关信息（例如主叫号码、被叫号码、IP 地址、业务键等）确定需要调用的业务逻辑，并按照业务逻辑的要求控制业务的执行，通过与呼叫控制实体（软交换设备）的交互完成业务控制和呼叫控制功能。应用服务器对业务请求可能进行如下的一种或多种处理。

应用服务器给软交换发送一个新的目的地址，实现翻译和选路等业务处理。

应用服务器为呼叫分配媒体资源，直接控制媒体资源或通过软交换控制媒体资源，完成用户与媒体资源的交互；通知软交换继续呼叫处理，并监视后续的呼叫事件。

应用服务器还能够向软交换启动业务请求，即根据 Web、电子邮件、网页推送（push）、即时消息等应用的请求，代表用户向软交换发起呼叫，实现基于 Web 的业务控制。

对于需要调用第三方应用的业务请求，应用服务器应通过 API，向第三方应用发送调用请求，对于由第三方应用主动发起的业务指示，应用服务器应能接受并正确处理，配合第三方应用完成业务控制和呼叫处理。

应用服务器可以对 SSF 智能业务请求进行控制。智能业务请求有两种情况：一种是来自软交换的 SSF 功能使用 INAP 的智能网业务请求；另一种是通过信令网关来自 PSTN，GSM 和 CDMA 网络的智能网业务请求，分别使用 INAP，CAP 和 WIN MAP。

对于来自信令网关的智能网业务请求，应用服务器应能够根据收到的相关信息（例如业务键、主叫号码、被叫号码等）确定需要调用的智能网业务，并按照业务逻辑的要求控制业务的执行，通过与呼叫控制实体即业务交换点（SSP）设备的交互完成业务控制和呼叫控制功能。

2．媒体控制功能

应用服务器根据业务逻辑的需要向媒体资源服务器请求资源，对媒体资源服务器上的媒体资源进行控制，并把这些资源关联到相应的业务实例中。例如信号音的产生与发送、录音通知的播放、DTMF 信号的收集等，为软交换网络提供各种媒体资源。

3．业务数据功能

应用服务器应具有提供业务执行所需要的业务数据功能，包括业务数据和用户数据的存储、访问和管理等。在业务执行时应用服务器能够实时提取相关的数据，并能对数据进行相应的管理。

4．计费功能

应用服务器应具有各种业务所需要的计费信息，并具有对各种业务呼叫进行计费的功能，完成计费数据的产生、存储和传送。

5．协议处理功能

对于来自不同网络实体的不同呼叫，应用服务器应能进行正确的协议处理。对于软交换设备的 SIP 呼叫，应用服务器应提供并正确处理 SIP；对于媒体资源服务器，应用服务器应提供并正确处理 SIP（首选）、H.248（可选）、MGCP（可选）。

如果应用服务器支持智能呼叫，对于软交换设备的 INAP 呼叫，应用服务器应提供并正确处理 INAP；对于 PSTN 网络，应用服务器应提供并正确处理 INAP；对于 GSM 网络，应用服务器应提供并正确处理 CAP 和 MAP；对于 CDMA 网络，应用服务器应提供并正确处理 WIN MAP。

6. API 和网关功能

应用服务器可以向第三方提供 API，API 可以是 PARLAY API 或其他 API。当应用服务器提供 PARYLAY API 时，应具有 PAYLAY 网关的功能，具有 PARLAY API 所定义的框架以及 SCF，提供 SIP，H.248 和 MGCP 到 PAYLAY API 的映射。对于支持智能呼叫应用服务器，还需要提供 INAP，CAP，MAP，WIN MAP 到 PARLAY API 的映射。

4.3.3　业务开放接口技术

在下一代网络中,对于新业务的生成已经突破原有智能网的概念,是一种全新的结构。它的核心思想是通过应用编程接口 API 将承载网络的能力开放给第三方,运营商只需负责基础承载网络的建设和维护,应用服务器由第三方独立软件供应商提供,由于 API 已经将网络的能力进行了抽象,对于应用服务器的提供者,只需了解 API 的内容即可,无需了解底层网络实体复杂协议（CAP，INAP 等）的细节,降低了门槛,使他们能够将更多的精力放在用户需求和业务流程的实现上。其中,应用得最广泛的应用编程接口 API 是 PARLAY API。

1. PARLAY API 在软交换网络中的位置和作用

PARLAY API 是一个标准的接口，从而能够使得第三方通过此接口利用运营商的基础网络提供丰富多彩的业务。例如统一消息业务、基于位置的业务、呼叫中心业务等，这些业务的业务逻辑都位于应用服务器中。PARLAY API 在网络中的位置如图 4-11 所示。

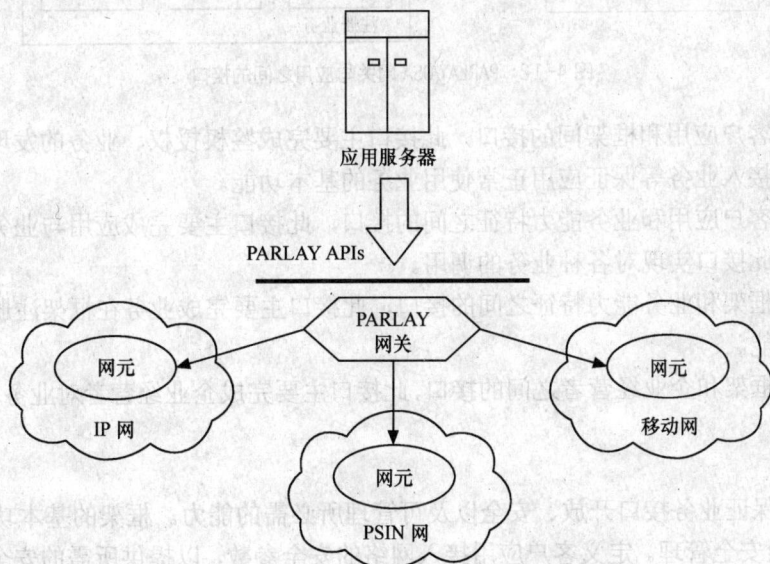

图 4-11　PARLAY API 在网络中的位置

PARLAY API 位于现有网络之上，现有网络的网络单元通过 PARLAY 网关与应用服务器进行交互，从而提供第三方业务或综合的业务，PARLAY 网关与应用服务器之间的接口为 PARLAY API。PARLAY 网关与现有网络的网络单元之间的协议采用各个网络的现有协议。

PARLAY API 是一组开放的与具体技术无关的 API，第三方业务开发商、独立软件提供商能通过 PARLAY API 来开发业务。通过此开放的标准接口，业务应用开发者可利用网络的能力为各个网络的用户提供服务。PARLAY API 提供了一个安全、开放的接入现有网络的能力。

PARLAY 网关与应用之间的接口如图 4-12 所示。由图可见，应用包括企业经营者和客户应用，企业经营者代表业务的订购者，客户应用代表业务的使用者。PARLAY 网关由多个业务能力服务器（SCS）和框架组成，每个业务能力服务器对应用来说是一个或多个业务能力特征（SCF），此业务能力特征是对网络所提供的功能的抽象，负责为高层应用提供访问网络资源和信息的能力。框架则提供保证业务接口开放、安全以及可管理所必需的能力。

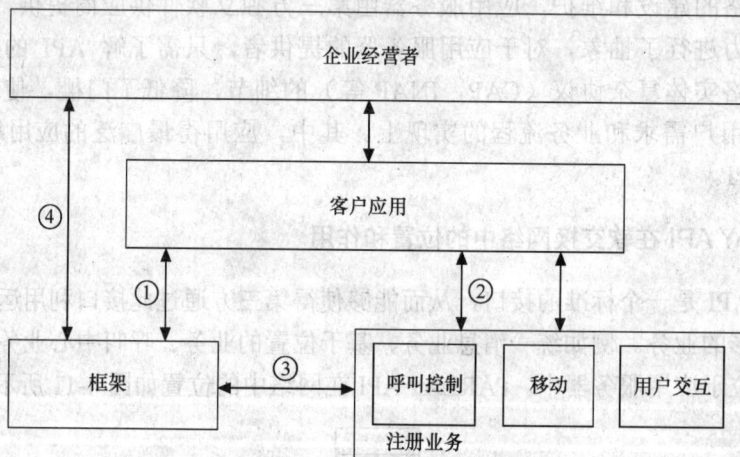

图 4-12　PARLAY/OSA 网关与应用之间的接口

接口 1 是客户应用和框架间的接口，此接口主要完成鉴权授权、业务的发现与选择，建立业务协议，接入业务等保证应用正常使用业务的基本功能。

接口 2 是客户应用和业务能力特征之间的接口，此接口主要完成应用与业务间的消息交互，应用通过此接口实现对各种业务的调用。

接口 3 是框架和业务能力特征之间的接口，此接口主要完成业务在框架注册、框架对业务的管理等功能。

接口 4 是框架和企业经营者之间的接口，此接口主要完成企业经营者对业务的订购功能。

2. 框架

框架提供保证业务接口开放、安全以及可管理所必需的能力。框架的基本功能如下。

① 信任及安全管理。定义客户应用接入网络的安全参数，以提供所需的安全机制。所有客户应用在被允许使用其他任何接口前，必须首先获得鉴权和授权。

② 业务注册及发现管理。包括：业务注册、业务注销及业务发现。业务注册为非框架 SCF（即网络 SCF）提供注册到框架的功能。只有在成功完成注册后，获得授权的应用才能从框架处找到哪些非框架 SCF 可用，这些 SCF 也才能被授权的应用使用。业务注销是与业务注册相反的过程，在框架处注销的非框架 SCF 将不会在框架处被发现，也不再为任何应用提供业务。业务发现则向应用提供其可以使用的所有 SCF 的列表，当非框架 SCF 在框架处完成注册时，它被加入到可用 SCF 列表中。

③ 完整性管理。通过该功能，框架可以查询和报告与框架、网络 SCF 和客户应用完整性相关的状态。此外，应用也可以查询与框架、网络 SCF 完整性相关的状态，并报告自身的状态。作为完整性管理功能的一部分，框架可以提供对客户应用状态的监管（心跳操作）、故障管理报告、控制和运行维护接入。

应用与框架之间接口的基本机制如下。

在任何应用与网络业务能力特征交互前，必须建立业务协议。业务协议包含离线部分和在线部分。应用在被允许接入任何网络业务能力特征前，需要签订在线部分的业务协议。

在被允许使用其他任何 OSA（开放式业务结构）接口前，应用必须通过鉴权，鉴权成功后应用可以获得可用的框架接口，使用发现接口获得被授权的网络业务能力特征的信息，并被授权接入规定的业务（SCF）。

非框架 SCF（即网络 SCF）在可以被应用之前必须向框架注册，只有在成功完成注册后，获得授权的应用才能从框架处找到哪些非框架 SCF 可用，这些 SCF 也才能被授权的应用使用。

3．业务能力服务器

在开发业务接入（OSA）体系结构中，电信网的业务能力是以网络业务能力特征（SCF）的形式提供的。提供了呼叫控制 SCF、基本用户交互和呼叫用户交互 SCF、移动 SCF、终端能力 SCF、数据会话控制 SCF、通用消息 SCF、连通性管理 SCF、账户管理 SCF 和计费 SCF 共 9 个 SCF。

呼叫控制 SCF 又包含一般呼叫控制业务、多方呼叫控制业务、多媒体呼叫控制业务和会议呼叫控制业务。

（1）呼叫控制 SCF

呼叫控制 SCF 包含一般呼叫控制业务、多方呼叫控制业务、多媒体呼叫控制业务和会议呼叫控制业务。

在呼叫模型中的 leg 对象代表呼叫和地址之间的逻辑联系。

① 一般呼叫控制业务

一般呼叫控制业务（GCCS）为 API 提供基本的呼叫控制业务。它基于第三方模式，允许在网络中建立呼叫并在网络中选路。GCCS 支持足够的能力为目前电话交换网络或基于分组的智能网（IN）业务进行呼叫选路和管理。

应用得到呼叫的控制有以下两种方式。

应用可以请求一般呼叫控制业务 API 在符合某种条件的呼叫事件发生时通知应用，当符合某种条件的呼叫事件发生时，应用得到通知并可控制呼叫。在此情况下，某些 leg 已经与呼叫相关联。

应用创建一个新的呼叫。应用可以通过调用 SCF 侧对象的方法控制底层网络中的呼叫。

② 多方呼叫控制业务

多方呼叫控制业务增强了一般呼叫控制业务的功能。它允许建立多方呼叫。

（2）基本用户交互和呼叫用户交互 SCF

应用使用基本用户交互 SCF 与终端用户进行交互。由用户交互管理和基本用户交互两个接口组成。用户交互管理包含与用户交互相关的管理功能，基本用户交互包含与终端用户交互的方法。

基本用户交互提供向用户发送或收集信息的能力，例如此接口允许应用发送 SMS 和 USSD（非结构化补充数据业务）消息，应用可以独立于其他的 SCF 而使用此接口。

呼叫用户交互提供向与呼叫相关的用户（或呼叫方）发送或收集信息的能力。

（3）移动 SCF

移动 SCF 提供基本的地理位置服务。移动 SCF 具有允许应用获得固定用户、移动用户和 IP 电话用户地理位置和状态的能力。

（4）终端能力 SCF

终端能力 SCF 使应用获得指定终端的能力。

（5）数据会话控制 SCF

数据会话控制网络 SCF 由数据会话管理和数据会话两个接口组成，数据会话管理包含数据会话相关的管理功能，数据会话包含控制会话的方法。

（6）通用消息 SCF

通用消息 SCF 用于应用发送、存储和接收消息，采用语音邮件和电子邮件作为消息传送机制。

（7）连通性管理 SCF

连通性管理 SCF 包括了企业经营者和供应商网络之间的 API，用于双方设置 QoS 参数，以便企业网络的分组在运营商的网络上传送。

（8）账户管理 SCF

账户管理 SCF 提供了用于监视账户的方法。应用可以使用此接口开启或取消对计费相关事件通知的能力，也可以用来查询账户余额。

（9）计费 SCF

应用使用计费 SCF 对应用的使用进行计费。被计费的用户可以是使用应用的同一个用户，也可以由其他用户付费。

4．PARLAY/OSA 网关的结构

Parlay 网关根据 Parlay 协议对外提供各种开放的 API，为第三方业务的开发提供创作平台。Parlay 网关的软件结构如图 4-13 所示。从结构上看，Parlay 网关分为协议适配模块（Protocol Adapter）、基本功能模块（Basic Function）和业务控制模块（Service Control）3 个功能模块。

（1）协议适配模块

协议适配模块主要负责将 Parlay API 提供的统一接口映射到各种不同的网络资源层中去，其主要任务是根据网络的类型选择相应的协议，将 API 的请求通知到具体的网络资源实体中去，并将应答返回给相应的 SCF 作进一步的处理。

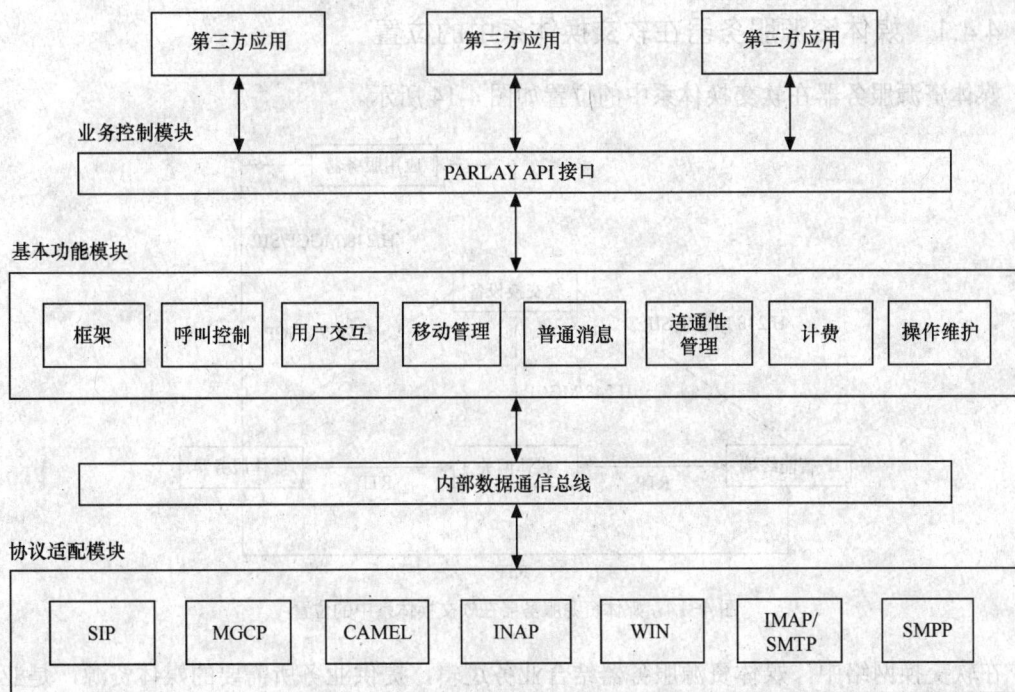

图 4-13　Parlay 网关软件结构图

目前，Parlay 协议适配模块支持 SIP，MGCP，CAMEL，INAP，WIN，IMAP/SMTP，SMPP 等类型的协议适配。

（2）基本功能模块

基本功能模块是 Parlay 网关的控制管理层，包括呼叫控制（Call Control）、用户交互（User Interation）、移动管理、通用消息、计费、操作维护、连通性管理和框架等子模块。

（3）业务控制模块

业务控制模块实现 Parlay 有关电信相关业务和业务特征的 API，并接受第三方用户的 API 的调用，同时业务控制模块还负责将其提供的业务功能在框架模块进行登记，以让应用知道其能否从此 Parlay 网关得到其需要的服务。

第三方应用提供商可以通过业务控制模块提供的 Parlay API 接口控制和调用底层网络的功能，提供丰富多彩的业务，包括通信类业务、消息类业务、信息类业务、支付类业务和娱乐类业务等，这些业务的业务逻辑都位于应用服务器上。Parlay 网关提供的 Parlay API 使第三方应用提供商可以在不了解具体网络协议的情况下，开发出丰富多彩的个性化和客户化的业务。

4.4　媒体资源服务器

媒体资源服务器是软交换体系中提供专用媒体资源功能的独立设备，也是分组网络中的重要设备。媒体资源服务器能提供基本和增强业务中的媒体处理功能，包括 DTMF 信号的采集与解码、信号音的产生与发送、录音通知的发送、会议、不同编解码算法间的转换等各种资源功能以及通信功能和管理维护功能。

4.4.1　媒体资源服务器在软交换体系中的位置

媒体资源服务器在软交换体系中的位置如图 4-14 所示。

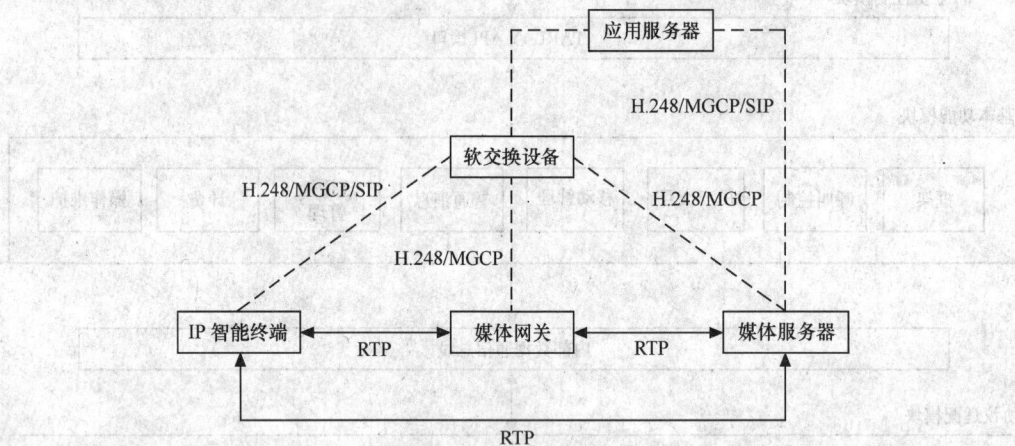

图 4-14　媒体资源服务器在软交换体系中的位置

在软交换网络中，媒体资源服务器结合业务逻辑，提供业务所需要的媒体资源，是业务实现过程中不可或缺的组成部分，广泛地应用于包括基本语音、IP Centrex，IP 会议、预付费业务、通知服务、Voice E-mail、统一消息等各种业务类型，可以提供拨号音、忙音、回铃音、等待音和空号音等基本信号音以及会议、通知等复杂的媒体处理服务。

对媒体资源服务器的控制有两种方式：由软交换控制和由应用服务器直接控制。

第一种方式是媒体资源服务器在软交换的直接控制下，提供业务所必需的媒体资源，常用于由软交换直接提供的业务中，如基本呼叫业务和补充业务。当媒体资源服务器由软交换控制时，软交换与媒体资源服务器之间采用 H.248 协议或 MGCP，推荐使用 H.248 协议。以便在软交换的控制下进行媒体资源的处理。

第二种方式是媒体资源服务器在应用服务器的直接控制下，提供业务所必需的媒体资源，常用于由应用服务器提供的业务中，如会议、Voice E-mail、统一消息等业务。这种工作方式并不是绝对的。在业务逻辑执行过程中，应用服务器也可以通过软交换提出媒体要求，由软交换控制媒体资源服务器，为应用服务器执行业务逻辑提供媒体资源。

当媒体资源服务器由应用服务器控制时，应用服务器与媒体资源服务器之间可采用 SIP、H.248 协议或者 MGCP，其中 SIP 为首选协议，以便在应用服务器的控制下，响应媒体服务的请求，提供媒体资源服务。

媒体资源服务器与媒体网关或 IP 终端之间采用实时传输/实时传输控制（RTP/RTCP）协议，以便在媒体资源服务器与媒体网关或 IP 终端之间实时传送媒体流。

4.4.2　媒体资源服务器的功能

媒体资源服务器在控制设备（软交换设备、应用服务器）的控制下，提供 IP 网络上实现各种业务所需的专用资源功能，具有资源提供功能、与其他实体进行通信的功能以及提供资源本身的管理、维护功能。

1. 资源功能

媒体资源服务器基本的资源功能包括 DTMF 信号的采集与解码、音信号的产生与发送、录音通知的发送、会议、语音的合成等。所有的专用资源具有资源标识，例如信号音标识、录音通知标识、DTMF 接收器标识等。这些资源可以由一个业务专用的，也可以是由几个业务共用。

（1）DTMF 信号的采集与解码

媒体资源服务器应该能够按照控制设备发来的相关操作参数的要求，从 DTMF 话机上接收 DTMF 信号。对于用户所拨的 DTMF 号码，媒体资源服务器应能够识别出用户所拨的号码，将其转换为相应的数字，封装在信令中传送给控制设备。若采用了压缩编码技术，接收端媒体资源服务器应具备恢复生成 DTMF 音的功能。

媒体资源服务器应能根据控制设备的要求，将 DTMF 信号与其他语音信号一样封装成 RTP 包发送给媒体网关或 IP 终端。

（2）信号音的产生与发送

媒体资源服务器应该能根据来自于软交换或应用服务器控制信令参数中的信号音标识，产生并向用户发送相应的信号音，如拨号音、忙音等。

（3）录音通知的发送

媒体资源服务器应该能够按照控制设备的要求，将规定的语音封装成 RTP 包发送给媒体网关或 IP 终端，以便向用户播放规定的录音通知。

（4）多个 RTP 流的音频混合

在完成电话会议业务时，媒体资源服务器接收来自于软交换或应用服务器的控制信令，完成多个 RTP 流的音频混合功能，并支持不同编码格式的混音。

（5）不同编解码算法间的转换

媒体资源服务器应该支持 G.711，G.723.1，G.729 等多种语音编解码算法，并可以根据实际情况，实现各种编解码算法之间的转换。

（6）自动语音合成

媒体资源服务器应该能根据来自于软交换或应用服务器控制信令，将若干个语音元素或字段级连起来构成一条完整的语音提示通知（固定的或可变的）并封装成 RTP 包发送给媒体网关或 IP 终端。对于可变的录音通知，应该能够按照控制设备指令中对可变部分的规定进行合成。这些可变部分已经参数化，参数可以是日期、时间、金额、数字等，这些语音提示应支持语言种类的选择。

除了完成以上基本的资源功能外，媒体资源服务器还应该完成以下可选的功能：传真信号的编解码，IP 网中文本到语音间的转换功能，录音功能和自动语音识别功能。

2. 通信功能

媒体资源服务器应该具有与网络中的软交换设备、应用服务器、媒体网关、IP 智能终端、网管中心等实体的接口，通过这些接口发送或接收相关消息，检查消息格式，进行协议转换处理。媒体资源服务器与其他设备之间的接口主要采用 10/100/1 000Mbit/s 以太网接口，也可采用 ATM STM-1 (155Mbit/s) 接口。

3. 管理、维护功能

媒体资源服务器可以采用本地、远程两种方式，提供对媒体资源以及设备本身的维护、管理，包括媒体资源的编辑、数据配置、状态监控、故障管理等内容。

4.4.3 媒体资源服务器的结构

媒体资源服务器是 IP 网络中提供媒体增值服务的核心资源组件，为软交换网络提供媒体数据服务，如放音、收号、语音合成、语音识别、录音、传真以及视频会议等。

媒体资源服务器在逻辑结构上由系统支撑子系统、呼叫处理子系统、媒体处理子系统和操作维护子系统 4 个子系统组成，媒体资源服务器的逻辑结构如图 4-15 所示。

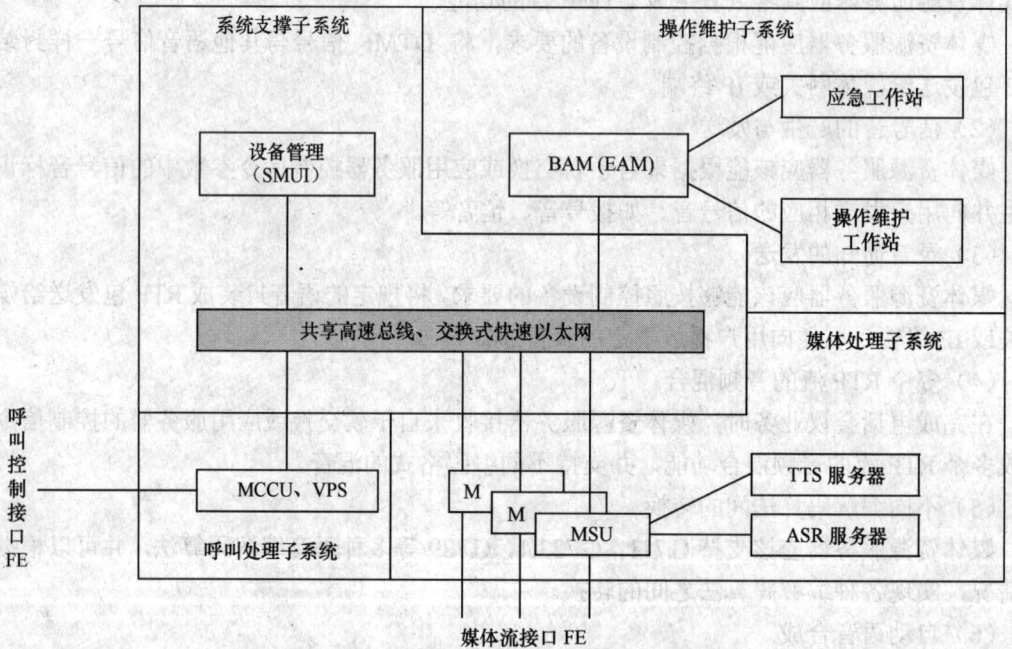

MCCU：媒体呼叫控制单元　VPS：VXML 处理单元　MSU：媒体业务板

图 4-15　媒体资源服务器的逻辑结构

系统支撑子系统实现程序/数据的加载、设备管理维护及板间通信等功能，包括系统管理板 SMUI、系统管理板后插接口板 SIUI、热插拔控制单元等。系统管理板是业务框的主控板，与系统管理后插接口板配合完成系统中所有设备的加载控制、数据配置、工作状态控制等功能。

呼叫处理子系统提供 SIP，H.248 或 MGCP 呼叫协议处理功能，包括媒体呼叫控制单元 MCCU 和 VXML 处理单元 VPS 等单板。媒体呼叫控制单元 MCCU 完成 SIP，H.248 或 MGCP 呼叫协议的解析，VPS 单板完成语音扩展标记语言 VXML 脚本的解释，通过内部以太网总线与媒体服务单元 MSU 通信，控制 MSU 进行媒体处理。

媒体处理子系统由媒体业务板 MSU，TTS 服务器和 ASR 服务器组成。媒体业务板 MSU主要完成媒体流的处理功能，包括 RTP/RTCP 处理、语音编解码、会议桥以及视频、传真等媒体的处理功能。TTS 服务器实现 IP 网中文本到语音间的转换，ASR 服务器完成自动语音识别功能。

操作维护模块由后台管理模块 BAM、应急工作站和操作维护工作站等设备构成，负责整个系统的管理和维护。

4.5　典型业务实现示例

4.5.1　软交换网络中记账卡类业务的实现方式

软交换网络可完成传统智能网中的所有的业务。为了说明软交换网络如何完成传统智能网中的业务及应用服务器与软交换设备、媒体资源服务器之间的接口关系，下面以记账卡类业务为例说明具体的呼叫流程。记账卡类业务（200、300 业务）是传统智能网中的典型业务。记账卡类业务允许用户在任何一部终端上发起呼叫，并且把呼叫费用记在规定的账号上。

1. 软交换网络中实现记账卡类业务的网络结构

软交换网络中实现记账卡类业务的网络结构如图 4-16 所示，应用服务器与软交换之间采用 SIP，与媒体资源服务器之间可以采用 SIP。软交换与接入网关 IAD 的综合接入网关 AG 之间采用 H.248 协议。

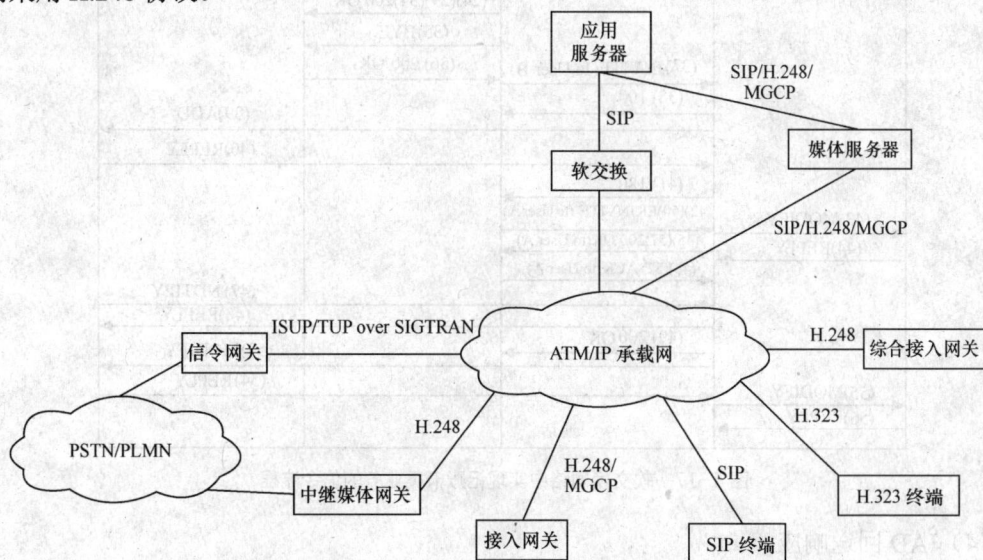

图 4-16　软交换网络中实现记账卡类业务的网络结构

2. 信令流程

在下面的信令流程中，设应用服务器与软交换设备之间的协议为 SIP，与媒体资源服务器之间采用 SIP。设接入网关 IAD 的用户使用 200 业务，呼叫的被叫用户连接在综合接入网关 AG 上。软交换网络中完成 200 业务的信令流程如图 4-17 所示。

（1）用户 A 摘机，IAD 用 NOTIFY 命令向软交换报告。

（2）软交换回送响应。

（3）软交换向 IAD 发送 MODIFY 命令，要求向用户 A 送拨号音，根据规定的拨号计划收集用户 A 的拨号。

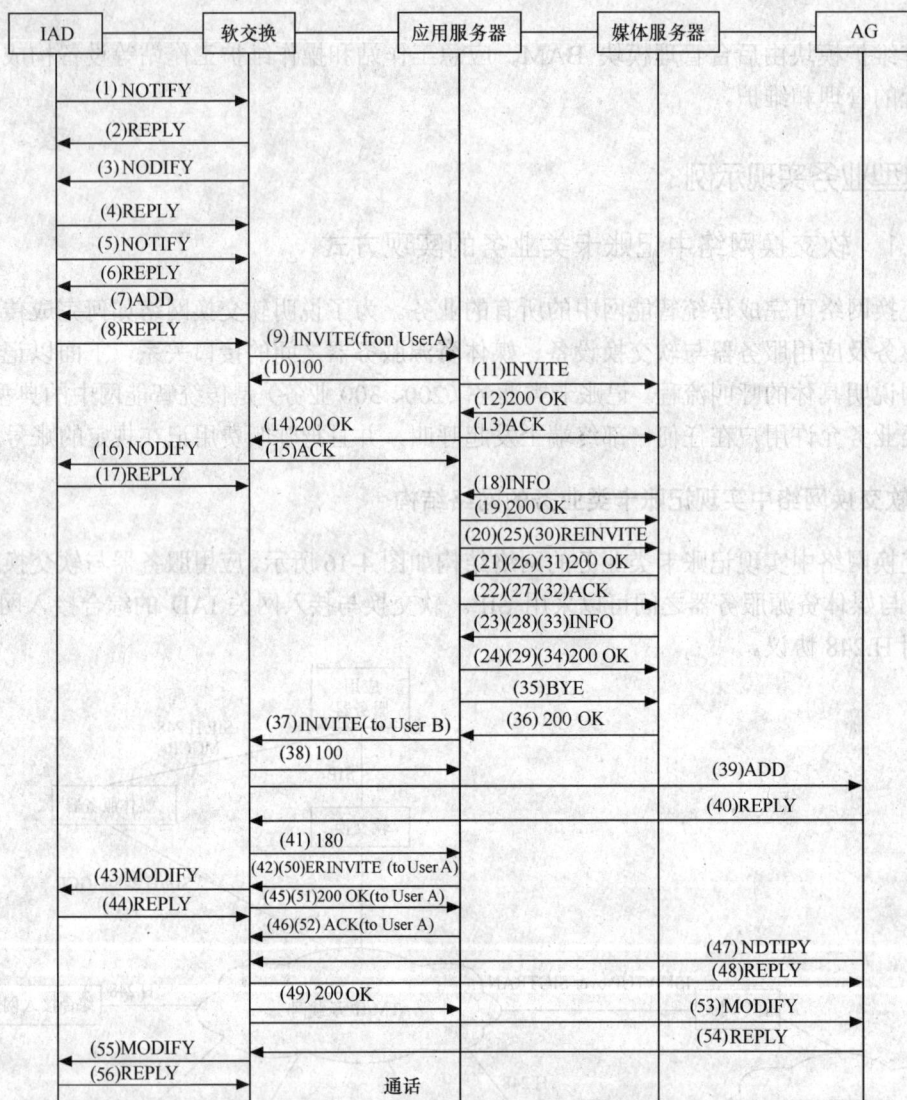

IAD	软交换	应用服务器	媒体服务器	AG

```
IAD          软交换        应用服务器      媒体服务器        AG
 │─(1) NOTIFY─→│            │              │              │
 │←─(2)REPLY───│            │              │              │
 │←─(3) NODIFY─│            │              │              │
 │─(4)REPLY───→│            │              │              │
 │─(5) NOTIFY─→│            │              │              │
 │←─(6)REPLY───│            │              │              │
 │←─(7)ADD─────│            │              │              │
 │─(8)REPLY───→│            │              │              │
 │             │─(9) INVITE(fron UserA)─→ │              │
 │             │←─(10)100───│              │              │
 │             │            │─(11)INVITE──────────────→   │
 │             │            │←─(12)200 OK─────────────    │
 │             │←─(14)200 OK─│─(13)ACK─────────────────→  │
 │←─(16)NODIFY─│─(15)ACK────→│              │              │
 │─(17)REPLY──→│            │              │              │
 │             │            │─(18)INFO────────────────→   │
 │             │            │←─(19)200 OK─────────────    │
 │             │            │─(20)(25)(30)REINVITE─────→  │
 │             │            │←─(21)(26)(31)200 OK───────  │
 │             │            │─(22)(27)(32)ACK─────────→   │
 │             │            │─(23)(28)(33)INFO────────→   │
 │             │            │←─(24)(29)(34)200 OK──────   │
 │             │            │←─(35)BYE─────────────────   │
 │             │─(37) INVITE(to User B)─ │←(36) 200 OK   │
 │             │←─(38) 100──│              │              │
 │             │            │              │─(39)ADD────→ │
 │             │            │              │←─(40)REPLY── │
 │             │←─(41) 180──│              │              │
 │←─(43)MODIFY─│─(42)(50)ERINVITE (to User A)──→          │
 │─(44)REPLY──→│←─(45)(51)200 OK(to User A)─              │
 │             │─(46)(52) ACK(to User A)─→                │
 │             │            │              │─(47) NDTIPY→ │
 │             │            │              │←─(48)REPLY── │
 │             │←─(49) 200 OK│             │─(53)MODIFY─→ │
 │             │            │              │←─(54)REPLY── │
 │←─(55)MODIFY─│            │              │              │
 │─(56)REPLY──→│          通话              │              │
```

图 4-17　软交换网络中实现记账卡类业务的信令流程

（4）IAD 回送响应。

（5）用户 A 拨号码"200"，IAD 向软交换发送 NOTIFY 命令报告接收到的号码。

（6）软交换回送响应。

（7）软交换向 IAD 发送 ADD 命令，要求在 IAD 中创建一个新 context，并在 context 中加入 TDM 终端和 RTP 终端。

（8）IAD 通过 REPLY 响应返回分配的关联号、RTP 终端标识和接收媒体流的参数（接收媒体流的 IP 地址、端口号码和编码类型）。

（9）软交换对被叫号码"200"进行分析，发现是智能业务接入码，软交换发送 INVITE 消息到应用服务器，请求应用服务器处理，在 INVITE 消息中包括 IAD 中与用户 A 连接的 RTP 终端接收媒体流的参数。

（10）应用服务器给软交换回送 100 响应。

（11）应用服务器执行与 200 业务有关的业务逻辑，确定需要得到用户的相关信息才能处理，就向媒体资源服务器发送 INVITE 消息，在 INVITE 消息中包含 IAD 中与用户 A 连接的 RTP 终端接收媒体流的参数，并携带需要放音的参数（语言选择）。

（12）媒体资源服务器向应用服务器回送 200 OK 响应，在 200 OK 消息中包含媒体资源服务器接收媒体流的参数。

（13）应用服务器向媒体资源服务器回送 ACK 响应，表示应用服务器发送的 INVITE 建立成功。

（14）应用服务器向软交换回送 200 OK 响应，在 200 OK 响应消息中包含媒体资源服务器接收媒体流的参数。

（15）软交换向应用服务器回送 ACK 响应，表示软交换发送的 INVITE 建立成功。

（16）软交换向 IAD 发送修改命令 MODIFY，将媒体资源服务器接收媒体流的参数发送给 IAD。

（17）IAD 回送响应，IAD 与媒体服务器之间的媒体通道建立，媒体服务器向用户发送提示信息，要求用户选择使用的语言，用户输入选择。

（18）媒体资源服务器向应用服务器发送 INFO，通知放音完成，并把收集到的用户输入信息通知给应用服务器。

（19）应用服务器向媒体资源服务器回送 200 OK 响应。

（20）应用服务器发送 REINVITE 到媒体资源服务器，要求媒体资源服务器放音并收集用户输入信息（卡号）。

（21）媒体资源服务器向应用服务器回送 200 OK 响应。

（22）应用服务器向媒体资源服务器回送 ACK 响应。

（23）媒体服务器向用户发送提示信息，要求用户输入卡号，用户输入卡号，媒体资源服务器向应用服务器发送 INFO，通知放音完成，并把收集到的用户输入信息（卡号）通知给应用服务器。

（24）应用服务器向媒体资源服务器回送 200 OK 响应。

（25）应用服务器发送 REINVITE 到媒体资源服务器，要求媒体资源服务器放音（要求输入密码）并收集用户输入信息。

（26）媒体资源服务器向应用服务器回送 200 OK 响应。

（27）应用服务器向媒体资源服务器回送 ACK 响应。

（28）媒体服务器向用户发送提示信息，要求用户输入密码，用户输入密码，媒体资源服务器向应用服务器发送 INFO，通知放音完成，并把收集到的用户输入信息（密码）通知给应用服务器。

（29）应用服务器向媒体资源服务器回送 200 OK 响应。

（30）应用服务器发送 REINVITE 到媒体资源服务器，要求媒体资源服务器放音（要求输入被叫号码）并收集用户输入信息。

（31）媒体资源服务器向应用服务器回送 200 OK 响应。

（32）应用服务器向媒体资源服务器回送 ACK 响应。

（33）媒体服务器向用户发送提示信息，要求用户输入被叫号码，用户输入被叫号码，媒体资源服务器向应用服务器发送 INFO，通知放音完成，并把收集到的用户输入信息（被叫号码）通知给应用服务器。

（34）应用服务器向媒体资源服务器回送 200 OK 响应。

（35）应用服务器发送 BYE 给媒体资源服务器，释放通道。

（36）媒体资源服务器回送 200 OK，到媒体资源服务器的通道释放。

（37）应用服务器根据接收到的被叫号码向软交换发送 INVITE，请求软交换建立到用户 B 的连接。

（38）软交换向应用服务器回送 100 响应。

（39）软交换根据应用服务器的命令，向与被叫相连的 AG 发送 ADD 命令，要求创建关联、在关联中增加半固定终端和 RTP 终端，确定 RTP 终端发送媒体流的参数，向被叫振铃。

（40）AG 回送响应，将确定的关联号、RTP 终端号及接收媒体流的参数报告软交换；向被叫振铃。

（41）软交换向应用服务器回送 180 响应，说明已建立到用户 B 的连接，已向被叫振铃，并将 B 用户相连接的 RTP 终端接收媒体流的参数报告应用服务器。

（42）应用服务器向 A 用户所在的软交换发送 REINVITE 消息，在消息中包含 SDP 请求，要求 A 用户所在的软交换将媒体流参数更新为 AG 中 B 用户相连接的 RTP 终端接收媒体流的参数。

（43）软交换向主叫所在的 IAD 发送修改命令，将 AG 中与被机连接的 RTP 终端接收媒体流的参数通知 IAD，命令 IAD 完成与 AG 的后向连接。

（44）IAD 回送响应。

（45）软交换向应用服务器发送 200 OK，对 REINVITE 消息进行响应。

（46）应用服务器向软交换发送 ACK 消息，对 200 OK 消息予以确认。

（47）被叫用户摘机，AG 向软交换发送 NOTIFY 命令，报告被叫用户摘机。

（48）软交换回送响应。

（49）软交换向应用服务器回送 200 OK，通知 B 用户应答。

（50）应用服务器向 A 用户所在的软交换发送 REINVITE 消息，通知被叫已应答，请求完成双向连接。

（51）软交换向应用服务器发送 200 OK，对 REINVITE 消息进行响应。

（52）应用服务器向软交换发送 ACK 消息，对 200 OK 消息予以确认。

（53）软交换向 AG 发送修改命令 MODIFY，命令 AG 停止发送振铃，并将 IAD 中与主机连接的 RTP 终端接收媒体流的参数通知 AG，命令 AG 完成与 IAD 的连接。

（54）AG 回送响应。

（55）软交换向 IAD 发送修改命令 MODIFY，命令 IAD 完成与 AG 的双向连接。

（56）IAD 回送响应，位于 IAD 的用户 A 和位于 AG 的用户 B 的呼叫进入通话阶段。

4.5.2 可视电话业务

可视电话业务是一种集图像、语音于一体的多媒体通信业务，可以实现人们面对面的实时沟通，即通话双方在通话过程中能够互相看到对方场景。可视电话可以通过分组方式或电路方式来实现，下面分别介绍目前在 TD 网络中基于电路域（CS）承载来实现的可视电话业务和基于软交换的可视电话业务的实现方式。

1．TD 网络中可视电话业务的实现

（1）实现可视电话业务的网络结构图

在移动 TD 网络中基于电路域（CS）承载来实现可视电话业务的网络结构图如图 4-18 所示。

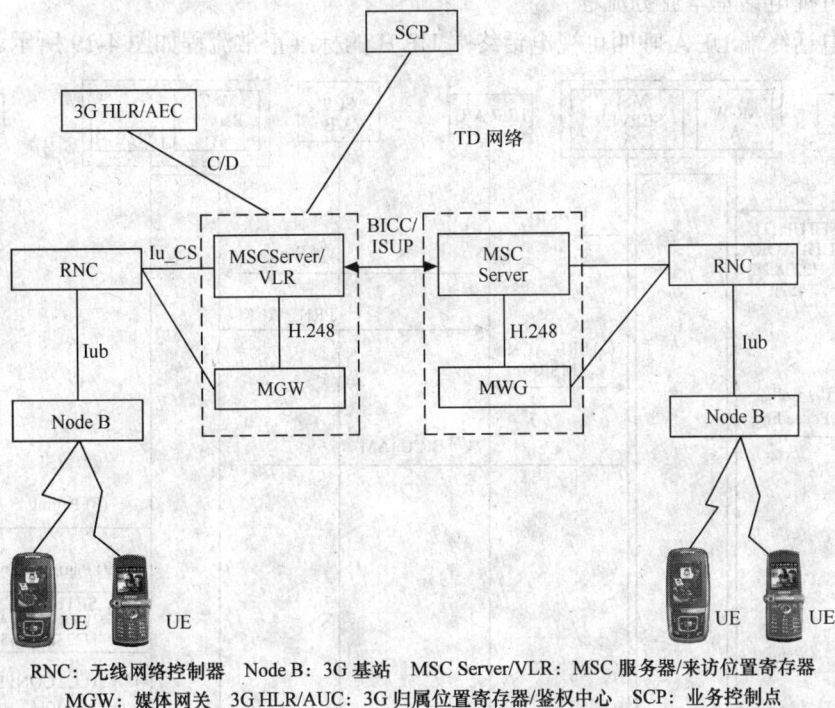

RNC：无线网络控制器　　Node B：3G 基站　　MSC Server/VLR：MSC 服务器/来访位置寄存器
MGW：媒体网关　　3G HLR/AUC：3G 归属位置寄存器/鉴权中心　　SCP：业务控制点

图 4-18　实现可视电话业务的网络结构图

移动业务交换中心服务器（MSC Server）是移动软交换网络中对位于它管辖区域中的移动终端参与的呼叫进行控制的功能实体。拜访位置寄存器（VLR）是 MSC Server 为所管辖区域中终端呼叫接续所需检索信息的数据库。VLR 存储与呼叫处理有关的一些数据，例如用户的号码，所处区域的识别码，向用户提供的业务等参数。VLR 和 MSC Server 一般都集成在一起，为合一网元。

媒体网关（MGW）主要完成对媒体流的处理，媒体网关（MGW）在 MSC Server 的控制下实现对通话的交互。

无线网络控制器（RNC）主要负责连接的建立和释放、切换、宏分集合并、无线网络的资源管理控制功能。Node B 是 TD-SCDMA 制式的基站。

归属位置寄存器（HLR）是运营商管理部门用于移动用户管理的数据库。每个移动用户都应在其归属位置寄存器中注册登记。鉴权中心（AUC）是为认证移动用户身份和产生相应鉴权参数的功能实体。一般与 HLR 集成在一起。

（2）路由选择方式

在传统的移动通信网络 2G 的选路方式主要是根据呼叫来源，业务类别（基本业务、补充业务、智能等），业务属性（本地，本局，本网它局等），被叫号码类型（是 MSISDN 还是 MSRN）来选择的。由于移动软交换网络引入了可视电话业务，要求选路方式除了根据上述约束条件外，还可以根据呼叫类别（是语音呼叫还是可视呼叫）或承载能力进行特殊选择。

在收到移动终端设备发来的 SETUP 消息以后，要通过消息中的承载能力记录呼叫类型（是否为 VP 呼叫），再对被叫号码进行分析，获得本次呼叫的业务类别、业务属性、被叫号码类型等信息。呼叫类型（是否为 VP 呼叫）可以作为该次呼叫的一个特性，与被叫号码等其他特性一起，做为选择路由的判断依据。

（3）可视电话基本业务流程

可视电话终端 UE A 呼叫可视电话终端 UE B 的标准正常流程如图 4-19 所示。

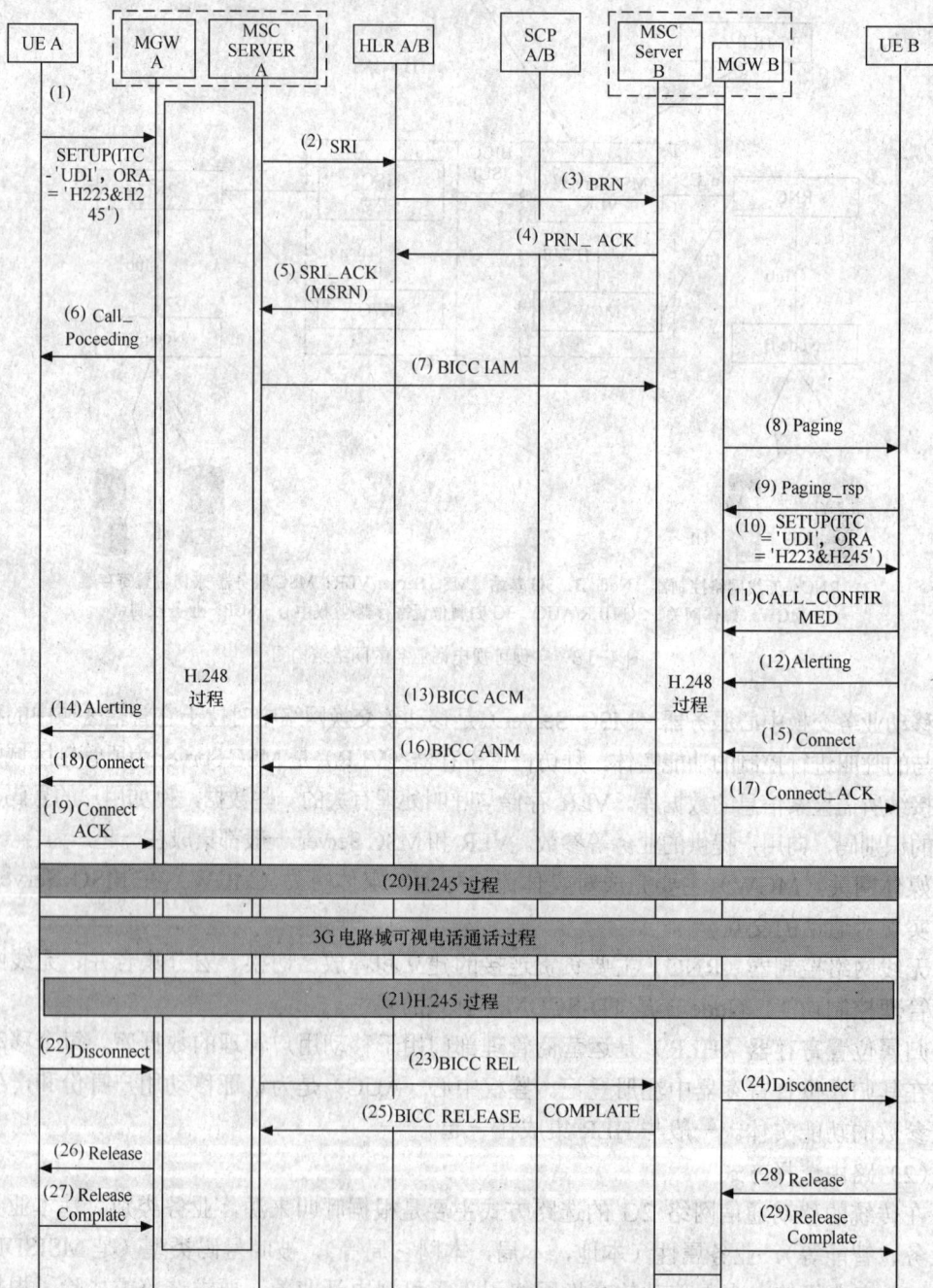

图 4-19　可视电话基本业务流程

① 可视电话终端 UE A 向 MSC SERVER A 发呼叫建立消息 SETUP，消息中携带的 BC_IE 信元（承载能力标识单元）中信息传递能力 ITC 为"UDI"（不受限的数字信息），数据业务速率适配指示（Other rate adaptation）ORA 为"H.223&H.245"。

② MSC SERVER A 向 HLR B 发起发送路由请求 SRI。

③ HLR B 向被叫附着的 MSC SERVER B 索取漫游号码。

④ MSC SERVER B 向 HLR B 返回漫游号码，如果 MSC SERVER B 支持预寻呼，这时会先发起预寻呼过程后再返回漫游号码。

⑤ HLR B 向 MSC SERVER A 返回 UE B 的路由信息。

⑥ MSC SERVER A 获得被叫的漫游号码（MSRN）后，向主叫终端发起呼叫进展消息 Call_Proceeding。

⑦ MSC SERVER A 向 MSC SERVER B 发起 BICC IAM 消息。如果被叫用户签约了主叫号码显示业务，ISUP IAM 消息中需要携带主叫号码。

⑧ 如果在索取漫游号码时没有发起预寻呼，MSC SERVER B 向 UE B 发起寻呼请求消息。

⑨ UE B 返回寻呼响应消息。

⑩ MSC SERVER B 向 UE B 发 SETUP 消息，消息中携带的 BC_IE 信元中 ITC 为"UDI"，ORA 为"H.223&H.245"。

⑪ UE B 返回 CALL CONFIRMED 消息，没有携带新的 BC_IE，表示能够支持 VP 被叫。

⑫ 被叫振铃后，UE B 向 MSC SERVER B 返回 ALERTING 消息。

⑬ MSC SERVER B 向 MSC SERVER A 返回 BICC ACM 消息。

⑭ MSC SERVER A 向 UE A 返回提醒消息 ALERTING。UE A 根据 ALERTING 消息向主叫用户播放普通回铃音。

⑮ 被叫摘机后，UE B 向 MSC SERVER B 返回连接消息 CONNECT。

⑯ MSC SERVER B 向 MSC SERVER A 返回 BICC ANM 消息。

⑰ MSC SERVER B 向 UE B 返回 CONNECT ACK 消息。

⑱ MSC SERVER A 向 UE A 发 CONNECT 消息。

⑲ UE A 向 MSC SERVER A 返回 CONNECT ACK 消息。

⑳ H.245 建立过程：UE A 与 UE B 进行端到端的 H.245 终端能力集的协商、H.245 主从确定的协商、H.245 发送复用表的协商，并打开 H.245 音频、视频逻辑通道。UE A 与 UE B 可进行可视电话通话。

㉑ H.245 拆除过程：UE A 与 UE B 之间关闭 H.245 音频、视频逻辑通道，结束 H.245 会话，主被叫用户面的资源都被拆除。

㉒ 假设 UE A 先终止呼叫，向 MSC SERVER A 发起 DISCONNECT 拆线消息。

㉓ MSC SERVER A 向 MSC SERVER B 发 ISUP REL 消息，请求拆除被叫侧。

㉔ MSC SERVER B 向 UE B 发起 DISCONNECT 拆线消息。

㉕ MSC SERVER B 向 MSC SERVER A 返回 ISUP RELEASE COMPLATE。

㉖ MSC SERVER A 向 UE A 发 RELEASE 消息。

㉗ UE A 向 MSC SERVER A 返回 RELEASE COMMPLETE 消息。

㉘ UE B 向 MSC SERVER B 发 RELEASE 释放请求消息。

㉙ MSC SERVER B 向 UE B 返回 RELEASE COMMPLETE 消息。

从以上过程可以看出，在 TD 网络中基于电路域（CS）承载来实现可视电话业务时，网络在可视电话终端之间建立不受限的数字信息通道，可视电话终端之间在此不受限的数字信息通道上进行端到端的 H.245 信令传送，通过 H.245 信令完成终端能力集的协商、H.245 主从确定的协商、H.245 发送复用表的协商，并打开 H.245 音频、视频逻辑通道，然后分别在 H.245 音频逻辑通道、视频逻辑通道中传送音频和视频信息。

2. 基于软交换的点对点视频通信业务的实现

（1）实现视频通信业务的网络结构

基于软交换的点对点视频通信业务所对应的网络结构如图 4-20 所示。图中软交换 1 和软交换 2 是软交换网络中的 2 个软交换设备，SIP 终端和 H.323 终端是能完成点对点视频通信业务的终端设备。SIP 终端 1 和 H_323 终端 1 注册到软交换 1，SIP 终端 2 和 H323 终端 2 注册到软交换 2。用户需要使用视频通信业务时要向业务提供者申请开通该项业务。软交换对主叫用户和被叫用户使用该业务的权限要进行认证，对无权用户禁止使用该业务。当主叫用户或被叫用户任何一方没有权限时，都不能提供视频业务。但是禁止使用视频业务时，语音业务仍能正常进行。用户能够通过终端上的模式切换来激活或者去活视频通信业务。

软交换和软交换之间以及软交换和 SIP 终端之间使用 SIP 进行通信，软交换和 H.323 终端之间使用 H.323 协议进行通信，各种终端之间的媒体流为 RTP 流。

两个 SIP 终端之间，两个 H.323 终端之间、SIP 终端与 H.323 终端之间可完成点对点视频通信业务。

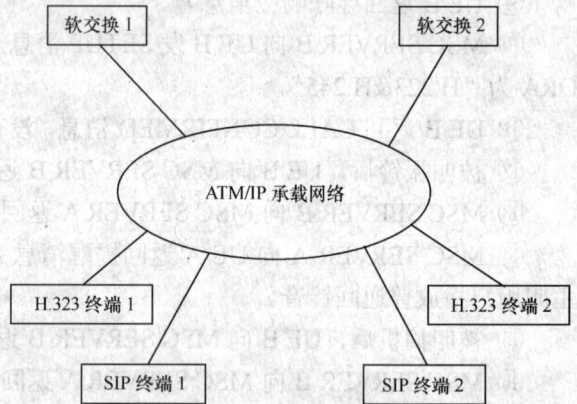

图 4-20　基于软交换的视频通信业务所对应的网络结构图

（2）两个 SIP 终端之间的呼叫建立流程

假设 SIP 终端 1 和 SIP 终端 2 都已经申请了点对点视频业务，并注册在同一个软交换下，在呼叫建立之前主、被叫 SIP 终端上的视频模式是打开的。

两个 SIP 终端之间视频通信的呼叫建立流程如图 4-21 所示。

① SIP 终端 1 的视频通信模式已经打开，主叫用户呼叫 SIP 终端用户 2。SIP 终端 1 向软交换发送 INVITE 消息，其中包含指示 SIP 终端 1 能力的 SDP 部分。SDP 部分应该同时包含 SIP 终端 1 所支持的音频编解码和视频编解码。软交换向 SIP 终端 1 回送 100trying 消息，指示呼叫正在处理过程中。

② 软交换判断 SIP 终端用户 1 已经申请了点对点视频业务，并判断被叫用户也已经申请了点对点视频业务，向被叫 SIP 终端 2 转发 INVITE 消息。

③ 被叫 SIP 终端 2 向软交换发送 180 Ringing 消息，指示正在向被叫用户振铃。软交换向主叫 SIP 终端 1 转发 180 Ringing 消息。

④ SIP 终端 2 的视频通信模式已经打开，被叫用户摘机，SIP 终端 2 向软交换发送 200 OK 消息，消息中包含 SDP 部分，向 SIP 终端 1 指示此次通信所使用的音频编解码和视频编解码。

⑤ 软交换收到 200 OK 消息，开始对主叫用户的音频通信和视频通信进行计费，对被叫

用户的视频通信进行计费，同时向 SIP 终端 1 转发 200 OK 消息。

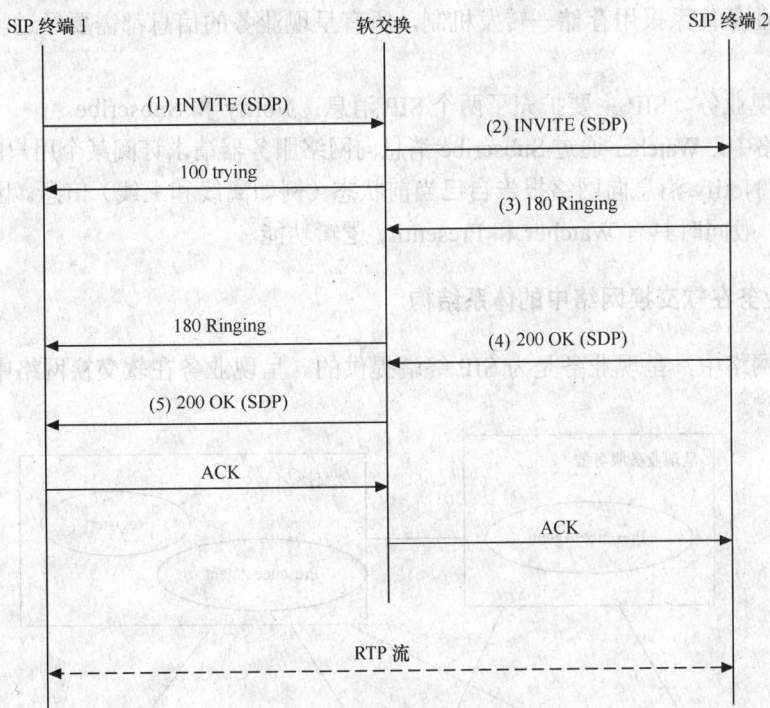

图 4-21 两个 SIP 终端之间视频通信的呼叫建立流程

　　SIP 终端 1 收到 200 OK 消息后，回送 ACK 消息；软交换收到 ACK 消息后向 SIP 终端 2 转发 ACK 消息。主被叫用户之间同时开始音频和视频通信。

4.5.3 呈现业务在软交换网络中的实现

1. 呈现业务的定义

　　呈现（Presence）业务是将用户的某些实时信息（如当前是否在线、终端是否可用等）按照一定的接入规则向其他用户提供的业务。Presence 业务在 Internet 领域、特别是即时消息中已获得了广泛应用。比如，在大家比较熟悉的网上聊天业务中，用户的上线、离线信息可以在其好友的聊天窗口中实时出现，这就是 Presence 的一类应用。呈现业务在腾讯的 QQ 和微软的 MSN 得到了大力推广和发展。

　　在 Presence 模型中，主要存在呈现体（Presentity）、呈现业务代理（Presence Agent）和观察者（Watcher）3 个功能实体。

　　观察者 Watcher 是通过呈现业务向 Presentity 获取呈现状态信息的逻辑实体，一般驻留在客户终端侧。例如当终端 A 申请 Presence 业务，并希望获得终端 B 的状态时，终端 A 此时的逻辑功能就是 Watcher 功能。

　　呈现体（Presentity）是为呈现业务提供呈现状态信息的逻辑实体，一般驻留在客户终端侧。例如当终端 B 向网络报告自己的状态信息（在线或离线等状态信息）时，此时终端 B 的逻辑功能就是 Presentity 功能。

　　呈现业务代理是可以接收和发送呈现业务消息，收集 Presentity 的呈现状态信息，将呈现状态信息给相应的 Watcher 的逻辑实体。Presence Agent 一般是网络中的服务器。

整个呈现业务体系采用存储—转发机制,所有呈现业务的信息都需要经过呈现业务代理进行转发。

为实现呈现业务,SIP 主要扩充了两个 SIP 消息:Notify 和 Subscribe。

在 SIP 网络中,Watcher 通过 Subscribe 消息向网络服务器请求订阅某个用户的状态信息,Presentity 通过 Notify 消息向网络报告自己当前状态(例如离线和上线)信息。因此对于一个 SIP 软终端,一般同时具有 Watcher 和 Presentity 逻辑功能。

2. 呈现业务在软交换网络中的体系结构

在软交换网络中,呈现业务是为 SIP 终端提供的。呈现业务在软交换网络中的体系结构如图 4-22 所示。

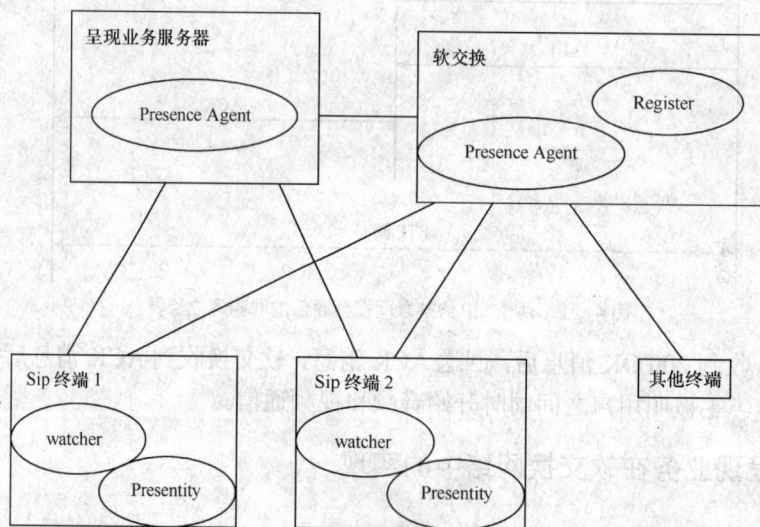

Watcher: 观察者 Presentity: 呈现体
Presence Agent: 呈现业务代理 Register: 注册服务器

图 4-22　呈现业务在软交换网络中的体系结构

呈现业务在软交换网络中的体系结构中,SIP 终端 1 和 SIP 终端 2 互为观察者(Watcher)和呈现体(Presentity)。软交换作为呈现业务代理,主要完成以下功能。

(1)作为 SIP 终端的呈现业务代理,收集 SIP 终端的注册和注销状态信息,并向呈现业务服务器发布此信息。

(2)作为其他终端的呈现业务代理,收集其他终端的状态信息,并向呈现业务服务器发布此信息。

3. 呈现业务信令流程

(1)呈现业务服务器启动
呈现业务服务器启动的信令流程如图 4-23 所示。
① 呈现业务服务器启动时,会根据自身管理的信

图 4-23　呈现业务服务器启动的信令流程

息向软交换机发送 Subscribe 消息，请求软交换机在 SIP 或其他终端注册或注销时，由软交换机将此状态信息通知呈现业务服务器。

② 如果软交换机和呈现业务服务器存在互信关系，软交换机将终端的状态信息（注册或者注销）通知呈现业务服务器。

（2）用户登录的信令流程

用户登录的信令流程如图 4-24 所示。

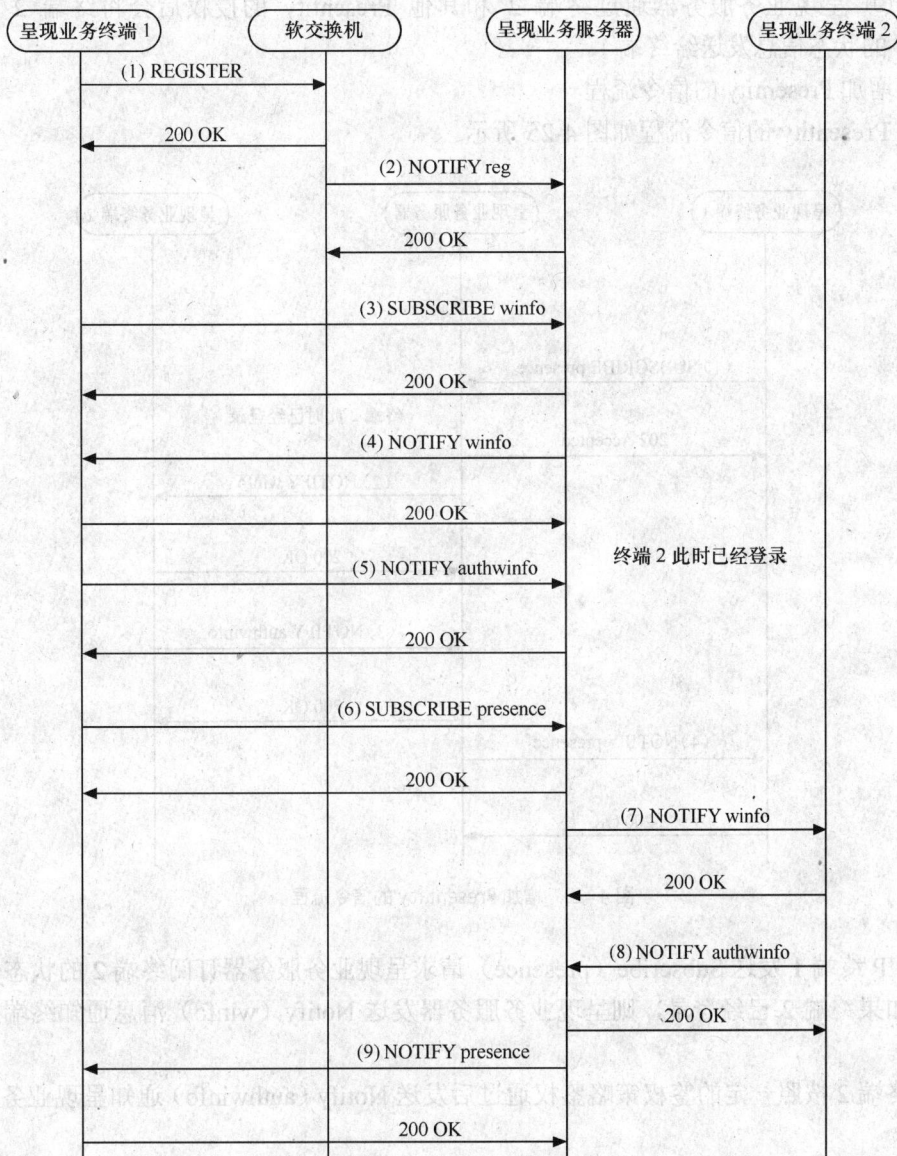

图 4-24　用户登录的信令流程

① SIP 终端 1 向软交换机发送注册请求，通过鉴权后软交换机回送 200 OK 响应。

② 软交换机发现呈现业务服务器已经订阅了此终端的状态通知，就发送 Notify（reg）消息通知呈现业务服务器。

③ SIP 终端 1 发送 Subscribe 消息给呈现业务服务器请求订阅 watcher 的信息。

④ 呈现业务服务器通过 Notify 消息将订阅者（watcher）的信息发送给 SIP 终端。

⑤ SIP 终端 1 按照一定的鉴权策略对订阅者鉴权后，发送 Notify（authwinfo）消息给呈现业务服务器，呈现业务服务器将根据鉴权结果决定是否发送终端 1 的状态信息给订阅者。

⑥ SIP 终端通过一定的方式获取 Presentity 的信息后，发送 Subscribe（presence）消息给呈现业务服务器订阅 Presentity 的状态信息。

⑦～⑨ 呈现业务服务器通过终端 2 和其他 Presentity 的授权后会将终端 2 和其他 Presentity 的状态信息发送给终端 1。

（3）增加 Presentity 的信令流程

增加 Presentity 的信令流程如图 4-25 所示。

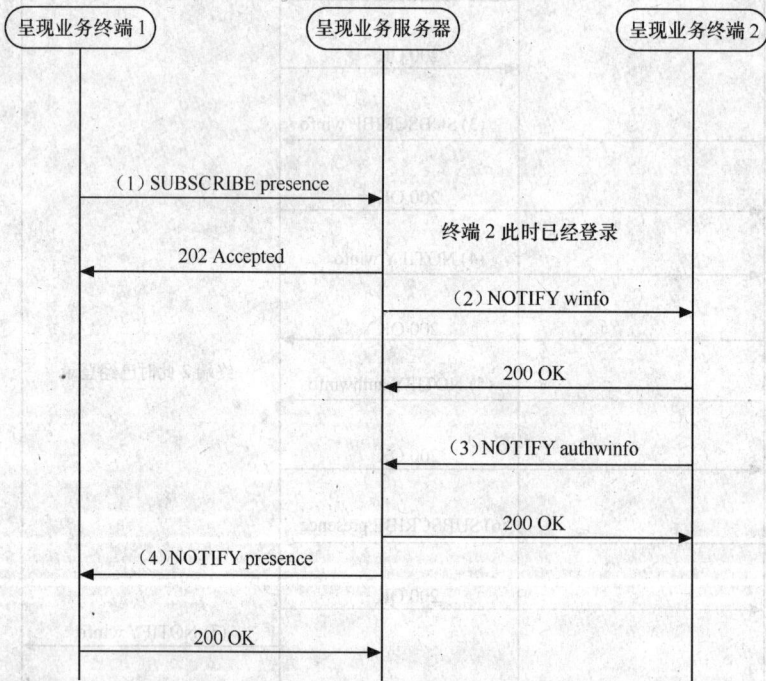

图 4-25　增加 Presentity 的信令流程

① SIP 终端 1 发送 Subscribe（presence）请求呈现业务服务器订阅终端 2 的状态信息。

② 如果终端 2 已经登录，则呈现业务服务器发送 Notify（winfo）消息通知终端 2 订阅者的信息。

③ 终端 2 按照一定的鉴权策略鉴权通过后发送 Notify（authwinfo）通知呈现业务服务器鉴权结果。

④ 呈现业务服务器发送 Notify（presence）消息通知终端 1 关于终端 2 的状态信息。

（4）状态改变通知

状态改变通知的信令流程如图 4-26 所示。

① 用户状态改变后，终端 1 发送 Publish 消息通知呈现业务服务器状态改变信息。

② 呈现业务服务器发送 Notify（presence）消息给所有终端 1 的订阅者通知终端 1 的状

态信息。

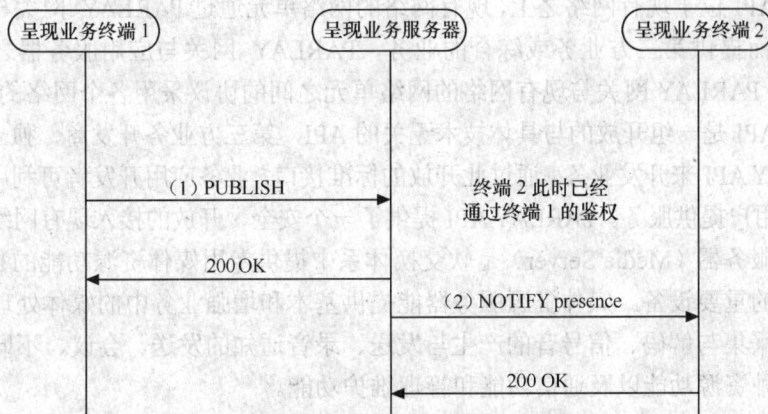

图 4-26　状态改变通知的信令流程

小　　结

下一代网络不但继续了现有网络所提供的各种业务，同时能够提供更加丰富多彩的数据业务以及多媒体业务和应用，并且由于其分层结构和开放接口，业务提供方式灵活多样，业务种类更加丰富和个性化。软交换网络的业务平台采用开放、简便的业务开发接口，运营商能根据自身市场的业务需求，自行开发业务，缩短业务开发周期，达到快速占领市场的目的。

下一代网络业务的主要特点是能快速提供业务、实现业务的个性化及移动化、具有丰富的业务接入手段，多媒体特性明显。

通过软交换网络为用户提供的业务可以分为基本业务、补充业务和增强业务 3 类。

基本业务包括基本语音、传真和点对点视频多媒体业务。

补充业务是在基本业务的基础上增加用户的业务数据和业务特征并由软交换进行业务控制而实现的业务。软交换除了可以提供原有 PSTN/ISDN 网络的各种补充业务以外，还可以提供很多新的补充业务。

在软交换网络中，不同业务类型有不同的实现方式。基本业务和补充业务是由软交换设备提供的，而增强业务则由应用服务器等各种服务器或者由第三方来提供，也可由软交换与智能网设备配合实现。

应用服务器是在软交换网络中向用户提供各类增强业务的设备，负责增强业务逻辑的执行、业务数据和用户数据的访问、业务的计费和管理等，它应能通过 SIP 控制软交换设备完成业务请求，通过 SIP/H.248 协议（可选）/MGCP（可选）控制媒体资源服务器设备提供各种媒体资源。应用服务器可选地可以支持智能网协议，也可以向第三方开放 API 接口。

在下一代网络中，对于新业务的生成是一种全新的结构。它的核心思想是通过应用编程接口 API 将承载网络的能力开放给第三方，运营商只需负责基础承载网络的建设和维护，应用服务器由第三方独立软件供应商提供，由于 API 已经将网络的能力进行了抽象，对于应用服务器的提供者，只需了解 API 的内容即可，无需了解底层网络实体复杂协议（CAP，INAP等）的细节，使他们能够将更多的精力放在用户需求和业务流程的实现上。其中，应用得最广泛的应用编程接口 API 是 PARLAY API。

PARLAY API 位于现有网络之上，现有网络的网络单元通过 PARLAY 网关与应用服务器进行交互，从而提供第三方业务或综合的业务，PARLAY 网关与应用服务器之间的接口为 PARLAY API。PARLAY 网关与现有网络的网络单元之间的协议采用各个网络的现有协议。

PARLAY API 是一组开放的与具体技术无关的 API，第三方业务开发商、独立软件提供商能通过 PARLAY API 来开发业务。通过此开放的标准接口，业务应用开发者可利用网络的能力为各个网络的用户提供服务。PARLAY API 提供了一个安全、开放的接入现有网络的能力。

媒体资源服务器（Media Server）是软交换体系中提供专用媒体资源功能的独立设备，也是分组网络中的重要设备。媒体资源服务器能提供基本和增强业务中的媒体处理功能，包括 DTMF 信号的采集与解码、信号音的产生与发送、录音通知的发送、会议、不同编解码算法间的转换等各种资源功能以及通信功能和管理维护功能。

软交换网络能够完成各种不同的业务，本章介绍了软交换网络中几种典型业务的实现方式，包括记账卡类业务的实现方式、TD 网络中可视电话业务的实现、基于软交换的点对点视频通信业务的实现；呈现业务在软交换网络中的实现和信令流程。读者应认真阅读典型业务的实现实例，从而加深对软交换网络实现业务方式的理解。

习　　题

1. 简要说明下一代网络业务的主要特点。
2. 软交换网络中提供的基本业务有哪些？
3. 简要说明软交换网络新增的补充业务有哪些？
4. 简要说明软交换网络典型的增强业务。
5. 简要说明基于软交换的业务实现方式。
6. 简要说明应用服务器在软交换网络中的位置。
7. 简要说明应用服务器的主要功能。
8. 画图说明 PARLAY 网关与应用之间的接口。
9. 画图说明媒体资源服务器在软交换体系中的位置及与其他网元之间采用的协议。
10. 说明媒体资源服务器的主要功能。
11. 画图说明软交换网络中实现记账卡类业务的网络结构。
12. 画图说明在移动 TD 网络中基于电路域（CS）承载来实现可视电话业务的网络结构。
13. 画图说明基于软交换实现的点对点视频通信业务的网络结构。
14. 说明呈现业务的定义。
15. 说明呈现业务在软交换网络中的体系结构。

第5章 下一代网络的承载网

学 习 指 导

　　IP 网是公认的下一代网络的承载网。本章主要分析下一代网络业务对 IP 网的要求，IP 网作为下一代网络承载网时面临的服务质量问题和私网穿越问题以及相应的解决方案。

　　通过对本章的学习，应该了解下一代网络业务对 IP 承载网的要求。了解影响 IP 承载网的服务质量的主要因素，掌握提高承载网服务质量的主要技术的原理，包括综合服务技术、区分服务技术和多协议标签交换技术。了解 IP 承载网的私网穿越问题的产生原因及解决方案，掌握 Proxy 方案的实现原理。

5.1　下一代网络对承载网的要求

5.1.1　下一代网络承载网的选择

　　下一代网络的承载网是分组数据网，目前一般为 ATM 网或 IP 网。

　　ATM 网采用定长信元、面向连接的机制，有关业务分类、业务量控制、拥塞控制和带宽保证等问题早已得到了有效的解决。因而从提供承载业务的服务质量保证来看，ATM 网是最有优势的承载网。但是，由于 ATM 设备复杂、成本较高，网络部署的范围一般只限于骨干部分和少量的高端商业用户，并未延伸到普通用户。

　　IP 网采用无连接的交换方式，由于其协议公开、设备成本较低、易于部署，IP 网已成为容量最大、覆盖面最广、用户最多的网络。从组网灵活性和用户覆盖来看，IP 网作为下一代网络的承载网具有明显的优势。

　　尽管 ATM 网和 IP 网共同作为下一代网络的承载网的情况还将持续一段时间，但 IP 网最终将成为下一代网络的承载网是目前公认的趋势。因此，在后面的章节中将不再讨论 ATM 网，而是重点分析下一代网络业务对 IP 网的要求以及 IP 网作为下一代网络承载网时面临的服务质量问题和私网穿越问题。

5.1.2　下一代网络业务对承载网的要求

　　下一代网络的业务实现很大程度上依赖于其承载网络。为了顺利部署 NGN 业务，必须对承载网的服务质量、可靠性和安全性提出具体的要求。

1. 服务质量方面

服务质量（Quality of Service，QoS）有两层含义：业务性能和业务差别。对业务性能的保证应该是端到端的、连续的、可预测的、大于或等于预定值的，体现业务性能的关键网络参数有带宽、时延、抖动和丢包率。业务差别意味着为不同类型和不同等级的业务应用提供不同的性能保证，例如对于一些紧急的业务或者关键业务即使在高负载的情况下，也要保证其业务性能不受影响。

根据通信行业标准 YD/T1071—2000《IP 电话网关设备技术要求》，IP 网络的服务质量可以分为 3 级，如表 5-1 所示。

表 5-1 　　　　　　　　　　　　　　　网络的服务质量分级

网络服务质量等级	单向时延（ms）	时延抖动（ms）	丢包率
良好（自定义）	≤40	≤10	≤0.1%
较差	≤100	≤20	≤1%
恶劣	≤400	≤60	≤5%

IP 承载网上所承载的业务可以分为三大类，即语音、视频、数据。这三大类业务对 QoS 的要求是各不相同的。

（1）语音业务：对流量需求较小，但对丢包和时延敏感。具体要求是，时延不大于 150ms、时延抖动不大于 30ms、丢包率不大于 1%，每个呼叫需要 21～320kbit/s 的带宽，每个呼叫的控制信息需要 150bit/s 的带宽。

（2）视频业务：对流量需求很大，对丢包和时延敏感程度中等。具体要求是，时延不大于 150ms、时延抖动不大于 30ms、丢包率不大于 1%，最小的高优先级带宽需求要达到在视频流所用带宽的基础上增补 20%，例如 384kbit/s 的视频流就至少需要 460kbit/s 高优先级的带宽。

（3）数据业务：对流量需求突发性很强，对丢包和时延不太敏感。城域网中数据业务类型多种多样，有些对延时很敏感，有些则没有，有些对抖动要求很苛刻，有些则没有。因此，对于不同的业务类型应有不同的流量模型并加以区分，例如 WWW，E-mail，FTP，ERP 等应用。

因此，NGN 所有业务的顺利开展，要求承载网质量达到良好等级，即时延≤40ms，时延抖动≤10ms，丢包率≤0.1%。在承载网质量较差的条件下，即时延≤100ms，时延抖动≤20ms，丢包率≤1%，语音、视频、二次拨号等业务也基本满足运营需要。但在承载网质量恶劣的条件下，大多数 NGN 业务达不到运营的要求。

2. 可靠性方面

除了服务质量指标外，NGN 业务的运营要求网络在较长时间内保证可用性。

经测试，如果在通话过程中网络中断时间超过 200ms，用户会有明显感觉；超过 1s 以上，用户就会觉得无法容忍了。当网络中断时间超过 2s，语音流和信令流全部中断。网络可靠性对语音业务的影响如表 5-2 所示。

表 5-2　　　　　　　　　　　　　　　网络可靠性对语音业务的影响

恢 复 时 间	对语音业务的影响
<50ms	无影响
50～200ms	连接丢失概率小于 5%，对信令无影响
>2s（连接丢失门限）	语音会话和专线连接中断

为此，承载网的高可靠性技术必须严格保证端到端语音流的畅通以保证通话质量，同时力求保证信令流畅通以保证接通率。NGN 对承载网的可用性要求为：网络的可用性达到 99.99%；有 LSP 备份，故障切换时间≤50ms；可部署独立的信令网；网络支持主备双平面结构。

3. 安全性方面

下一代网络（NGN）的业务质量直接受到承载网安全因素的影响。如果没有部署安全措施，而是将业务直接部署在 IP 公网上，可能会出现以下的问题。

（1）运营商业务的安全问题，主要包括以下方面。

① 业务盗用。未经授权使用 NGN 业务，如通过 H.323 协议用户终端可直接连通被叫网关，导致运营商收入流失。

② 带宽盗用。利用 NGN 设备端口连接用户私有的数据网络，造成运营商数据业务收入流失并影响 NGN 业务质量。

③ DoS 攻击。通过网络层或应用层的大流量攻击，使 NGN 设备无法响应正常用户的业务请求或降低业务的品质。

（2）运营商设备的安全问题，主要包括以下方面。

① 破坏设备程序及数据。通过 NGN 设备远程加载或通过数据配置流程的漏洞破坏设备，通常采用的 TFTP，FTP，SNMP 等标准协议均存在安全漏洞。

② 病毒攻击。通过病毒入侵的方式破坏 NGN 设备，或者用户被病毒感染的计算机自动攻击 NGN 设备，造成业务的中断或者劣化。

③ 黑客攻击。通过非常规的技术手段获得 NGN 设备的控制权，病毒、黑客两种安全威胁一般针对采用通用操作系统的设备，如各类服务器。

（3）用户业务的安全问题，主要包括以下方面。

① 用户仿冒、盗用其他用户的账号及权限使用业务。

② 非法监听其他用户呼叫的主被叫信息或媒体流内容。

通信行业标准 YD/T 1486—2006《承载电信级业务的 IP 专用网络安全框架》对承载网的安全性提出了 8 个方面的要求。

（1）访问控制：保证只有授权的人员和设备才允许访问网络元素和网络中存储的信息。

（2）鉴别：保证接入网络的人员和设备身份的合法性。

（3）不可抵赖：保证提供人员对网络/设备的访问活动确实发生的证据。

（4）数据保密性：保证数据内容不被非授权人员获得或获得后解读。

（5）通信安全：保证数据不被转发到目的地址和转发途径的节点之外的节点，也不被非法节点拦截。

（6）完整性：保证数据不被非授权人员修改，即使数据被修改系统也能够发现通信流量或者报文已经发生了变化。

（7）可用性：保证授权人员对网络元素和存储的信息的访问。

（8）隐私：保证 IP 地址、MAC 地址、域名等信息不被非授权人员获得和使用。

5.2 承载网的服务质量问题

5.2.1 影响承载网服务质量的主要因素

传统的 IP 网络是基于开放式架构和尽力而为的基础发展起来的，难以满足当前各种业务类型电信级的要求。区别于传统 IP 网，NGN 的 IP 承载网不仅应该是一个可以为 NGN 业务提供端到端分组传送的承载平台，还必须是一个有服务质量保证、具备安全性、可运营和可管理的网络。但目前 IP 网作为 NGN 的承载网，其服务质量仍然是个很大的问题，也一直是各大标准组织、科研单位及设备厂商研究的重点课题。

IP 承载网影响下一代网络业务服务质量的主要因素是时延、时延抖动和数据包的丢失。

1. 时延

数据通信中，时延指一个 IP 数据包从一个网络（或者一条链路）的一端传送到另一端所需的时间。由于数据通信为非实时业务，它对时延并不敏感。

语音通信中，时延是指从说话人开始说话到受话人听到所说内容之间的时间。时延对语音通信的影响主要在于引入回声和交互性的丧失。ITU-T 的建议 G.114 和 G.131 描述了时延参数对普通电话呼叫的影响：正常情况下端到端时延大于 25ms 时，或者虽然时延小于 25ms 但回声水平非常大时，要加入回声抑制。大的时延会使消除回声的时间变长，增加了回声的处理难度，降低了回声抑制的效果。当回声得到充分抑制时，对于大多数用户来说，过大的时延（例如大于 400ms）也是不可接受的，因为它延长了对话应答之间的时间，使通话双方的交谈难以保持同步。例如，A 与 B 在延时太长的情况下通话，A 开始说话，由于时延过大，B 在一段时间没有听到语音的情况下认为 A 静默，于是 B 开始说话，经过一段时间的时延后，B 听到了 A 的语音，于是 B 停止说话，当 B 的语音经过一段时延到达 A 端时，A 认为 B 要说话，于是 A 也停止说话。可见，延时太长会导致交互性的丧失。ITU-T 标准中建议语音通信最大的端到端单向时延不要超过 400ms。

交互式的视频通信对时延更敏感。ITU-T 标准中建议交互式视频通信最大的端到端单向时延不要超过 150ms。

软交换体系中，语音和视频业务的时延主要由网关处理时延和 IP 网传输时延两部分构成。

网关处理时延包括算法时延、处理时延（编码器分析时间和解码器重建时间）、打包时延和抖动缓冲时延，这主要取决于网关所采用的语音或视频编解码方法，以及为防止抖动设置的缓冲区的大小。

IP 网传输时延主要来自 IP 包所经过的各路由器的处理时延、包排队时间。IP 网传输时延与经过的路由器个数和路由器的忙闲程度有关，与网络拓扑的设计也有很大关系。

2. 时延抖动

时延抖动是指由于各种延时的变化导致网络中 IP 数据包到达速率的变化。IP 网不提供一致的性能，常常引起 IP 数据包到达速率产生很大的变化。这是由于以下几个因素引起的：排队延时、可变的分组大小、中间链路和路由器上的相对负载。IP 数据包以近似等时间间隔从源端发出，但由于以上原因不再是等时间间隔到达目标端点。因此，时延抖动对于需要以接近恒定速率输入码流的 VoIP 和视频播放等应用的性能有着显著影响。

为了消除时延抖动的影响，往往在接收设备上加入缓冲区，该缓冲区在接收到一定数量的 IP 数据包后再以恒定速率读出。利用缓冲的方法可以消除抖动，却增加了时延。所以必须小心调整抖动缓冲区，在消除时延抖动的情况下尽量使延时最小。

下面以网络状态相对稳定时的一次连接为例，说明一段时间内所需缓冲区大小的估算方法。

假设某一次连接中每个 IP 数据包的传输时延为 T_n。由于从统计意义上讲，这次连接中总是有某个 IP 数据包的传输十分顺利，其传输的时间接近网络线路的固定传输时间，因此可以认为所有分组中传输时间最短的那个时延值等于固定传输时间，即：$T_{min} = \min|T_n|$。接着就可以计算出这段时间内每一个分组的时延抖动 $X_n = |T_n - T_{min}|$ 以及这段时间内的平均时延抖动 $M = E(X_n)$。如果已知采用的媒体编码方式的帧长为 F 字节/帧，帧速为 f 帧/秒，则利用下面的关系式可以估算这段时间内所需缓冲区的大小为：

$$缓冲区大小 = M \cdot f \cdot F$$

3. 数据包的丢失

媒体网关用不保证可靠传输的 UDP 来传送 IP 语音/视频数据包以提高传输的实时性。采用尽力而为规则的 IP 网也不能保证将数据包正确地传送到目的端，IP 数据包在网络的传输过程中有可能丢失。造成 IP 数据包丢失的原因如下。

（1）传输损伤。网络中由于传输设备出现损伤（如线路断裂等），会导致大量数据包丢失。

（2）数据包超时丢失。IP 数据包在 IP 网中的寻径是随机的，为避免数据包进入死循环，需要进行数据包的生存时间控制：在一个新的数据包产生时，就在其头部的 TTL（Time To Live）位设定其在网络中存在的最大时间，超时便丢弃。如果网络状况很差，会造成许多数据包由于超时而丢失。此外，语音/视频网络中由于数据包的时延超出抖动缓冲区规定的最大到达延时也会引起数据包丢失。

（3）网络拥塞。IP 网中的数据包是经过中间设备一跳一跳地传输的。由于 IP 采用无连接传输机制，拥塞是不可避免的。造成拥塞的主要原因在于网络中的设备没有足够的缓冲区接收数据，使得通向某一路由的队列排队过长，当队列出现溢出时就会造成数据包丢失。

在数据通信的情况下，当数据包由于各种原因被丢弃或破坏时，可通过要求发送端重新发送被丢失或破坏的数据包来解决。但是当传送实时性要求很高的音频/视频数据包时，数据包的丢失和破坏问题无法通过重发的方法来解决。

对于实时业务，在单个数据包被丢弃的情况下，解码器采用插值技术，即通过参考前面的数据包可以近似地再生丢失的数据包，从而在一定程度上掩盖一些数据包的丢失，以保证业务质量。但插值技术不能用于连续丢失多个数据包的情况。在连续丢失多个数据包的情况下，解码器只能简单插入静音时间段，无法保证业务质量。

一般来说，语音通信中数据丢包率为 3%～5%是允许的，采取一些特殊措施后，丢包率在 8%～10%也尚可容忍。

5.2.2 提高承载网服务质量的主要措施

现有的 IP 网络的平均性能较好，例如平均时延只有 9ms，平均丢包率只有 0.14%。但是由于 IP 网流量具有突发性和不可预测性，网络的瞬态特性却很差，例如瞬态时延可能达到 1s，瞬态丢包率可达 50%。因此，即使是一个从统计指标看能够满足下一代网络业务服务质量要求的 IP 承载网，也难以为业务提供稳定的服务质量。

要解决 IP 网中的数据包时延、时延抖动和数据包丢失等问题，常用的措施有：综合服务、区分服务、多协议标签交换和超量工程法。

综合服务利用类似于电路交换系统的信令协议 RSVP，为每一个数据流向其所经过的每个节点（IP 路由器）发出请求，要求路由器根据用户的需要和网络资源可用性为每个呼叫保留所需的带宽，以保证服务质量。

区分服务的原理是边界路由器根据业务数据流的行为特性和服务要求将其划分为若干类别并为每一个数据包加上业务类型标记，核心路由器根据业务类型标记对业务流提供不同等级的服务，执行不同的处理策略，以保证优先级别高的业务流得到高质量的服务。

多协议标签交换技术是一种在开放的通信网上，利用标签引导数据高速、高效传输的技术。它在一个无连接的网络中引入了连接模式的特性，减少了网络的复杂性，兼容现有的各种主流网络技术，在提供 IP 业务时能够确保服务质量和安全性，并具有流量工程能力。

超量工程法是指在网络规划时预留足够的带宽，并限制进入网络的流量，使得任何时候都能获得可接受的服务质量。这种方法不需要对 IP 网络进行改造就能在较大范围内支持实时业务，提供可接受的服务质量。现在有些运营商就采用这种方法组建 NGN 承载网络，将 NGN 业务网与 Internet 业务公用网分开，为 NGN 业务提供了较为充分的带宽；当进入网络的呼叫数达到一定数量时，就不再允许新的呼叫进入，从而保证进入该网络的呼叫都有足够的带宽，获得可接受的服务质量。

5.2.3 综合服务

综合服务（IntServ/RSVP）模型在 IETF RFC 1633 中进行了定义，模型中用到的主要信令协议就是资源预留协议（Resource reSerVation Protocol，RSVP）。该模型的基本思想在于采用资源预留技术为每一个数据流向其所经过的每个节点（IP 路由器）发出请求，要求路由器根据用户的需要和网络资源可用性为每个呼叫保留所需的带宽，以保证服务质量。

1. RSVP 在 TCP/IP 协议栈中的位置

RSVP 类似于电路交换系统的信令协议。RSVP 在 TCP/IP 协议栈中的位置如图 5-1 所示。由图可见，RSVP 位于 IP 之上，其在协议栈中的地位与 IP 控制协议 ICMP、组播协议 IGMP 和路由协议相当，为 RSVP 分配的协议标识号为 46。RTP/UDP 用于传送实时数据流，CSC/TCP 用于传送通信控制信令。

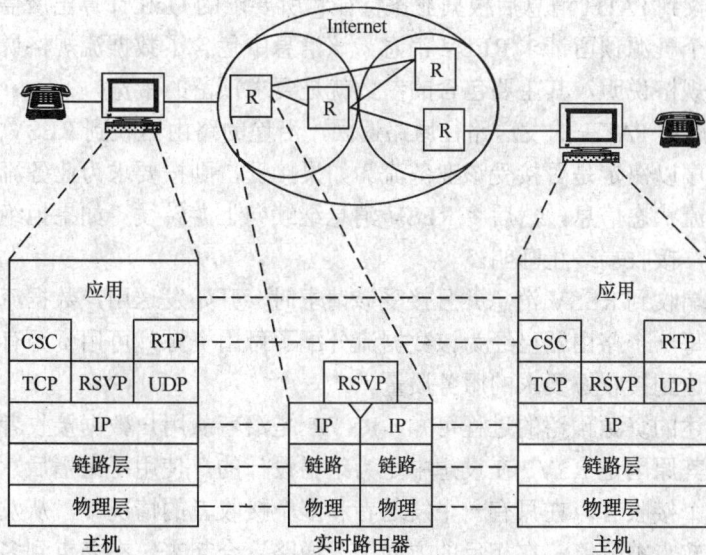

CSC: 会议和会话控制　　R: 路由器

图 5-1　RSVP 在 TCP/IP 协议栈中的位置

RSVP 既支持点到点数据流的资源预留，也支持点到多点和多点到多点数据流的资源预留。

2．RSVP 的一般原理

RSVP 的一般原理如图 5-2 所示。使用 RSVP 信令建立数据发送路径以及为业务流预留资源的过程如下。

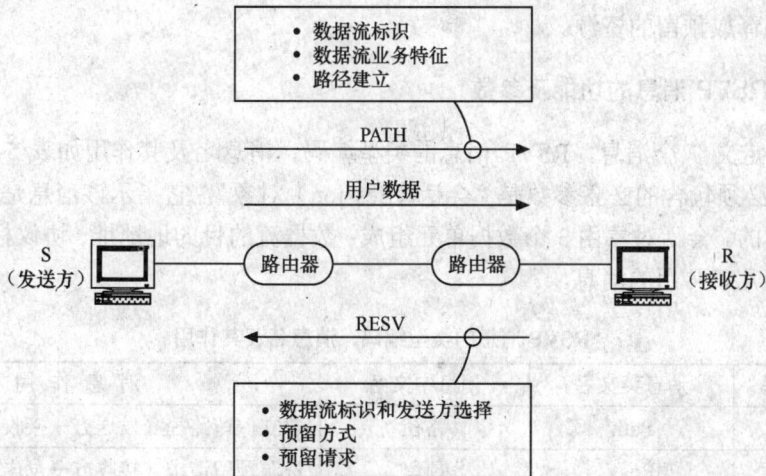

图 5-2　RSVP 的一般原理

（1）发送端向接收端发送一个 PATH 消息，其中包含了业务流标识（即目的地址）及其业务特征（所需要的带宽的上下限、时延以及时延抖动等）。

（2）PATH 消息被沿着该路径所经过的路由器逐跳传送，并且每个路由器都被告知准备预留资源，从而建立一个"路径状态"，该状态信息包含 PATH 消息中的前一跳源地址。

（3）接收方收到 PATH 消息后根据业务特征和所要求的 QoS 计算出所需的资源，向其上游节点发送一个资源预留请求 RESV 消息，该消息中包含了数据流规格说明、资源预留规格说明和过滤器规格说明，其主要包含的参数就是要求预留的带宽。

（4）RESV 沿着 PATH 的发送路径原路返回，沿途的路由器收到 RESV 消息后，调用自己的接入控制程序以决定是否接受该业务流。如果接受，则按要求为业务流分配带宽和缓存空间，并记录该流状态信息，然后将 RESV 消息继续向上游转发；如果拒绝，则向接收端返回一个错误信息，接收端终止呼叫。

（5）当发送端收到 RESV 消息并且接受该请求时，开始发送用户数据流。由于发送端和接收端所经过的每一个路由器已经为该数据流分配了可用资源，可用资源有保证，因而该数据流的传送能够达到接收方要求的服务质量。

从前面所描述的资源预留的过程可知，RSVP 是沿着从用户数据接收者到发送者的路径来保留资源的，其原因是 RSVP 在设想中是为组播设计的。使用了组播后，可能会有有限数目的发送者和多个接收者。在只有一个发送者和多个接收者的情况下，从发送者到接收者的数据通路在某些节点被分路；在相反的方向上，通路聚合起来。在多点到多点通信的一般情况下，在 RESV 消息中还可指定预留请求对应的发送方以及多个预留请求在某路由器会聚后聚合数据流的预留方式。

RSVP 处理的是一个方向的资源预留。如果 RSVP 被应用到双向通信中，则资源预留必须在两个方向进行。

需要说明的是，RSVP 预留资源采用的是软状态，需要定期刷新。端点应周期性发送 PATH 和 RSVP 消息，以保证传送路径上的各路由器维持其预留状态。如果超时未收到 RSVP 消息，路由器中预留的资源就释放。这样设计的原因有二：一是简化出错处理，因为许多出错情况都可以通过超时机制予以克服；二是当路由发生变化时，不再使用的老路由上的路由器将由于超时而自动释放预留的资源。

3. 主要 RSVP 消息的功能及参数

RSVP 共定义 7 个消息，RSVP 消息的类型编码、消息名及其作用如表 5-3 所示。每个 RSVP 消息都必须包含的必备参数是"会话（Session）对象"，它指示该消息是为哪个数据流进行资源预留的。会话对象由 3 个数据单元组成：数据流的目的地地址、协议标识和端口号。下面简要介绍几条常用的消息。

表 5-3　　　　　　　　　　RSVP 消息的类型编码、消息名及其作用

消息类型编码	消息英文名	消息中文名	消 息 作 用
1	Path	路径	建立保留路径（发送方→接收方）
2	Resv	预留	资源预留请求（接收方→发送方）
3	Path Err	路径出错	通知发送方，路径建立出错
4	Resv Err	预留出错	通知接收方，资源保留出错
5	Path Tear	路径终结	删除路径和预留状态（启动点→发送方）
6	Resv Tear	预留终结	删除预留状态（启动点→接收方）
7	Resv Conf	预留证实	通知接收方，预留完成

（1）路径消息（Path）：由发送方（数据源）发送给接收方的消息，用于建立资源预留路径。消息中包含数据流标识（即目的地地址）以及数据流业务特征，该消息沿着所选路由逐跳传送，通知沿途各路由器准备预留资源。Path 消息包含以下参数信息。

① 上一跳地址（Phop）：即转发该 Path 消息的前一个具有 RSVP 能力的节点的 IP 地址。该地址随着 Path 消息的前传，由每个支持 RSVP 的路由器予以更新。

② 发送方标识（SenderTemplate）：即发送方的 IP 地址，还可包含其端口号。

③ 发送方业务流特性（SenderTspec）：即数据流的话务特性描述，包括峰值速率、最大数据报长度、漏桶参数等。

④ 通告信息（Adspec）：任选参数，在消息前传过程中由每个支持 RSVP 的路由器更新，用以向接收方通告路径端到端传送的固有特性，供接收方计算预留资源使用。

Path 消息的缺省通用参数部分包括以下参数。

① 最小路径时延：其值为路径中各段链路的传播时延之和。接收方从所要求的端到端时延指标中减去此值就得到端到端排队时延的上限。根据此上限值就可算得所需预留的带宽。

② 路径带宽：其值为路径中各段链路带宽的最小值。接收方请求的预留带宽值不允许超过此值。

③ 全部中断比特：该比特指示路径中是否包含不支持 RSVP 的路由器。发送方发出 Path 消息时该比特复位。如果在途中遇到不支持 RSVP 的路由器，则 RSVP 将该比特置位。接收方发现该比特置位，就知道 Adspec 值不准确，仅具参考意义。

④ 综合业务（IS）跳计数器：路径中每经过一个支持 RSVP/IS 功能的路由器，该计数器加 1。

⑤ 路径最大传输单元（Path MTU）：其值为路径中各段链路 MTU 的最小值。最大传输单元（MTU）的单位为字节。

每个支持 RSVP 的路由器收到 Path 消息后，首先检查消息的合法性。如果发现消息有错，则丢弃该消息，且向上游回送 PathErr 消息，以通告发送方采用适当的措施。如果消息合法，路由器则更新其存储的"路径状态"。状态中存储 Phop 参数的目的是供其后收到下游发来的 Resv 消息时，作为该消息的下一跳地址，以确保 Rsev 消息和 Path 消息走同一路径。

（2）预留消息（Resv）：接收方收到路径消息 Path 后，根据业务特征和所需的 QoS 计算出所需的资源，回送预留请求消息 Resv，消息中包含的主要参数就是请求预留的带宽。Resv 沿原路返回，沿途各路由器在收到 Resv 后执行资源预留操作，为数据流保留必要的资源。Resv 消息包含以下参数信息。

● 预留方式指示：用于指示路由器如何处理预留的聚合，预留方式有 FF，SE 或 WF 3 种。

● 筛选说明（Filterspec）：用以标识对哪个或哪些发送方进行资源预留，其格式和 Path 消息中的发送方标识相同。

● 数据流说明（Flowspec）：由 Tspec 和 Rspec 两项组成。Tspec 指示业务流特性，和 Path 消息中的发送方业务流特性相同。Rspce 称为预留说明，主要内容就是接收方根据所要求的端到端时延指标和 Adspec 中的参数计算得到的预留带宽。

● 预留证实（ResvConf）：为任选参数，其值为接收方的 IP 地址。如果消息中包含此参数，在单播情况下，就是指示发送方在收到 Resv 消息后，向接收方回送预留证实消息，表示资源预留成功。在多播情况下，就是指示预留会聚点回送预留证实消息，它只表明从接收方直至该会聚点的资源预留已经成功，但是并不能保证从该会聚点至发送方的资源预留一定成功。

Resv 消息沿着 Path 消息历经的路由逆向回传。每个路由器收到 Resv 消息后，将执行如下操作：首先，将 Flowspec 传给业务量控制模块，以确定节点是否接纳此预留；如果准予接纳，则设定分组分类器配置参数，以便在数据传送时选出由筛选说明指定的数据分组；同时根据预留方式，指示对应的链路保留资源；然后，向上游转发 Resv 消息。

4. 综合服务的实现机制

在结构层次上，综合服务（IntServ/RSVP）模型主要由 4 个部分构成：信令协议 RSVP、接纳控制与策略控制、分组分类器和分组调度器，如图 5-3 所示。在实现层次上，RSVP 需要所有路由器在控制路径上处理每个流的信令消息并维护每个流的路径状态和资源预留状态，在数据路径上执行流的分类、调度和缓冲区管理等功能。

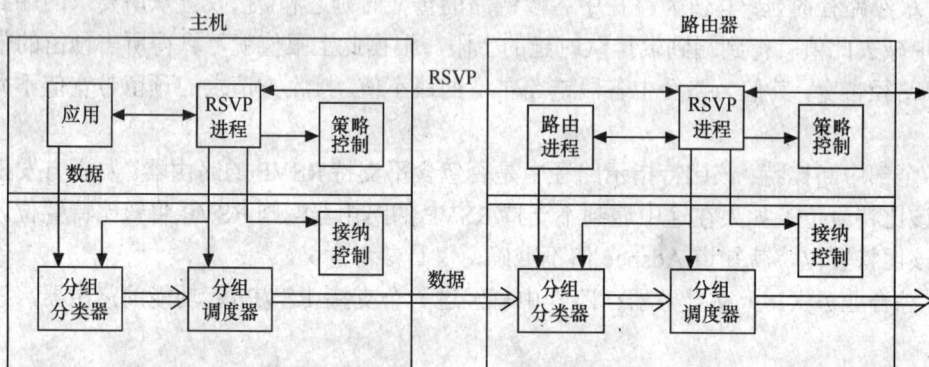

图 5-3　综合服务模型在主机和路由器上的实现机制

RSVP 负责逐点地建立或者拆除每个数据流的资源预留软状态，即建立或拆除数据传输路径。当网络中的每个路由器收到 RSVP 预留请求时，首先向接纳控制模块发出请求，以便确定本节点是否有足够的资源支持所请求的带宽；同时向策略控制模块发出请求，以便决定该用户是否允许进行资源预留，以防止无权或过度占用资源。只有当两个控制模块均通过后，才能为指定的数据流保留资源。分组分类器根据请求对传输的数据包进行分类，常用的分类器是多域分类器。当路由器接收到数据包时，它根据数据包头部的多个域（如 5 元组：源 IP 地址，目的 IP 地址，源端口号，目的端口号，传输协议），将数据包放入相应的队列中。分组调度器设置在输出端口，根据分组类别调度各分组按照一定的优先级别传送，以保证各类分组获得其分配的带宽。

5. 综合服务的特点

（1）综合服务的优点

以 RSVP 为核心的综合服务（IntServ/RSVP）模型利用信令机制将 QoS 综合在 IP 网络中，它允许端用户为每一个数据流提出资源预留请求，由于网络中的每一个路由器都为该数据流保留了必要的资源，因此可以保证端到端的服务质量。

（2）综合服务的缺点

从原理上来说，Internet 是一个无连接网络，网络不保留数据流状态，而 IntServ/RSVP

模型却引入了流状态的概念，其结果是使 Internet 成为一个混合网络。对数据通信来说，是一个无连接网络；对于实时通信来说，是一个面向连接网络。这样一个网络既需要支持面向连接网络的完备的信令功能，又需要支持无连接网络的完备的分组转发功能，与 Internet 尽可能简化网络的设计原则背道而驰。

IntServ/RSVP 模型可扩展性差，这是该模型最致命的一个问题。其基于数据流的资源预留、调度处理以及缓冲区管理，有利于提供 QoS 保证，但状态信息随业务流数量的增长而增长，沿途的路由器要为每个数据流都维持一个"软状态"；在大型网络中，网络中的核心路由器端口连接的都是高带宽链路，而每个数据流预留的带宽都较小，因此预留请求将消耗路由器大量的 CPU 资源和存储器资源，严重制约了路由器的容量。因此在一个运营商规模的网络中几乎不可能实现这一要求。

IntServ/RSVP 模型的另一个问题是策略控制，即确定用户预留资源的权限。路由器收到 Resv 消息后就通过专用的协议向策略控制点 PDP 发出请求，PDP 识别请求所属业务，根据服务提供者的策略作出准许或拒绝的决定，并进行计费。因此，支持 RSVP 的路由器不但要完成网络层的资源预留，还要完成和服务层控制功能的交互，这更进一步限制了 RSVP 在大网络中的应用。

由于以上原因，综合服务主要限于在企业网和小型 ISP 网络中使用。

5.2.4 区分服务

由于在综合服务中，网络中的每一个路由器都要确定每一个数据流的用户预留资源的权限，保留每一个数据流的状态，因而不能在大型网络中使用。这时一种新的体系结构便应运而生，那就是区分服务模型。

1. 区分服务的基本原理

区分服务（DiffServ）俗称差分法，其基本思想是将用户的数据流按照服务质量要求来划分等级，采用聚合的机制将同一等级的若干数据流聚合起来，为整个聚合流提供特定服务，而不再面向单个数据流。

在区分服务模型中，用户和提供区分服务的服务提供商（ISP）之间需要预先商定服务等级合约（Service Level Agreement，SLA），SLA 规范了 ISP 对用户端网络所支持的业务类别以及每种类别的业务流数量。根据 SLA，用户的数据流在网络入口处被分类并标志一个特定的优先等级，当数据流通过网络时，路由器查看每个分组的优先等级标识，采用相应的处理方式来转发分组。由于任何用户的数据流都可以自由进入网络，但是当网络出现拥塞时，级别高的数据流在排队和占用资源时比级别低的数据流有更高的优先权，因此区分服务本质上是一种相对优先级策略，只承诺相对的服务质量，而不能对用户承诺具体的服务质量指标。

2. 区分服务的体系结构

区分服务体系由用户网络和区分服务区（region）构成，而区分服务区又由连续的 DS 区域构成，如图 5-4 所示。

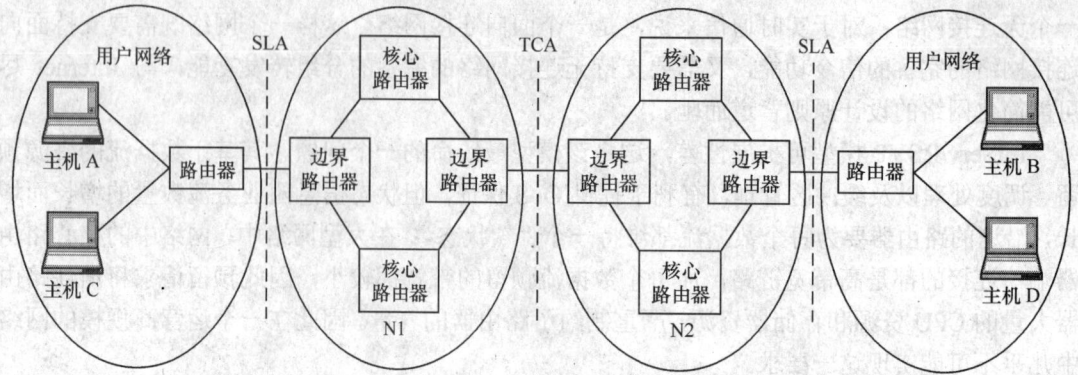

图 5-4 区分服务体系结构

DS 区域指的是某一个提供区分服务的服务提供商所管辖的范围，由一些相连的 DiffServ 节点构成，有统一的服务提供策略，且实现一致的每跳行为（Per-Hop Behavior，PHB）。每个 DS 区域的主要成员包括核心路由器、边界路由器和资源控制器，其中，边界路由器对每个分组进行分类、标记区分服务码点（DiffServ Code Point，DSCP），用 DSCP 来携带 IP 分组对服务的需求信息。核心路由器根据分组头上的 DSCP 按照不同的优先级对 IP 分组进行转发。资源控制器配置了管理规则，为客户分配资源，它可以通过服务等级合约（Service Level Agreement，SLA）与客户相互协调以分享规定的带宽。

为了保证用户所需要的服务质量，ISP 除了和用户签订 SLA，和其他 ISP 也必须签订业务流调节合约（Traffic Condition Agreement，TCA）。TCA 规范了 ISP 之间的数据流应该满足的一些约定。

通过在上游 DS 区域和下游 DS 区域之间建立 SLA 或 TCA，区分服务可以扩展到多个 DS 区域。由于一个 DS 区域可以支持不同的 PHB 组，并且各自区域的 DSCP 到 PHB 的映射函数也可能不相同，因此在不同的 DS 区域之间必须对 SLA 和 TCA 进行调节，以协调彼此之间的服务语义。

如图 5-4 所示，假设用户网络已经和 ISP 建立了相应的 SLA，ISP 之间也建立了 TCA。如果用户网络中的主机 A 向另一用户网络的主机 B 发送数据流，则数据包在用户网络中选择路由到达与它直接相连的 ISP 的网络 N1，N1 的边界路由器根据用户与 ISP 之间的 SLA 通过查看数据包的头部信息，对它进行分类、监控、标记以及整形，以使它符合 SLA。被标记了 DSCP 的数据包在 N1 中传输，直到到达 N1 的出口节点。在 N1 的出口节点，边界路由器根据 N1 与 N2 之间的 TCA 对业务流进行整形，使它符合 N1 与 N2 网络之间的 TCA。业务流依次通过中间的每个 ISP，最后到达接收端所在的用户网络。

3. 服务分类和区分服务标记

（1）服务等级合约 SLA

服务等级合约（Service Level Agreement，SLA）是服务提供商和客户之间的一种契约，它规定了对客户不同类型的数据流的处理。SLA 中主要的技术内容称为"服务等级规范"，其中的话务指标部分，称为业务量定型规范。

业务量定型规范详细规定了每类服务等级的参数，介绍如下。

• 服务参数：吞吐量、时延、分组丢失概率等。

- 该类服务的入口点和出口点。
- 业务量限额：可以用令牌漏桶参数形式规定。
- 对超出限额部分数据流的处理方法。
- 该类服务的标记。
- 该类服务的整形。

在 SLA 中还要说明服务范围，即在什么样的拓扑范围内提供该类服务。假设客户在入口点 A 接入服务提供商的网络，则可定义 3 类服务范围，分别适用于：

- 从 A 点到任意出口点的所有业务流。
- 从 A 点到指定出口点 B 的所有业务流。
- 从 A 点到一组出口点之间的所有业务流。

这里，出口点可以和入口点位于同一个 DS 域中，也可以位于不同 DS 域中。对于不同 DS 域的情况，出口点 DS 域可经多个中间 DS 域和入口点 DS 域相连，此时要求相邻域协商确定 TCA，以确保在入口点向客户提供的服务能够扩展到出口点。

SLA 可分为静态 SLA 和动态 SLA。静态 SLA 是由服务提供代理商和客户之间当面协商确定的合约，在服务启用时开始生效。它允许重新协商，但一般周期较长。动态 SLA 可以经常改变，包括业务流量限额的改变、业务流量变化后价格的改变等，其改变无需人工介入，因此需要自动代理和协议。动态 SLA 可以更好地适应用户的需要，但是需要解决许多技术问题。对于网络提供者来说，需要采用动态资源分配机制，随着 SLA 的改变自动平衡不同路由上的负荷。对于用户来说，其设备和应用程序要适应动态 SLA。目前作为通用标准的都是静态 SLA。

（2）区分服务标记域

IP 包头部的区分服务标记域（DS Field）是 DS 区域边界节点和内部节点传输流聚集信息的媒介，是内部核心路由器转发报文的依据，是连接报文与转发服务（PHB）的桥梁，也是边界节点与其他 DS 区域根据 TCA 进行调节的依据。

DS 标记域定义为 IPv4 头部的 TOS 字节或 IPv6 头部的流类型（Traffic Class）字节，如图 5-5 所示，其中 DSCP（6bit）即为区分服务标记，下行节点通过识别这个字段，获取信息来处理到达输入端口的数据包，并将它们正确地转发给下一跳的路由器。

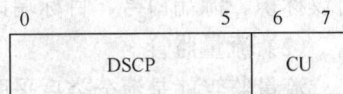

0		5	6	7
DSCP			CU	

IPv4 TOS 字节或者 IPv6 流类型字节
DSCP：区分服务标记
CU：保留给 ECN
图 5-5　DS 标记域

DiffServ 工作组已经定义了 DSCP 与 PHB 的映射关系，如表 5-4 所示，但同时也允许 ISP 自行定义具有本地意义的映射关系。

表 5-4　　　　　　　　　　　　DSCP 与 PHB 的映射关系

DSCP	PHB	说　明
101110	EF	绝对 QoS
001XXX	AF1	QoS 介于 EF 和 BE 之间。每一种 AF 可以划分为三种优先级，共 12 种
010XXX	AF2	
011XXX	AF3	
100XXX	AF4	
000000	BE	尽力而为业务

① 加速转发（EF）

EF PHB 的流量不受其他 PHB 流量的影响，但需确保包的离开速率高于所规定的值。与传统的租用线类似，EF PHB 能够提供低丢包率、低时延、低抖动和有保证的带宽服务。EF PHB 只接受固定流量的流，保证流在排队时拥有足够高的优先级，并在边界路由器上丢弃掉任何超过 EF 指定数量的数据包。

② 保证转发（AF）

AF PHB 又分为 4 个类别，为 IP 包提供不同级别的转发特征。4 个类别 AF PHB 中的每一个都分配了特定数量的转发资源（比如缓冲区和带宽），并且为每个类别指派 3 种不同丢弃优先级中的一种。AF PHB 允许在整个流量不超过预先设定速率的前提下以更高的可能性转发包。

③ 尽力而为（BF）

BF 提供尽力而为的业务。

4．边界路由器对数据流的处理

为了使用户数据流符合 SLA 和 TCA，边界路由器要根据与用户达成的协议对数据流进行处理。对数据流的处理包括流分类、流量监管、流标记、流量整形等。

（1）流分类

流是一组具有相同特性的数据报文，业务的区分可以基于数据报文流进行。进行流分类的目的是区分服务类型，以便对不同的数据报文进行区别对待。分类器根据数据包头部的某些域（如 DSCP 或 MF 五元组）对数据包进行分类。目前定义了如下两种类型的分类器。

- 行为聚集分类器：根据包头的 DSCP 来对包进行分类。
- 多域分类器：根据包头部中多个域内容的组合来进行分类，如源地址、目标地址、协议标识、源端口号、目标端口号或 DS 域等。

（2）流量监管

流量监管就是流分类后采取某种动作限制用户进入网络的流量速率，主要是根据 SLA 限制用户接入速率。对每个流可依据 SLA 单独配置承诺速率、峰值速率、承诺突发尺寸、峰值突发尺寸等流量参数，将违约报文配置为 Pass（通过）、Drop（丢弃）、Markdown（降低其丢弃级别）等处理。Markdown 级别的报文在网络拥塞时被优先丢弃，从而保护流量约定范围内的报文正常转发。

（3）流标记

流标记就是根据签订的 SLA 规则，在网络边界对分类后的业务流打上类别标记，以便在网络转发中能对报文流区别对待。

在 DiffServ 体系中标记是在 IP 包的 DSCP 域。目前主要定义了 EF、AF、BF 3 种标准业务，并对 AF 进行了 4 个类别 3 种丢弃级别的定义。EF 流要求低时延、低抖动和低丢包率，可以对应于语音、视频、会议电视等实时业务；AF 流要求较低时延、低丢包率和高可靠性，可以对应于数据可靠性要求高的业务，如电子商务、VPN 等；对 BF 流则不保证最低信息速率，网络不保证所有性能参数，可以对应于传统的 Internet 业务。

（4）流量整形

流量整形可以限制流量的突发，使报文流能以均匀的速率发送。这有助于网络流量保持平稳。

　　边界路由器采用通用流量整形技术对不规则或不符合预定流量特性的报文流进行整形，以利于网络上下游之间的带宽匹配。通用流量整形技术使用报文缓冲区和令牌桶来完成，当报文流发送速度过快时，首先在缓冲区进行缓存，在令牌桶的控制下，再均匀地发送这些被缓冲的报文。

5. 核心路由器对数据流的处理

　　核心路由器的主要功能是根据 DSCP 值对数据包进行不同优先级的转发，这通过提供不同优先级的队列调度来实现的。例如某个高性能路由器中服务质量处理模型提供的区分服务类型如表 5-5 所示，其中低时延持续带宽（LLSS）可以对应 DiffServ 的加速转发（EF），正常时延持续服务（NLSS）对应 DiffServ 的保证转发（AF），另外两种服务则对应尽力而为（BF）。这些服务类型也用于作为流队列参数的定义，由网络处理器实现。

表 5-5　　　　　　　　　　　某个高性能路由器中定义的区分服务类型

支持的服务	说　　明
低时延持续带宽（LLSS）	提供低时延的持续带宽服务
正常时延持续服务（NLSS）	提供正常时延的持续带宽服务
峰值带宽服务（PBS）	在"尽力而为"服务的基础上提供额外的带宽
加权队列服务（QWS）	调度器可以将剩余的（除 LLSS 和 NLSS）带宽分配给使用"尽力而为"服务或峰值带宽服务的流队列。剩余带宽的分配通过给对应于同一个目标端口的流队列指定不同权值而完成

　　该高性能路由器服务质量处理模型的流队列调度负责保证实现流队列的预约带宽，并完成剩余带宽在各条流之间的加权平均分配。它采用两级调度模式，对于不同的队列参数配置，采用以下调度算法。

　　（1）按照配置的时间要求，采用时间片轮循的方式，对 LLSS 队列的报文进行服务，实现低时延服务。

　　（2）按照配置的时间要求，采用时间片轮循的方式，对 NLSS 队列的报文进行服务，实现持续带宽服务。

　　（3）按照配置的时间要求，采用时间片轮循的方式，对 LLSS 队列的报文进行服务，实现低时延服务。

　　（4）按照配置的时间要求，采用时间片轮循的方式，对 PBS 队列的报文进行服务，实现峰值带宽服务。

　　（5）按照配置的时间要求，采用时间片轮循的方式，对 LLSS 队列的报文进行服务，实现低时延服务。

　　（6）对于剩余带宽，采用加权算法，基于 Weight（加权）值对其他队列进行调度 QWS 服务。再转到（1）执行。

　　这些算法按从上到下的优先级排列。由于（1）、（3）、（5）都是执行 LLSS 的调度，从而保证了 LLSS 队列的低时延，而其他服务由于按照配置的时间要求进行调度，从而保证峰值带宽的实现。

6. 区分服务的特点

由于 DiffServ 只包含有限数量的业务级别，状态信息数量少，实现简单，而且在区分服务网络中，只有边界路由器需要对每个 IP 流进行分类、计量和标记，核心路由器只需根据业务的优先级别来转发 IP 包。虽然边缘路由器比较复杂，但核心路由器比较简单，因而 DiffServ 的扩展性较好。

DiffServ 的不足之处是不能为每个单独的业务流提供端到端的质量保证；此外，由于标准还不够详尽，不同运营商的网络之间很难进行 QoS 参数的协商和调整。

目前，DiffServ 作为业界认同的 QoS 解决方案，被广泛应用到 NGN 承载网的接入层，以实现对 NGN 业务的服务质量保障。

5.2.5　多协议标签交换

多协议标签交换（Multi Protocol Label Switching，MPLS）是从 Cisco 的标记交换演变而来，提出 MPLS 的初始动机是实现更高速的路由转发。

IP 是无连接的网络，每台路由器根据所收到的每个包的地址查找匹配的下一跳，并做相应的转发。但路由器使用的是最长前缀匹配地址搜索（即搜索匹配前缀最长的一个作为入口），处理比较复杂。MPLS 在网络的入口标签边缘路由器（Ingress LSR）为每个 IP 数据包加上一个固定长度的标签，核心路由器根据标签值进行转发，在出口标签边缘路由器（Egress LSR）再恢复成原来的 IP 数据包。由于是根据固定长度的标签搜索目的地址，所以 MPLS 能够实现数据包的高速转发。

1. MPLS 中的常用的术语

（1）转发等价类 FEC

转发等价类（Forwarding Equivalence Class，FEC）是一组具有相同特性的 IP 数据包，在转发过程中被以相同的方式处理。这就意味着属于同一 FEC 的 IP 数据包将被从同一个端口转发出去，有着同一个下一跳和标记，也意味着被给予相同的服务等级，输出在相同的队列，被设定为相同的丢弃优先级，以及任何一个对于网络管理和维护人员来说可以选择的项目。

FEC 分类的方法可以各不相同。下面是几种常见的 FEC 划分方法。

- 源/目的 IP 地址。
- 源/目的端口号。
- IP 地址前缀。
- 区分服务标记 DSCP。
- IPv6 流标记。

（2）标签

标签（Label）是一个具有本地意义的固定长度的标识，用于标识一个 FEC。

MPLS 可以在现有的帧或分组结构（如以太网、PPP）中添加标签，也可以利用包含在数据链路层（如帧中继和 ATM）中的标签结构。标签的格式取决于分组封装所在的介质。例如，ATM 封装的分组（信元）采用 VPI 和/或 VCI 数值作为标签，而帧中继 PDU 采用 DLCI 作为标签。对于那些没有内在标签结构的介质封装，则采用一个特殊的数值填充。图 5-6 所示为薄片型标签的格式，其中 20bit 的 LABEL 字段用来表示标签值；3bit 的 EXP 用来实现 QoS；1bit S 值用来表示标签栈是否到底了，因为有些应用（如 VPN，TE 等）会在二层和三层头之间插入两个以上的标签，形成标签栈，当堆栈标识符为 1 时，表示该标签为栈中的最后一个标签；8bit TTL 值用来防止数据在网上形成环路。

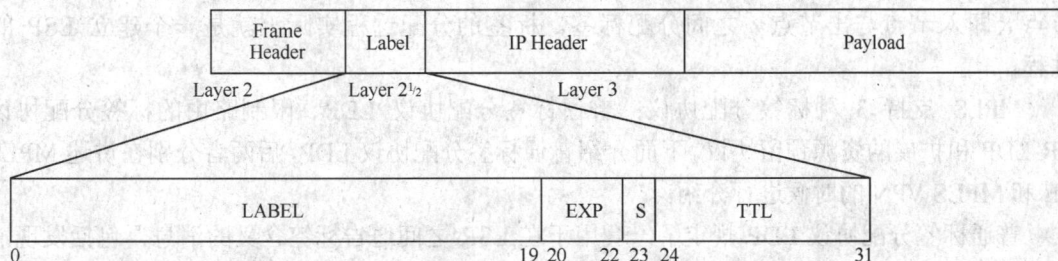

图 5-6　薄片型标签的格式

（3）标签交换路径

标签交换路径（Label Switched Path，LSP）是 MPLS 网络中一个入节点与一个出节点之间的一条路径。为特定 FEC 选择 LSP 有两种方法：逐跳路由（Hop by Hop Route）和显式路由（Explicit Route）。相应地，由这两种方法建立的 LSP 被称为"逐跳路由 LSP"和"显式路由 LSP"。

逐跳路由允许每个 LSR 独立地为每个 FEC 选择下一跳。当网络收敛后，运行逐跳路由的 LSR 会自动地为每一个 FEC 通过请求消息建立一条 LSP，即为每个 FEC 绑定相应的标签，并将标签增加到转发信息库（Forwarding Information Base，FIB）中。由于逐跳路由 LSP 是动态建立的，虽然网络扩展性较好，但是不能用于支持 QoS，也不能支持流量工程，所以不适合用来承载语音等实时业务。

显式路由与逐跳路由恰好相反，每个 LSR 不能独立地为每个 FEC 选择下一跳，而是由入口 LSR 事先确定好了 FEC 在 MPLS 域中的路径。入口 LSR 将确定的路径作为请求消息的参数，通过请求消息来引导 LSP 的建立，具体过程如 5-7 图所示。由于显式路由 LSP 是事先指定的，因此可以根据网络资源的分布来选择合理的路径，保证网络资源充分利用并且避免拥塞，很容易实现流量工程；在请求消息中携带 QoS 参数也可以满足各种业务的服务质量要求。

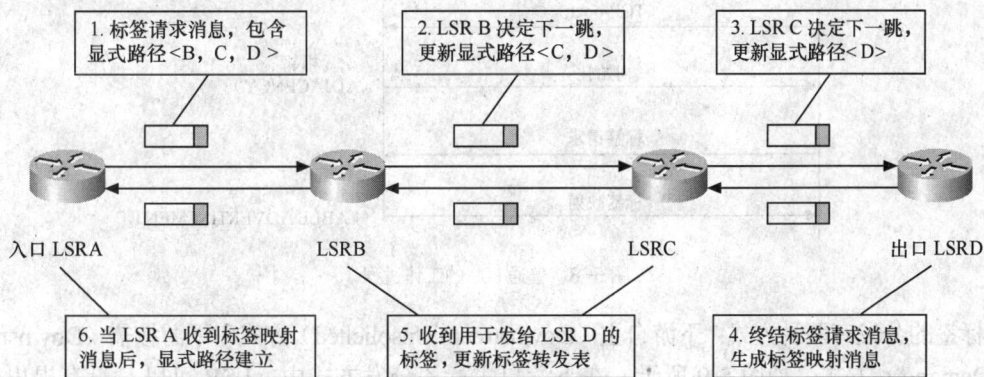

图 5-7　显式路由

可见，MPLS 实际上就是一个面向连接的系统。

（4）标签分配协议

在 MPLS 领域中，用于建立、拆除、维护 LSP 的"信令"就是标签分配协议（Label Distribution Protocol，LDP）。LDP 基于原有的网络层路由协议（OSP，IS-IS，RIP，EIGRP 或 BGP 等）构建标签信息库，并根据数据流的要求以及网络拓扑结构，在 MPLS 域边缘节点（即入节点与出节点）之间分配标签。标签的分配过程实际上就是一个建立 LSP 的过程。

MPLS 支持 3 种标签分配协议：普通标签分配协议 LDP、限制路由的标签分配协议 CR-LDP 和扩展的资源预留协议。下面介绍普通标签分配协议 LDP，后两者分别在讲述 MPLS TE 和 MPLS VPN 的时候进行介绍。

普通标签分配协议 LDP 规定了一套用于在 LSR 之间通告标签含义的消息，包括发现消息、会话消息、通告消息和通知消息。

发现消息：用来发现对方 LSR 的存在。常用的有 Hello 消息。

会话消息：在 LSR 发现对方存在后，该消息用来在双方间建立、维护和结束会话的连接。

通告消息：负责创建、改变和删除特定的 FEC 与标签的绑定。常用的有标签请求消息和标签映射消息。

通知消息：用于提供建议性的消息和差错信息。

普通 LDP 的工作过程如图 5-8 所示。LSR 通过周期性地发送 Hello 消息来表明它在网络中的存在。当 LSR 决定与通过 Hello 消息发现的其他 LSR 建立会话时，将通过 TCP 端口发起 LDP 初始化过程。初始化成功后，两个 LSR 成为 LDP 对等实体，双方可以交换通告消息，即当需要标签的时候可以向对方发送标签请求消息，当希望对方使用某一标签时可以向对方发送标签映射消息。

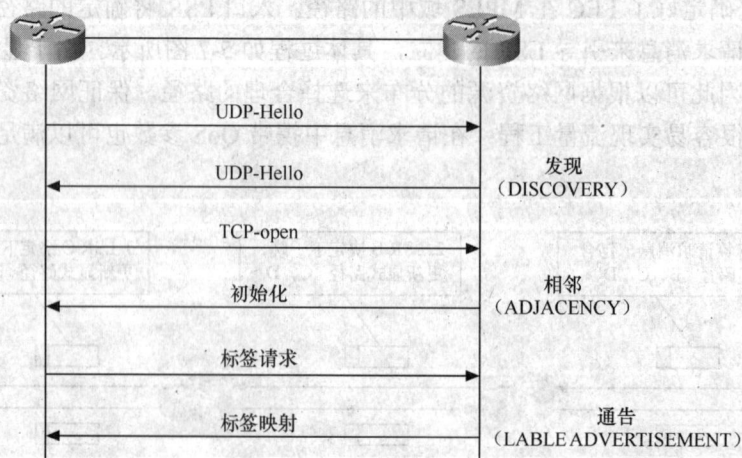

图 5-8 普通 LDP 的工作过程

标签的分发有两种方式：下游自主（Downstream Unsolicited）方式和下游按需（Downstream On Demand）方式。如图 5-9 所示，在下游自主标签分发方式中，LSR 可以对没有提出标签请求的其他 LSR 主动分配"FEC-标签"绑定；而在下游按需标签分发方式中，只有当其他

LSR 明确提出标签请求时才可以向其分发"标签-FEC"绑定。

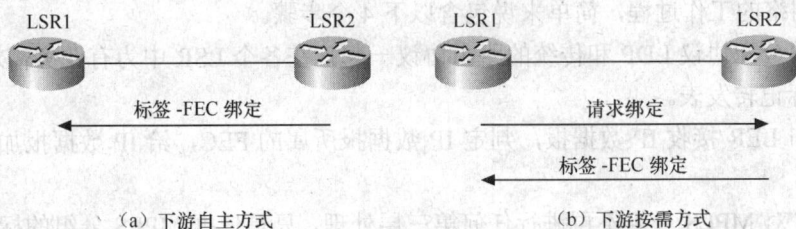

图 5-9　标签的分发方式

2. MPLS 的网络结构

MPLS 网络由标签边缘路由器（Label Edge Router，LER）和标签交换路由器（Label Switching Router，LSR）组成，如图 5-10 所示。

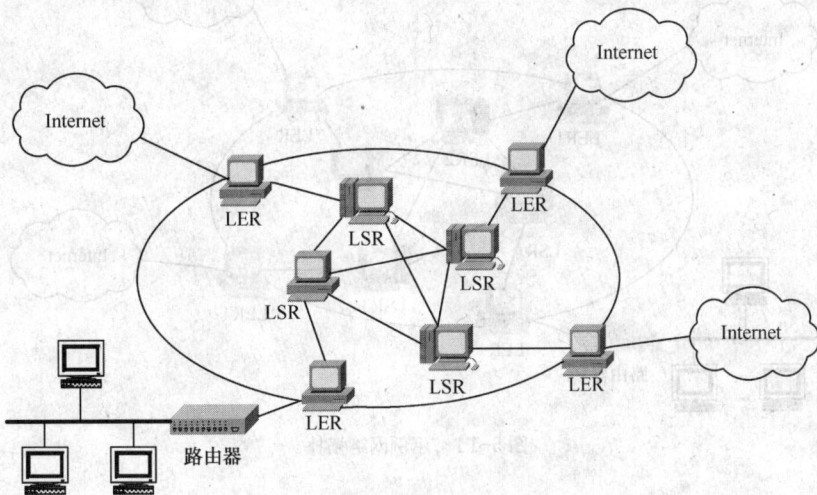

图 5-10　MPLS 的网络结构

LER 位于 MPLS 网络的边界上，是 MPLS 网络同各类用户网络以及其他 MPLS 网络相连的边缘设备。LER 首先将具有相同特性的 IP 数据包划分为一定的转发等价类 FEC，并建立标签和相应 FEC 的对应关系，据此建立转发信息库 FIB。当 LER 接收到 IP 数据包后，根据 IP 数据包的特性检查 FIB，得到相应的标签，给 IP 数据包加上标签后发给 LSR。LER 还负责在 MPLS 网络的出口去掉标签。

LSR 是 MPLS 网络的核心设备，提供标签交换和标签分发功能，具有第三层转发分组和第二层交换分组的能力。LSR 内建标签转发信息库（Tag Forwarding Information Base，TFIB），TFIB 存储每个路由的输入标签和输出标签，包括输出端口及其链路。TFIB 被用于实际的分组转发。LSR 根据 IP 数据包上的标签（输入标签）检索 TFIB，获得该数据包新的标签（输出标签）和输出端口及链路，用新的标签替换包上原有的标签后将数据包转发到下一个 LSR。

3．MPLS 的工作过程

MPLS 网络的工作过程，简单来说包含以下 4 个步骤。

（1）标签分配协议 LDP 和传统的路由协议一起，在各个 LSR 中为有业务需求的 FEC 建立路由表和标记转发表。

（2）入口 LER 接收 IP 数据报，判定 IP 数据报所属的 FEC，给 IP 数据报加上标签形成 MPLS 分组。

（3）LSR 对 MPLS 分组不再进行任何第三层处理，只是依据 MPLS 分组的标签查询转发表后完成转发。

（4）在出口 LER 上，将分组的标签去掉后根据第三层地址完成转发。

下面结合如图 5-11 所示的网络拓扑，简要说明目的 IP 地址为 172.4.2.1 的 IP 数据包通过 MPLS 网络时的传送过程。各路由器中的信息表内容如图 5-12 所示。

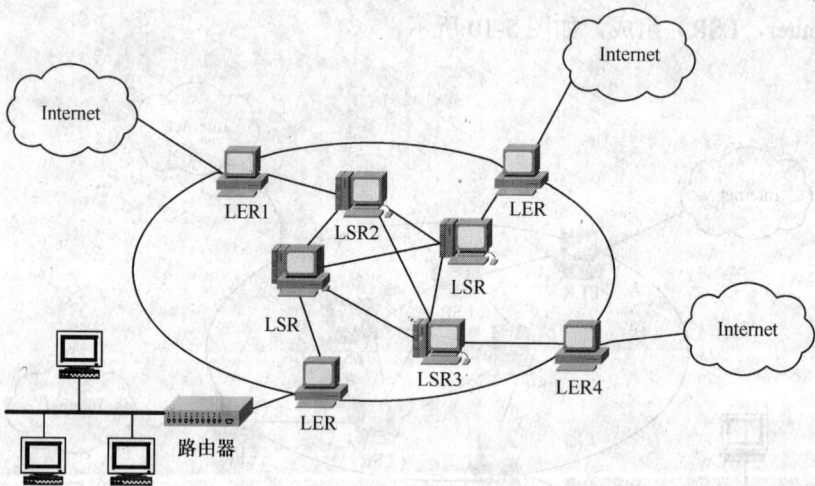

图 5-11 示例网络拓扑

（1）LER1 根据"目的 IP 地址+目的端口+源 IP 地址+源端口"划分 FEC。当接收到目的 IP 地址为 172.4.2.1 的 IP 数据包后，在转发信息库 FIB 中按传统的最长匹配算法进行 L3 层查找，根据网络地址 172.4/16（其中 172.4 为网络地址，16 为网络地址的长度）在转发信息库 FIB 中查到标签 5，进行标签的压入操作（Push），向 IP 头压入一个标签 5。

（2）LSR2 根据顶层入标签 5 查找标签信息库 LIB，进行标签的交换操作，用标签 9 替换标签 5。

（3）LSR3 所做的和 LSR2 一样，用标签 2 替代标签 9。

（4）LER4 根据入标签 2 查找标签信息库 LIB，进行标签的弹出操作（Pop），得到目的地址为 172.4.2.1 的 IP 包，然后按 L3 层查找 FIB 将该数据包转发给下一站点。

在实际操作中，标签在倒数第二跳弹出以提高效率，这种机制也称次末中继弹出机制。如图 5-12 阴影所示，LSR3 为倒数第二跳，LSR3 查找标签 9，得到出口标签 2，同时也知道对该标签的操作是 Pop。这样，倒数第二跳 LSR3 的输出为普通 IP 分组，而 LER4 按 L3 层对它转发。

Edge | Core   Core

LER1

IP 地址	出标签
172.4/16	5
第二层传输	分配起始标签

172.4.2.1 → | 5 |

LSR2

入标签	出标签
5	9
标签交换	

| 9 |

Core | Edge

LER4

LSR3

入标签	出标签
9	2
标签交换	

| 2 |

入标签	下一站
2	167.1.1.1
移动标签	第二层传输

172.4.2.1 →

LER4

LSR3

入标签	弹出标签
9	
标签交换	

172.4.2.1 →

IP 地址	下一站
172.4/16	167.1.1.1
第二层传输	第一层传输

172.4.2.1 →

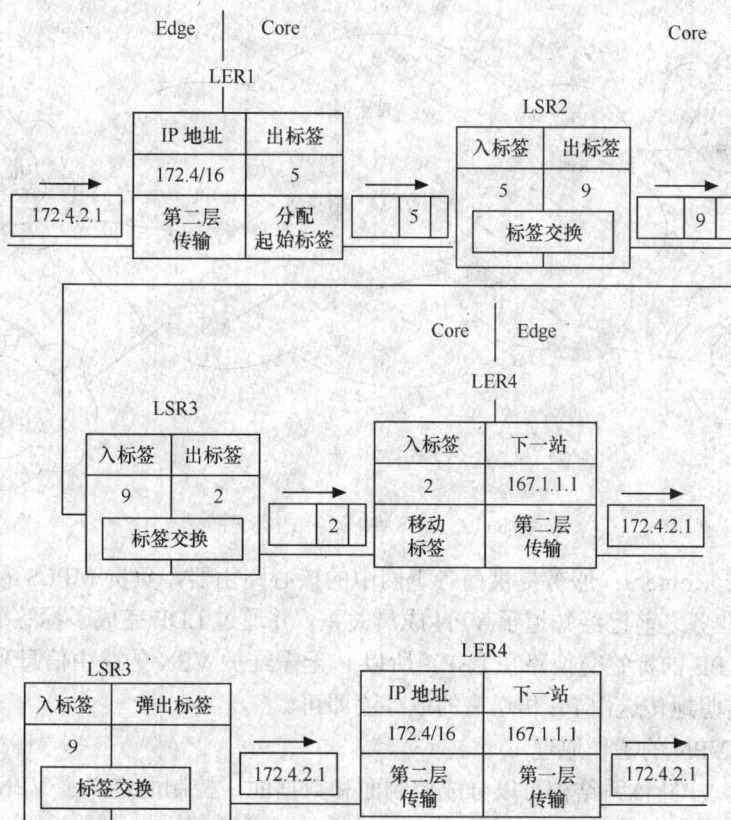

图 5-12　IP 数据包通过 MPLS 网络的传送过程示例

尽管随着路由器性能的不断提高，MPLS 已不再是实现高速转发的技术，但是用 MPLS 在组建 VPN 和实施流量工程方面正得到越来越多的应用。

4. MPLS VPN

虚拟专用网（Virtual Private Network，VPN）是在公共的运营网络中开辟出一片相对独立的资源，专门为某个企业用户使用，而企业用户可以具有一定的权限监控和管理自己的这部分资源，就如同自己组建了一个专用网络一样。"虚拟"是因为这个网络并不提供物理上端到端专有连接；"专用"是因为在一个共享的网络基础设施上，企业可以获得跟专网一样的安全性、一样的可管理性、一样的服务质量保证和一样的地址分配方案。

（1）MPLS VPN 的网络结构

基于 MPLS 技术构建的 VPN 称为 MPLS VPN，其网络结构如图 5-13 所示。

站点（Site）：用户端网络的总称，可以通过一个单独的物理端口或逻辑端口连接到 PE。

CE（Custom Edge）：用户端网络中直接与 PE 相连的路由器，CE 通过标准的路由协议与 PE 交换路由信息。

PE（Provider Edge）：服务提供商骨干网中的边缘路由器，是 MPLS VPN 的主要实现者。PE 路由器连接 CE 路由器，通过 MBGP 向其他的 PE 传播 VPN 的相关信息，包括：VPN-IPv4 地址（即 RD＋IPv4），扩展成员关系以及标签。

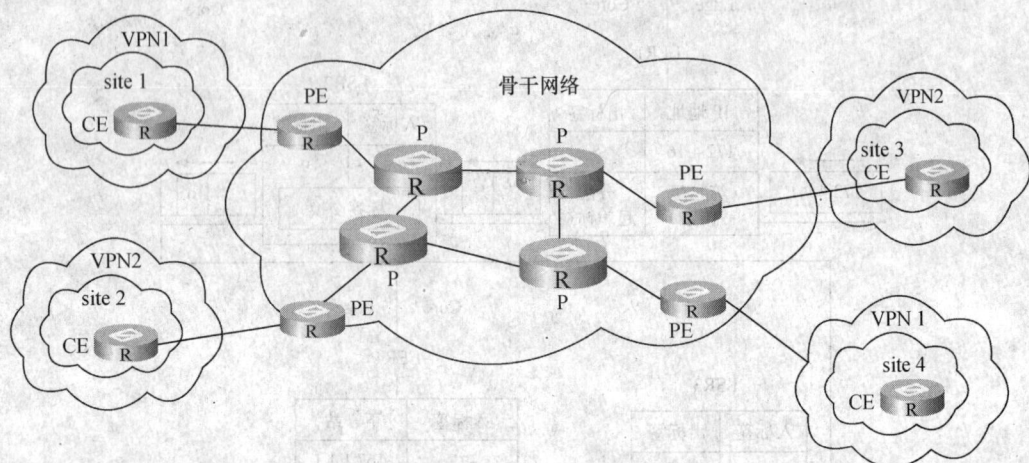

图 5-13 MPLS VPN 网络结构示意图

P（Provider Router）：服务提供商骨干网中的核心路由器，负责 MPLS 标签转发。由于 PE 之间在传送业务之前已经知道了 VPN 成员关系，并通过 LDP 完成了标签绑定工作，建立了一条从 PE 到 PE 的标签交换路径 LSP，所以 P 无需维护 VPN 的路由信息和所承载业务流的信息，只要透明地传送由 PE 传送来的业务流即可。

（2）MPLS VPN 的工作原理

整个 MPLS VPN 体系结构可以分成控制面和数据面，控制面定义了 VPN 路由信息的分发和 LSP 的建立过程，数据面则定义了 VPN 数据的转发过程。

在控制层面，P 路由器并不参与 VPN 路由信息的交互，PE 路由器则维护相连的所有 VPN 的路由信息。为了在 MPLS 网络中提供 VPN 的业务，PE 路由器会存在两种独立的路由表：全局路由表和虚拟路由转发表（Virtual Routing Forwarding Table，VRF），如图 5-14 所示。全局路由表用于存放通过 IGP 学习到的路由。虚拟路由转发表 VRF 存放的是通过 MP-BGP（扩展的 BGP）学习到的来自 CE 的路由。在 PE 设备上，属于同一 VPN 的用户节点对应一个 VRF，VRF 包含同一个站点相关的路由表、转发表、接口（子接口）、路由实例和路由策略等信息。

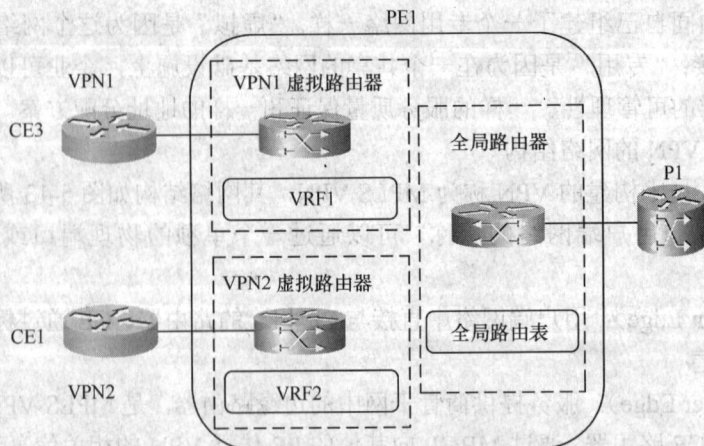

图 5-14 PE 路由器中的全局路由表和虚拟路由转发表

　　为了将 VPN 用户可能重叠的 IPv4 地址空间映射为全局彼此不重叠的 VPNv4 地址空间，运营商为每个 VPN 分配了一个长度为 64bit 的标识符，称为路由标识符（Route Distinguisher，RD）。VPNv4 地址由 RD 和 IPv4 地址共同构成。在保证 RD 全局唯一的前提下，无论用户的 IP 地址如何规划，都可保证每个 VPNv4 地址在网络中的唯一性。采用 VPNv4 地址既能解决不同 VPN 之间 IP 地址空间重叠的问题，也能使运营商通过相同的网络结构来支持多种用户的 VPN。PE 将 VPNv4 地址存储进 VRF 中用来代替 IP 地址。

　　VRF 中定义的和 VPN 业务有关的另一个重要参数是路由目标（Route Target，RT），RT 用于路由信息的分发，具有全局唯一性，同一个 RT 只能被一个 VPN 使用，它分成 Import RT 和 Export RT，分别用于路由信息的导入和导出策略。当 PE 从 VRF 表中导出 VPN 路由时，要用 Export RT 对 VPN 路由进行标记；当 PE 收到 VPNv4 路由信息时，只有所带 RT 标记与 VRF 表中任意一个 Import RT 相符的路由才会被导入到 VRF 表中，而不是全网所有 VPN 的路由，从而形成不同的 VPN，实现 VPN 的互访与隔离。RT 的长度也是 64bit。

　　CE-PE 路由器之间通过采用静态/默认路由或采用 IGP（RIPv2、OSPF）等动态路由协议进行路由信息的交互，PE-PE 之间则通过采用 MP-iBGP 进行路由信息的交互。下面举例说明 PE 间 VPN 用户的路由信息交互过程，如图 5-15 所示。

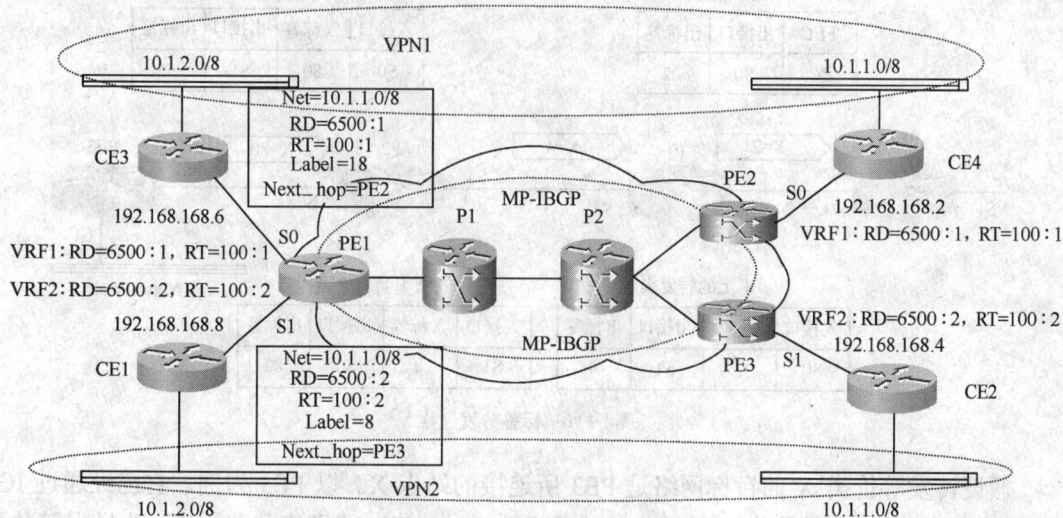

图 5-15　PE 间 VPN 用户的路由信息交互过程

　　在图 5-15 所示的网络中，CE3 和 CE4 属于 VPN1，CE1 和 CE2 属于 VPN2，CE1 和 CE3 连接到 PE1，CE2 和 CE4 分别连接到 PE3 和 PE2。运营商为 VPN1 用户分配的 VRF 参数为 RD = 6 500:1，RT = 100:1；为 VPN2 用户分配的 VRF 参数为 RD = 6 500:2，RT = 100:2。

　　以 PE3 为例，PE3 从接口 S1 上获得由 CE2 传来的有关 10.1.1.0/8 的路由，PE3 把该路由放置到和 S1 有关的 VRF 中，并且分配该路由的本地标签 8。通过参考 VRF 中的 RD 参数，PE3 把正常的 IPv4 路由变成 VPNv4 路由，如 10.1.1.0/8 变成 6 500:2:10.1.1.0/8，同时把 RT 值（100:2）和该路由的本地标签值（8）等属性加到该路由条目中去。PE3 通过 MP-IBGP 把这条 VPNv4 路由发送到 PE1 处。

　　与 PE3 类似，PE2 将由 CE4 传来的有关 10.1.1.0/8 的路由转换成 VPNv4 路由 6 500:1:10.1.1.0/8，并为该路由分配本地标签 18。PE2 把 RT 值（100:1）和该路由的本地标签值（18）等属性加到路由条目中后，通过 MP-IBGP 把这条 VPNv4 路由发送到 PE1 处。

PE1 收到了两条有关 10.1.1.0/8 的路由，其中一条是由 PE2 发来，另一条是由 PE3 发来。由于 RD 的不同，PE1 不会将这两条路由混淆。PE1 的 MP-BGP 接收到该两条路由后，去掉路由所带的 RD 值，使之恢复 IPv4 路由原貌，根据 RT 值把 IPv4 导入到各个 VRF 中，也即带有 RT = 100:1 和本地标签值（18）的 10.1.1.0/8 的路由导入到 VRF1 中，带有 RT = 100:2 和本地标签值（8）的 10.1.1.0/8 的路由导入到 VRF2 中。再通过 CE 和 PE 之间的路由协议（例如 BGP、OSPF、RIP2 或者静态路由），PE1 把不同的 VRF 的内容通告到各自相联的 CE 中去。

MPLS VPN 的建立过程可以归纳如下：（1）PE 通过 RIP、OSPF 等常见的路由协议，从每个 CE 端学习到 VPNv4 路由，给该路由绑定标签；（2）PE 利用 MP-iBGP 将该 VPNv4 路由及标签传递给 VPN 出口 PE；（3）VPN 出口的 PE 根据 RT 属性更新 VRF 表。

除了路由协议外，在控制层面工作的还有 LDP，它在整个 MPLS 网络中进行标签的分发，形成数据转发的逻辑通道 LSP。MPLS 网络只为从 IGP 获得的路由条目分配标签，下面结合图 5-15 所示拓扑举例说明 PE1 至 PE3 之间的标签分发过程，如图 5-16 所示，假设所有 PE 和 P 路由器上都启动了 LDP，而且采用下游自主的标签分发方式。

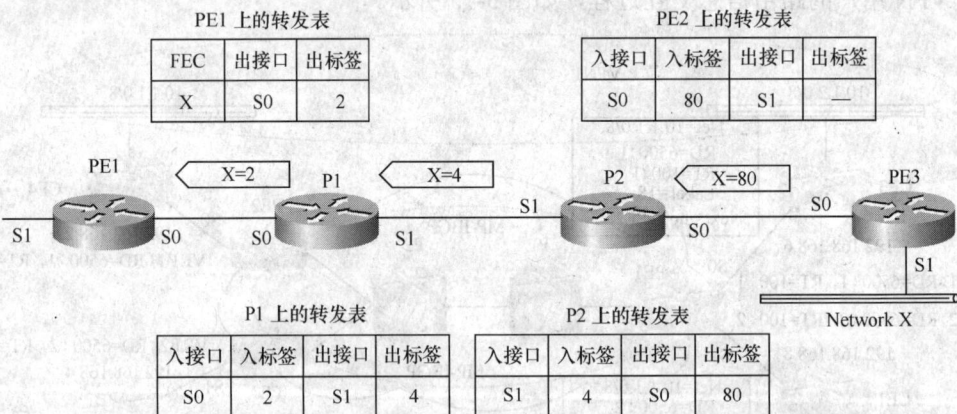

图 5-16 标签分发过程

假设转发等价类 X 的目标网络是 PE3 所连接的站点 X。以 PE3 为例，它已经通过 IGP 路由协议获得了转发等价类 X 的路由，一旦启动 LDP，PE3 立即查找路由表，为转发等价类 X 生成一个本地标签 80，并主动将转发等价类与标签的绑定（X=80）发给上游节点 P2。P2 把转发等价类 X 与其标签的绑定放置到本地的转发表中，在转发表中生成"出接口-出标签"条目；同时结合本地的路由表，为 FEC X 生成一个本地标签 4，主动将该转发等价类与标签的绑定（X=4）发给上游节点 P1，在转发表中生成"入接口-入标签"条目。P1 和 PE1 的工作过程与 P2 的工作过程类似。最终整个 MPLS 网络内部所有 PE 和 P 路由器的工作过程达到路由表和转发表的动态平衡，各 PE 和 P 路由器上转发表的内容如图 5-16 所示。

在 MPLS VPN 的数据层面，VPN 业务数据采用外层标签（又称隧道标签）和内层标签（又称 VPN 标签）两层标签栈结构。外层标签代表了从 PE 到对端 PE 的一条 LSP，VPN 报文利用外层标签，就可以沿着 LSP 到达对端 PE。内层标签指示了 PE 所连接的站点或者 CE，根据内层标签，对端 PE 就可以找到转发报文的出接口。

当一个 VPN 业务分组由 CE 路由器发给入口 PE 路由器后，PE 路由器查找该子接口对应的 VRF

表，从 VRF 表中得到内层标签、初始外层标签以及到出口 PE 路由器的输出接口。当 VPN 分组被打上两层标签之后，就通过 PE 输出接口转发出去，然后在 MPLS 骨干网中沿着 LSP 被逐级转发。在出口 PE 之前的最后一个 P 路由器上，外层标签被弹出，P 路由器将只含有内层标签的分组转发给出口 PE 路由器。出口 PE 路由器根据内层标签查找对应的输出接口，在弹出内层标签后通过该接口将 VPN 分组发送给正确的 CE 路由器，从而实现了整个数据转发过程。现在结合图 5-15 所示拓扑以及图 5-16 所示标签分发结果来说明 MPLS VPN 的数据转发过程，如图 5-17 所示。

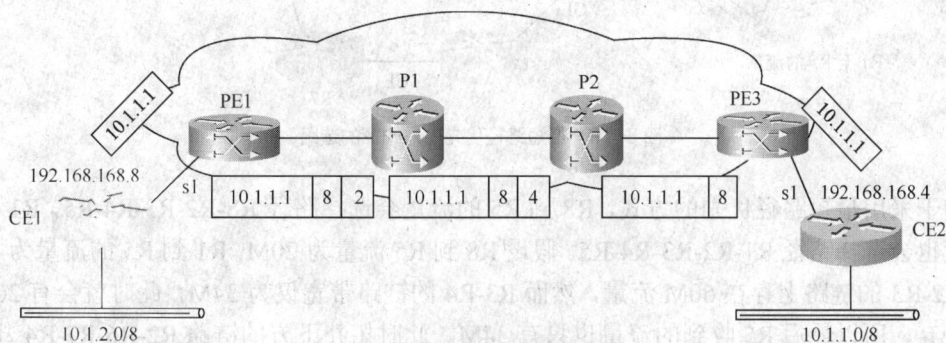

图 5-17　MPLS VPN 的数据转发过程

① CE1 接收到发往 10.1.1.1 的 IP 数据报，查询路由表，把该 IP 数据报发送到 PE1。

② PE1 从 S1 口上收到 IP 数据报后，查询 S1 所在的 VRF，数据报打上标签 8（内标签）。 数据被划分为转发等价类 X 后，PE1 根据转发表，给数据报打上由 P1 告知的标签 2（外标签）。

③ P1 接收到标签包后，分析顶层的标签，把顶层标签换成 4，将标签包继续发往 P2。

④ P2 和 P1 一样做同样的操作，由于次末中继弹出机制，P2 去掉标签 4，直接把只带有一个标签的标签包发送到 PE3。

⑤ PE3 收到标签包后，分析标签头，由于该标签 8 是它本地产生的，所以 PE3 很容易查出带有标签 8 的标签包应该去掉标签，恢复 IP 报原貌，从 S1 端口发出。

⑥ CE2 获得 IP 数据报后，进行路由查找，把数据发送到 10.1.1.0/8 网段上。

相对于传统 VPN，MPLS VPN 可以实现底层标签的自动分配，在业务的提供上比传统 VPN 更加廉价，更快速。同时，MPLS VPN 通过利用标签中的 EXP 等字段，与区分服务、流量工程等相关技术相结合，可以为用户提供不同服务质量等级的服务。因此 MPLS VPN 凭借其强大的 QoS 能力、高可靠性、高安全性、扩展能力强、控制策略灵活以及管理能力强大等特点，在下一代网络的承载网中得到广泛的应用。

5. MPLS TE

（1）流量工程的概念

传统 Internet 中，网络由多个自治域（Autonomous System，AS）组成，在 AS 内部使用内部网关路由协议（Interior Gateway Protocol，IGP）完成路由。常用的 IGP，如 OSPF 和 IS-IS，都是采用最短路径优先的方式。在最短路径优先的方式下，网络会出现在某些地方资源被过度利用而有些地方的资源被闲置的现象，如图 5-18 所示。

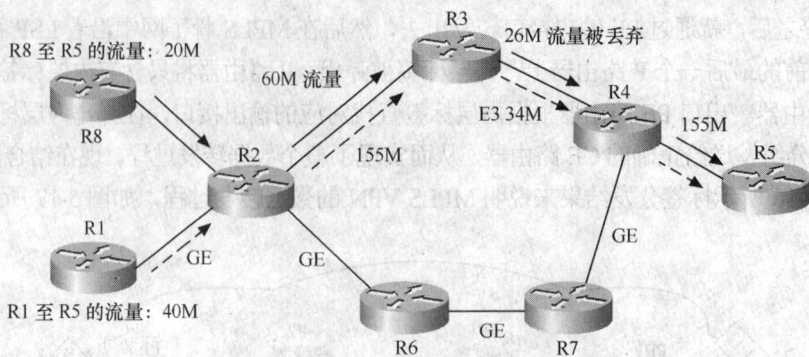

图 5-18 最短路径优先的方式下的选路

由于采用最短路径优先的方式，R8 到 R5 的流量会选择路径 R8-R2-R3-R4-R5，R1 到 R5 的流量也会选择路径 R1-R2-R3-R4-R5。假设 R8 到 R5 流量为 20M，R1 到 R5 的流量为 40M，则在 R2-R3 的链路上存在 60M 流量，然而 R3-R4 的链路带宽仅为 34M，此时就会有 26M 流量被丢弃，所以最后 R5 收到的流量也只有 34M。此时拓扑下方的链路 R2-R6-R7-R4 却处于空闲。于是网络中出现了流量不均衡，网络资源无法得到充分合理的利用。

此外，由于不同的业务对承载网的要求不同，例如实时的语音业务和视频业务要求保证数据包的时延、时延抖动，而普通数据业务要求丢包率在一定范围之内，这就造成了不同的业务对同一个网络拓扑的"最佳路径"理解不同。例如对实时业务而言，传统的"最短路径优先"原则很可能不适用，因为最短的路径不一定时延最小。

于是，人们提出了流量工程。流量工程（Traffic Engineering，TE），就是使用先进的路由选择算法将业务流量合理地映射到物理网络拓扑中，从而充分利用网络资源，提高网络的整体效率，满足不同业务对网络服务质量的要求。流量工程是对现有网络性能优化的过程。

早期的流量工程是通过手工简单地调整链路开销值来实现。链路开销值是路由算法用以确定到达目的地的最佳路径的计量标准，可以是路径长度、可靠性、路由时延、带宽、负载等。图 5-19 描述了手工调整链路开销值实现流量工程的原理。

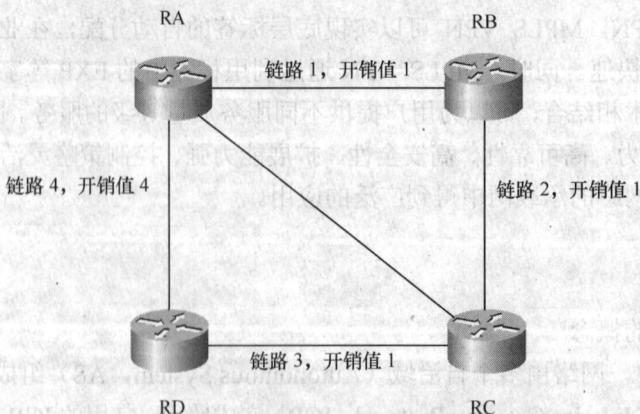

图 5-19 手工调整链路开销值实现流量工程的原理

各链路间的开销如图 5-19 所示。假设路由器 RA 发送了大量业务给 RC 和 RD，则链路 1

和链路 2 可能发生阻塞，因为 RA 到 RC 和 RA 到 RD 的业务都将流过这些链路。如果将链路 4 的开销值设为"2"，则 RA 到 RD 的流量将转移至链路 4，而 RA 到 RC 的业务将继续留在链路 1 和链路 2。可见，流量工程可以在不中断网络业务的情况下平衡网络负载。

但是，通过手工调整链路开销值的方法来疏导不同节点之间的流量，操作非常繁琐。随着 ISP 的网络规模越来越大，这种方法达到的效果也越来越不理想，因为当初链路开销值只是基于跳数或者某个管理值，并不考虑带宽的可用性和业务特性等信息，没能满足业务的服务质量要求；而且对链路开销值的调整也没有站在全局角度综合考虑网络流量流向矩阵，对每条链路开销值的局部调整会影响整个网络的流量变化，而这种变化可能是无法预知的；另外，调整链路开销值容易引起路由环路。

MPLS 技术为流量工程的实现提供了一种可行的解决方案。MPLS 流量工程（MPLS TE）不但可以实现传统流量工程的目的，扩展了流量工程的能力，更主要的是它可以使部分工作自动化。

（2）MPLS TE 的工作原理

MPLS TE 是一种将 TE 与 MPLS 相结合的技术。MPLS TE 由 4 个模块组成，如图 5-20 所示。

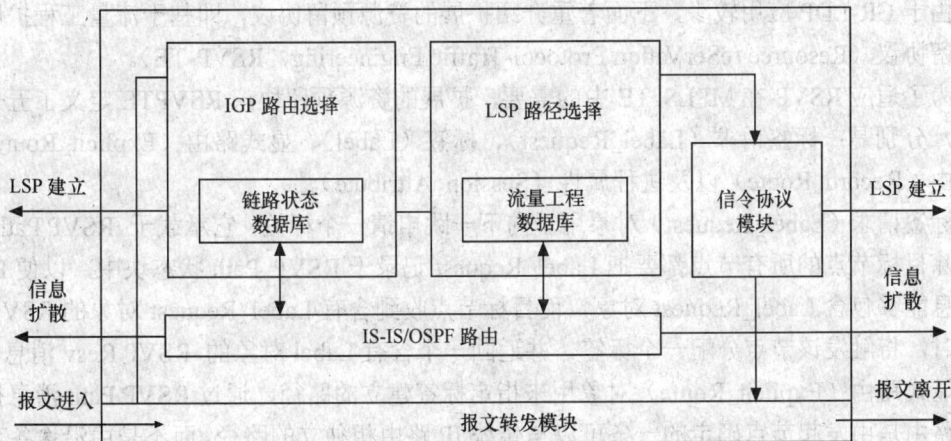

图 5-20　MPLS TE 的工作原理

① 信息发布模块

流量工程需要知道网络的拓扑信息和网络的负载信息。为此，引入信息发布模块，通过扩展的 IGP 来发布链路状态信息，包括最大链路带宽、最大可预留带宽、当前预留带宽等。收集链路状态信息后，每个路由器维护网络的链路属性和拓扑属性，形成流量工程数据库（Traffic Engineer Database，TED）。利用 TED，可以计算出满足各种约束的路径。

② 路径选择模块

MPLS TE 技术通过显式路由来指定数据转发的路径，即在每个入口路由器上指定 LSP 隧道经过的路径。这种显式路由可以是严格的，也可以是松散的；可以指定必须经过某个路由器，或者不经过某个路由器；可以逐跳指定，也可以指定部分跳，还可以指定带宽等约束条件。

起始 LSR 通过对 TED 中的信息使用约束最短路径优先（Constraint-based SPF，CSPF）算法来决定每条 LSP 的物理路径。CSPF 是一种改进的最短路径优先算法，它在计算通过网络的最短路径时，将特定的约束（例如带宽需求、最大跳数、隧道优先级、隧道管理权重、隧道属性等）也考虑进去。

③ 信令协议模块

信令协议模块用来预留资源，建立 LSP。LSP 隧道的建立一般通过 RSVP-TE 协议完成。

④ 报文转发模块

MPLS TE 报文转发模块是基于标签的，通过标签沿着某条预先建立好的 LSP 进行报文转发。

（3）MPLS TE 中 LSP 隧道的建立

MPLS 实现流量工程，需要建立显式路由 LSP，而显式路由 LSP 的建立需要通过限制路由技术。限制路由的"限制"主要来自于两个方面，一方面是流量本身的特征，另一方面是网络链路资源的特征。

MPLS 中，有两种标签分配协议可以提供限制路由，一个是限制路由的标签分配协议 CR-LDP，另一个是扩展的资源预留协议 RSVP-TE。

CR-LDP 仍然沿用了普通标签分配协议 LDP 的消息格式和标签分发机制，只是在普通标签分配协议 LDP 消息的基础上增加了一些用于实现流量工程方面的参量，例如 LSP 标识、显式路由、资源级别和流量参数。

由于 CR-LDP 应用较少，下面着重介绍扩展的资源预留协议，即基于流量工程扩展的资源预留协议（Resource reSerVation Protocol-Traffic Engineering，RSVP-TE）。

为了适应 RSVP 在 MPLS TE 中的需要，扩展的资源预留协议 RSVPTE 定义了五个新的对象，分别是：标签请求（Label_Request）、标签（Label）、显式路由（Explicit_Route）、记录路由（Record_Route）以及进程属性（Session_Attribute）。

标签请求（Label_Request）对象用于向下一跳申请一个标签，它承载于 RSVP Path 消息中。除目标节点的所有节点都要把 Label_Request 记录于 RSVP Path 状态块中，以便 Path 刷新消息能够包含 Label_Request 对象，而目标节点收到含有 Label_Request 对象的 RSVP Path 消息时，将触发该节点分配一个标签，并返回一个含有 Label 对象的 RSVP Resv 消息。

显式路由（Explicit_Route）对象用来指定标签建立的路径，通过 RSVP Path 消息携带。显式路由是由发起节点确定的一条可以与传统 IP 路由相独立的路径，而不是由沿途各节点根据路由表动态决定的。收到含有 Explicit_Route 对象的 RSVP Path 消息的节点都要根据 Explicit_Route 对象确定转发消息的下一跳，对 Explicit_Route 对象的处理可以由 LDP 完成。

记录路由（Record_Route）对象主要用于收集详细的路径信息。Record_Route 对象可以携带于 RSVP Path 消息和 RSVP Resv 消息中，记录 Path 消息和 Resv 消息经过的路径信息（网络节点地址），根据这些信息可以进行环路检测和诊断。

进程属性（Session_Attribute）对象用于携带有关资源占用的参数，包括资源获取优先权和资源保持优先权，它也可以携带有关资源的信息。它被放在 RSVP Path 消息中传送。Session_Attribute 对象的设置有助于节点在资源紧张的时候为业务流提供更为合理的 QoS 保证。

标签（Label）对象包含下游 LSR 与其上游 LSR 通信所用的标签捆绑。Label 对象承载于 RSVP Resv 消息中。除目标节点外的所有节点都要把 Label 记录于 RSVP RESV 状态块中，以便 RESV 刷新消息能够包含 Label 对象。中间节点收到含有 Label 对象的 RSVP Resv 消息时，要把其中的标签值作为被申请的资源预留路径的输出标签，并触发本节点分配一个新的标签值，将该标签值放在 Label 对象中，通过 RSVP Resv 消息向上一跳返回。当发起节点收到含有 Label 对象的 RSVP Resv 消息时记录下输出标签值，并向 MPLS 返回路径建立成功消息。

可见，这 5 个对象分别适用于两类不同的消息。其中，标签请求、显式路由、进程属性和记录路由对象用于路径（Path）方面的消息；而标签则用于预留（Resv）方面的消息。

在 RSVP-TE 中还增加和扩展了一些专门用于服务质量方面需求的对象，除了进程属性（Session_Attribute）对象外，还有进程（Session）对象、发送模板（Sender_Template）对象、流定义（Flow_SPEC）对象和过滤定义（Filter_SPEC）对象，在此不一一介绍。

RSVP-TE 提出了"标签交换路径隧道"（LSP Tunnels）的概念。"隧道"是利用 RSVP-TE 来建立的 LSP，在这种 LSP 的沿途，标签交换路由器并不打开数据包。整个网络对于数据流来说就像一个不透明的云图一样，数据流从一端进入，从另外一端推出网络。

下面举例说明利用 RSVP-TE 建立 LSP 隧道的过程，如图 5-21 所示。

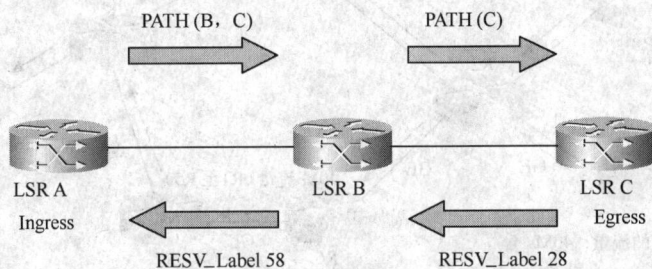

图 5-21 利用 RSVP-TE 建立 LSP 隧道的过程

① 入口 LSR A 需要建立一条到 LSR C 的 LSP 隧道。根据流量特征参数和网络管理的策略，LSR A 决定选择一条经过 LSR B 到达 LSR C 的路径。显然，这是一条显式的标签交换路径 ER-LSP。LSR A 通过一条 PATH 消息携带显式路径（B，C）以及路径所需要的流量特征参数。PATH 消息中主要包含：（a）Explicit_Route 对象：描述为建立 LSR A 与 LSR C 间 LSP 的 Path 消息所应走的物理路径；（b）Label_Request：表明路径上所有 LSR 都要求进行 LSP 的标签捆绑。此外，PATH 消息中还可以包含 Session 对象、Session_Attribute 对象、Record_Route 对象等。

② LSR B 接收到 PATH 请求消息之后，在其路径状态模块中记录 Label_Request 对象及 Explicit_Route 对象，路径状态模块同时也包括前一跳的 IP 地址、会话期、发送者及 TSPEC。这些信息用于将相关的 RESV 消息路由回 LSR A。LSR B 判断自己不是该标签交换路径 LSP 的出口之后，修改 PATH 请求消息中的显式路径，继续将消息沿着规定的"显式"路径传递给下游，转发给 LSR C。

③ LSR C 接收到 PATH 请求消息之后，从 Label_Request 对象中得知自己为这条标签交换路径 LSP 的出口，并且从请求消息中得到流量特征参数，预留并重新分配所需的资源。同时，为该标签交换路径 LSP 分配一个标签，将该标签包含在一个 RESV 消息的 Label 对象内。RESV 消息从 LSR 的本地路径状态模块中获得前一跳 LSR B 的 IP 地址。RESV 消息通过 LSR B 往回传送。

④ LSR B 收到 RESV 消息之后，根据 RESV 消息中携带的详细标签交换路径 LSP 预留信息，分配相应的资源和新的标签。LSR B 将新的标签放置在 RESV 消息的 Label 对象中（替换接收到的标签），建立标签转发表，将 RESV 消息发送给 LSR A。

⑤ LSR A 接收到包含由 LSR B 分配的标签的 RESV 消息。由于 LSR A 是本标签交换路

径的起点，因此无需再为标价交换路径 LSP 分配标签。LSR A 对所有映射到这一条 LSP 的输出业务使用 LSR B 分配的标签。至此，一条从 LSR A 到 LSR C 的 LSP 隧道成功建立。

（4）MPLS TE 应用举例

图 5-22 所示是启用 MPLS TE 后的例子。假设 R8-R5 已经建立 Tunnel 路径为 R8-R2-R3-R4-R5，此时 R1 也需要建立到 R5 的 Tunnel，通过 TED 中的信息，会发现 R3-R4 的剩余带宽为 14M，无法满足 R1-R5 需要的 40M，所以 R1-R5 的 Tunnel 路径会选择 R1-R2-R6-R7-R4-R5，基本实现了链路负荷均衡。

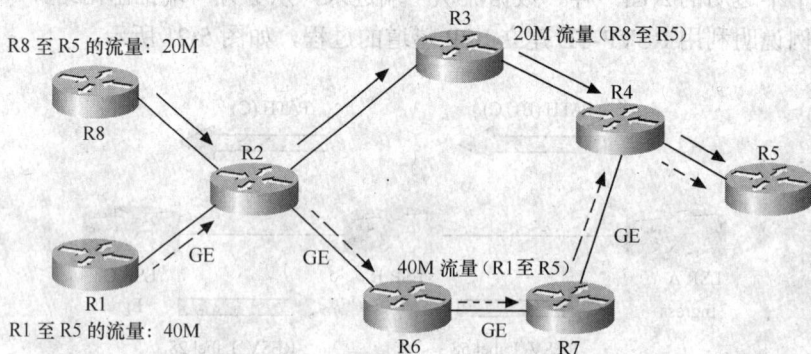

图 5-22 MPLS TE 应用举例

如果在某些情况下，MPLS 两个节点之间的某一业务量有可能无法通过一条单独的链路或路径来承担。MPLS TE 可以使用两条或多条 LSP 来承载同一个用户的 IP 业务流，合理地将用户业务流分摊在这些 LSP 之间，以便实现多条平行的 LSP 上流量的负载均衡。

6. MPLS 的特点

MPLS 技术可以从两个方面改善和提高 IP 网络的 QoS。一方面，MPLS 边缘节点可根据数据流不同的服务等级来分配不同的标签，并根据标签选择使用不同的标签交换通道，以达到数据流对传输质量的要求。另一方面，通过 MPLS 技术可以实施网络流量工程，即提供标签交换通道的建立和保持优先级保证，使网络资源得到合理利用，优化了网络性能，达到减少丢失、降低时延、提高吞吐和完成服务等级合约的目的。同时通过对路由管理，平衡网络链路、路由器和交换机上的流量负载，实现路径备份和自动故障恢复，有效地解决网络中的负载分担和拥塞问题。MPLS 流量工程从宏观上提供了保障服务质量的基础。

MPLS 技术主要应用在 NGN 承载网的骨干层中，而 MPLS 与 DiffServ 相结合已成为当今保障 NGN 承载网服务质量的重要手段。

5.2.6 下一代网络承载网的建设及 QoS 应用方案

1. 下一代网络承载网的建设方案

在 NGN 承载网的建设过程中，有 IP 公网、VPN 和 IP 专网 3 个可选方案。

（1）IP 公网方案

IP 公网方案是直接利用现有公用 IP 网作为 NGN 承载网，即所有 NGN 网元均架设在 IP

公网上，NGN 网元的 IP 地址与 Internet 其他网元统一规划。由于 NGN 设备容量一般较大，NGN 设备数量较少，因而对公网 IP 地址需求量不大，不需要进行私有地址分配，也不存在应用层 NAT 互通问题。这种方案可以快速进行 NGN 网络的部署。但由于 NGN 网络设备的安全性完全依赖于防火墙的保护，安全性风险较大。此外，承载网的 QoS 问题很难解决。

（2）VPN 方案

VPN 方案是指虽然所有 NGN 网元均架设在 IP 公网上，但采用了 VPN（如 MPLS VPN）技术对网络进行了逻辑隔离。

运营商通常在现有的数据网基础上，利用 MPLS VPN 技术将网络划分为两个逻辑子网，一个是 NGN 业务子网，另一个是 Internet 业务子网，NGN 业务与 Internet 业务的区分在 PE 路由器上完成，如图 5-23（a）所示。NGN 业务子网的智能终端、媒体网关、综合接入设备以及软交换系统等设备连接到一个专用的 VPN 中，与数据网的其他业务终端相对隔离，可以在 NGN 业务子网中有针对性地解决 QoS 以及安全等问题，便于业务扩展，有利于网络运营。

实际组网中，由于控制信令（包括 H.248 与 SIGTRAN）与语音需要在同一 IP 网络上传输，为保证安全，控制信令、语音也可分开在两个 MPLS VPN 上传送。

VPN 方案可以利用现有网络和设备，不引入新的网络协议，因而具有普遍的适用性，部署比较容易。

（3）IP 专网方案

IP 专网方案是指重新建设一张 IP 网络，能够同时支持语音、视频、数据、企业互联等多种业务，为业务提供电信级服务质量，如图 5-23（b）所示。新的 IP 网建成后，在接入网之上采用双网结构：承载 NGN 业务的 IP 专网和承载 Internet 业务的 Internet。

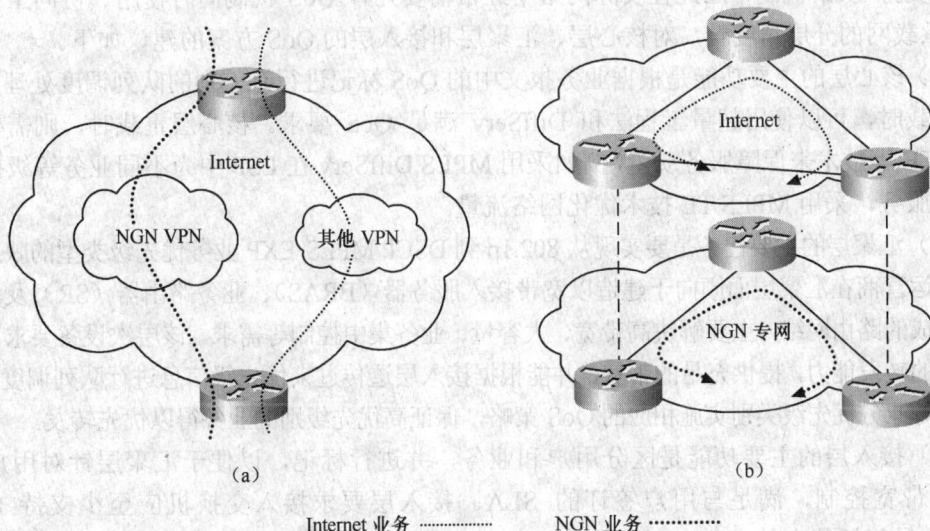

图 5-23　NGN 承载网的 VPN 方案与 IP 专网方案

IP 专网的模型如图 5-24 所示，在全国骨干的大区中心设立核心节点，其他骨干节点设置汇接节点，接入层可以利用现有的城域网。整个骨干网采用独立的编址方式，可以规划为公用地址，也可规划为私有地址。在核心城市建立信息交换中心，通过防火墙与现有 IP 骨干互联，共享已有的内容服务器。

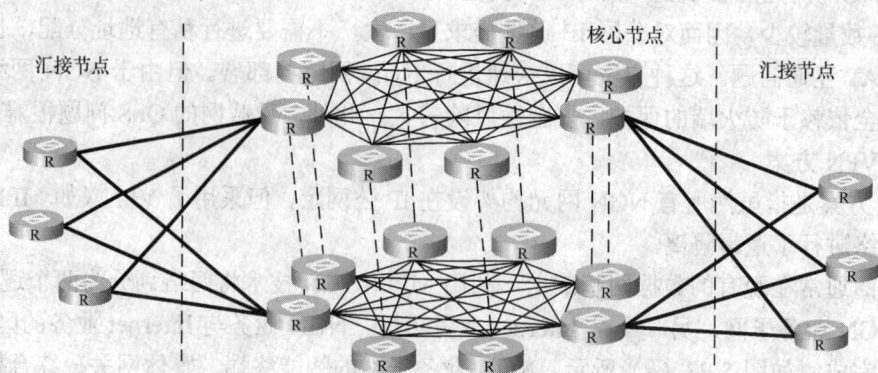

图 5-24 IP 专网的模型

采用 IP 专网，NGN 的业务终端在物理上与数据网的业务终端隔离，既保证了 NGN 网络的安全性，又可以通过超量工程法和 DiffServ 保证了 NGN 网络的 QoS，简化建网需要考虑的问题，有利于快速建网。

为了满足 NGN 业务对 IP 承载网在保障服务质量、安全性、可扩展性等方面的要求，目前 NGN 承载网建设主要采用 VPN 方案和新建 IP 专网方案。

2. NGN 承载网上的 QoS 应用方案

QoS 是一个系统工程，无论采用哪种建设方案，要获得端到端的 QoS 保证，都要求承载网全网支持 QoS 机制，因此在实际网络中经常需要几种 QoS 机制同时使用、协同工作。从 NGN 承载网的分层角度看，对核心层、汇聚层和接入层的 QoS 方案的建议如下。

（1）核心层的主要功能是根据业务报文中的 QoS 标记进行有差别的队列调度处理。当核心层轻载时，可以使用超量工程法和 DiffServ 满足 QoS 要求。核心层重载时，则需要采用 MPLS TE 等技术来保障服务质量，例如采用 MPLS DiffServ 在 LSP 中为不同业务等级提供有区分的服务，采用 MPLS TE 技术优化网络流量。

（2）汇聚层的主要任务是要实现从 802.1p 到 DSCP/MPLS EXP 业务优先级类型的映射。当前各大运营商在汇聚层面倾向于建造以宽带接入服务器（BRAS）、业务路由器（SR）及汇聚路由器组成的路由网络，主要解决高带宽、大容量、业务集中控制等需求。该层次设备要求具备足够容量的转发能力，提供充足的带宽，并能根据接入层透传过来优先级信息进行队列调度，针对每用户每业务优先级类别实施相应的 QoS 策略，保证高优先级别的业务得以优先转发。

（3）接入层的主要功能是区分用户和业务，并进行标记，以便于汇聚层针对用户和业务进行带宽控制，满足与用户签订的 SLA。接入层要求接入交换机应至少支持 802.1q VLAN，最好还能支持 802.1p 或 DiffServ。对于仅有 802.1q VLAN 功能的，要求通过 VLAN 识别，在汇聚层实现业务优先级映射；若同时支持 802.1p 或 DiffServ，则接入层至汇聚层业务优先级必须严格匹配，以便 NGN 承载网设备根据标识对不同的业务提供相关的 QoS 保证。例如：将汇接软交换和 R4 电路域业务的信令流划分为 EF 类，流媒体类业务可划分为 AF4 类，IP 专网带内网管流和其余网络的带外网管流可划分为 AF3，AF1 和 AF2 为将来的 VPN 等业务预留，普通数据流则划分为 BE 类。

（4）NGN 边缘接入设备应具有控制接入用户数目的功能，出口带宽应大于满负荷时的业务流量，以保证 NGN 业务的 QoS。

当然，要满足 NGN 的服务质量保证不仅需要承载网上采取一定的 QoS 策略，其他层面也要相互配合才能使 NGN 提供电信级的服务。

5.3 承载网的私网穿越问题

5.3.1 私网穿越概述

1. 私网和 NAT

私网产生的一个主要原因就是网络规模的高速增长。IP 业务的发展需要大量的 IP 地址。但是由于在制定 IP 协议体系的时候，并没有考虑到网络的规模能够增长得如此迅速，所以造成了当前 IP 地址的短缺。虽然后来提出的 IPv6 可以增加 IP 地址的数量，但是这个方案并不能马上实施，因此，一种更为实用的方案产生了，那就是网络地址复用。

网络地址复用技术中使用了私有的 IP 地址（Private IP address）。私有 IP 地址属于非注册地址，专门为组织机构内部使用。例如 10.0.0.0～10.255.255.255、172.16.0.0～172.31.255.255 以及 192.168.0.0～192.168.255.255 都属于私有 IP 地址。私有 IP 地址不能被用于直接连接到 Internet，但却可以被用于连接局域网。况且在给定任意的时刻，一个局域网内只有少数的设备访问网络外部的资源，所以在一个局域网内也没有必要为每台设备都分配一个公有 IP 地址（Public IP address）。

应用私有 IP 地址后，网络被分成了私有网络（简称私网）和公有网络（简称公网）。私网，就是采用私有 IP 地址来连接各个网络设备组成的相对独立和封闭的网络。相应地，公网，就是采用公有 IP 地址来连接各个网络设备组成的网络。

私有 IP 地址可以被重复利用于不同的组织机构内部，在一定程度上解决了 IP 地址短缺的问题。仅仅靠使用私有 IP 地址是不够的，如果私网内部的设备需要和公网的设备进行通信，还要用到 NAT 技术。

网络地址转换（Network Address Translation，NAT）技术通过将私网中设备的私有 IP 地址映射为公有 IP 地址，实现了网络地址的复用。当私网中的设备需要和公网的设备进行通信，只需要把 NAT 设备的公有 IP 地址分配给私网中需要通信的设备，NAT 作为中间转发设备，就可以实现两者的通信。

在运用 NAT 技术的同时，一般还会运用动态的端口转换（Port Address Translation，PAT），其实现方法是，对于一个私网中的所有设备，共用一个或多个合法的 IP 地址作为出口地址，只有在设备请求连接外部网络时，才为这个请求分配一个合法 IP 地址和一个端口号，来进行外部连接；当这个请求结束时，端口号和 IP 地址也就随即被收回。

NAT 与 PAT 经常被同时使用，称为网络地址端口转换（Network Address Port Translation，NAPT）。由于现实中网络地址转换设备也涵盖了端口转换的功能，因此，在下文中如果没有特别说明，NAPT 设备统一简称 NAT。

网络地址复用暂时解决了 IPv4 地址不足的问题，同时也隐藏了内部网络地址信息，使外界无法直接访问内部网络设备，提供了网络的安全性。因此地址复用方案在组建局域网时被大量应用，私网的数量和规模因此也越来越大。

2. 4 种 NAT 类型

NAT 有 4 种类型，分别是完全 NAT、受限 NAT、端口受限 NAT 和对称 NAT。

（1）完全 NAT

完全（Full Cone）NAT 把所有来自同一个内部私网地址/端口的请求都映射到同一个外部公网地址/端口，并且无论通信是否由私网上的终端发起，任何外部主机都可以通过向映射得到的该外部地址发送数据包，从而将数据包发送到该内部主机。

在如图 5-25 所示的例子中，NAT 的公网 IP 地址为 212.12.32.99，内部客户机的 IP 地址为 192.168.1.100。内部客户机通过 NAT 网关访问外部主机，NAT 网关为之分配端口 1278，则任意外部主机任意端口上的应用均可以通过访问公网 IP 地址 212.12.32.99 和端口 1278 来访问内部客户机。

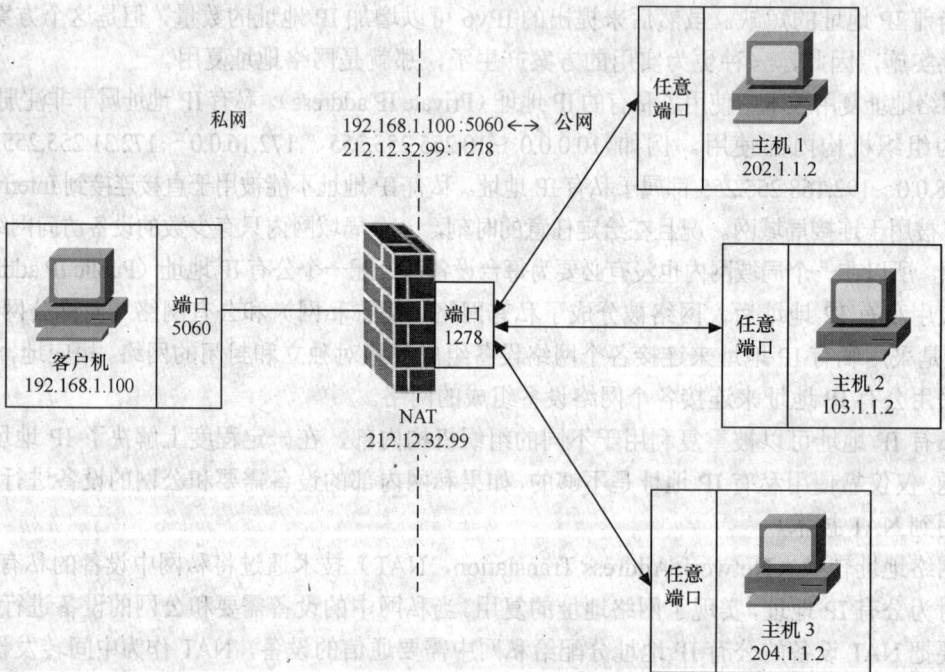

图 5-25 完全 NAT

（2）受限 NAT

受限（Restricted Cone）NAT 把所有来自同一个内部私网地址/端口的请求都映射到同一个外部公网地址/端口。但是，只有当该内部主机曾经向某个外部主机发送过数据包时，这个外部主机才能向该内部主机发送数据包，即通信只能首先由私网上的终端发起。

如图 5-26 所示的例子中，NAT 的公网 IP 地址为 212.12.32.99，内部客户机的 IP 地址为 192.168.1.100。内部客户机的端口 5060 通过 NAT 网关主动访问外部主机 1 和外部主机 2，NAT 网关为之分配端口 1278，则外部主机 1 和外部主机 2 任意端口上的应用可以通过访问公网 IP 地址 212.12.32.99 和端口 1278 来访问内部客户机。内部客户机没有主动访问过的外部主机则不能通过访问 IP 地址 212.12.32.99 和端口 1278 来访问内部客户机。

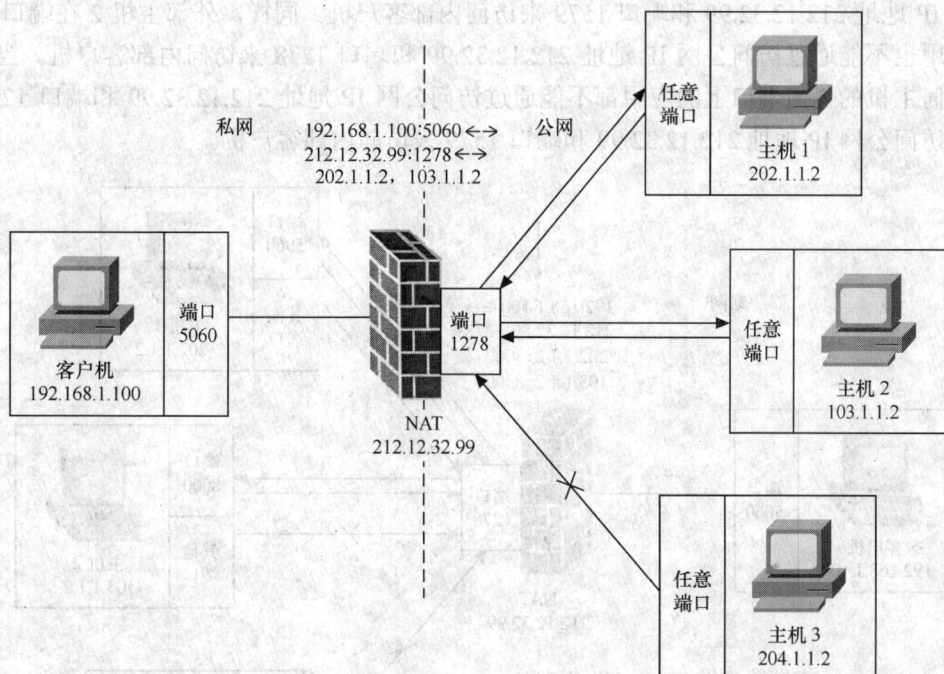

图 5-26　受限 NAT

（3）端口受限 NAT

端口受限（Port Restricted Cone）NAT 类似于受限 NAT，但是限制更加严格。NAT 把所有来自于同一个内部地址/端口的请求将被映射到同一个外部地址/端口，而且只有当内部主机曾经向某个外部主机地址上的某个特定端口发送过数据包时，这个外部主机地址上的特定端口才能向该内部主机发送数据包。

如图 5-27 所示的例子中，NAT 的公网 IP 地址为 212.12.32.99，内部客户机的 IP 地址为192.168.1.100。内部客户机的端口 5060 通过 NAT 网关主动访问外部主机 1 的端口 5060 和外部主机 2 的端口 8000，NAT 网关为之分配端口 1278。此时只有外部主机 1 的端口 5060 上的应用和外部主机 2 的端口 8000 上的应用可以通过访问公网 IP 地址 212.12.32.99 和端口 1278 来访问内部客户机。外部主机 1 的 5060 以外的端口、外部主机 2 的 8000 以外的端口以及内部客户机没有主动访问过的外部主机上的应用均不能通过访问 IP 地址 212.12.32.99 和端口 1278 来访问内部客户机。

（4）对称 NAT

对称（Symmetric）NAT 的限制是最严格的。NAT 把所有来自于同一个内部地址/端口并且要发送到某个特定目的地址/端口的请求将被映射到同一个外部地址/端口。如果同一个内部主机从同一端口上发送了数据包，如果目的地址/端口不同，那么在 NAT 上映射关系也将是不同的。而且只有当内部主机曾经向某个外部主机地址上的某个特定端口发送过数据包时，这个外部主机地址上的特定端口才能向该内部主机发送数据包。

如图 5-28 所示例子中，NAT 的公网 IP 地址为 212.12.32.99，内部客户机的 IP 地址为192.168.1.100。该内部客户机的端口 5060 通过 NAT 访问外部主机 1 端口 5060 上的应用，NAT 网关为之分配端口 1278。而当内部客户机的端口 5060 通过 NAT 网关访问外部主机 2 端口 8000 上的应用，NAT 网关为之分配另一端口 1579。外部主机 1 在端口 5060 上的应用不能通过访问公网 IP 地址 212.12.32.99 和端口 1579 来访问内部客户机。同样，外部主机 2 在端口 8000 上的应用也不能通过访问公网 IP 地址 212.12.32.99 和端口 1278 来访问内部客户机。当然，其他任何主机的任何端口上的应用都不能通过访问公网 IP 地址 212.12.32.99 和端口 1278 或者通过访问公网 IP 地址 212.12.32.99 和端口 1579 来访问内部客户机。

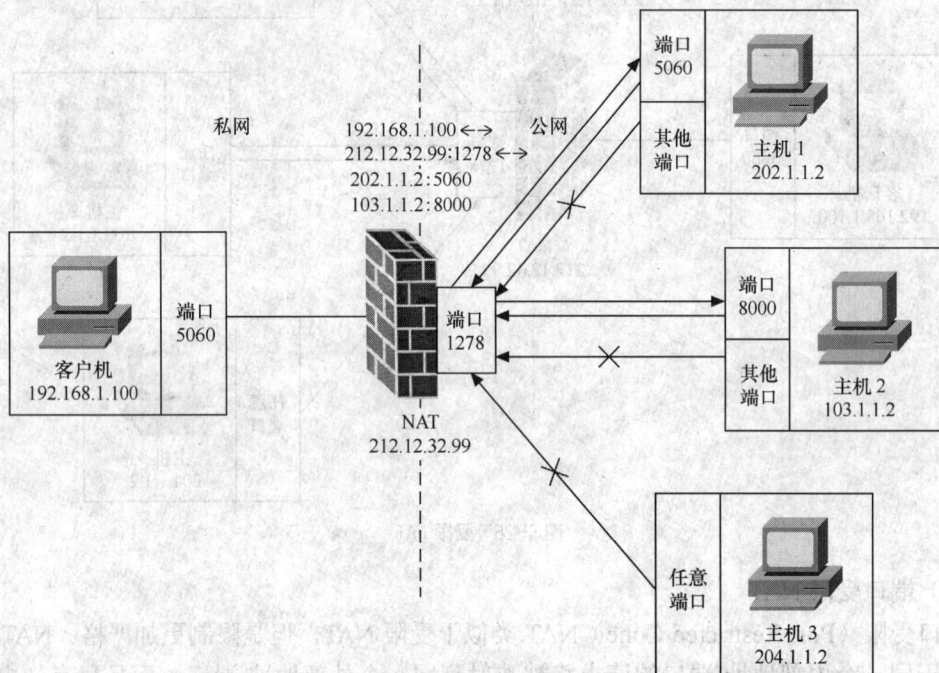

图 5-27　端口受限 NAT

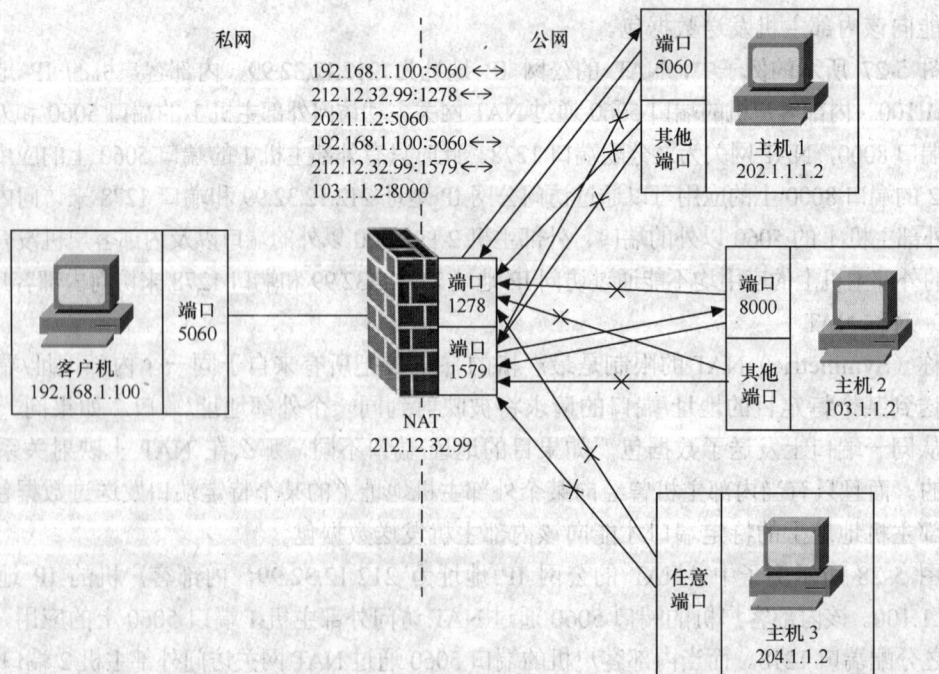

图 5-28　对称 NAT

3．私网对 NGN 的影响

目前大量的企业网和驻地网都采用私有 IP 地址通过出口的 NAT/FW 接入 NGN，这种接入方式可以解决 IP 地址紧缺以及安全等问题，却成为 NGN 业务开展的最大障碍。原因是 NGN 为个人用户和企业用户提供集语音、数据、视频为一体的综合业务，这些业务大多有永久在线和端到端的特点。而目前的 NAT/FW 大多只是支持基于 HTTP 的数据应用协议穿透，H.323、SIP、MGCP、H.248 等在 IP 上承载语音和视频的协议的控制通道以及这些协议建立起来的媒体通道却难以穿越传统的 NAT/FW 设备。

NAT 对下一代网络的影响体现在以下两个方面。

私网内设备只有在向外部主动发起连接时，才会被分配到合法 IP 和端口号，若不做特殊处理，设备对外部网络来说是不可见的，也无法接受软交换发来的呼叫请求，被称作 NAT 问题。

私网内设备都采用私有 IP 地址，虽然经过 NAT 可以将网络层的私有 IP 地址转换为公有 IP 地址，但是对于应用层消息中的私有 IP 地址却无能为力，被称作 PAT 问题。

（1）NAT 问题

假设如图 5-29 所示的软交换网络，终端 A 与终端 B 在私网内，只有私有 IP 地址，而终端 C 具有合法的公有 IP 地址。为了便于描述，假设所有终端都是 SIP 终端，软交换与终端间的通信也采用标准的 SIP，所有终端在发起呼叫前都已经向软交换设备注册。

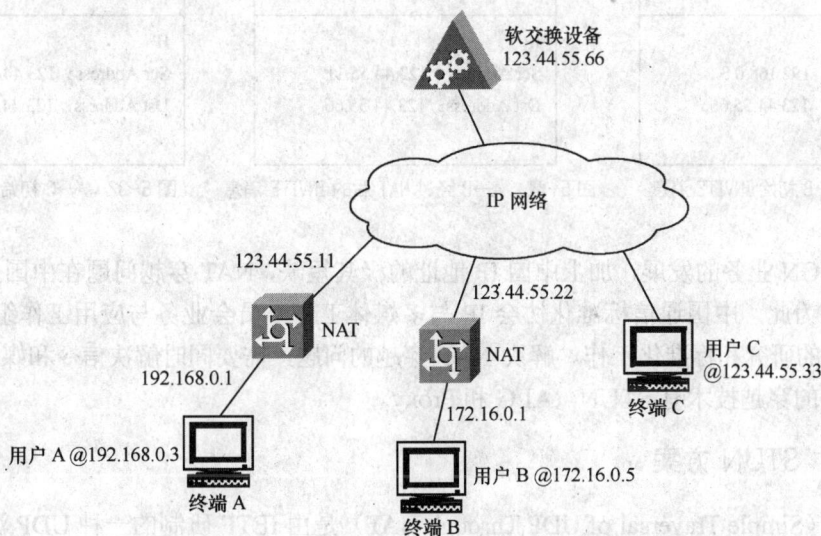

图 5-29 NAT 问题示例

若终端 A 向终端 B 发起呼叫请求，会产生一个如图 5-30 所示的 INVITE 消息，其中 IP 头部中的源 IP 地址为终端 A 的私有 IP 地址 192.168.0.3，目的 IP 地址为软交换设备的 IP 地址 123.44.55.66。假设 NAT 为终端 A 的本次连接动态分配的端口号为 1050，则 INVITE 消息在经过 NAT 后变为图 5-31 所示的内容，其中 IP 头部中的源 IP 地址变为 NAT 的地址 123.44.55.11，UDP 头部中的源端口号变为 1050。由于终端 B 在向软交换设备注册时，通过 SIP 注册消息告诉软交换设备的是它的私有 IP 地址 172.16.0.5，软交换设备无法在网络中寻址到终端 B 并向其转发 INVITE 消息，因此呼叫无法接续。

（2）PAT 问题

假设由终端 A 向终端 C 发起呼叫，由于终端 C 上面没有防火墙或路由器，软交换可以顺利地把 INVITE 消息转发到终端 C。由终端 A 发送的 INVITE 消息中携带的 SDP 信息内容如图 5-32 所示，其中终端 A 接收 RTP 流的地址为 192.168.0.3，接收 RTP 流的端口为 10006。终端 C 收到 INVITE 信息后，就会试图与 192.168.0.3：10006 建立 RTP 连接，显然这是一个私有 IP 地址，通话无法建立。

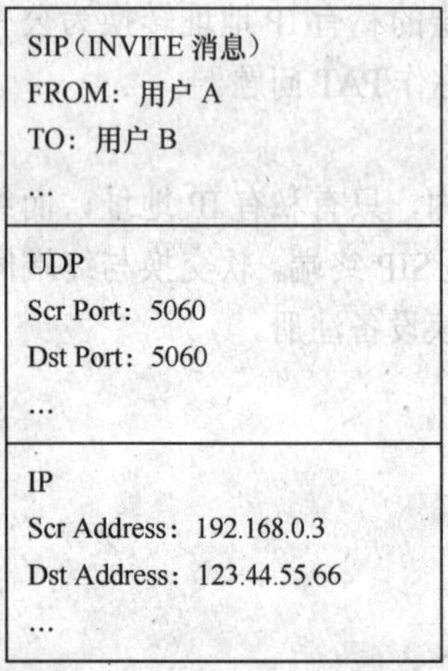

```
                                                                    SDP
                                                                    c=IN IP4 192.168.0.3
                                                                    m=audio 10006   RTP/AVP 0
                                                                    ...

SIP（INVITE 消息）          SIP（INVITE 消息）          SIP（INVITE 消息）
FROM: 用户 A               FROM: 用户 A               FROM: 用户 A
TO: 用户 B                 TO: 用户 B                 TO: 用户 C
...                       ...                       ...

UDP                       UDP                       UDP
Scr Port: 5060            Scr Port: 1050            Scr Port: 1050
Dst Port: 5060            Dst Port: 5060            Dst Port: 5060
...                       ...                       ...

IP                        IP                        IP
Scr Address: 192.168.0.3  Scr Address: 123.44.55.11  Scr Address: 123.44.55.11
Dst Address: 123.44.55.66  Dst Address: 123.44.55.66  Dst Address: 123.44.55.66
...                       ...                       ...
```

图 5-30　A→B 初始 INVITE 消息 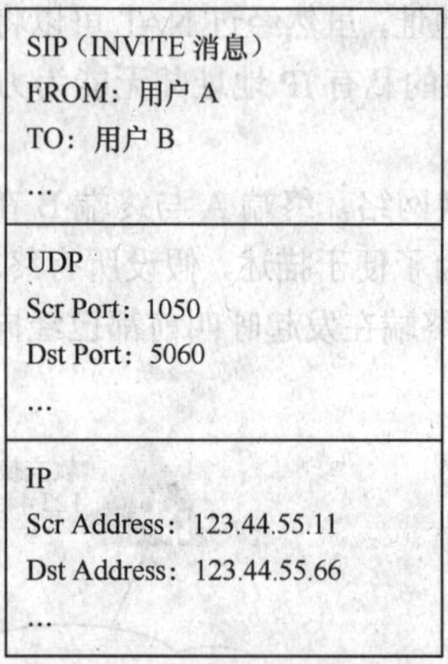　　图 5-31　A→B 经过 NAT 后的 INVITE 消息 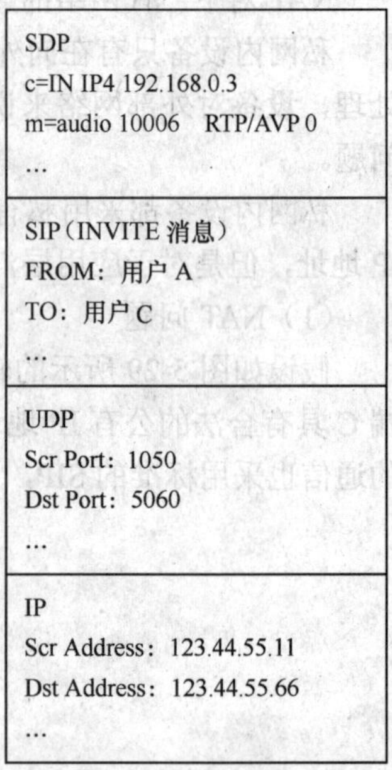　　图 5-32　A→C 初始 INVITE 消息

随着 NGN 业务的发展，加上中国 IP 地址的极其短缺，NAT 穿越问题在中国显得尤其突出和重要。为此，中国通信标准化协会 IP 与多媒体工作委员会业务与应用工作组于 2003 开始对此课题的研究和标准化工作。解决 NAT 穿越的问题，需要同时解决信令和媒体两方面的穿越，典型的穿越技术有 STUN，ALG 和 Proxy。

5.3.2　STUN 方案

STUN（Simple Traversal of UDP Through NAT）是由 IETF 研制的一种 UDP 流穿透 NAT 的协议。STUN 协议的工作原理是通过 STUN 客户端与位于公网上的 STUN Server 通信来获得自己的外部地址信息，并判断自己在网络中的状况。STUN Server 可以集成在相应的应用所属的部件上（例如软交换设备）或者由独立的设备提供。

1．STUN 的工作原理

STUN 体系主要由 STUN 客户端、NAT 网关和 STUN 服务器 3 部分组成，如图 5-33 所示。根据 RFC3489 的描述，STUN 服务器主要用于接收客户端的消息，并根据消息类

型做不同处理；STUN 客户端根据 STUN 服务器返回的响应，可以判断出自己是处于公网、关闭了 UDP 端口的防火墙后面还是处于 NAT 设备后面，同时还可以判断出 NAT 设备的具体类型。

　　为了识别出 NAT 的具体类型，STUN 客户端主要做以下 3 个测试。

　　（1）测试一：给 STUN 服务器发送消息，从 STUN 服务器的返回消息获得 NAT 给本机映射的 IP 和端口号。

　　（2）测试二：给 STUN 服务器发送消息，要求 STUN 服务器用不同的 IP 和端口号作为返回消息的源 IP 和端口号。

　　（3）测试三：给 STUN 服务器发送消息，要求 STUN 服务器使用不同端口号作为返回消息的源端口号。

　　整个识别过程进行两次测试一、两次测试二和一次测试三，如图 5-34 所示。第一次测试一如果没有返回结果，表示 UDP 消息被防火墙丢

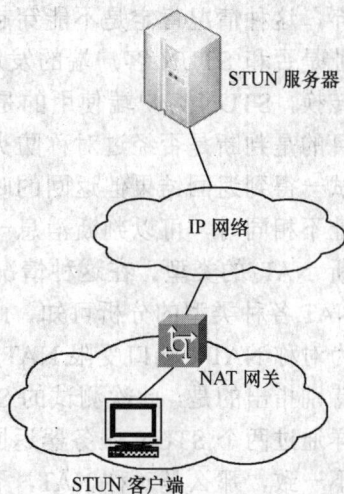

图 5-33　STUN 体系

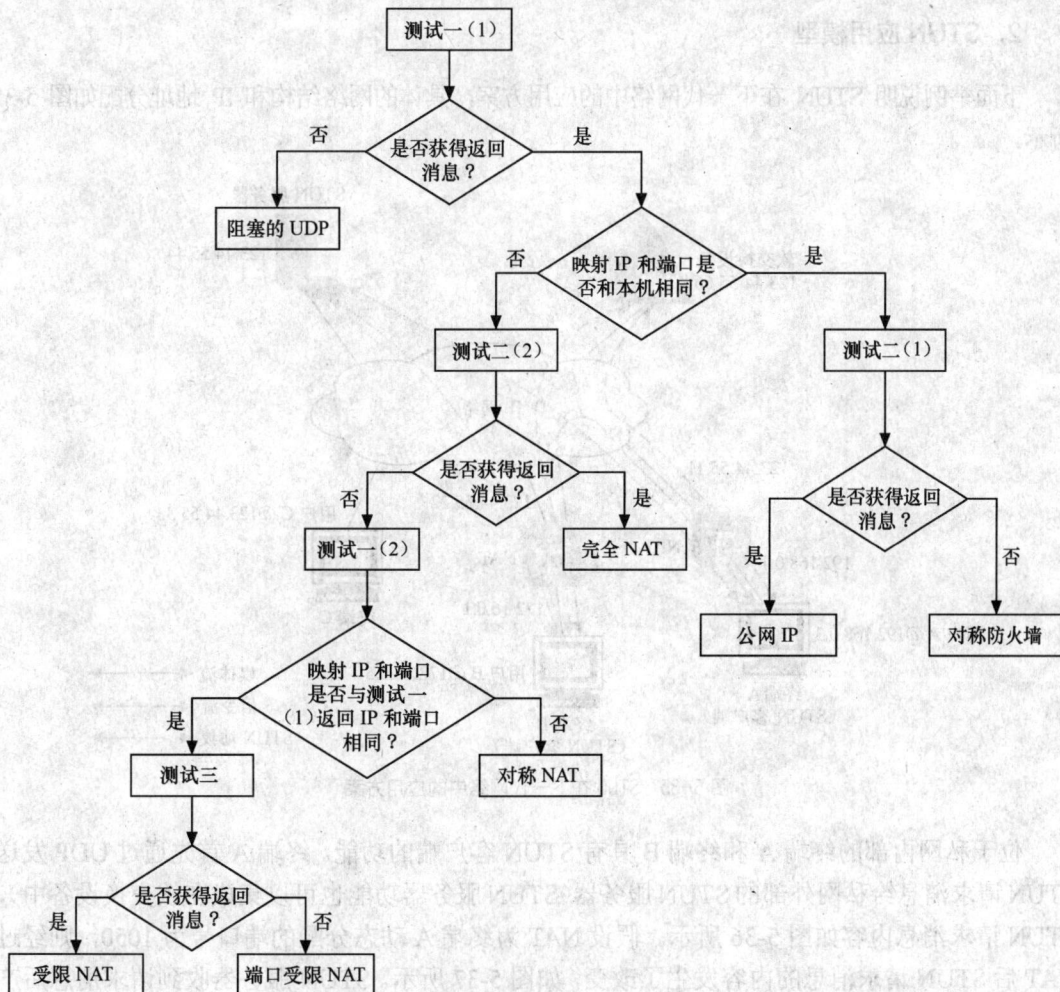

图 5-34　STUN 客户端的测试流程

弃，这种情况肯定是不能穿越 NAT 的。如果有返回结果，判断返回的映射端口和 IP 地址是否和 STUN 客户端的发送端口和发送 IP 地址相同，如果相同，表示消息没有经过转换，STUN 客户端使用的是公网 IP 地址，没有经过 NAT。这种情况下再进行测试二，目的是判断是否经过对称防火墙，即可不可以允许防火墙外的主机首先发起会话。在测试一得到返回结果但返回的映射端口和 IP 地址与 STUN 客户端的发送端口和发送 IP 地址不相同时，可以判断消息一定经过 NAT 网关，即 STUN 客户端在私网内，这时要判断 NAT 的类型。在这种情况下也要进行测试二，如果测试二有返回消息，根据前面对 NAT 各种类型的分析可知，此 NAT 一定是完全 NAT，如果没有返回消息，则 NAT 可能为对称 NAT、端口受限 NAT 或受限 NAT。这时需要再做一次测试一来判断。这里需要特别指出的是，此次测试的 STUN 服务器和第一次测试一的 STUN 服务器是不同的，这样通过两个 STUN 服务器返回的映射地址和端口号来判断 NAT 是否是对称 NAT，如果不一致，那么是对称 NAT，否则可能为端口受限 NAT 或受限 NAT，这可以通过测试三来进行。STUN 客户端通过一系列基于 STUN 服务器的测试，可以得出本机是否能穿越 NAT 网关进行通信。

2. STUN 应用模型

下面举例说明 STUN 在下一代网络中的应用方案，具体的网络结构和 IP 地址分配如图 5-35 所示。

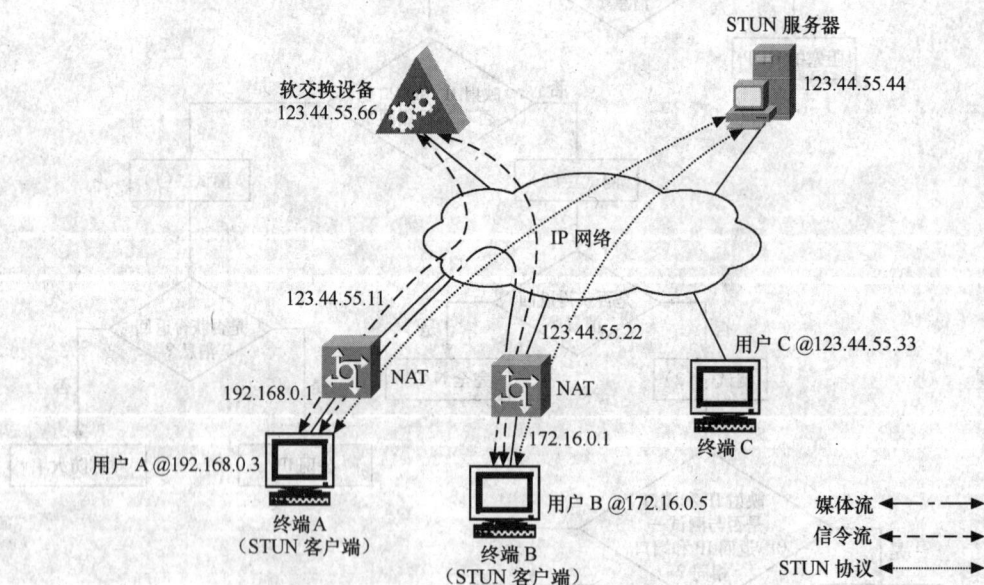

图 5-35　STUN 在下一代网络中的应用方案

位于私网内部的终端 A 和终端 B 具有 STUN 客户端的功能。终端 A 首先通过 UDP 发送 STUN 请求消息给私网外部的 STUN 服务器（STUN 服务器功能也可以集成在软交换设备中），STUN 请求消息内容如图 5-36 所示。假设 NAT 为终端 A 动态分配的端口号为 1050，则经过 NAT 后 STUN 请求消息的内容发生了改变，如图 5-37 所示。STUN 服务器收到请求消息后产生响应消息。STUN 响应消息中携带 STUN 请求消息的源 IP 地址和源端口号（123.44.55.11

和 1050），即 NAT 为 STUN 客户端本次通信分配的合法的 IP 地址和端口号，也即 STUN 客户端的外部地址。STUN 客户端通过响应消息体中的内容得知其在 NAT 上对应的外部地址。终端 A 可以将地址 123.44.55.11：1050 填入以后呼叫控制协议的中告知对端，同时还可以在注册时直接注册这个转换后的公有 IP 地址，解决了 H.323/MGCP/SIP 穿越 NAT 的通信建立问题以及作为被叫时无法寻址的问题。假设终端 A 为 SIP 终端，则其发送的 REGISTER 消息的内容如图 5-38 所示。

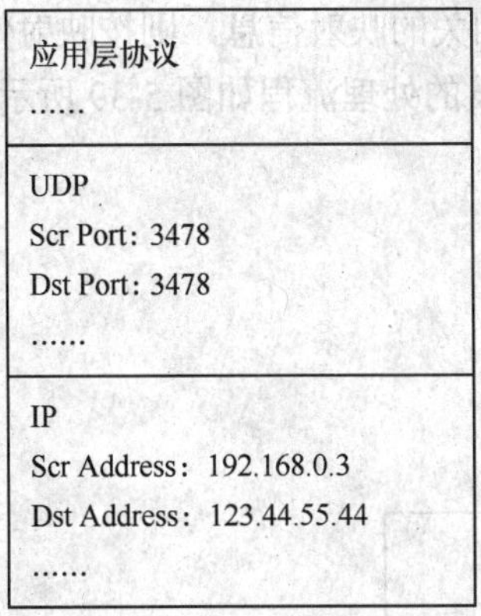

应用层协议 ……	应用层协议 ……	SIP 协议（REGISTER 消息） CONTACT：123.44.55.11：1050 ……
UDP Scr Port：3478 Dst Port：3478 ……	UDP Scr Port：1050 Dst Port：3478 ……	UDP Scr Port：3478 Dst Port：5060 ……
IP Scr Address：192.168.0.3 Dst Address：123.44.55.44 ……	IP Scr Address：123.44.55.11 Dst Address：123.44.55.44 ……	IP Scr Address：192.168.0.3 Dst Address：123.44.55.66 ……

图 5-36　STUN 请求消息 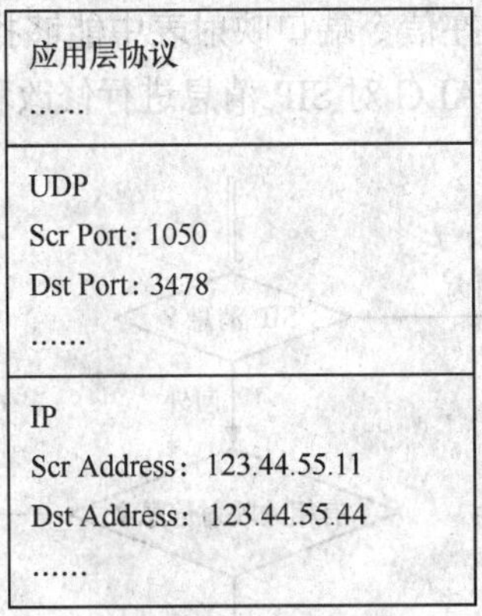　　　　图 5-37　经过 NAT 后的 STUN 请求消息 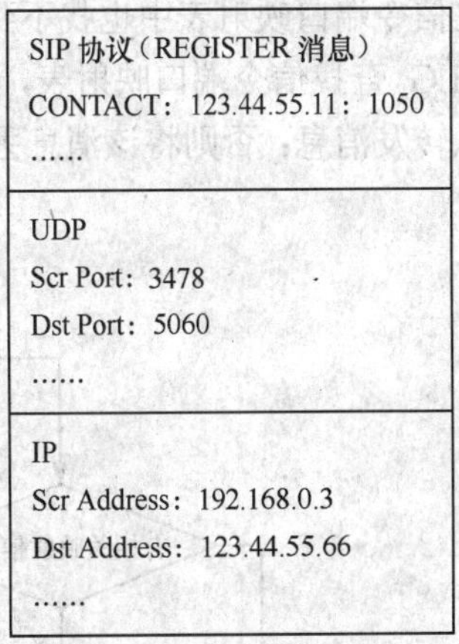　　　图 5-38　终端 A 发送的 REGISTER 消息

由于终端 A 通过 STUN 协议已在 NAT 上预先建立了映射表项（192.168.0.3：3478←→123.44.55.11：1050），则此后的所有到达终端 A 的信令流可顺利穿越 NAT/FW。

终端 B 的情况与终端 A 的类似，在此不再赘述。

3．STUN 技术优缺点分析

STUN 技术不需要对 NAT 网关进行升级就能达到私网穿越的目的，因而得到了广泛的应用。但 STUN 也有其局限性，除了需要 NGN 终端集成 STUN 客户端功能外，也不能解决对称 NAT 网关的穿越问题以及防火墙的穿越问题，所以在实际应用中往往要将 STUN 技术与其他 NAT 和防火墙穿越技术综合使用。

5.3.3　ALG 方案

应用层网关（Application Level Gateway，ALG）方案是通过在 NAT 设备中嵌入 ALG 程序或在内部网出口独立设置 ALG 设备，使之具备感知 SIP，H.323，H.324 和 MGCP 等呼叫控制协议的能力，具备呼叫控制协议的解析和地址翻译功能，从而解决 NAT 穿越及防火墙穿越的问题。由于 ALG 需要解析应用层协议，所以 ALG 是与应用层协议相关的。下面以 SIP ALG 为例说明 ALG 的工作原理和应用模型。

1．ALG 的工作原理

ALG 的主要工作有两个：建立并维护地址映射表；按地址映射表来对经过的报文，进行具体修改和转发。

当收到向外的信令消息时，ALG 分析信令消息所使用的应用层协议，查找信令端口映射表，如果在信令端口映射表中能够找到相关的映射信息，则用合法的 IP 地址和端口号替换 IP 报文数据部分中与 IP 地址和端口地址相关的参数，然后转发该消息，实现信令的穿越；如果在信令端口映射表也找不到相关的映射信息，但是收到的该向外消息是注册请求，说明用户正处于注册阶段，于是 ALG 与 NAT 交互以获得为该用户分配的合法的 IP 地址和端口号，ALG 将该合法 IP 地址和端口号的映射信息填入信令端口映射表；如果向外的消息既不是注册请求，在信令端口映射表中也找不到相关的映射信息，则将该消息丢弃。当收到向内的信令消息时，ALG 查找信令端口映射表，如果在信令端口映射表中能够找到相关的映射信息，则按映射信息转发消息；否则将该消息丢弃。ALG 对 SIP 消息进行修改和转发的处理流程如图 5-39 所示。

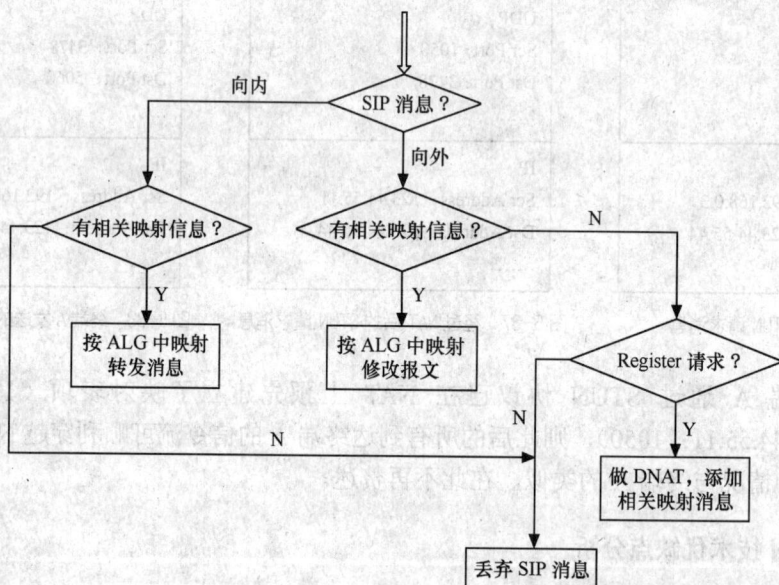

图 5-39　ALG 对 SIP 消息进行修改和转发的流程

在呼叫建立阶段，ALG 与 NAT 交互为呼叫的媒体传输分配端口号，并将该端口的映射信息填入媒体端口映射表。呼叫建立后，ALG 按媒体端口映射表进行媒体的转发，从而实现媒体流的穿越。

ALG 记录呼叫的状态，当呼叫结束后，ALG 关闭该呼叫的媒体流端口。当用户取消注册后，关闭该用户的信令端口，删除记录的对应地址映射信息。

2. 实例分析

ALG 主要定位于企业级的穿越解决方案，通过购买独立的 ALG 设备或者含有 ALG 功能的 NAT，可以实现企业内部与外界一个或者多个软交换运营商的通信。下面以位于两个不同 NAT 内的用户通过 ALG 完成一次连接的过程为例，说明 ALG 方案的具体应用。

假设终端 A 和终端 B 为 SIP 终端，分别位于不同的私网中，终端 A 和终端 B 的 NAT 上分别配置 SIP ALG。在公网上软交换设备完成 SIP 注册服务器和 SIP 代理服务器功能。具体的网络结构和 IP 地址分配如图 5-40 所示。

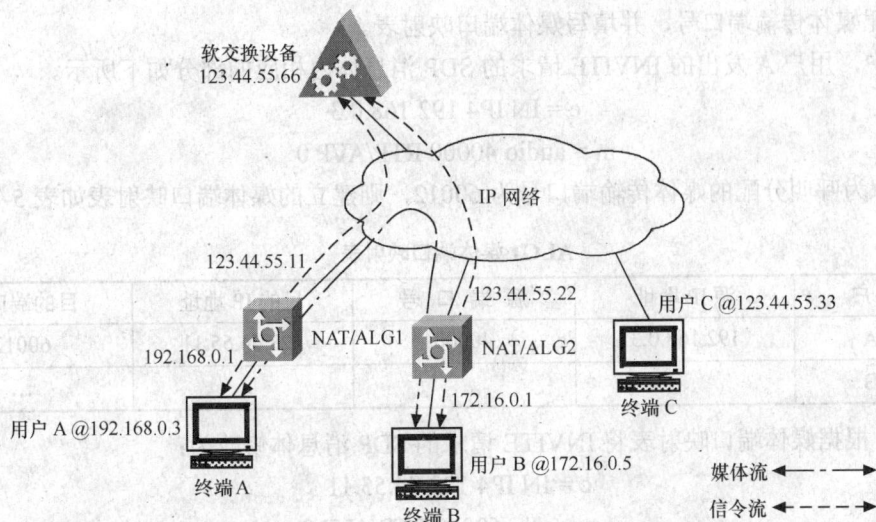

图 5-40 ALG 方案的具体应用

在注册阶段，终端 A 使用默认端口 5060 向软交换设备发起注册请求 REGISTER。ALG1 记录 REGISTER 中的 To 和 Contact 头域，按它们的值在 NAT 设备上启用一个未用的端口（1050），然后 ALG1 记录生成的映射信息并填入信令端口映射表，如表 5-6 所示。

表 5-6   ALG1 信令端口映射表

用　户	源 IP 地址	源 端 口 号	目的 IP 地址	目的端口号
用户 A	192.168.0.3	5060	123.44.55.11	1050
用户 B	…	…	…	…

在呼叫建立阶段，ALG1 接收到用户 A 向外的 SIP 消息，根据信令端口映射表把内部 IP 和端口号转化成外网可用的 IP 和端口号。如果 ALG1 在信令端口映射表查询不到该用户相关的表项，则丢弃该 SIP 消息。

ALG1 需要对 INVITE、ACK、BYE 和 REGISTER 等请求消息和 100（Tring）、180（Ringing）以及 200（OK）等应答消息中的 Via，From，To，Call-ID，Contact 等头域中包含的私有 IP 地址和端口信息进行修改。例如：

（1）对 Via 头域的修改

Via：SIP/2.0/UDP 192.168.0.3：5060

改为：Via：SIP/2.0/UDP 123.44.55.11：1050

（2）对 Contact 头域的修改

Contact：＜Sip：用户 A@192.168.0.3：5060＞

改为：Contact：<sip：用户 A@123.44.55.11：1050＞

ALG1 接收到向内的 SIP 消息，也查询信令端口映射表，根据表中的数据，所有目的地址为 123.44.55.11:1050 的 IP 包都会被转发到主机 192.168.0.3:5060 上处理。

当信令穿透 NAT 后，NAT 后面的终端就可以收到来自外网的呼叫请求。

为了实现媒体的穿越，ALG1 分析 INVITE 消息和 200（OK）消息的 SDP 消息体。SDP 消息体中描述了和会话及相关媒体特性有关的内容。ALG1 分析消息中"m＝"和"c＝"行，为呼叫分配媒体传输端口号，并填写媒体端口映射表。

上例中，用户 A 发出的 INVITE 请求的 SDP 消息体内相应的部分如下所示。

c = IN IP4 192.168.0.3

m = audio 40000 RTP/AVP 0

ALG1 为呼叫分配的媒体传输端口号为 60012，则建立的媒体端口映射表如表 5-7 所示。

表 5-7 　　　　　　　　　　　　　ALG1 媒体端口映射表

用　户	源 IP 地址	源 端 口 号	目的 IP 地址	目的端口号
用户 A	192.168.0.3	40000	123.44.55.11	60012
用户 B	…	…	…	…

ALG1 根据媒体端口映射表将 INVITE 请求的 SDP 消息体修改为：

c = IN IP4 123.44.55.11

m＝audio 60012 RTP/AVP 0

此外，由于经过 ALG 后 SIP 消息体被修改消息体的长度发生了变化，因此被修改过消息体的消息头中的 Content-Length 都要做相应的修改。

由于 ALG2 的工作过程与 ALG1 类似，在此不重复叙述。

呼叫建立后，对向内的媒体流，ALG1 查询媒体端口映射表，根据表中的数据，所有目的地址为 123.44.55.11：60012 的 IP 语音包都会被转发到主机 192.168.0.3：40000 上处理。而对于向外的媒体流，ALG1 查询媒体端口映射表，根据表中的数据修改 IP 语音包的源 IP 地址和源端口号后进行转发。

3. ALG 技术优缺点分析

ALG 是解决 NAT/FW 穿越问题最简单的方式。该方式对客户端没有要求，不需要在公网上架设新的设备，也不存在安全问题。但由于目前网络中已大量部署了不具备 ALG 能力 NAT/FW 设备，支持 ALG 需要更换或升级这些设备，并且随着相关协议的发展和扩充，设备也必须跟着进行升级，因此 ALG 方案实施起来难度较大。

5.3.4　Proxy 方案

1. Proxy 工作原理

代理（Proxy）方案是通过对私网内用户呼叫做信令代理和媒体代理的方式解决语音和视频等多媒体业务穿越 NAT 的问题。

代理是支持相应的应用层协议（例如 H.248，SIP，MGCP 等）以及相应的媒体流完成 NAT 穿越的实体。从处于公网的软交换设备来说，代理应看作终端；从终端角度来说，代理应看作软交换设备。Proxy 包括信令 Proxy 和媒体 Proxy 两种。

（1）信令 Proxy：当用户注册消息到达信令 Proxy 时，信令 Proxy 记录信令包的源 IP 地址和端口号，在后续消息中使用该地址与用户通信。用户呼叫时，信令 Proxy 使用分配的公有 IP 地址和端口号作为媒体通信地址重新生成信令消息发往软交换，并建立用户地址端口和代理设备分配的地址端口映射表。此外，信令 Proxy 通过对信令消息进行处理和分析，得到本次会话带宽需求等信息，并根据当前网络资源使用者情况等信息来决定媒体流是否通过媒体 Proxy，从而起到保护网络、防止带宽盗用等作用。

（2）媒体 Proxy：媒体 Proxy 是媒体流的必经之处，所有内网用户与外界互通的媒体流都经过媒体 Proxy 进行处理和转发。媒体 Proxy 首先检查报文的合法性，然后将接收的媒体按预先建立地址端口映射表进行转发，确保媒体流得到严格的 QOS 保障和安全控制。

信令 Proxy 和媒体 Proxy 可以在一个设备上实现，也可以分离实现。当在同一个设备上实现时称为全代理（Full Proxy）。通过 Proxy 对信令流和媒体流进行中转，NGN 业务可顺利通过 NAT。根据我国规范的规定，代理支持静态 NAT、动态 NAT 和 NAPT 的穿越，支持完全 NAT、受限 NAT、端口受限 NAT 和对称 NAT 的穿越。

2. 代理的应用模型

在实际应用中，代理可以位于公网、私网以及公私网边缘处。

当代理处于公网时，代理应至少配置一个或多个公有 IP 地址。智能终端配置的 SIP 服务器/软交换设备地址应为代理设备的公有 IP 地址，由代理设备同时代理多个私网内的智能终端实现语音和视频业务的 NAT 穿越，如图 5-41 所示。

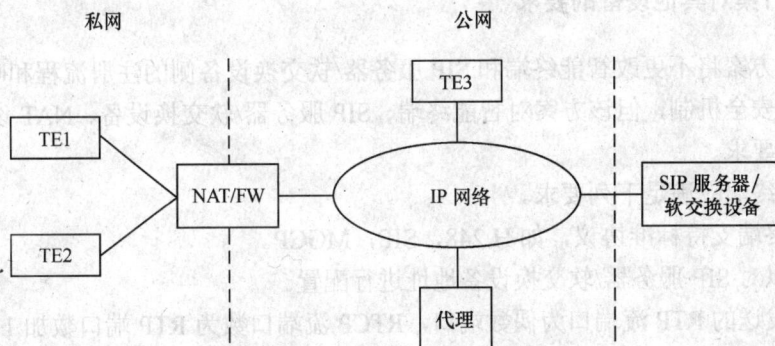

图 5-41　代理处于公网时的应用模型

当代理处于私网时，代理只能代理私网内的终端实现 NAT 穿越，其应用模型如图 5-42 所示。此时代理应至少配置一个私有 IP 地址和一个公有 IP 地址。智能终端配置的 SIP 服务器/软交换设备地址应为代理设备的私有 IP 地址，代理设备使用公有 IP 地址代理私网内的智能终端实现 NAT 穿越。NAT 应将从代理处接收到的信令和媒体流透明传送。

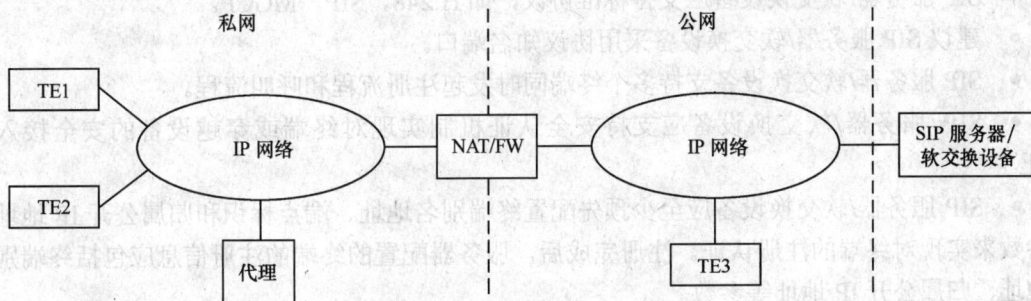

图 5-42　代理设备处于私网时的应用模型

当代理位于公私网边缘时，代理只能代理私网内的终端实现 NAT 穿越，代理设备至少配置一个私有 IP 地址和一个公有 IP 地址。智能终端配置的 SIP 服务器/软交换设备地址应为代理设备的私有 IP 地址，由代理设备使用公有 IP 地址代理私网内的智能终端实现 NAT 穿越。代理设备处于公私网边缘时的应用模型如图 5-43 所示。

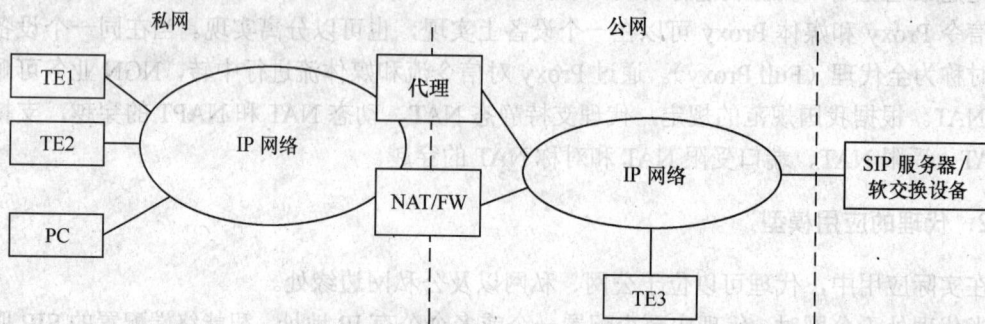

图 5-43　代理设备处于公私网边缘时的应用模型

3. 代理方案对其他设备的要求

实现代理方案将不更改智能终端和 SIP 服务器/软交换设备侧的注册流程和呼叫流程，也不影响原有的安全机制，但该方案对智能终端、SIP 服务器/软交换设备、NAT 设备和防火墙设备有一定的要求。

（1）智能终端应满足下列要求。

- 智能终端支持标准协议，如 H.248，SIP，MGCP。
- 应可以对 SIP 服务器/软交换设备地址进行配置。
- 终端发送的 RTP 流端口为偶数端口，RTCP 流端口数为 RTP 端口数加 1。
- 发起呼叫的信令端口应与注册流程中注册消息使用的信令端口一致。
- 发送和接收 RTP 流应使用相同端口。
- 信令端口应当固定，使用缺省端口。
- 应定期向代理设备或 SIP 服务器/软交换设备发送注册消息。
- 每一个终端设备应分配一个唯一的端点标识。

（2）SIP 服务器/软交换设备应满足下列要求。

- SIP 服务器/软交换设备应支持标准协议，如 H.248，SIP，MGCP。
- 建议 SIP 服务器/软交换设备采用协议知名端口。
- SIP 服务器/软交换设备支持多个终端同时发起注册流程和呼叫流程。
- SIP 服务器/软交换设备应支持安全认证机制实现对终端或穿越设备的安全接入认证。
- SIP 服务器/软交换设备应至少预先配置终端别名地址、端点标识和归属公开 IP 地址等参数来实现对终端的注册认证。注册完成后，服务器配置的终端的注册信息应包括终端别名地址、归属公开 IP 地址等参数。
- SIP 服务器/软交换设备应根据端点注册信息正确完成被叫终端的地址解析，将呼叫信令消息转发至被叫终端的归属公开 IP 地址和信令端口。

- SIP 服务器/软交换设备应根据端点标识和注册的信令端口参数对接收的呼叫信令消息的合法性进行检验。当 E.164 号码、归属 IP 地址和归属信令端口不匹配时,服务器应拒绝该次呼叫。

(3)NAT 应满足下列要求。

- 代理设备位于公网私网之间时,对 NAT 无要求,有关 NAT 的基本要求应符合 RFC2663。
- 代理设备位于私网时,由代理设备完成终端的信令和媒体地址/端口变换,NAT 应支持公网地址的透传,即不对来自代理设备的数据包再次进行地址/端口变换。
- 代理设备处于公网时,NAT 只完成外层地址转换,高层应用中的地址由代理设备负责转换。
- NAT 地址绑定表保持时间应至少大于终端注册周期的 3 倍。

(4)防火墙应满足下列要求。

- 代理设备位于公网内时,要求防火墙能够打开语音业务应用的相关熟知端口,使语音业务的信令流能够正常通过;能够对媒体流所需端口进行动态的打开和关闭,使语音业务的媒体流能够正常通过。
- 代理设备位于公私网边缘时,对防火墙无要求。
- 代理设备位于私网内时,要求防火墙能够打开语音业务应用的相关熟知端口,使语音业务的信令流能够正常通过;能够对媒体流所需端口进行动态的打开和关闭,使语音业务的媒体流能够正常通过。

4.代理方案的应用实例

代理方案支持私网内用户作主叫和被叫两种会话模式,也支持私网内多个终端同时发起会话流程。下面举例说明代理方案的实际应用。

示例中假设所有终端都是 H.248 终端,终端 A 和终端 B 位于私网,终端 C 位于公网,都注册到公网一个软交换设备上。代理设备为 Full Proxy,位于公网。软交换设备与代理设备之间、代理设备与终端之间采用标准的 H.248 协议。各设备的 IP 地址如图 5-44 所示。

假设呼叫前所有终端都通过代理设备完成注册,注册的流程如图 5-45 所示。下面结合图 5-44 所示网络拓扑对终端 A 的注册过程进行说明。

(1)终端 A 通过 H.248 协议的缺省端口 2944 发送 ServiceChange 消息给代理设备。ServiceChange 消息内容如图 5-46 所示,其中网络层的源 IP 地址为终端 A 的私有 IP 地址 192.168.0.3,目的 IP 地址为代理设备的公有 IP 地址 123.44.55.77;ServiceChange 消息体中,终端 A 的注册地址使用私有 IP 地址和端口号 192.168.0.3:2944。ServiceChange 消息经过 NAT 设备,NAT 设备为终端 A 的本次通信分配公有 IP 地址 123.44.55.11 和端口号 1050,建立地址映射表项(192.168.0.3:2944←→123.44.55.11:1050),并完成消息外层地址的转换后,发送给代理设备,经过 NAT 转换后的 ServiceChange 消息如图 5-47 所示。

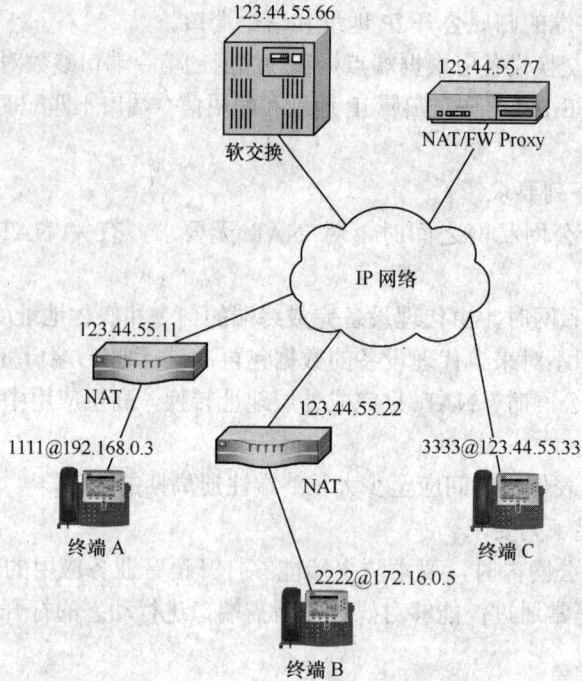

图 5-44 代理方案的应用示例

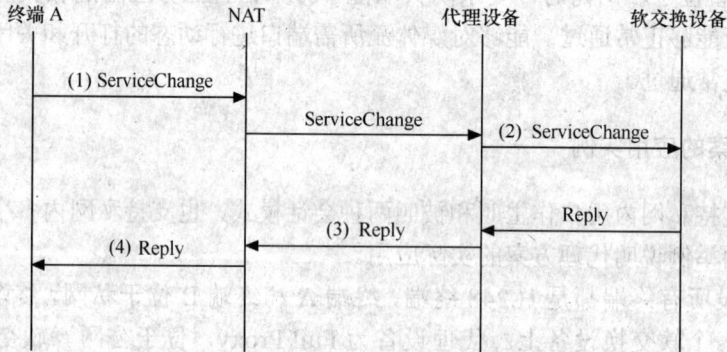

图 5-45 终端 A 的注册过程

H.248 协议（ServiceChange 消息）
MEGACO/1 [192.168.0.3]：2944
...

UDP
Src Port：2944
Dst Port：2944
...

IP
Src Addr：192.168.0.3
Dst Addr：123.44.55.77
...

图 5-46 初始 ServiceChange 消息

H.248 协议（ServiceChange 消息）
MEGACO/1 [192.168.0.3]：2944
...

UDP
Src Port：1050
Dst Port：2944
...

IP
Src Addr：123.44.55.11
Dst Addr：123.44.55.77
...

图 5-47 经过 NAT 后的 ServiceChange 消息

（2）代理设备收到 ServiceChange 消息后，记录消息包的源 IP 地址和端口号（123.44.55.11：1050），在后续信令消息中代理设备将一直使用这个地址与用户 A 通信。代理设备为终端 A 的本次通信分配信令代理端口 1144，建立信令地址映射关系（[用户 A]123.44.55.11：1050←→123.44.55.77：1144）。代理设备将 ServiceChange 消息体中终端 A 的注册地址和消息的外层源地址都改为 123.44.55.77：1144，外层目的地址改为软交换设备的公有 IP 地址和 H.248 消息的缺省端口号 123.44.55.66：2944。代理设备将修改后的 ServiceChange 消息发送给软交换设备进行认证。经代理设备修改后的 ServiceChange 消息内容如图 5-48 所示。

（3）软交换设备对 ServiceChange 消息成功地响应，响应消息的内容如图 5-49 所示。代理设备按照信令地址映射关系（[用户 A]123.44.55.11：1050←→123.44.55.77：1144）来修改 Reply 消息报文地址和消息净荷，并将消息转发给 NAT 设备。代理设备向 NAT 设备转发的 Reply 消息内容如图 5-50 所示。

```
H.248 协议（ServiceChange 消息）
MEGACO/1 [123.44.55.77]：1144
...

UDP
Src Port：1144
Dst Port：2944
...

IP
Src Addr：123.44.55.77
Dst Addr：123.44.55.66
...
```

图 5-48　经代理设备修改后的 ServiceChange 消息

```
H.248 协议（Reply 消息）
MEGACO/1 [123.44.55.66]：2944
...

UDP
Src Port：2944
Dst Port：1144
...

IP
Src Addr：123.44.55.66
Dst Addr：123.44.55.77
...
```

图 5-49　软交换设备响应的 Reply 消息

（4）NAT 设备将报文地址转换为私网地址发送给终端 A，如图 5-51 所示，完成整个注册过程。

```
H.248 协议（Reply 消息）
MEGACO/1 [123.44.55.77]：2944
...

UDP
Src Port：2944
Dst Port：1050
...

IP
Src Addr：123.44.55.77
Dst Addr：123.44.55.11
...
```

图 5-50　代理设备向 NAT 设备转发的 Reply 消息

```
H.248 协议（Reply 消息）
MEGACO/1 [123.44.55.77]：2944
...

UDP
Src Port：2944
Dst Port：2944
...

IP
Src Addr：123.44.55.77
Dst Addr：192.168.0.3
...
```

图 5-51　NAT 设备转发的 Reply 消息

成功注册后，私网内终端 A 向公网中的终端 C 发起呼叫时具体的通信流程如图 5-52 所示。

（1）主叫用户摘机，终端 A 向代理设备发送 Notify 消息。Notify 消息经过 NAT 设备。

根据终端 A 注册时已经建立起的绑定（192.168.0.3：2944←→123.44.55.11：1050），NAT 设备将 Notify 消息的外层地址进行转换，然后发送给代理设备。代理设备根据终端 A 注册时已经建立起的地址映射关系（[用户 A]123.44.55.11：1050←→123.44.55.77：1144）修改消息，将消息转发给软交换设备。软交换设备对消息回应，代理收到响应消息后，根据地址映射表项修改消息，转发给 NAT 设备，NAT 设备将消息地址转换为内网地址发送给终端 A。消息的处理过程与图 5-46～图 5-51 类似，在此不重复叙述。

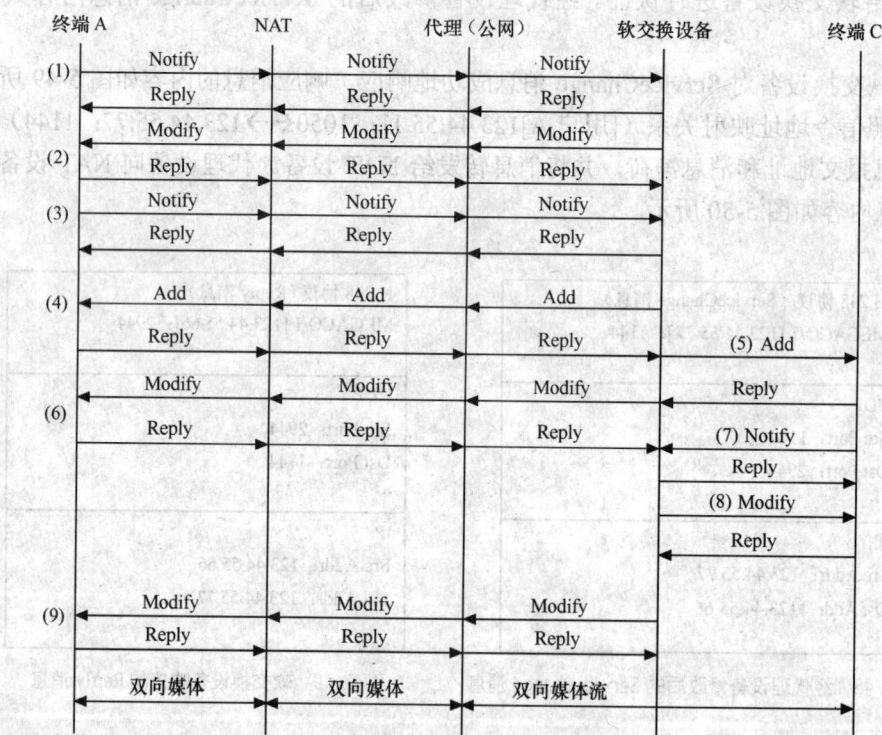

图 5-52　终端 A 向公网中的终端 C 发起呼叫时具体的通信流程

（2）软交换设备发送 Modify 消息给代理设备，下发拨号音和拨号计划，代理设备根据地址映射关系修改 Modify 消息，然后将消息发送给 NAT 设备，NAT 设备将消息地址转为内网地址发送给终端 A，终端 A 对消息的响应发送给 NAT 设备，NAT 设备将消息地址转换为公网地址发送给代理，代理根据地址映射关系修改消息，发送给软交换设备。

（3）终端 A 用 Notify 消息上报号码，呼叫终端 C。NAT 将消息地址转换为公网地址发送代理设备，代理根据地址映射关系修改消息，发送给软交换设备。软交换设备对消息的响应发送给代理设备，代理设备修改消息，转发给 NAT 设备。NAT 设备将消息地址转为私网地址发送给终端 A。

（4）软交换设备发送 Add 消息给代理设备，在终端 A 上创建关联域，代理设备根据地址映射关系向 NAT 转发；NAT 设备将消息地址转换为私网地址发送给终端 A，终端 A 发送响应消息，其中携带地址和媒体端口信息（假设为 192.168.0.3：4002），如图 5-53 所示。NAT 将消息地址转为公网地址发送给代理，如图 5-54 所示。代理设备为终端 A 的媒体传输分配公有 IP 地址 123.44.55.77 和端口号 1022，记录（[用户 A]→123.44.55.77：1022），修改消息地址和消息体，如图 5-55 所示。代理设备将响应发送给软交换设备。

SDP
...
Local{
c = IN IP4 192.168.0.3
m = audio 4002 RTP / AVP 0}
...
H.248 协议（Add Reply 消息）
MEGACO/1 [192.168.0.3]: 2944
...
UDP
Src Port：2944
Dst Port：2944
...
IP
Src Addr：192.168.0.3
Dst Addr：123.44.55.77
...

图 5-53　终端 A 对 Add 消息的响应

SDP
...
Local{
c = IN IP4 192.168.0.3
m = audio 4002 RTP/AVP 0}
...
H.248 协议（Add Reply 消息）
MEGACO/1 [192.168.0.3]: 2944
...
UDP
Src Port：1050
Dst Port：2944
...
IP
Src Addr：123.44.55.11
Dst Addr：123.44.55.77
...

图 5-54　NAT 向代理转发终端 A 的响应消息

（5）软交换设备发送 Add 消息给终端 C，消息内容如图 5-56 所示。终端 C 创建关联域，成功响应，其中携带地址和媒体端口信息（例如为 123.44.55.33：3012），消息内容如图 5-57 所示。

SDP
...
Local{
c = IN IP4 123.44.55.77
m = audio 1022 RTP / AVP 0}
...
H.248 协议（Add Reply 消息）
MEGACO/1 [123.44.55.77]: 1144
...
UDP
Src Port：1144
Dst Port：2944
...
IP
Src Addr：123.44.55.77
Dst Addr：123.44.55.66
...

图 5-55　代理向软交换设备转发终端 A 的响应消息

SDP
...
Remote{
c = IN IP4 123.44.55.77
m = audio 1022 RTP / AVP 0}
...
H.248 协议（Add 消息）
MEGACO/1 [123.44.55.66]: 2944
...
UDP
Src Port：2944
Dst Port：2944
...
IP
Src Addr：123.44.55.66
Dst Addr：123.44.55.33
...

图 5-56　软交换设备给终端 C 发送的 Add 消息

（6）软交换设备向代理发送 Modify 消息送回铃音，并携带终端 C 的地址和端口信息，如图 5-58 所示。代理设备为终端 C 的媒体传输分配公有 IP 地址 123.44.55.77 和端口号 2022，记录（[用户 C] 123.44.55.33：3012 ←→ 123.44.55.77：2022）。代理修改消息地址和消息体，将其发送给 NAT 设备，如图 5-59 所示。NAT 设备将消息头转换为私网地址发送给终端 A，消息内容如图 5-60 所示。终端 A 正确响应，响应消息通过代理正确转发给软交换设备。

```
SDP
…
Local{
c = IN IP4  123.44.55. 33
m = audio 3012 RTP / AVP 0}
…
```

```
H.248 协议（Add Reply 消息）
MEGACO/1 [123.44.55.33]:2944
…
```

```
UDP
Src Port:  2944
Dst Port:  2944
…
```

```
IP
Src Addr: 123.44.55.33
Dst Addr: 123.44.55.66
…
```

图 5-57　终端 C 对 Add 消息的响应

```
SDP
…
Remote{
c = IN IP4  123.44.55. 33
m = audio 3012 RTP/AVP 0}
…
```

```
H.248 协议（Modify 消息）
MEGACO/1 [123.44.55.66]: 2944
…
```

```
UDP
Src Port:  2944
Dst Port:  1144
…
```

```
IP
Src Addr: 123.44.55.66
Dst Addr:  123.44.55.77
…
```

图 5-58　软交换设备向代理发送的 Modify 消息

```
SDP
…
Remote{
c = IN IP4  123.44.55.77
m = audio 2022 RTP / AVP 0}
…
```

```
H.248 协议（ Modify 消息）
MEGACO/1 [123.44.55.77]: 2944
…
```

```
UDP
Src Port:  2944
Dst Port:  1050
…
```

```
IP
Src Addr: 123.44.55.77
Dst Addr: 123.44.55.11
…
```

图 5-59　代理向 NAT 发送的 Modify 消息

```
SDP
…
Remote{
c = IN IP4  123.44.55.77
m = audio 2022 RTP / AVP 0}
…
```

```
H.248 协议（ Modify 消息）
MEGACO/1 [123.44.55.77]: 2944
…
```

```
UDP
Src Port:  2944
Dst Port:  2944
…
```

```
IP
Src Addr: 123.44.55.77
Dst Addr: 192.168.0.3
…
```

图 5-60　NAT 向终端 A 发送的 Modify 消息

（7）终端 C 用 Notify 消息上报摘机，发送给软交换设备，软交换设备对其进行响应。

（8）软交换设备用 Modify 消息切断铃音，终端 C 发送响应消息。

（9）软交换设备发送 Modify 给主叫，停止回铃音并将连接模式修改为 sendrecv。代理设备根据映射关系修改消息发送给 NAT，NAT 将消息转发给终端 A，终端 A 发送响应消息，经代理设备转发到软交换设备。

当用户 A 说话，终端 A 从 192.168.0.3：4002 向 123.44.55.77：2022 发送语音流，该语音流经过 NAT，NAT 为 A 分配媒体传输的公有地址（假设为 123.44.55.11：4402），并绑定（192.168.0.3：4002↔123.44.55.11：4402）。代理设备接收到 A 的媒体数据后，建立媒体端口

的绑定关系（[用户 A]123.44.55.11：4402←→123.44.55.77：1022），此时双向的媒体通道在终端 A—NAT—代理—终端 C 间建立。代理设备将媒体数据的源端口号修改为 1022，目的端口号修改为 3012，将语音流转发至终端 C，用户 C 接听。同样，用户 C 说话，语音流从 123.44.55.33：3012 发至代理设备的 1022 端口，代理设备根据媒体端口的绑定关系，将语音流转发至 123.44.55.11：4402，进而由 NAT 将语音流发至终端 A 的 4002 端口，用户 A 接听。

以上都是基于 H.248 终端来描述如何使用代理设备来实现私网穿越，但实际上这种方法并不仅限于 H.248 终端，当终端使用 SIP，MGCP 等协议时，只要有对应的代理设备支持，也同样可以实现私网穿越。

5. 代理方案在软交换体系中的扩展应用

使用代理方案，除了能够实现私网穿越的功能外，还可以在软交换体系上实现一些扩展应用，例如可以保护软交换设备免遭攻击、防止通信欺诈行为以及使媒体流受控。

在正常的配置情况下，软交换设备的地址对于所有用户都是可见的，这时如果有人恶意的对软交换发起某些攻击，如 DoS 攻击，是难以防范的。但是如果要求所有终端都注册到代理设备上，通过代理与软交换发生联系，那么软交换地址对外就完全是不可见的了，因而保护软交换设备免遭攻击。并且由于代理设备的成本相对低廉，可以配置多个，即使遭到攻击，只要让终端上更换一个代理进行注册就可以了。

一般情况下，一旦软交换为双方建立起呼叫，那么双方终端的地址、端口、媒体能力等就完全向对方透明化了，这时如果有人使用一些支持点对点连接的终端，绕过软交换而直接向对方发起连接，则软交换就无法进行计费。如果要求所有终端都注册到代理上，那么终端只能通过代理上的代理端口进行交互，这样可以在很大程度上避免欺诈行为的发生。

由于所有终端都注册在代理上，则终端之间的媒体流也都要经过代理进行转接，代理就完全有可能解决在软交换体系中媒体流不受控的问题，如可以实现按流量计费，可以控制用户带宽防止未授权的媒体流连接（比如视频媒体流），可以获得媒体流的 QoS 信息，甚至可以满足国家安全部门对敏感通话监听的要求。

当然，要实现如上的扩展，也是要付出代价的，那就是整个软交换网络的媒体流都要汇聚到各个代理，大大增加了代理的负担，同时在一定程度上也减弱了软交换由于控制与承载分离而带来的许多灵活性。

但总的来说，由于通过设置特殊的代理设备来解决软交换网络中私网穿越问题，不需要对组网中的现有设备进行改造，更便于运营商开展业务，因此该方案已经开始被应用，而且随着软交换网络的规模不断扩大，这种私网穿越的方法会被越来越多地应用到软交换网络当中去。

6. Proxy 技术优缺点分析

代理技术有着与 ALG 方式相同的局限性，即每增加一种新的应用需要对代理设备进行协议扩展。此外，代理设备需同时对信令和媒体进行中继转发，除工作效率和转发速度受影响之外，还不可避免地增加了语音包和视频包的时延和丢包可能性。

但代理方式在网络中部署的位置比较灵活，既可以应用于私网内部、也可以应用于公网和私网边缘或公网。由于不用对客户端的现有网络设备进行改造，也无需对现有的传统 NAT 进行协议扩展，代理方式具有很强的适应性，可满足多样化的组网和用户接入方式。除解决 NAT/防火墙穿越问题外，代理的功能还可以进一步扩展，在接入层实现对会话业务 QoS 和安全的处理，可以发展成为 NGN 网络的用户接入平台。因此代理方式正逐步成为当前实现 NAT 穿越的主要方式，与代理相应的会话边界网关（SBC）也逐步成为当前下一代网络软交换系统部署应用的一个热点技术。

小　　结

IP 网是目前公认的下一代网络的承载网。下一代网络的业务对 IP 承载网的服务质量、可靠性和安全性提出具体的要求。

服务质量（QoS）包含两层含义：业务性能和业务差别。对业务性能的保证应该是端到端的、连续的、可预测的、大于或等于预定值的，体现业务性能的关键网络参数有带宽、时延、抖动和丢包率。业务差别意味着为不同类型和不同等级的业务应用提供不同的性能保证，例如对于一些紧急的业务或者关键业务即使在高负载的情况下，也要保证其服务质量不受影响。

可靠性是指 NGN 业务的运营要求网络在较长时间内保证可用性。

承载网的安全包括运营商业务的安全、设备的安全和用户业务的安全。

IP 承载网影响下一代网络业务服务质量的主要因素是时延、时延抖动和数据包的丢失。

数据通信中，时延指一个 IP 数据包从一个网络（或者一条链路）的一端传送到另一端所需的时间。语音通信中，时延是指从说话人开始说话到受话人听到所说内容之间的时间。软交换体系中，语音和视频业务的时延主要由网关处理时延和 IP 网传输时延两部分构成。

时延抖动是指由于各种延时的变化导致网络中 IP 数据包到达速率的变化。为了消除时延抖动的影响，往往在接收设备上加入缓冲区，该缓冲区在接收到一定数量的 IP 数据包后再以恒定的速率读出。

由于传输损耗、数据包超时和网络拥塞，采用尽力而为规则的 IP 网不能保证将数据包正确地传送到目的端，IP 数据包在网络的传输过程中有可能丢失。在数据通信的情况下，当数据包由于各种原因被丢失或破坏时，可通过要求发送端重新发送被丢失或破坏的数据包来解决。但是，当传送实时性要求很高的数据包时，数据包的丢失和破坏问题无法通过重发的方法来解决。

提高承载网服务质量的主要措施有：综合服务、区分服务、多协议标签交换和超量工程法。

综合服务利用类似于电路交换系统的信令协议 RSVP，为每一个数据流向其所经过的每个节点（IP 路由器）发出请求，要求路由器根据用户的需要和网络资源可用性为每个呼叫保留所需的带宽，借此保证服务质量。

区分服务的原理是边界路由器根据业务数据流的行为特性和服务要求将其划分为若干类别并为每一个数据包加上业务类型标记，核心路由器根据业务类型标记对业务流提供不同等级的服务，执行不同的处理策略，以保证优先级别高的业务流得到高质量的服务。

多协议标签交换技术是一种在开放的通信网上，利用标签引导数据高速、高效传输的技术。它在一个无连接的网络中引入了连接模式的特性，减少了网络的复杂性，兼容现有的各种主流网络技术，在提供 IP 业务时能够确保 QoS 和安全性，并具有流量工程能力。

超量工程法是指在网络规划时预留足够的带宽，并限制进入网络的流量，使得任何时候都能获得可接受的 QoS。

在 NGN 承载网的建设过程中，有 IP 公网、VPN 和 IP 专网 3 个可选方案。为了满足 NGN 业务对 IP 承载网在保障服务质量、安全性、可扩展性等方面的要求，目前主要采用 VPN 方案和新建 IP 专网方案。

网络地址转换（NAT）技术通过将私网中设备的私有 IP 地址映射为公有 IP 地址，实现了网络地址的复用。其实现方法是，对于一个私网中的所有设备，共用一个或多个合法的 IP 地址作为出口地址，只有在设备请求连接外部网络时，才为这个请求分配一个合法 IP 地址和一个端口号，来进行外部连接；当这个请求结束时，端口号和 IP 地址也就随即被收回。NAT 有 4 种类型，分别是完全 NAT、受限 NAT、端口受限 NAT 和对称 NAT。

NAT 对下一代网络的影响体现在以下两个方面。私网内设备只有在向外部主动发起连接时，才会被分配到合法 IP 和端口号，若不做特殊处理，设备对外部网络来说是不可见的，也无法接受软交换发来的呼叫请求，被称作 NAT 问题。私网内设备都采用私有 IP 地址，虽然经过 NAT 可以将网络层的私有 IP 地址转换为公有 IP 地址，但是对于应用层消息中的私有 IP 地址却无能为力，被称作 PAT 问题。

解决 NAT 穿越的问题，需要同时解决信令和媒体两方面的穿越，目前典型的穿越技术有 STUN，ALG 和 Proxy。

STUN 协议的工作原理是通过 STUN 客户端与位于公网上的 STUN Server 通信来获得自己的外部地址信息，并判断自己在网络中的状况。

应用层网关（ALG）方案是通过在 NAT 设备中嵌入 ALG 程序或在内部网出口独立设置的 ALG 设备，使之具备感知 SIP，H.323，H.324 和 MGCP 等呼叫控制协议的能力，具备呼叫控制协议的解析和地址翻译功能，从而解决 NAT 穿越及防火墙穿越的问题。

代理（Proxy）方案是通过对私网内用户呼叫做信令代理和媒体代理的方式解决语音和视频等多媒体业务穿越 NAT 的问题。根据我国规范的规定，Proxy 支持静态 NAT、动态 NAT 和 NAT 的穿越，支持完全 NAT、受限 NAT、端口受限 NAT 和对称 NAT 的穿越。除此之外，代理方案还可以在软交换体系上实现一些扩展应用，例如可以保护软交换设备免遭攻击、防止通信欺诈行为以及使媒体流受控。

习 题

1. 简要说明下一代网络的业务对 IP 承载网提出哪些方面的要求。
2. 说明服务质量（QoS）的含义。
3. IP 承载网影响下一代网络业务服务质量的主要因素有哪些？
4. 简要说明综合服务技术提高服务质量的原理。
5. 简要说明区分服务技术提高服务质量的原理。
6. 简要说明 MPLS 网络的结构。
7. 简要说明多协议标签交换技术提高服务质量的原理。
8. 简要说明 MPLS VPN 的结构。
9. 简要说明超量工程法提高服务质量的原理。
10. 分析 NAT 对下一代网络业务的影响。
11. 简要说明 STUN 协议的工作原理。
12. 简要说明应用层网关方案实现私网穿越的原理。
13. 简要说明代理方案实现私网穿越的原理。

第6章 软交换技术的应用

学习指导

本章首先简要介绍了软交换技术的优势以及软交换技术在我国应用的进程，接着分别阐述了软交换技术在固网智能化改造中的应用方案、在固网端局的应用方案以及在移动长途网、本地网的应用方案。本章还举例说明了软交换技术应用中关键设备容量的估算方法。

通过对本章的学习，应该了解软交换技术的应用场景，进一步加深对软交换技术的本质、软交换网络架构和软交换设备功能的理解。掌握对关键设备容量的估算方法。

6.1 软交换技术的应用概述

软交换技术的主要思想是将业务与控制分离、控制与承载分离，采用分层体系结构，将网络分为业务层、控制层、承载层与接入层等几个相对独立的层面，各实体之间通过标准的协议进行连接和通信。软交换技术的引入实现了多厂家的网络运营环境并使业务的生成和提供更加灵活。

软交换技术可以给新老运营商都带来很大的优势，简要描述如下。

- 软交换网络能够提供各种用户的综合接入。

- 软交换网络基于分组承载网，效率更高，结构更简单，灵活性更好，不但降低了运营成本，网络升级和扩展也更为容易。

- 软交换网络具有强大的业务提供能力。在软交换网络中，所有的业务逻辑及业务控制都集中在少数几个应用服务器上，业务的接续由软交换设备负责，使得业务提供基于可控、可管理的平台；而软交换设备的处理能力高，控制的用户多，业务覆盖面大，业务升级能力强，便于业务的推广。网络通过标准的 API 与第三方业务提供平台连接，运营商可随时根据市场所需及时生成及修改业务。软交换网络采用集中用户数据库管理的办法，使得一些诸如广域 CENTREX、广域 VPN、移机不改号等的广域联网业务更具吸引力。此外，软交换设备可以通过信令直接调用现有智能网业务，使原有网络资源不会浪费，网络得以平滑过渡。

- 软交换网络采用开放的网络结构，构件间采用标准的接口，运营商可根据需要自由组合各部分的功能产品来组建网络，实现各种异构网的互通。

● 软交换网络体系使得原来分立的各种网络有机地统一在一起，实现了公共资源共享；而且，软交换网络中的设备普遍处理能力高、容量大，从而可以减少局所，使得网络层次和结构得以简化，节约了网络建设和运维成本。

引入软交换技术使得新老运营商在发展中所面临的许多问题都迎刃而解。目前国内外许多电信运营商都部署了商用的软交换网络，其技术也日渐成熟。

运营商在建设软交换网络时大致分 3 个步骤：第一步，利用 NGN 技术实现运营商长途网的优化改造，例如中国移动、中国电信等都已经或正在建设大规模的覆盖全国的长途软交换网，分流长途语音话务，并逐步将长途语音业务向软交换网迁移；第二步，利用软交换技术实现替换和新建本地网的功能，软交换的本地网应用已经成为新兴运营商竞争市场和传统运营商替换老化设备和进行网络扩容的重要手段；第三步，利用软交换技术提供新型增值业务。

由于基础网络的差异会导致不同运营商的软交换网络建设具体方案存在差异，下面就分别介绍固定电话网和移动电话网这两种不同的网络中软交换技术的应用情况。

6.2　软交换技术在固定电话网的应用

固定电话网（下面简称固网）采用网络改造的方式向下一代网络演进，即利用软交换架构逐步对现网交换局进行改造和替换。根据软交换技术在固网中应用层面的先后顺序不同，分为端局先行的软交换改造和汇接局先行的软交换改造两种方式。

端局先行的软交换改造是从改造陈旧的端局入手，由下至上完成固网的软交换化，如图 6-1 所示，通过将少数端局改造为"软交换＋中继网关＋用户接入网关"，在端局层面形成一个小规模的软交换局，软交换局覆盖下的用户可以优先享受软交换提供的新型增值业务。随着具有陈旧交换设备的端局的退网，软交换局的规模逐渐扩大，最后实现整个固网的软交换化。

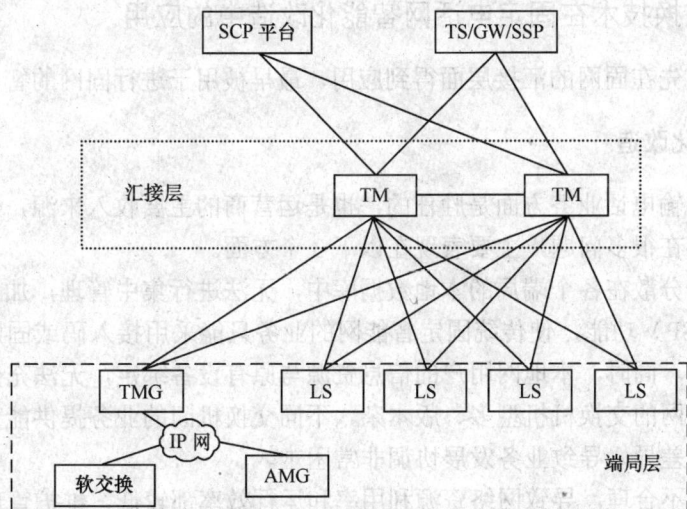

图 6-1　端局先行组网示意图

汇接局先行的软交换改造是从汇接层改造入手，将汇接局改造为"软交换＋中继网关"，由上至下完成固网的软交换改造，如图 6-2 所示。

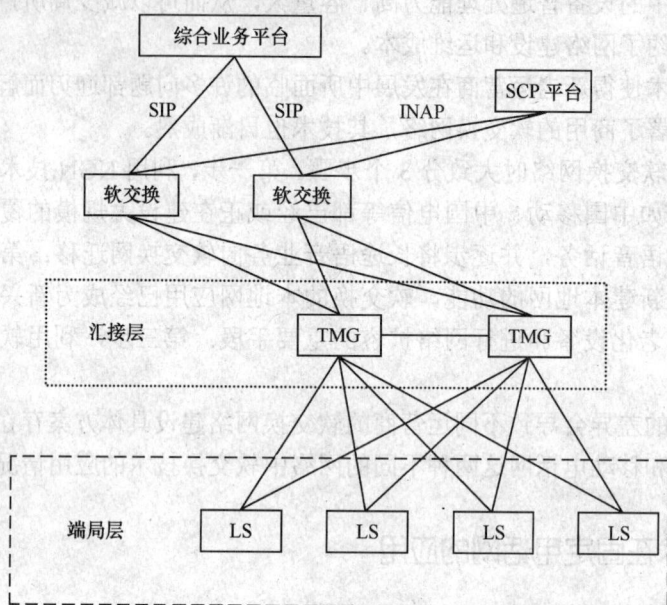

图 6-2 汇接局先行组网示意图

端局先行的改造方式对本地网络形态没有特殊要求，由于演进速度较缓，带来的改造风险也不高；但工程实施难度较高，对支撑系统的影响也较大。汇接局先行的改造方式将呼叫控制从传输层面中分离出来容易，而且该方式主要关注固网交换局的接入，一般不考虑用户的接入问题，成功屏蔽端局的差异性，从而避免了在端局先行的改造方式下，工程实施难度高、对支撑系统影响大以及软交换无法为整个本地网用户提供完整的新型增值业务等缺点。因此汇接局先行的改造方式是我国固网运营商进行网络软交换改造的首选方式。

6.2.1 软交换技术在固定电话网智能化改造中的应用

软交换技术首先在固网的汇接层面得到应用，最早被用于进行固网的智能化改造。

1. 固网智能化改造

现有固网在传输电话业务方面是胜任的，也是运营商的主要收入来源，但是固网在支持电话新业务时还存在很多问题，主要表现在以下 3 个方面。

（1）用户数据分散在各个端局的本地数据库中，无法进行集中管理，加上很多端局不支持业务交换点（SSP）功能，使传统固定智能网的业务只能采用接入码或固定号码段方式触发，业务开展不便。同时，本地网用户的信息资源与原有设备绑定，无法充分实现共享。

（2）我国电话网的交换机机型多、版本杂，不同交换机间的业务提供能力和后续的业务开发能力存在很大差异，导致业务发展协调非常困难。

（3）网络结构不合理，导致网络资源利用率和运行效率都较低，维护管理较为困难。

基于以上原因，现有固网已无法适应业务发展和市场竞争的需求。由于中国固网的大部分设备都处在"青春期",利用价值和改造潜力都还很大,从保护现有投资和提高资源利用率的角度出发,我国的固网运营商对固网进行了智能化改造。

固网智能化改造,是指在现有固网的基础上,通过对网络结构的优化、资源的整合、节点设备的升级和改造、新技术的引入以及管理流程优化等手段来达到网络优化、业务开放、网元智能化的目标。固网智能化改造的核心思想是用户数据集中管理,并在每次呼叫接续前增加用户业务属性查询机制,使网络实现对用户签约智能业务的自动识别和自动触发。本地网智能化改造后网络的一般结构如图 6-3 所示。

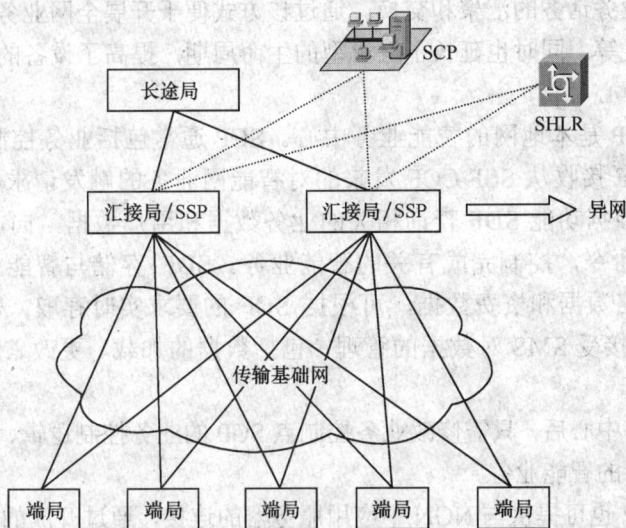

图 6-3 本地网智能化改造后网络的一般结构

由图可见,在固网智能化改造后,在本地网中建立了智能用户数据库 SHLR、业务交换中心和智能业务中心 SCP。本地网所有端局之间的直达中继电路全部取消,所有的端局都以负荷分担的方式接入两个独立汇接局/SSP,独立汇接局/SSP 通过信令链路接入智能用户数据库 SHLR 和业务控制点 SCP。

(1)智能用户数据库

本地网智能化改造前固网的用户数据存储在各个交换局的本地数据库中,固网的封闭性以及终端的固定化很难对新的业务需求做出快速反应,难以根据用户的特性为用户创造需求。借鉴移动网的成功经验,在固网中引入智能用户数据库(Smart Home Location Register,SHLR),用来集中存放固网本地网中所有用户号码及用户属性,包括用户的逻辑号码、地址号码、业务接入码及用户增值业务签约信息等。

逻辑号码又称业务号码、用户号码,是运营商分配给用户的、用于识别用户并计费的唯一号码,也是用户对外公布的号码。地址号码又称物理号码、路由号码,是运营商用于网络内部寻址的号码,该号码不对外公布。业务接入码是由运营商分配,用于指示交换设备路由或触发业务,该接入码可由用户拨打、交换设备自动加插或 SHLR 下发。

SHLR 是网络智能化的核心设备,通过与 PSTN 网络中的独立汇接局/SSP 交互,完成主、被叫用户号码信息及增值业务信息的查询功能;同时 SHLR 具有平滑演进能力,支持今后的补充业务数据在 SHLR 中的存储和查询。SHLR 通常能支持多种访问协议(如 INAP、ISUP+

和 MAP)，可以根据网络具体情况采用其中的一种访问协议。引入 SHLR 后，可以将用户号码独立出来，这样就能很方便地实现"号码携带"、"一号通"等业务并便于运营商实现混合放号。

（2）业务交换中心

通过对本地网汇接局的优化改造，使其成为业务交换中心，并具备 SSP 功能。采用大容量独立汇接局作为业务交换中心，可以减少汇接局及汇接区的数目，从而降低网络的复杂度。而对于不具备相应业务功能的老机型端局，可通过标准的 7 号信令电路与汇接局相连，由独立汇接局实现各类业务话务的汇聚和交换。通过该方式便于开展全网业务，如实现全网市话详单、智能业务触发等。同时也延长了老机型的生命周期，提高了设备的利用率。

（3）智能业务中心

业务控制点 SCP 是本地网的智能业务中心。SCP 通常包括业务控制功能 SCF 和业务数据功能 SDF。SCF 接收从 SSF/CCF 发来的对智能网业务的触发请求，运行相应的业务逻辑程序，向业务数据功能 SDF 查询相关的业务数据和用户数据，向 SSF/CCF、SRF 发送相应的呼叫控制命令，控制完成有关的智能业务。SDF 存储与智能业务有关的业务数据、用户数据、网络数据和资费数据，可根据 SCF 的要求实时存取；也能与业务管理系统 SMS 相互通信，接受 SMS 对数据的管理，包括数据的加载、更改、删除以及对数据的一致性检查。

在建立智能业务中心后，只需修改业务控制点 SCP 的业务控制逻辑、业务数据和用户数据，就可开放各种新的智能业务。

业务控制点 SCP 也可提供与 NGN 中应用服务器的连接，通过开放的 API 为第三方服务提供商开发业务创造条件。

通过固网智能化改造后，网络结构清晰，端局特性的差异被屏蔽，新业务的开发不依赖于端局，因而可根据需要在全网快速推出新业务，并能实施本地网联机实时计费、市话详单、解决欠费，支持客户细分，灵活经营策略，支持集中维护管理，使运维、建设成本降低，提升网络综合效益，为三网融合做准备。

2．基于软交换技术的固定电话网智能化改造方案

（1）网络结构

采用软交换技术实现固网智能化改造方案如图 6-4 所示。图中 TG 是媒体网关，SS/SSP 是软交换/业务交换点，AS 是应用服务器，SHLR 是智能用户数据库，SCP 是业务控制点。

该方案中，用户的号码信息以及用户签约的智能业务信息集中存放在 SHLR 中。汇接局的功能由 TG 和 SS 一起完成，称为软交换汇接局。软交换汇接局成为业务交换中心，本地网所有端局业务集中汇聚到软交换汇接局，其中 SS 负责呼叫控制、路由控制、计费和维护等功能，TG 则完成局间中继用户媒体流的转换。本地网中所有端局只负责满足简单的呼叫接续功能，本地网中原有的汇接局也降格承担纯市话端局的职能。SS 还具备 SSP 功能，能够通过标准协议访问 SHLR 得到用户的具体业务属性，实现业务的触发。TG 和每个本地交换机采用分区汇接的形式，实现话务的接续。每个本地交换机均至少与归属于不同软交换设备的两个 TG 进行连接，保证在单个 TG 或软交换发生故障时话务仍然能正常接续。

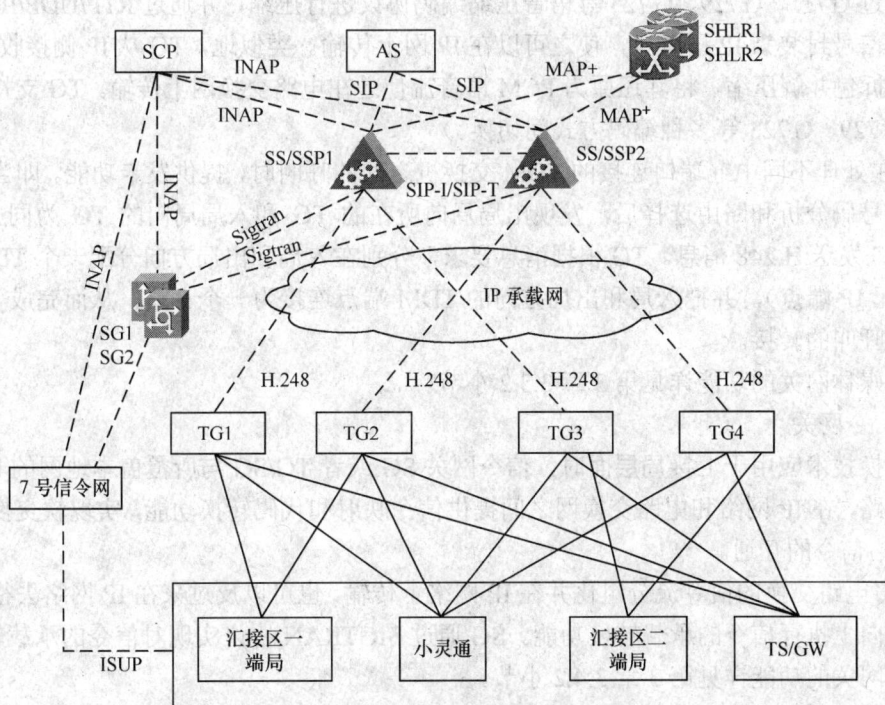

图 6-4 基于软交换的固网智能化改造方案

（2）设备功能介绍

① 软交换设备

当软交换技术应用于汇接局层面时，软交换设备（SS）与 TG 一起完成汇接局的功能（下称软交换汇接局）。

呼叫控制功能是软交换设备的核心，它完成呼叫的建立、维持和释放等功能，包括呼叫处理、连接控制和资源控制等。软交换设备根据被叫号码分析的结果，通过 H.248 协议控制媒体网关完成话路的分配过程。

软交换设备兼作软交换新业务的 SSP，完成智能业务触发和呼叫计费。

软交换设备通过信令网关 SG 开设至 7 号信令网的信令链路，通过准直联方式与本地网其他网元进行信令互通。此时，软交换设备要具备信令协议转换功能，负责完成 SIP-T/SIP-I 协议与 ISUP 间的转换功能。

软交换设备的功能详见第 3 章 3.2.1 小节。

② 中继媒体网关

在固网智能化改造中，所采用的媒体网关主要是中继媒体网关（TG）。TG 通过 H.248 协议接受软交换设备的控制。

中继媒体网关通过中继电路与电路交换网的本地端局交换机相连，本地网所有端局业务集中汇聚到 TG 上。TG 作为汇接局，还必须与本地综合关口局 GW 设置直达中继电路，汇接本地与其他运营商的来去话务；与本地长途局 TS 设置直达中继电路，用于疏通本地长途话务；与本地小灵通交换局设置直达中继电路，用于疏通固网和小灵通用户之间的话务。

语音压缩和语音处理是 TG 的核心功能，TG 将承载在电路交换网上的 **64kbit/s** 的 **PCM**

语音流通过 G.711、G.729、G.723 等语音压缩编码协议进行压缩，并通过 RTP/UDP/IP 将压缩后的语音信号封装为 IP 语音包，使之可以在 IP 网上传输。类似地，TG 从 IP 侧接收到 IP 语音包后，拆包并解压缩，将其还原为 PCM 语音流使之在电路交换网上传输。TG 支持语音在 G.711、G.729、G.723 等多种编码方式间切换。）

TG 在处理不同中继端口连接的 TDM 交换机之间的呼叫时，提供发卡功能。即当软交换设备进行号码分析和路由选择后，发现出局局向所在的 TG 和入局局向的 TG 为同一个 TG 时，向 TG 发送 H.248 消息。TG 根据消息要求，分别在入局和出局方向分配一个 TDM 端点（不再分配 IP 端点），并把入局和出局方向的 TDM 端点连接为一个话路，从而完成 TDM 交换机之间呼叫的转接。

中继媒体网关的功能详见第 3 章 3.3.2 小节。

③ 信令网关

软交换技术应用于汇接局层面时，信令网关 SG 或者 TG/SG 与所覆盖本地网的 LSTP 设置信令链路，在 IP 网络和电路交换网之间提供信令映射和代码转换功能，实现软交换网络与 PSTN 网络信令的互通。

SG 将电路交换的信令流分组化并在 IP 网络上传输，也可以反过来在 IP 网络去往电路交换网的方向上执行信令的承载转换功能。SG 通过 SIGTRAN 协议实现对信令的承载转换。

信令网关的功能详见第 3 章 3.4.2 小节。

④ 智能用户数据库

智能用户数据库（SHLR）作为本地多个网络的集中数据库，存放本地网所有用户的用户属性以及用户的主叫和被叫签约信息，其中主叫签约智能业务包括预付费和后付费业务等，被叫签约智能业务包括彩铃、一号通等。SHLR 由软交换设备触发访问。

⑤ 应用服务器

应用服务器（AS）主要用于提供数据增值业务和语音与数据融合的增值业务。AS 向业务开发者提供开放的应用程序开发接口（API），可以供第三方应用业务开发商在 AS 上开发各种有特色的增值业务。

（3）各设备之间的协议接口

① 软交换设备之间的接口

软交换设备之间的主要协议有 BICC，SIP 和 SIP-T/SIP-I。在该应用中，软交换设备之间采用 SIP-T/SIP-I 协议，协议消息直接通过 UDP/IP 承载。

② 软交换设备与媒体网关之间的接口

软交换设备与媒体网关之间的协议主要有 MEGACO/H.248 协议和 MGCP。在软交换汇接局应用中，软交换设备与媒体网关之间采用 H.248 协议，该协议消息通过 UDP/IP 承载。

③ 软交换设备与信令网关之间的接口

软交换/SSP 设备与信令网关之间使用 SIGTRAN 协议，通过 IP 网承载。

④ 软交换设备与智能网 SCP 之间的接口

软交换设备与智能网 SCP 平台之间采用 INAP，该协议消息通过直联的 7 号信令链承载。

⑤ 软交换设备与 AS 之间的接口

软交换设备主要采用 SIP 将增值业务呼叫接续到 AS 上，SIP 消息采用 UDP/IP 承载。

⑥ 软交换设备与 SHLR 之间的接口

软交换设备通过 MAP+协议查询 SHLR。软交换设备与 SHLR 之间的 MAP+信令消息通过 M3UA/SCTP/IP 承载。

⑦ 软交换设备与其他软交换局之间的接口

软交换设备通过 SG 信令网关开设至 LSTP 端的信令链路，通过准直联方式与本地网其他网元进行信令互通。软交换设备与其他软交换局之间使用 ISUP，软交换设备与 SG 之间的 ISUP 消息通过/M3UA/SCTP/IP 承载，SG 与 LSTP 之间的 ISUP 消息通过 7 号信令链路承载。

⑧ 不同媒体网关之间的接口

TG 间将通过 IP 承载网相连，因此不同 TG 之间将采用 RTP/UDP/IP。

（4）呼叫处理的一般流程

假设被叫用户 B 签约有一个智能业务，本地网智能化改造后呼叫处理的一般流程如图 6-5 所示。为了简化描述，忽略 SG 对信令消息承载层的转换过程。

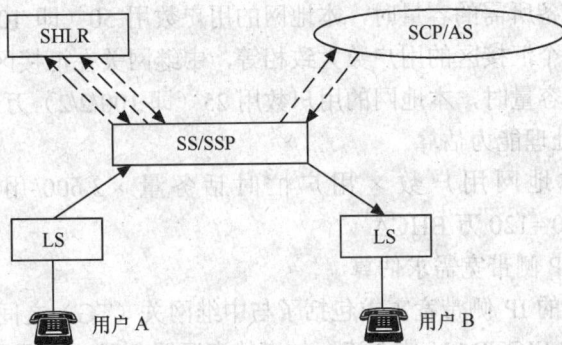

图 6-5　呼叫流程

① 当 A 呼叫用户 B 时，无论用户 B 是本局、其他的端局还是外地，都需要把话务先路由到汇接层面，然后由 SS/SSP 设备访问 SHLR。

② SHLR 查询主叫和被叫用户信息，发现用户 B 签约了一个智能业务，于是返回该智能业务所对应的接入码。

③ 根据 SHLR 返回的业务接入码，SS/SSP 设备触发业务到对应的 SCP 或 AS。

④ SCP 或 AS 处理完业务逻辑后下发连接操作指示 SS/SSP 设备接续被叫。

⑤ SS/SSP 设备先不接续被叫，再去查询 SHLR 是否还有签约其他智能业务。

⑥ SHLR 查询到用户没有其他业务，返回被叫的物理号码。

⑦ SS/SSP 设备根据 SHLR 返回的物理号码接续被叫。

（5）设备容量估算

网络模型如图 6-4 所示，本地网共两个汇接区，来去话均采用分区汇接方式，端局只需与本汇接区的一对中继网关相连，端局间跨汇接区的话务经中继网关间的 IP 网转接。已知网络的基础参数如表 6-1 所示，下面分别估算该本地网设备所需的容量，包括软交换设备的处理能力和 IP 侧带宽、中继网关的中继电路数和 IP 侧带宽、信令网关的信令链路数和 IP 侧带宽、SHLR 的处理能力。

表 6-1   网络模型基础参数表

项　　目		参　数　值	备　　注
本地网的用户数		100 万	
每用户话务量		0.04 Erl	
平均呼叫时长		60s	
固网汇接区	呼叫 PHS 话务比例	9%	
	长途话务比例	16%	普通长途话务
	网间话务比例	34%	
	智能、特服话务比例	9%	
	本地话务比例	32%	其中跨汇接区内话务占 70%
每中继线话务量		0.4 Erl	
ISUP 信令/MAP 信令链路负荷		0.2/.4 Erl	参考国标

由于软交换设备、信令网关和 SHLR 均为成对配置，在本地网内采用负荷分担的方式工作，因此在估算每个设备所需的容量时，本地网的用户数用 50（即 100/2）万进行计算。中继网关有两对，假设每个汇接区的用户数大致相等，中继网关在汇接区内采用负荷分担的方式工作，因此在估算其容量时，本地网的用户数用 25（即 100/2/2）万进行计算。

① 软交换设备的处理能力估算

SS 处理能力 = 本地网用户数 × 用户忙时话务量 × 3 600/用户呼叫平均占用时长 = 50 × 0.04 × 3 600/60 = 120 万 BHCA

② 软交换设备的 IP 侧带宽需求估算

软交换设备（SS）的 IP 侧带宽需求包括了与中继网关（TG）之间的 H.248 信令流、与信令网关（SG）之间的 SIGTRAN 信令流、与媒体资源服务器、应用服务器（AS）、支撑系统之间的 SIP 信令流以及 SS 之间的 SIP-I 信令流等所需带宽。在本例中，软交换主要作为汇接局引入，软交换设备的 IP 侧带宽主要考虑 H.248，SIGTRAN 的需求（见④和⑤），其他通信带宽按总需求的 20% 进行预留。

③ 中继网关的电路数

中继网关的中继电路包括端局侧中继、PHS 侧中继、长途侧中继、网间中继、智能网和特服侧中继。每个中继网关的端局侧中继（E1）数计算方法如下。

中继网关的端局侧中继（E1）数 = 本地话务量/每中继线话务量/30 = 250 000 × 0.04/0.4/30 = 834

依照上述计算方法，本例中每个中继网关的中继电路需求如表 6-2 所示。

表 6-2   每个中继网关的中继电路需求

端局侧中继 （E1）	PHS 侧中继 （E1）	长途侧中继 （E1）	网间中继 （E1）	智能网和特服侧中继 （E1）	总中继数 （E1）
834	75	134	284	75	1 402

④ 媒体网关的带宽

中继网关的 IP 侧带宽需求主要包括承载跨汇接区话务的媒体流带宽需求和承载 H.248 信令的信令流带宽需求。

媒体流带宽 = 中继网关 IP 接口疏通的总话务量×单位通话的语音媒体流带宽×激活因子/（带宽冗余因子×平衡因子）

其中：

- 单位通话的语音媒体流带宽：由语音编码格式和采用频率等确定，采用 G.711 20ms 编码的取值为 90.4kbit/s，这里取 100kbit/s。
- 激活因子：是指采用静音压缩等功能而对语音媒体流带宽的节省比例。此值与厂家设备的具体支持能力有很大关系，典型取值为 0.5～1。
- 带宽冗余因子：考虑 IP 承载网对带宽的冗余，以保证充分带来 IP 语音承载质量，建议值为 50%。
- 平衡因子：取值 1.6。

本例中对于每个中继网关：

媒体流带宽 = 250 000 × 0.04 × 32% × 70% × 100 × 0.5/(50%×1.6) = 140 000kbit/s ≈ 140Mbit/s

H.248 信令流带宽 = 需疏通的话务量×H.248 单位呼叫处理的平均消息个数×H.248 信令消息的平均长度 × 8/（平均呼叫占用时长 × 带宽冗余因子 × 平衡因子）

其中：

- H.248 单位呼叫处理的平均消息数 = 12。
- H.248 信令消息的平均长度 = 101 字节。
- 平均占用时长 = 60s。
- 其他参数取值同上。

本例中，H.248 信令流带宽 = 250 000 × 0.04 × 12 × 101 × 8/(60 × 50% × 1.6) = 2 020 kbit/s ≈ 2Mbit/s。

由此可见，控制信令在承载网占用的带宽较媒体流来说微乎其微，因此一个简单快速的算法就是按照媒体流带宽的 2.5%预留。

本例中，中继网关的 IP 侧总带宽 = 媒体流带宽+H.248 信令流带宽 ≈ 140Mbit/s + 2Mbit/s = 142Mbit/s。

⑤ 信令网关信令链路数

SG7 号信令网侧的信令链路需求包括软交换与 PSTN 互通的 ISUP 消息所需的信令链路、软交换查询 SHLR 的 MAP+消息所需的信令链路和软交换设备与 SCP 之间的 INAP 消息所需的信令链路等。

7 号信令网侧的信令链路 =（话务量/平均呼叫占用时长）× 单位呼叫处理的平均消息个数 × 消息的平均长度/（信令链路带宽 × 每链路负荷）

其中：

- 话务量：ISUP 消息所需的信令链路根据 TG 汇接的话务量进行计算，MAP+消息所需的信令链路根据通过软交换查询的话务量进行计算，INAP 消息所需的信令链路根据由软交换触发的智能业务量进行计算。
- 平均呼叫占用时长（s）：本地呼叫取 60s，长途呼叫取 90s。
- 对于 ISUP 消息，单位呼叫处理的平均消息个数（双向）为 8.2 个，消息的平均长度为 30 字节。
- 信令链路的带宽（Bytes/s）：当采用 64kbit/s 信令链路时，取值为 8 000，若考虑插零操作的开销，取值为 7 757；当采用 2Mbit/s 信令链路时，取值为 240 467。

- 每链路负荷：正常情况下以 0.2Erl 计算。

本例中：

SG7 号信令网侧的 ISUP 信令链路数 = (500 000 × 0.04/60) × 8.2 × 30/(7 757 × 0.2) = 52.8（按 2^n 取 64）

⑥ 信令网关的带宽

SG 采用 SIGTRAN 协议与 SS 对接，为软交换网络提供接入 SS7 信令网的功能。当采用 M3UA/SCTP/IP 的封装格式时，SIGTRAN 信令流带宽计算方法如下。

SIGTRAN 信令流带宽 = 话务量 × 单位呼叫处理的平均消息数 × (消息的平均字节长度 + 总封装开销字节) × 8/ (平均呼叫占用时长 × 带宽冗余因子 × 平衡因子)

其中：

- IP 总封装开销字节 = M3UA 协议报头 + SCTP 报头 + IP 报头 + 数据链路层开销 = 24 + 28 + 20 + 26 = 98 字节
- 其他参数取值同上。

本例中，利用 SIGTRAN 对 ISUP 消息进行封装后，每个 SG 所需的带宽为：

SIGTRAN 信令流带宽 = 500 000 × 0.04 × 8.2 × (30 + 98) × 8/(60 × 50% × 1.6) ≈ 3 500kbit/s = 3.5Mbit/s

⑦ SHLR 的处理能力

SHLR 的处理能力 = 需要访问 SHLR 的话务量 × 3 600/平均呼叫占用时长

本例中：

SHLR 需要的处理能力负荷为：50 × 0.04 × 3 600/60 = 120 万 BHCA

⑧ SHLR 的信令负荷

SHLR 的信令负荷与软交换设备查询 SHLR 使用的信令协议有关。

当使用 ISUP 时，由于每个定位呼叫增加前向信令 IAM+RLC 和后向信令 ACM+REL，则消息的平均字节长度单向增加 50 字节。若平均呼叫占用时长取 60s，ISUP 信令链路负荷以 0.2Erl 计算，则 SHLR 需要的 64kbit/s 信令链路数为：

500 000 × 0.04 × 50 × 2/(60 × 7 757 × 0.2) = 21.5（取 32）

当使用 MAP+协议时，由于消息的平均字节长度单向增加 120 字节。若平均呼叫占用时长取 60s，MAP+信令链路负荷以 0.4Erl 计算，则本例中 SHLR 需要的 64kbit/s 信令链路数为：

500 000 × 0.04 × 120 × 2/(60 × 7 757 × 0.4) = 25.8（取 32）

（6）新业务的提供及典型业务的实现

本地网引入软交换技术实现网络智能化改造后，其业务解决方案主要包括以下 3 个方面。

- 软交换设备本身提供的基本 4/5 类语音、传真业务和基本的视频多媒体呼叫。
- 软交换设备通过与 SCP 互通实现对业务的控制，提供与 PSTN 相同的智能网业务。
- 由应用服务器 AS 提供多媒体业务。

下面以彩铃业务为例，说明网络智能化改造后智能业务的实现流程。

彩铃业务是被叫方设置的一种业务，当主叫拨打该用户时，听到的不再是传统的

"嘟……嘟……"的回铃音,取代它的是被叫用户事先设置好的具有个性化的音乐或语音。

彩铃业务的实现原理如图 6-6 所示。其中 MRS 为媒体资源服务器,在此应用中负责向用户播放彩铃。软交换设备与 AS 之间、AS 与 MRS 之间均采用 SIP,软交换设备与端局之间采用 ISUP,软交换设备与 SHLR 之间采用 MAP+协议。

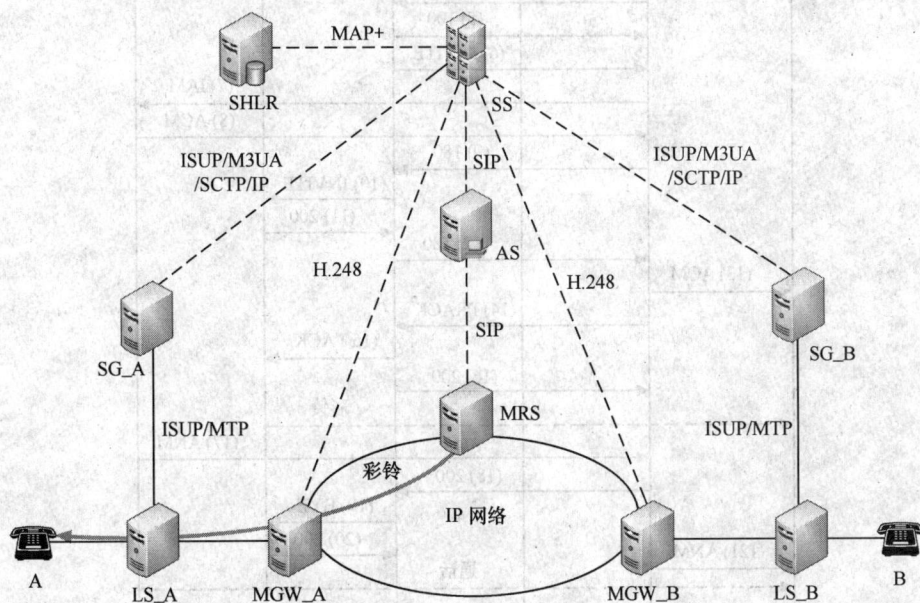

图 6-6 彩铃业务的网络结构

假设普通用户 A 呼叫用户 B,用户 B 定制了彩铃业务,用户 A 的号码为 A,用户 B 的号码为 B,则实现该呼叫的信令流程如图 6-7 所示。为了简化描述,忽略 SG 对信令消息承载层的转换过程。

① 主叫 A 所在的交换局 LS_A 发 ISUP 初始地址消息 IAM 到软交换设备,IAM 消息中包含了主叫号码 A 和被叫号码 B。

② 软交换设备接收到 IAM 消息后进行主叫和被叫分析。软交换设备通过 MAP+信令向 SHLR 发送路由寻址消息 SRI,SRI 消息里面的参数分别为主叫号码 A 和被叫号码 B。

③ SHLR 的 SRI ACK 消息返回被叫的签约接入码。

④ 软交换设备分析签约接入码和被叫号码 B,由于签约接入码配置成路由到 AS 的字段,故软交换设备发 INVITE 消息到 AS。

⑤ AS 回 100 临时响应,表示请求正在处理中。

⑥ AS 向软交换设备发送 INVITE 消息,要求软交换设备将呼叫接续到被叫。

⑦ 软交换设备向用户 B 所在端局 LS_B 发 ISUP 初始地址消息 IAM。

⑧ 由于用户 B 空闲,所以端局 LS_B 回 ISUP 地址全消息 ACM,并向被叫振铃。

⑨ 软交换设备收到 ACM 消息后,向 AS 发送 180 消息。

⑩ AS 接收到 180 消息,得知被叫用户空闲后,给 MRS 发出 INVITE 消息,指示 MRS 给主叫用户放彩铃。

⑪ MRS 回 200 应答表示可以正常放彩铃。

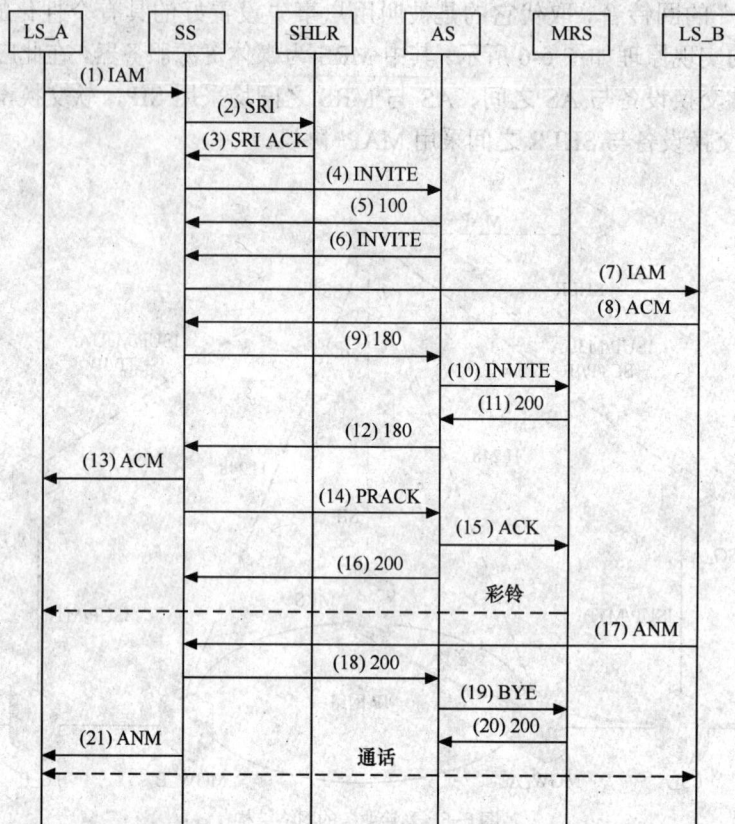

图 6-7 彩铃业务的信令流程

⑫ AS 给软交换设备发 180，表示可以通知主叫用户被叫振铃了。

⑬ 软交换设备于是向主叫所在端局 LS_A 发送 ISUP 地址全消息 ACM。

⑭ 软交换设备给 AS 发 PRACK，将主叫侧网关接收媒体流的地址、端口等信息告诉 AS。

⑮ AS 向 MRS 发 ACK 表示主叫用户准备好了。

⑯ AS 给软交换设备发 200，告知相关放彩铃的操作正常完成了。主叫用户开始听彩铃。

⑰ 用户 B 摘机，端局 LA_B 给软交换设备发 ISUP 应答消息 ANM。

⑱ 软交换设备将用户 C 摘机的消息上报 AS。

⑲ AS 给 MRS 发 BYE 消息，要求 MSR 停止播放彩铃。

⑳ MRS 给 AS 回 200，表示已经停止放彩铃。

㉑ 软交换设备向主叫所在端局 LS_A 转发 ISUP 应答消息 ANM，主叫用户 A 和被叫用户 B 之间话路接通，双方正常通话。

6.2.2　软交换技术在固定电话网端局的应用

固定电话网端局在电路交换网中的主要功能是将用户接入到网络当中，因而端局设备一个非常重要的特性就是要提供多种类型的用户线接口，接入各种类型的用户设备。因此，与在汇接局的应用相比较，软交换技术在端局的应用最大的区别在于设备需要多样化的接口。

实现软交换端局常见的有 AG 方案和基于以太网方式的无源光网络（EPON）方案，前者常用于对已有端局的软交换改造，后者则应用于新端局的建设。

1．利用 AG 完成端局的软交换改造

目前传统固网运营商的部分交换机的使用年限已到，需要改造和替换。利用综合接入媒体网关 AG 来进行传统交换机的替换和改造，既可以保持网络的延续性，又可以使网络具有可扩展性。

（1）网络结构

图 6-8 所示是端局软交换改造前的示意图，图 6-9 所示则是完成对其中一个端局软交换改造的示意图。从图中可以看到，改造后端局的功能主要由软交换设备 SS 和综合接入媒体网关 AG 来完成。

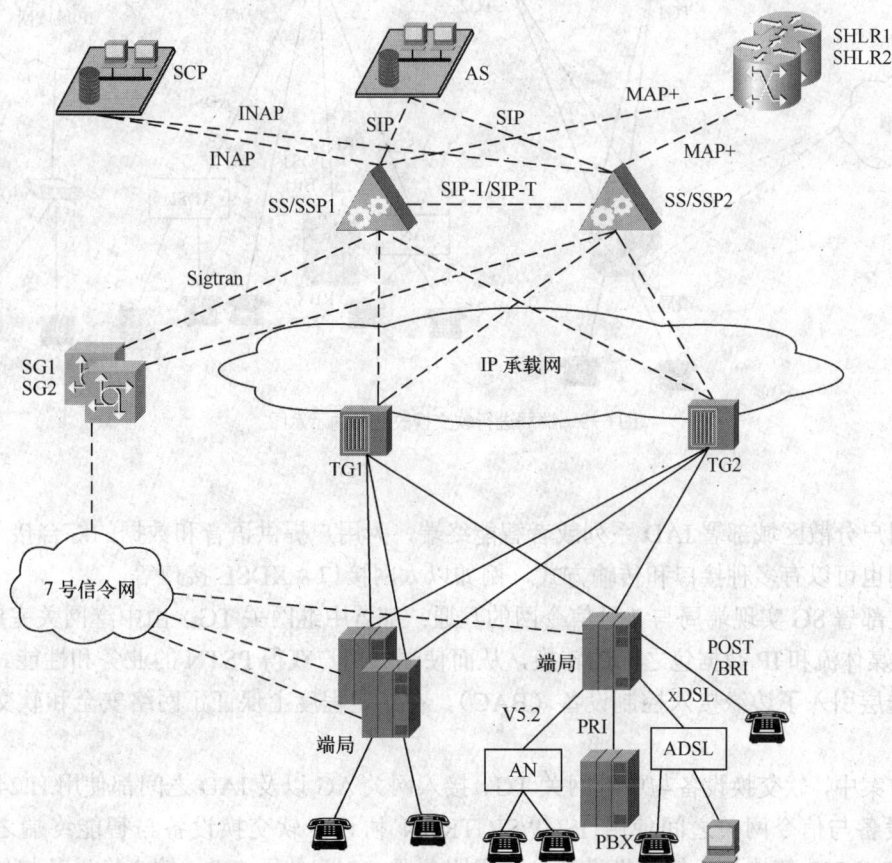

图 6-8　端局改造前的示意图

在用户密集区域部署 AG，在用户侧提供直接连接模拟电话用户的 POTS 接口、连接传统接入模块的 V5.2 接口、连接 PBX 小交换机的 PRI 接口以及连接 ADSL 用户的 xDSL 接口，同时接入传统接入网、小交换机、个人电话机、PC 和 ADSL 用户，因而可以满足端局综合接入用户的功能要求。

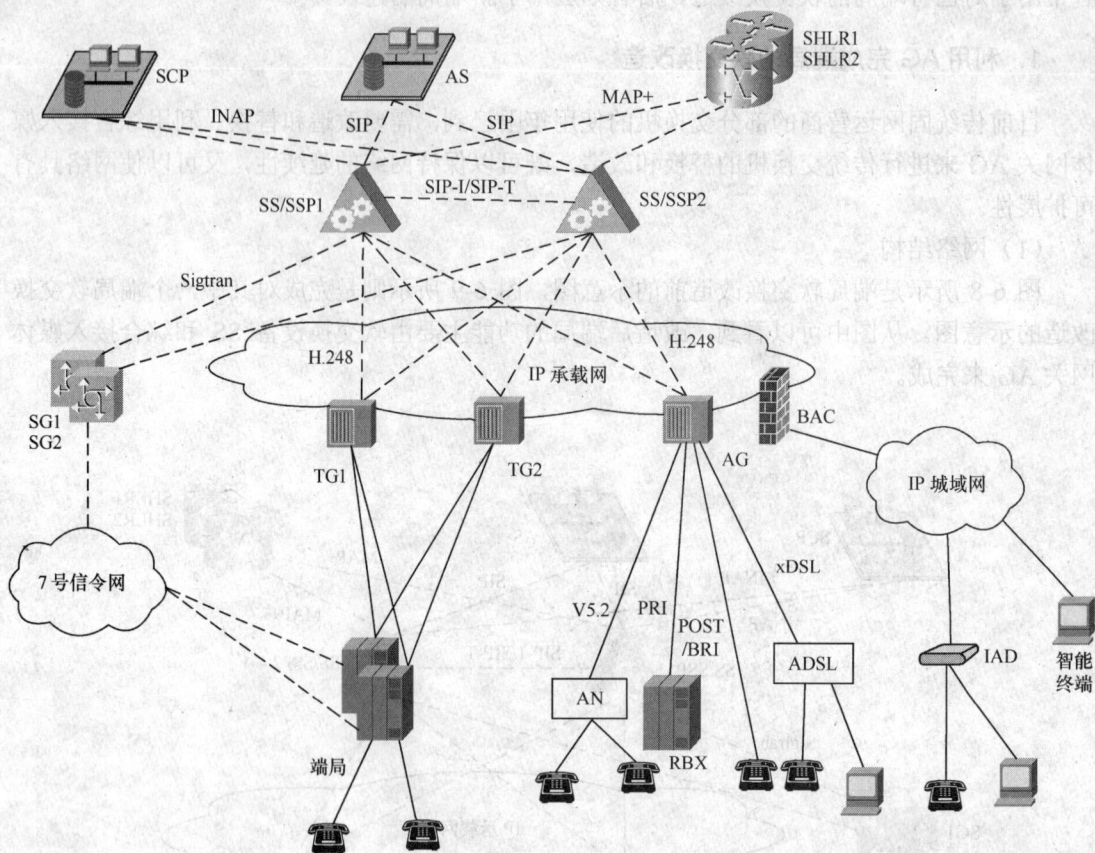

图 6-9　端局进行软交换改造后的示意图

在用户分散区域部署 IAD 系列或者智能终端，为用户提供语音和数据的综合接入。IAD 的网络侧也可以有多种接口和传输方式，例如以太网接口、XDSL 接口等。

通过部署 SG 实现端局与 7 号信令网的互通；部署中继网关 TG，由中继网关完成 PSTN 的 TDM 媒体流和 IP 数据包之间的转换，从而使端局用户获得 PSTN 的业务和性能。另外在网络传送层引入了边缘接入控制设备（BAC），在一定程度上保证了网络安全和软交换业务 QoS。

本方案中，软交换设备与中继网关 TG、接入网关 AG 以及 IAD 之间都使用 H.248 协议，软交换设备与信令网关之间使用 ISUP/SIGTRAN 协议，软交换设备与智能终端之间使用 SIP/H.248/H.323 等协议，软交换设备与应用服务器 AS 间使用 SIP，软交换设备与传统智能网的 SCP 间使用 INAP/SIGTRAN 协议。

（2）设备介绍

① 软交换设备

软交换设备（SS）主要负责呼叫控制，即进行呼叫连接的建立、监视和拆除，这包括为呼叫建立在整个网络内找寻最佳路由，并完成媒体网关接入控制、资源分配、协议处理、路由认证、计费等主要功能。

软交换设备的功能详见第 3 章 3.2.1 小节。

② 媒体网关

在固网端局改造中，应用的媒体网关（MG）设备主要是 AG 和 IAD。

AG 的功能与 TG 非常相似，也是完成提供媒体映射和代码转换功能，即终止 TDM 电路，将媒体流分组化并在分组网上传送。它们主要的区别在于接入网关在电路交换网侧可以提供丰富的接口类型，例如 POTS 接口、V5.2 接口、PRI 接口以及 xDSL 接口等，而中继网关在电路交换网侧的接口类型较为单一，主要提供 E1 接口或者是 STM-1 接口。此外，中继媒体网关不处理用户信令，而接入网关需要处理 Q.931，V5.2 等用户信令，即通过 SIGTRAN 协议改变用户信令的承载方式。

AG 的组网方式相当灵活，如图 6-10 所示。在光纤资源比较丰富的区域，AG 可以直接采用光纤上行接入到 IP 城域网；对于 IP 城域网或者 MSTP 直接可达的区域，AG 可以采用 FE（五类线）上行接入 IP 城域网；对于没有 IP 城域网或者城域网的欠发达区域，AG 可以利用传统的 SDH 资源通过 E1 上行到中继网关，间接接入 IP 城域网。

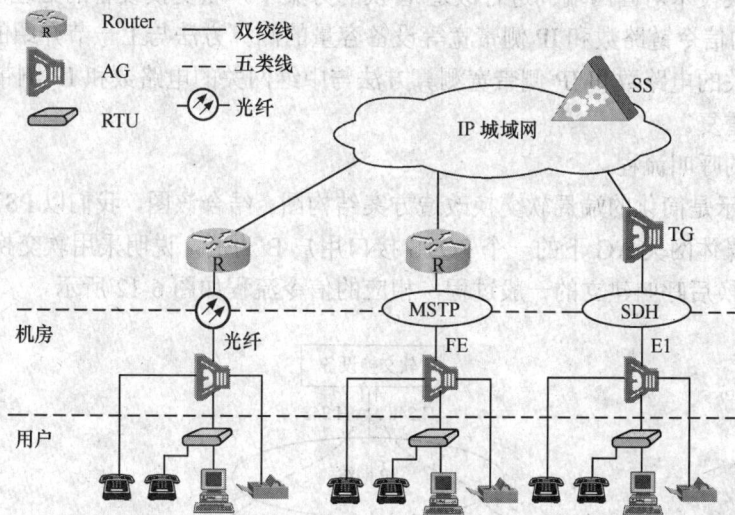

图 6-10　AG 组网方式

IAD 是一个小型的接入网关。它向用户同时提供模拟端口和数据端口，实现用户的综合接入。IAD 位于用户端，能够提供传统语音业务，具有数据与语音处理特性，能对模拟语音进行处理并具有媒体流传送功能。IAD 一般放置于离用户较近的地方，适合于个人用户、学生宿舍、居民小区、企业及办公楼，利用现有数据网资源迅速提供用户语音业务。

在固网的端局改造中，如果要使端局用户获得 PSTN 的业务和性能，就还需要配置中继网关。中继网关完成 PSTN 的 TDM 媒体流和 IP 数据包之间的转换。

AG，TG 的功能详见第 3 章 3.3.2 小节，IAD 的功能详见第 3 章 3.3.3 小节。

③ 信令网关

SG 是独立的信令网关设备，处于软交换网络的接入层。SG 通过标准 SIGTRAN 协议实现电路交换网应用层信令的 IP 承载。

信令网关的功能详见第 3 章 3.4.2 小节。

④ IP 智能终端

IP 智能终端一般有硬终端和软终端两种形式：硬终端是指一个类似普通电话机但具有智能的硬件终端，软终端是指安装在个人计算机上的软件终端。IP 智能终端位于软交换网络的接入层，通过 IP 侧接口直接将用户的语音、视频和数据直接接入软交换系统。IP 智能终端接受软交换设备的控制，通过与软交换设备的配合，可以给用户提供现有传统网络上难以实现的一些业务。IP 智能终端与软交换设备之间采用 SIP/H.248/H.323 等协议进行通信。

⑤ 边缘接入控制设备

为保障核心网安全，在端局应用方案中必须部署边缘接入控制设备（BAC）。BAC 设备将通过公共互联网络接入的 IAD 终端、SIP 终端连接到软交换网络中，为多种网络环境下的用户提供软交换业务接入和互通；同时 BAC 设备还实现安全防护、媒体管理等功能，能配合软交换核心设备和终端设备实现用户管理、业务管理，并配合承载网络实现 QoS 管理。

（3）设备容量测算

采用软交换技术对固网端局进行改造/替换的方案中，软交换设备的处理能力和 IP 侧带宽、信令网关的信令链路数和 IP 侧带宽等设备容量的测算方法与上一节介绍的方法相同。综合接入媒体网关的电路数和 IP 侧带宽测算方法与中继网关的电路数和 IP 侧带宽测算方法类似，在此不再重复。

（4）典型的呼叫流程

图 6-11 所示是简化的端局软交换改造方案结构图。结合该图，我们以 PSTN 网的用户 A 呼叫综合接入媒体网关 AG 下的一个 POTS 接口用户 B 为例，说明采用软交换技术对固网端局进行改造/替换后呼叫建立的一般过程，相应的信令流程如图 6-12 所示。

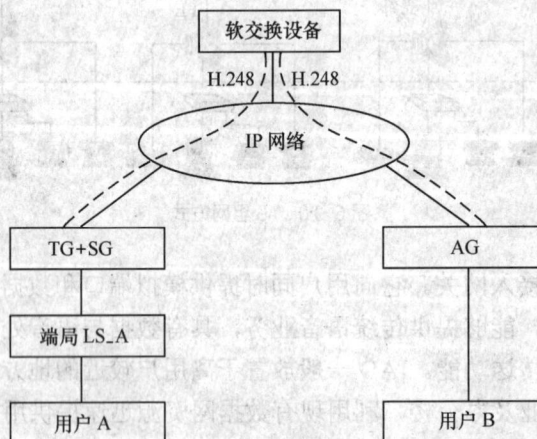

图 6-11　端局软交换改造方案简化图

① PSTN 的用户 A 摘机拨号，用户 A 所在的端局 LS_A 通过 TG 内置的 SG 向软交换设备发送 ISUP 初始地址消息 IAM。

② 软交换设备通过 H.248 消息控制中继网关 TG，占用中继网关 TG 的一条 TDM 中继线，并为本次呼叫创建关联域、加入相应的终端。

③ 软交换设备进行被叫号码分析，并确定用户 B 位置及对应的网关 AG。软交换设备通

过 H.248 消息控制 AG 为本次呼叫创建关联域并加入相应的终端。

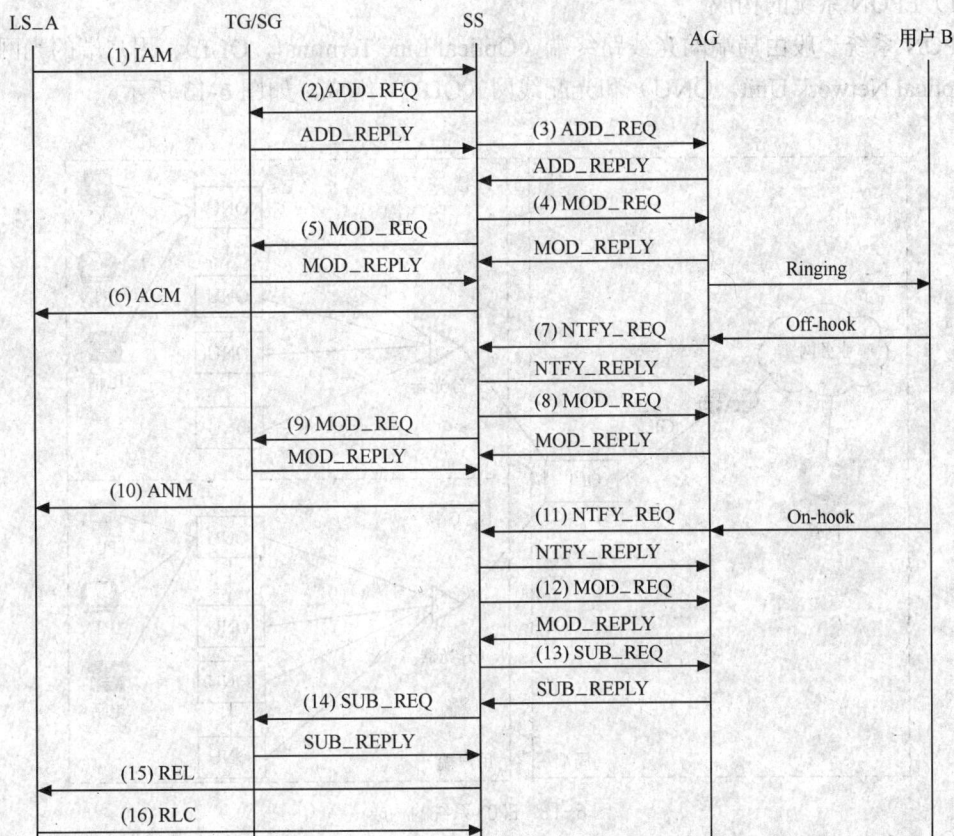

图 6-12 软交换端局用户呼叫的信令流程

④～⑤ 如果被叫空闲，软交换设备通过 H.248 消息控制 AG 向用户 B 振铃。同时通过 H.248 消息控制 TG 向用户 A 放回铃音。

⑥ 软交换设备通过 TG 内置的 SG 向端局 LS_A 回送 ISUP 地址全消息 ACM。

⑦ 用户 B 摘机，AG 发送相关消息通知软交换设备。

⑧～⑨ 软交换设备通过 H.248 消息控制 AG 和 TG 修改本次呼叫相关终端的属性，至此，AG 和 TG 之间的双向 RTP 通道建立。

⑩ 软交换设备通过 TG 内置的 SG 向端局 LS_A 回送 ISUP 应答消息 ANM。主被叫之间语音通道建立。

⑪ 通话完毕，用户 B 挂机，AG 发送相关消息通知软交换设备。

⑫～⑭ 软交换设备确认挂机事件，设备释放此次呼叫所用网络资源。

⑮～⑯ 软交换设备通过 TG 内置的 SG 向端局 LS_A 发送 ISUP 释放消息 REL，端局 LS_A 发送 ISUP 释放完成消息 RLC 作为响应，同时向用户 A 放忙音，并释放相关语音电路，此次呼叫结束。

2. 利用 EPON 新建软交换端局

在各大运营商提出了"光进铜退"的背景下，EPON 有效解决了宽窄带业务、语音、数据和视频等多形式的用户接入问题，因而在新建软交换端局时逐渐被使用。

（1）EPON 系统的构成

EPON 系统一般由局端的光线路终端（Optical Line Terminal，OLT）、用户端的光网络单元（Optical Network Unit，ONU）和光配线网（ODN）组成，如图 6-13 所示。

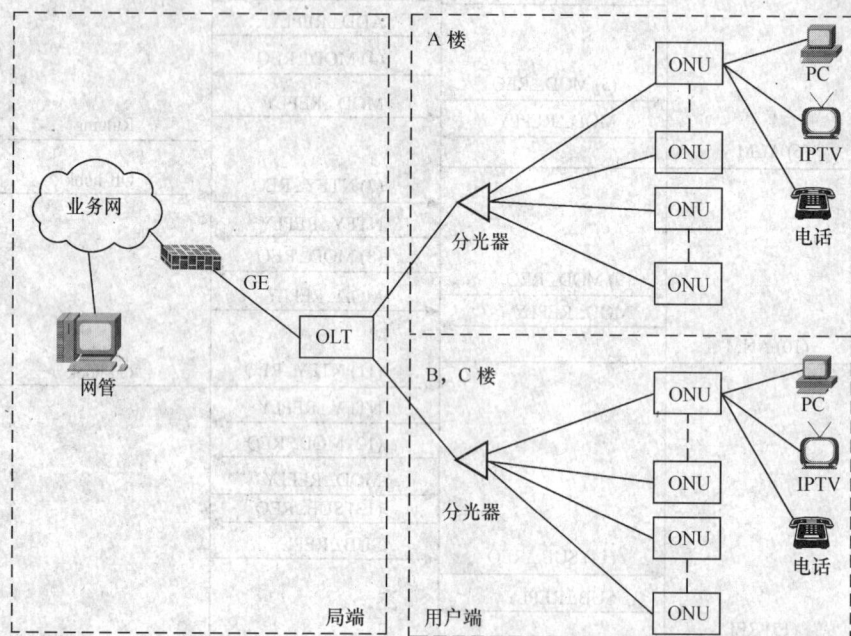

图 6-13　EPON 系统的构成

OLT 位于局端，是整个 EPON 系统的核心部件之一。其作用是为光接入网提供网络侧与本地交换机之间的接口，并经过一个或多个 ODN 与用户侧的 ONU 通信。

ODN 是由无源光元件（诸如光纤光缆、光连接器和光分路器等）组成的光配线网，为 OLT 与 ONU 之间提供光传输手段。其主要功能是进行光信号功率的分配，分发下行数据并集中上行数据。

ONU 位于用户端，为接入网提供直接的或远端的用户侧接口。ONU 的主要功能是终结光纤链路，并提供对用户业务的各种适配功能，负责综合业务接入。由于 ONU 用户侧是电接口而网络侧是光接口，因此 ONU 具有光/电和电/光转换功能，还要完成对信号的数字化处理、复用、信令处理以及维护管理功能。按照 ONU 的位置不同，EPON 可分为光纤到路边（FTTC）、光纤到大楼（FTTB）以及光纤到办公室（FTTO）和光纤到户（FTTH）4 种应用类型。

EPON 系统采用 WDM 技术，下行数据采用 1 490nm 波长，上行数据采用 1 310nm 波长，实现单纤双向传输。一般其下行采用广播方式、上行采用 TDMA（时分多址接入）方式。EPON 采用以太网协议，因而在通信的过程中，就不再需要协议转换就可以承载 IP 业务，可以实现高速的数据转发。

（2）采用 EPON 构建软交换端局

采用 EPON 构建软交换端局的方案如图 6-14 所示。OLT 引出的主干光缆经分光器分出光纤连接 ONU。ONU 提供 POTS 接口和 100Base-T 以太网接口，同时为用户提供数据和语音业务的接入，此时，ONU 实际上就是一个有光接口的 IAD。

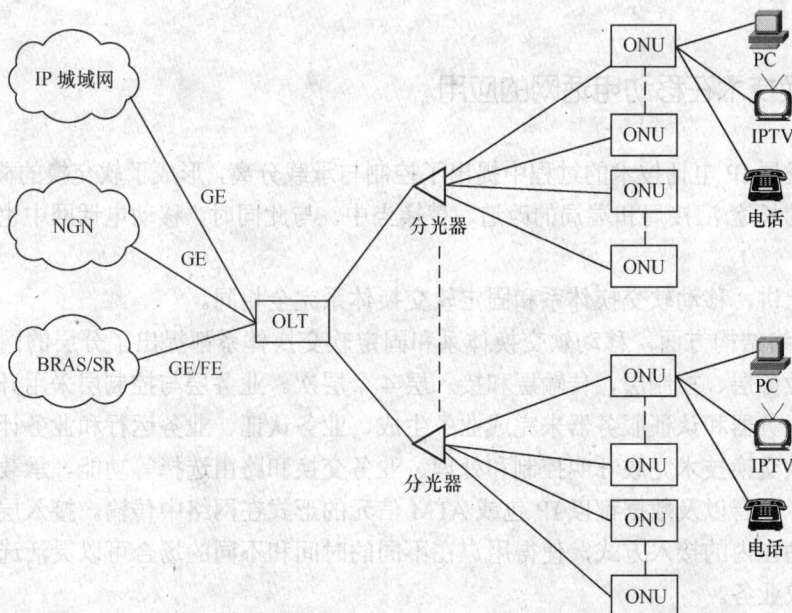

图 6-14 采用 EPON 构建软交换端局

宽带数据业务是该方案所能够提供的最基本的业务。OLT 设备通过 GE 上联口（光/电可选）与 IP 城域网连接，通过宽带接入服务器（BRAS）完成用户认证和 IP 地址的分配。

对于语音业务，ONU 将 TDM 语音信号转换为 IP 语音包，通过分组方式传送到 OLT，经 OLT 直接上联到软交换平台。ONU 通过 H．248/MGCP 实现与软交换设备的互通。如果在软交换网络和 PSTN 之间设置中继媒体网关 TG 和信令网关 SG，则还可以实现 ONU 下带的语音用户与 PSTN 用户的互通。语音业务的接入控制由宽带接入服务器（BRAS）与业务路由器（SR）完成。

（3）业务处理过程和原理

EPON 网络通过为不同的业务分配不同的 VLAN ID 来实现不同业务的路由选择，例如语音业务被分配同一个 VLAN ID，数据业务则是一个 ONU 端口分配一个 VLAN ID。

上行的语音业务与数据业务通过不同端口接入 ONU，ONU 将 TDM 语音信号转换 IP 语音包并打上内层 VLAN 标签，同时也给数据业务打上内层 VLAN 标签，然后把两种业务信号转换为光信号，以时分多址接入（TDMA）方式发射出去。业务信号经 ODN 到达 OLT，OLT 把光信号还原为电信号，打上外层 VLAN 标签，然后通过上联接口把业务信号流发送到上联业务网络。由于语音业务与数据业务有各自的 VLAN ID 和 IP 地址，上联网络根据不同的 VLAN ID 和 IP 地址选择路由，语音业务被送往软交换网络进行处理；数据业务则被送往 IP 城域网进行处理。

下行业务实现原理与上行业务基本类似，是一个相反方向的动作。从软交换网络和 IP 城域网来的信号流，由上联业务网络根据其 IP 地址和外层 VALN 号下发到 OLT 上，OLT 对信号流进行处理和分析，根据各个 ONU 不同的标识（LLID）以广播的形式进行下发。各个 ONU 监测到达帧的 LLID，如果该帧与自己的 LLID 相同则接收下来，否则给予丢弃。ONU 对收到的帧进行分析，最终找到下行的目的地端口，从而完成业务下行侧的处理工作。

6.3 软交换技术在移动电话网的应用

固网在发展 IP 电话技术的过程中提出了控制与承载分离，形成了软交换的概念，并将其应用到固网的长途/汇接局和端局的改造、替换当中。与此同时，移动电话网中也引入软交换的思想。

从概念上讲，移动软交换体系和固定软交换体系完全相同。

- 在网络结构方面，移动软交换体系和固定软交换体系都提出了分层的网络结构，即将网络分成业务层、控制层、传输层和接入层 4 个层次。业务层与控制层采用开放的接口，由各种应用服务器和认证服务器来完成业务生成、业务认证、业务运行和业务计费等。控制层主要采用软交换技术完成呼叫控制和处理、业务交换和路由选择等功能。承载层采用分组技术，信令、语音以及数据都以 IP 包或 ATM 信元的形式在网络中传输。接入层主要利用包括固定和移动在内的接入方式，使得用户在不同的时间和不同的场合可以灵活选择不同的接入方式来获取业务。

- 在接口协议方面，移动软交换体系和固定软交换体系所采用的协议许多都是一致的，例如 H.248/MEGAO 协议用于软交换设备控制媒体网关完成媒体流格式的转换；BICC 协议用于两个软交换设备之间的通信；SIP 用于控制会话的建立、修改和结束过程；SIGTRAN 协议用于实现传统 7 号信令的 IP 承载等。

- 在业务方面，移动软交换体系和固定软交换体系提供的业务种类相似，例如各种多媒体业务；而且业务的实现方式也类似，都支持开放业务接口。

但由于移动电话网的特殊性决定了移动软交换设备在业务处理方面与固网具有较大区别，在网络功能实体和接口协议中也有差异，主要包括以下方面。

- 在业务处理方面，固定软交换系统提供继承传统 C5 端局、C4 汇接局、C3 长途局交换机的所有业务处理及信令接口功能；移动软交换系统继承了 MSC 及 GMSC 所有业务处理及信令接口功能。

- 在设备功能方面，移动软交换设备不仅要完成话路相关的控制功能，而且要实现移动所特有的鉴权、位置更新、寻呼、切换等移动性管理功能；移动的媒体网关设备也具有移动所特有的一些功能，例如需要支持 UMTS 中的 AMR 编码以及宽带 AMR 等技术，另外需要支持 TFO/TrFO 技术和相应的配置协调机制。

- 在协议方面，移动网络需要支持特有的 MAP，CAP，除此以外，对于固网和移动网共用的协议，例如 H.248 协议和 SIP，也增加了移动相关的扩展。

虽然移动软交换系统和固定软交换系统存在差异，各移动运营商的软交换网络商用策略与固网运营商的相比侧重点也不同，但软交换网络的切入点基本相同，都是先从长途汇接层面开始，再进入端局和接入层面，然后扩展到多媒体应用，描述如下。

- 在省际层面建设软交换长途汇接网，对传统电路汇接网的业务量进行分流。同时改造 IP 骨干承载网作为软交换网络和 3G 网络的传输平台，并提前建设满足未来带宽及 QoS 需求的全国性 IP 承载网。

- 从本地网端局的扩容改造入手，逐步在本地网中引入软交换网络，为 3G 网络的建设创造条件，并尽早积累软交换的应用经验。

- 业务平台逐步向软交换技术的分层网络架构方向发展，通过标准接口与电信基础设施相连，允许业务和网络独立发展，使业务和应用的提供有较大灵活性，从而满足用户不断发展更新的业务需求，也使网络具有可持续发展的能力和竞争力。

6.3.1 软交换技术在移动长途网的应用

软交换技术在移动网中，最初被应用于 2G 网络的长途汇接层面。

对于已经商用的 2G 移动通信网，如 GSM 网络，随着通信业务的不断发展，长途汇接网需要承载的语音及数据业务流量越来越大，需要对长途汇接层面不断扩容和调整。采用软交换技术构建相对独立的新的长途汇接网可以对长途业务进行分流，同时实现移动网络向下一代网络平滑演进。

1. 网络结构

图 6-15 所示为中国移动长途汇接网采用软交换技术后的组网结构，该架构中呼叫控制功能与媒体承载功能分离，其中完成呼叫控制功能的物理实体为软交换设备 TMSC Server，完成媒体承载功能的物理实体为中继媒体网关 TMG。以软交换技术构建的中国移动长途网简称软交换长途网，属于中国移动长途汇接的第二平面，定位于分流省际及国际长途话务及部分省内长途话务。

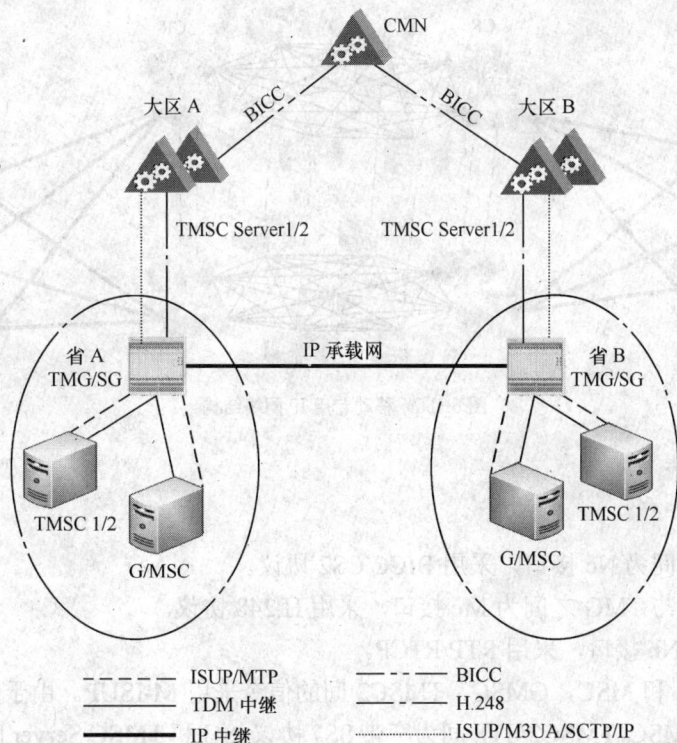

图 6-15 软交换在移动长途汇接层面的应用

中国移动将全国分为若干大区，在每个大区的中心城市部署若干对软交换设备 TMSC Server，每对 TMSC Server 配置完全相同且互为备份，正常情况下各自负责汇接区内的一个业务区的业务处理。当一台 TMSC Server 故障时，由配对的 TMSC Server 接管故障 TMSC Server 下的所有业务处理。

中国移动在全国 31 个省的省会城市均部署若干中继媒体网关 TMG，TMG 设置到省内交换机（包括 MSC，GMSC，TMSC2）的直达电路，从而完成移动软交换长途网与传统 TDM 移动通信网的连接。此外，为了避免承载网和传输中断对业务的影响，TMG 还与本省 TMSC1 间设置了过桥电路，一旦发端省 TMSC Server 选路后发现对端 TMSC Server 或 TMG 不可达，发端 TMSC Server 进行二次选路，控制本省 TMG 将呼叫送至本省 TMSC1，由 TMSC1 疏通。TMG 设备并兼有 SG 功能。

移动软交换长途网的各 TMSC Server 之间及 TMG/SG 与其归属的 TMSC Server 之间通过 IP 承载网的广域网方式相连，各 TMG/SG 之间通过 IP 承载网以网状网方式相连，各省 TMG/SG 与本省 MSC，GMSC，TMSC1/2，HSTP 之间通过 TDM 电路相连。

2. 承载网络

移动软交换长途汇接网以能够提供语音业务 QoS 保障和业务安全的专用 IP 网络作为承载网络。专用 IP 网络结构如图 6-16 所示，在所有省会节点设置接入节点，每个接入节点分别配置 1 台接入路由器（AR），构成网络的接入层；在每个大区中心设置汇接节点，配置 1 对汇接路由器（CR），构成网络的汇接层。

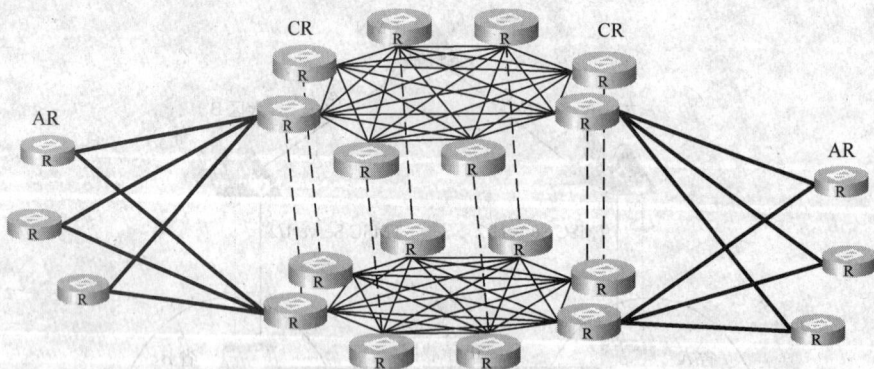

图 6-16　移动专用 IP 网络结构

3. 协议接口

TMSC Server 间为 Nc 接口，采用 BICC CS2 协议。

TMSC Server 与 TMG 之间为 Mc 接口，采用 H.248 协议。

TMG 之间为 Nb 接口，采用 RTP/RTCP。

TMSC Server 和 MSC，GMSC，TMSC2 间的信令采用 M-ISUP。由于 SG 内置在 TMG 中，SG 和 MSC，GMSC，TMSC2/STP 间为窄带 SS7 协议；SG 和 TMSC Server 间采用 SIGTRAN（M3UA/SCTP/IP）协议。

4. 设备功能介绍

（1）移动软交换设备

移动软交换设备（TMSC Server）是软交换汇接网络的控制功能实体，是整个汇接网络的控制核心。主要功能如下。

① 呼叫控制功能：呼叫控制功能是 TMSC Server 的重要功能之一，它完成长途呼叫的建立、维持和释放等功能，包括呼叫处理、连接控制和资源控制等。TMSC Server 的呼叫控制协议可以采用 BICC/SIP-T/ISUP。

② 媒体网关控制功能：TMSC Server 根据被叫号码分析的结果，通过媒体网关控制协议 H.248，控制媒体网关 TMG 的操作，完成话路的分配过程。

③ 业务提供功能：TMSC Server 主要提供长途语音呼叫服务。

④ 信令协议转换功能：为了与现网其他交换设备进行互通，TMSC Server 要具备信令协议转换功能，负责完成 BICC/SIP-T 协议与 ISUP 间的转换功能。

⑤ 编解码协商功能： TMG 能够同时支持 AMR，G.711，G.729 等多种编码方式。因此 TMSC Server 具备编解码协商的能力，在呼叫过程中根据业务需求指配 TMG 采用的编码方式。

TMSC Server 的功能详见第 3 章 3.2.1 小节。

（2）中继媒体网关

中继媒体网关（TMG）提供的主要功能如下。

① 话路汇接功能：TMG 通过 TDM 方式完成与现网 MSC，GMSC 及 TMSC 等交换设备的汇接接入。

② 媒体流的转换和处理功能：当接入设备和核心媒体之间的网络传送机制不一致时，TMG 需要将一种媒体流映射成另一种网络要求的媒体流格式，例如将 TDM 电路承载的语音信号与 RTP 包承载的语音信号之间的格式转换。TMG 同时支持 AMR，G.711，G.729 等多种编码方式。TMG 具备回波抑制、语音活动检测、静音压缩、产生舒适噪声等功能；同时，TMG 设备具备一定的输入缓冲，以消除时延抖动对语音质量的影响。

③ 话路交换功能。

④ 受控操作功能：TMG 设备受 TMSC Server 的控制，其绝大部分的动作，如编码压缩算法的选择，呼叫的建立、释放、中断，资源的分配和释放，特殊信号的检测和处理等，都是在软交换的控制下完成的。

中继媒体网关的其他功能详见第 3 章 3.3.2 小节。

（3）信令网关

移动的软交换长途网中，信令网关（SG）的功能与固网中 SG 的功能类似，主要完成 TDM 承载的 7 号信令和 IP 承载的 7 号信令之间的底层协议适配和转换工作。

信令网关的功能详见第 3 章 3.4.2 小节。

（4）呼叫协调节点

呼叫协调节点（Call Mediation Node，CMN）主要完成 MSC Server 之间的信令链路汇聚和被叫号码分析功能，实现呼叫控制信令 BICC 在 MSC Server 之间的传递。CMN 仅作为 BICC 信令的转接中介节点，并不具备移动性管理、智能 SSF、媒体控制等功能；而且 CMN 只通过 Nc 接口与其他 CMN 节点或软交换机相连，通过网管接口与相应的网管系统相连，与其他网络中的网元无连接关系。CMN 也不是原始话单采集点。

5．设备容量测算

在移动软交换长途汇接网应用中，TMSC Server 所需的处理能力和 IP 侧带宽、TMG 所需的中继电路数和 IP 带宽、SG 所需的信令链路数和 IP 侧带宽等指标的测算方法与 6.2.1 小节介绍的方法类似，在此不再赘述。

6.3.2 软交换技术在移动本地网的应用

随着在 2G 长途汇接层面应用的展开，软交换技术也逐渐被用于移动网络的端局层面。

在移动本地网端局引入软交换技术要考虑今后向 3G 业务平滑过渡及 2G 与 3G 业务的互通，节约投资成本。在建设初期基于 2G 无线接入网的业务引接，在本地网扩容时引入软交换组网；当 3G 无线接入网建成后，本地软交换网同时引接 3G 无线接入网，实现 3G 业务的全 IP 传输。

1．组网结构

利用软交换技术改造或新建移动端局后的组网结构如图 6-17 所示。改造或新建的移动软交换端局均采用 3GPP 的 R4 核心网架构，因此原来的（G）MSC 功能都被分离成为（G）MSC Server 和媒体网关 MGW，实现控制与承载的分离。

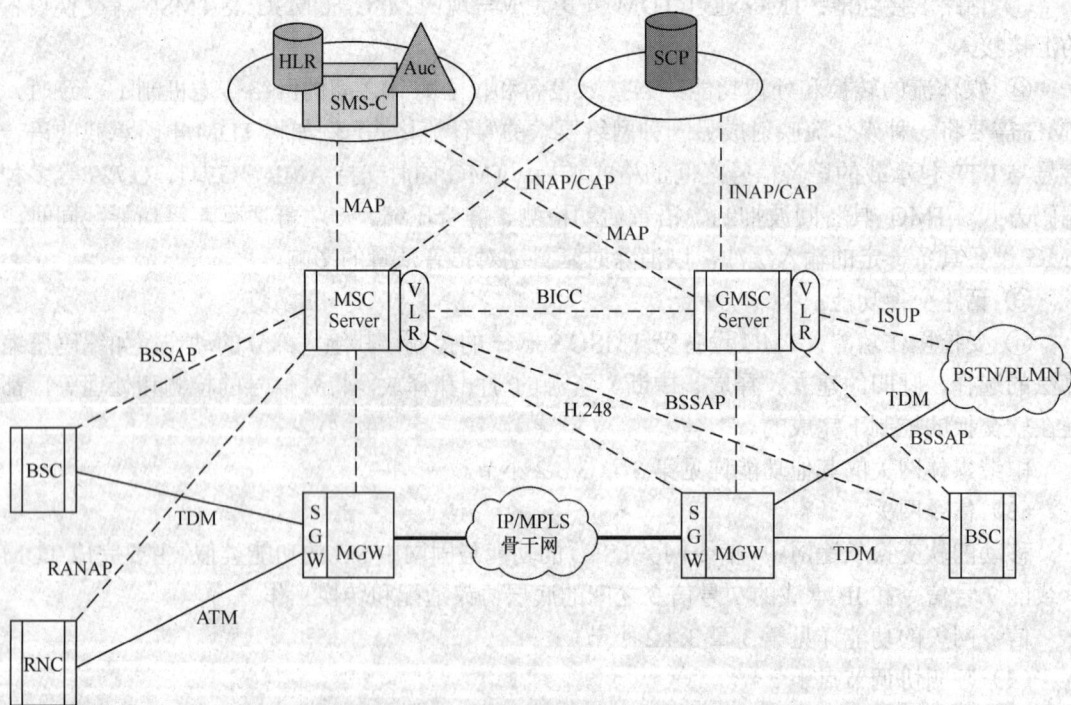

图 6-17　新建移动软交换端局的组网结构

MSC Server 继承了（G）MSC 所有的业务控制层业务处理能力及信令接口功能，并利用扩展的 H.248 协议控制 MGW，实现媒体流的汇聚、映射和交换功能。MGW 负责接入网与核心网之间媒体的转换和承载的转换。按"大容量、少局所"的原则，MSC Server 独立于本地网之外集中设置，MGW 按需要分散设置在各个本地网，一个 MSC Serve 可控制多个 MGW。MSC Server/MGW 同时支持 2G/3G 用户接入，因此 2G/3G 在本地网实现了融合。原 GSM 交换网络中的 HLR，SCP，SMS 等网元设备则被重用。

在每个本地网中，软交换关口局是单独设置的，也就是说 GMSC Server 和 GMGW 都在本地。GMGW 与本地网中的任意一个 MSC 端局之间都设置了直达电路，因此软交换关口局除了疏通异网话务，还兼有本地 IP 话务落地的功能。

2．路由组织

引入软交换设备后，软交换端局 MGW 和软交换关口局 GMGW 之间通过 IP 专用承载网网状互联。软交换端局 MGW 和其归属汇接区的 TMSC2 以及长途软交换汇接局 TMG 设置中继电路，按比例疏通长途话务；软交换端局 MGW 与本地网内的其他移动端局 MSC 之间设置直达中继，以疏通本地网内的话务；软交换端局 MGW 和本地网内的关口局 GMSC 设置直达电路，以疏通互联互通话务。软交换端局 MGW 与 BSC 之间开设直达的 TDM 链路、与 RNC 之间开设 ATM 链路，以完成其所辖基站覆盖区域移动用户的业务。

为了充分地利用 IP 承载的优势，话务路由采用"就近入 IP，就远出 IP"的原则。移动核心网络中的具体话务互通和路由如下。

（1）本地话务

① 软交换端局 MGW 之间的话务直接通过 IP 承载网进行疏通。同一 MGW 的话务利用发卡功能进行转发。

② 软交换端局与 TDM 端局之间的话务通过 TDM 直达电路进行疏通。

③ 软交换端局和本地的其他运营商之间的话务，由主叫的软交换端局路由到本地关口局，通过关口局实现互通。

④ 本地网内其他话务保持现有组织方式。

（2）省内长途话务

① 软交换端局发起、TDM 端局落地的省内长途的话务。

由发端局将呼叫控制信令采用 IP 承载送至省内 TMSC Server/CMN 节点，由 TMSC Server/CMN 节点分析被叫 MSRN 号码或 ISDN 号码，并发起 ISUP 信令消息送至被叫端局。TMG 完成语音的 IP-TDM 转换。

② 软交换端局发起、被叫为省内异网用户的长途话务，由发端局将呼叫控制信令采用 IP 承载送至省内 TMSC Server/CMN 节点，由 TMSC Server/CMN 节点根据被叫区号或 ISDN 号码判断收端本地网内是否有软交换关口局：若收端侧本地网有软交换关口局，TMSC Server/CMN 节点发起 ISUP 信令消息送至软交换关口局 GMSC Server，进而完成接续，而话务由发端端局 MGW 直接经 IP 承载送至收端软交换关口局 GMGW，由收端软交换关口局 GMGW 完成语音的 IP-TDM 转换；若收端侧本地网没有软交换关口局，则 TMSC Server/CMN 节点发起 ISUP 信令消息送至收端关口局 GMSC，而话务由发端端局 MGW 经 IP 承载送至省内 TMG，由省内 TMG 完成语音的 IP-TDM 转换，再由省内 TMG 采用 TDM 疏通至被叫所在本地网关口局。

③ TDM 端局发起、软交换端局落地的省内长途话务，由 TDM 长途汇接网与软交换长

途汇接网按比例转接。对于经 TDM 长途汇接网转接的长途话务，疏通方式保持不变，仍采用 TDM 承载送至被叫端局（包括 TDM 端局与软交换端局）。对于经软交换长途汇接网转接的长途话务，由发端局将呼叫送至省内 TMSC Server /CMN 节点，由省内 TMSC Server /CMN 节点分析被叫 MSRN 号码或 ISDN 号码，并发起 BICC 信令疏通至被叫端局；而话务由发端 TDM 端局送至本省 TMG，本省 TMG 完成语音的 TDM-IP 转换。

④ TDM 端局发起、被叫为省内异网用户的长途话务，由 TDM 长途汇接网与软交换长途汇接网按比例转接。对于经 TDM 长途汇接网转接的长途话务，疏通方式保持不变，仍采用 TDM 承载送至被叫侧本地网关口局。对于经软交换长途汇接网转接的长途话务，由发端局将呼叫送至省内 TMSC Server /CMN 节点，省内 TMSC Server /CMN 节点根据被叫区号或 ISDN 号码判断收端本地网内是否有软交换关口局，若收端侧本地网有软交换关口局，TMSC Server /CMN 节点发起 BICC 信令疏通至收端侧本地网软交换关口局 GMSC Server，而话务由发端 TDM 端局经 TMSC2 送至本省 TMG，本省 TMG 完成 TDM-IP 的转换。若收端侧本地网没有软交换关口局，由保持现有疏通方式。

⑤ 省内其他长途话务，保持现有网络路由组织方式。

（3）省际长途话务

省际长途话务的路由与省内长途话务的路由类似，只不过是呼叫控制信令采用 IP 承载送至本省 TMSC Server /CMN 节点后，由发端省 TMSC Server /CMN 节点分析被叫 MSRN 号码或 ISDN 号码，将信令疏通至收端省 TMSC Server /CMN 节点，再由收端省 TMSC Server /CMN 节点分析被叫 MSRN 号码或 ISDN 号码，从而完成接续。

3. 设备介绍

（1）移动交换服务器

移动交换服务器（MSC Server）是移动通信系统中电路交换向分组交换方式演进的核心设备。当 MSC Server 处于端局，应具有 UMTS/GSM（可选）系统中 MSC 的呼叫控制功能和移动性管理功能。此外，MSC Server 还要完成媒体网关接入控制、资源分配、协议处理、路由、认证、计费等功能，并能配合 SCP 提供多样化的智能业务。

在无线接入侧，MSC Server 应支持 A 接口的 BSSAP 和 Iu-CS 接口的 RANAP，用于处理用户与网络之间的信令消息交换；而在核心网侧，MSC Server 除了支持原有的 MAP，ISUP，CAP 等协议外，还要支持 Mc 接口的 H.248 和 Nc 接口的 BICC 协议。

MSC Server 一般与 VLR 实体合设。

MSC Server 的功能详见第 3 章 3.2.1 小节。

（2）移动媒体网关

移动媒体网关（MGW）在移动端局位置时，位于无线子系统和核心网之间，负责把 3GPP R4 或 3GPP R99 的 UTRAN 系统和 2G GSM 的无线接入侧设备 BSC 接入到核心网。MGW 负责完成 Iu 接口用户平面功能和 Nb 接口功能，即支持语音的 ATM/IP 承载与 TDM 承载之间的双向转换。如果 MGW 的两侧均为分组承载（ATM 或 IP），则 MGW 应当支持 AMR 语音的透明传递。

MGW 应能根据移动 MSC Server 的命令对它所连接的呼叫资源进行控制，配合 MSC Server 实现呼叫无关的媒体网关控制过程、前向承载建立过程、后向承载建立过程以及漫游切换等业务过程。

移动媒体网关的其他功能详见第 3 章 3.3.2 小节。

（3）信令网关

在移动软交换网中，信令网关（SGW）实现以下的信令消息的承载转换功能：①RNC 与 MSC Server 之间的 RANAP 消息；②BSC 与 MSC Server 之间的 BSSAP 消息；③TDM MSC/GMSC 与 MSC Server 之间的 ISUP 消息。

SGW 在物理实现上可以与（G）MSC Server 或者 MGW 合设。

信令网关的功能详见第 3 章 3.4.2 小节。

4．接口协议

（1）Mc 接口

Mc 是 MSC Server 与 MGW 之间、GMSC Server 与 GMGW 之间的接口，其上采用 H.248 协议。3GPP 根据移动网络特有的需求对 H.248 协议做了一定扩展。例如，为了识别 3G 用户平面的分组包，增加了 3G 用户平面识别和相应程序；为了支持 GSM 和 UMTS 的电路交换业务，增加了电路交换数据的识别和相应的程序；为了支持 TFO 技术，增加了 TFO 标识；为 CAMEL 预付费业务告警音增加了一个新的 toneID 等。H.248 协议支持 IP 承载（如图 6-18（a）所示），也支持 ATM 承载（如图 6-18（b）所示），目前的组网结构一般采用基于 IP 的传输方式。

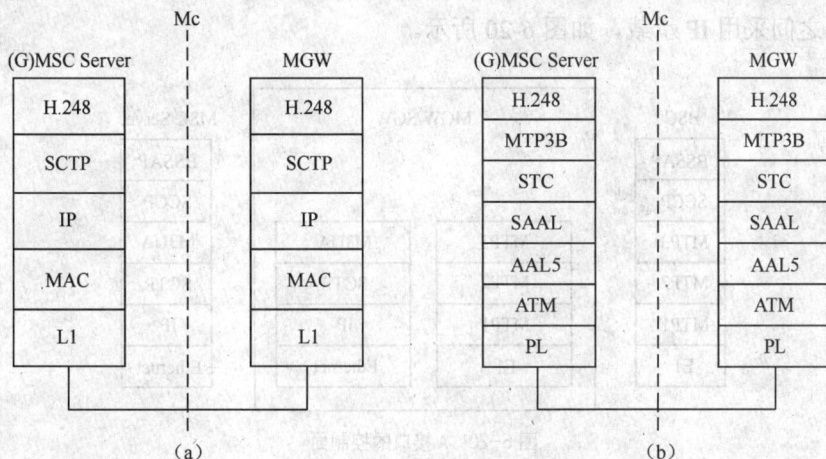

图 6-18　H.248 协议支持的承载方式

（2）Nc 接口

Nc 接口是 MSC Server 之间、GMSC Server 与 MSC Server 之间、CMN 与（G）MSC Server 之间，以及 CMN 之间的呼叫控制信令接口。该接口采用 BICC 协议。BICC 信令本身可基于 TDM/ATM/IP 多种承载方式，如图 6-19 所示。目前基本采用 BICC/M3UA/SCTP/IP 形式。

（3）Nb 接口

Nb 接口是 MGW 之间、MGW 与 GMGW 之间的接口，支持语音的 ATM/IP 分组承载或者 TDM 电路承载。该接口上的语音编码与采用的承载方式直接相关。当采用 TDM 承载时，语音采用 G.711 编码。当采用 IP 承载时，语音编解码采用 AMR2（12.2kbit/s），承载协议栈为 RTP/UDP/IP。当 MGW 之间采用 ATM/IP 分组承载时，BSC 中的 TC 单元（TRAU Transcoder）

转移到 MGW 中，在移动网内部支持 TrFO（Transcoder Free Operation）特性，即从 UE 到 UE 呼叫整个路径均采用 AMR 语音,而无需经过两次 TC 编解码,即从 AMR 语音到 G.711 PCM 语音再到 AMR 语音的转换。

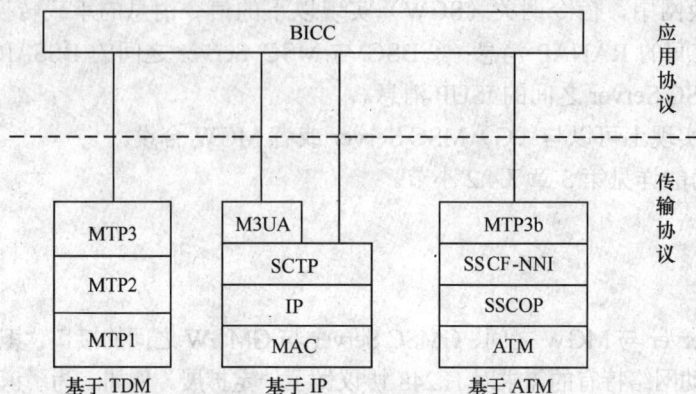

图 6-19 BICC 协议的承载方式

（4）A 接口

A 接口分为用户面和控制面两个层面。A 接口的用户面基于 TDM 承载，在 MGW 终结并由 MGW 完成媒体处理和交换。A 接口的控制面在 MGW 中经内置的 SGW 转接，SGW 与 MSC Server 之间采用 IP 承载，如图 6-20 所示。

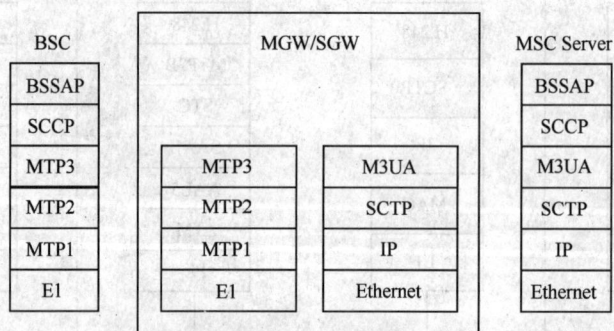

图 6-20 A 接口的控制面

（5）Iu-CS 接口

Iu-CS 接口也分为控制面和用户面两个层面：控制面主要负责用户的移动性管理及呼叫控制；用户面主要负责承载的建立及媒体流的传送。Iu-CS 接口的用户面在 MGW 终结并由 MGW 完成媒体处理和交换。Iu-CS 接口的控制面在 MGW 中经内置 SG 转接，进而与 MSC Server 交互。Iu-CS 接口控制面采用 RANAP，可以基于 ATM 承载和 IP 承载：当基于 ATM 承载时，协议栈为 RANAP/SCCP/MTP3B/SSCF-NNI/SSCOP/AAL5/ATM；当基于 IP 承载时，协议栈为 RANAP/SCCP/M3UA/SCTP/IP。

（6）其他接口

MSC Server 与 TDM 交换机（2G MSC/GMSC）互通的 ISUP 信令，由 MGW 内置的 SGW 进行转接。TDM 交换机与 SGW 之间仍采用 TDM 方式承载，其协议栈为 ISUP/MTP；SGW

与 MSC Server 之间采用 IP 承载，其协议栈为 ISUP/M3UA/SCTP/IP，其中的 SCTP 协议应支持多归属机制。

MSC Server/VLR 与 HLR 之间通过 C/D 接口进行 MAP 信令的传递。GMSC Server 与 HLR 之间通过 C 接口进行 MAP 信令的传递。MSC Server/VLR 之间通过 E/G 接口实现 MAP 信令的传递。MAP 协议接口基于 TDM 承载，接口协议栈为 MAP/TCAP/SCCP/MTP。

MSC Server/VLR/SSP 以及 GMSC Server 通过 CAP 接口与 SCP 连接。CAP 基于 TDM 承载，协议栈为 CAP/TCAP/SCCP/MTP。

5. 设备容量测算

在采用软交换技术新建移动端局的应用中，移动软交换设备的处理能力和 IP 带宽、移动媒体网关的电路数和 IP 带宽、信令网关的信令链路数和 IP 带宽等设备容量的测算方法与 6.2.1 小节介绍的方法类似，在此不再赘述。

小　　结

软交换技术的引入实现了多厂家的网络运营环境并使业务的生成和提供更加灵活，可以给新老运营商都带来很大的优势。运营商在建设软交换网络时大致分 3 个步骤：第一步，利用 NGN 技术实现运营商长途网的优化改造；第二步，利用软交换技术实现替换和新建本地网的功能；第三步，利用软交换技术提供新型增值业务。

软交换技术首先在固网的汇接层面得到应用，最早被用于进行固网的智能化改造。固网智能化改造，是指在现有固网的基础上，通过对网络结构的优化、资源的整合、节点设备的升级和改造、新技术的引入以及管理流程优化等手段来达到网络优化、业务开放、网元智能化的目标。固网智能化改造的核心思想是用户数据集中管理，并在每次呼叫接续前增加用户业务属性查询机制，使网络实现对用户签约智能业务的自动识别和自动触发。通过固网智能化改造后，网络结构清晰，端局特性的差异被屏蔽，新业务的开发不依赖于端局，因而可根据需要在全网快速推出新业务。本地网引入软交换技术实现网络智能化改造后，其业务解决方案主要包括以下 3 个方面：软交换设备本身提供的基本 4/5 类语音、传真业务和基本的视频多媒体呼叫；软交换设备通过与 SCP 互通实现对业务的控制，提供与 PSTN 相同的智能网业务；由应用服务器 AS 提供多媒体业务。

软交换技术在固网端局常见的应用方案有 AG 方案和基于以太网方式的无源光网络（EPON）方案，前者常用于对已有端局的软交换改造，后者则应用于新端局的建设。

移动电话网中也引入软交换的思想。从概念上讲，移动软交换体系和固定软交换体系完全相同，但由于移动电话网的特殊性决定了移动软交换设备在业务处理方面与固网具有较大区别，在网络功能实体和接口协议中也有差异。

软交换技术在移动网中，最初被应用于 2G 网络的长途汇接层面。采用软交换技术构建相对独立的新的长途汇接网可以对长途业务进行分流，同时实现移动网络向下一代网络平滑演进。

随着在 2G 长途汇接层面应用的展开，软交换技术也逐渐被用于移动网络的端局层面。在建设初期基于 2G 无线接入网的业务引接；当 3G 无线接入网建成后，本地软交换网同时引接 3G 无线接入网，实现 3G 业务的全 IP 传输，同时也实现 2G/3G 在本地网的融合。

应该掌握每种应用方案中的组网结构、路由组织、接口协议、关键设备的功能和容量估算方法。

习　　题

1．简要说明软交换技术给运营商带来的优势。
2．简要说明我国运营商在建设软交换网络时的步骤。
3．简要说明固网智能化改造的核心思想。
4．简要说明基于软交换技术的固网智能化改造后的网络结构。
5．简要说明固网智能化改造后呼叫处理的一般流程。
6．简要说明图 6-6 所示网络中彩铃业务的实现流程。
7．简要说明软交换技术在固网端局应用的常见方案。
8．简要说明综合媒体网关常见的组网方式。
9．简要说明 EPON 系统的构成及各部分功能。
10．简要说明移动软交换体系和固定软交换体系的异同。
11．简要说明移动软交换长途汇接网的结构。
12．简要说明移动软交换端局的组网结构。

第 7 章　IP 多媒体子系统 IMS

学 习 指 导

本章首先介绍了 IP 多媒体子系统（IMS）的由来、特点，然后详细介绍了 IMS 的体系结构，包括 IMS 的层次结构、功能实体和接口协议，接着举例说明了 IMS 的注册流程、会话建立流程和典型业务流程，最后介绍 IMS 与 PSTN 的互通方案以及 IMS 与软交换的关系。

通过对本章的学习，应该了解 IMS 的由来、特点以及 IMS 与软交换的关系，掌握 IMS 的体系结构、IMS 的注册流程、会话建立流程以及 IMS 与 PSTN 的互通方案。

7.1　IMS 概述

7.1.1　IMS 的由来

固定网络和移动网络融合的理念早在 20 世纪 90 年代就被提出，由于当时技术上的限制、标准化工作的缺乏等原因，并没有被业界广泛接受，相应的业务也没有被广泛地开展。近年来，随着竞争的加剧和技术的进步，移动运营商需要考虑帮助用户获得更有竞争力的固网替代业务，而固网运营商则需要设法为固定宽带网络赋予移动的性能。此时，单一电信网络体系架构面临前所未有的挑战，构建一个统一、融合的通信网络，成为电信业的最终目标。

要在网络层面和业务层面全面实现固定移动融合，同时把现有网络资源的作用发挥到极致，需要一个新的体系架构。新的体系架构应该满足以下 3 个方面的要求。

（1）应能提供电信级的 QoS 保证，即在会话建立的同时按需进行网络资源的分配，使用户能够随时随地享受到满意的实时多媒体通信服务。

（2）应能提供融合各类网络能力的综合业务，特别是电信和 Internet 相结合的业务。采用开放式业务提供结构，支持第三方业务开发，提供用户所需的个性化的多媒体业务。

（3）应能对业务进行有效而灵活的计费，即提供会话的业务类别、业务流量、业务时段等基本信息，供运营商制订不同的计费策略。

蜂窝移动通信网技术和 Internet 技术的发展为新的体系架构的提出做好了技术上的铺垫。蜂窝系统的最大优势是用户不受接入线路的限制，可以在任何地点、任何状态下自由通信，小型化的终端更是给用户带来了极大的便利。而 Internet 技术最大的成功之处就是能方便而灵活地提供各种信息服务，并能根据客户的需要快捷地创建新的服务。

3GPP 在 Release 5 版本中提出的支持 IP 多媒体业务的子系统（IP Multimedia Subsystem，IMS）技术标准，将蜂窝移动通信网技术和 Internet 技术有机地结合了起来。IMS 由于其具有与接入无关、统一的会话控制和用户数据、开放和统一的应用平台等特性，为未来的多媒体应用提供一个通用的业务平台，是业界普遍认同的解决固定网络和移动网络融合的理想方案和发展方向。

7.1.2　IMS 的特点

IMS 基于全 IP，采用 SIP 进行控制，可以同时支持固定和移动的多种接入方式，实现固定网与移动网的融合。IMS 体系架构具有如下特点。

（1）与接入无关

IMS 架构中终端通过 IP 与网络连通，因而 IMS 的接入网是 IP-CAN（IP Connectivity Access Network），WCDMA 的无线接入网络（RAN）以及分组域（PS Domain）、CDMA2000 网、WLAN 或者 ADSL、Cable 都是目前常见的 IP-CAN。这种端到端的 IP 连通性，使得 IMS 真正实现与接入无关，网络不需要通过综合接入设备（IAD）、接入网关（AG）等设备来适配不同类型终端。

（2）协议统一

统一采用 SIP 进行控制。SIP 简洁高效、可扩展性和适用性好，使 IMS 能够灵活便捷地支持广泛的 IP 多媒体业务；并且 SIP 可与现有固定 IP 数据网平滑对接，便于实现固定和无线网络的互通。

（3）业务与控制分离

IMS 定义了标准的基于 SIP 的 IP 多媒体业务控制接口（IP multimedia Service Control，ISC），通过该接口支持三种业务提供方式，即独立的 SIP 应用服务器方式、具有开放业务结构的业务能力服务器（Service Capability Server，SCS）方式和 IP 多媒体业务交换功能（IP Multimedia Service Switching Function，IM-SSF）方式。IMS 网络中的呼叫会话控制功能 CSCF 不再处理业务逻辑，而是只为业务提供基础能力支持，包括用户注册、地址解析和路由、安全、计费、SIP 压缩等。通过分析用户签约数据的初始过滤规则，CSCF 触发到规则指定的应用服务器，由应用服务器完成业务逻辑处理。这样的方式使得 CSCF 成为一个真正意义上的控制层设备，实现了业务与控制的完全分离。

（4）用户数据与交换控制分离

用户数据与交换控制功能分离是移动网络的特点，而 IMS 是 3GPP 提出的定义在 WCDMA 网络上的技术，因此也具有此优势。用户数据与交换控制功能分离对固定网络演进有非常重要的作用，可以解决用户的移动性、用户的号码携带和智能业务触发的问题。IMS 在用户数据分离方面的一个特点是与 HSS（Home Subscriber Server）的访问接口利用 IETF 定义的 Diameter 协议替换了原移动网络中的 MAP，利于固定移动网络融合和向全 IP 网络演进。

（5）归属服务控制

IMS 具有归属服务控制，要求用户从拜访地接入网络后，必须回到归属地，由归属的 CSCF

进行用户的注册、呼叫控制和业务触发。这种控制方式有利于运营商对网络的控制和管理，尤其是计费和服务质量的管理。

（6）水平体系架构

IMS 通过水平体系结构进一步推动了分层体系结构概念的发展。采用 IMS 水平体系结构，业务及公共功能都可以重新用于其他多种应用，运营商无须再为特定应用程序设单独的网络，从而消除昂贵复杂的传统网络结构在计费管理、状态属性管理、组群和列表管理、路由和监控管理方面的重叠功能。

（7）策略控制和 QoS 保证

IMS 中提供策略控制和 QoS 保证机制，终端在会话建立时协商媒体能力并提出 QoS 要求，要求在会话建立之前由策略控制单元为会话预留资源，策略控制单元在传输层为媒体流预留资源，从而在传输层保证 QoS。

7.1.3　IMS 促进固定移动的融合

无论是现有的固网运营商还是移动运营商，都最终融入到 NGN 统一的发展架构中。基于 IMS 的固定移动网络融合方案得到了认同。IMS 对固定移动网络融合的支持主要体现在接入、承载、控制、业务等多个层面。

1．IMS 与接入方式无关

在 IMS 中，无论用户采用固定接入方式还是移动接入方式，都由接入网络完成用户终端到网络的数据通道的建立，在此基础上 IMS 只负责通过 SIP 完成主、被叫之间的呼叫建立。

2．IMS 支持承载层融合

IMS 基于 IP 承载，IMS 的功能实体和各参考点之间全部采用 IP 进行承载。固定软交换网和移动软交换网的承载层都采用 IP/ATM 骨干网络，所以两者可以共享一个分组承载网。

3．IMS 支持核心控制层融合

从标准体系看，IMS 是一个多组织共同认可的标准体系，不存在不同标准组织间协议不兼容的问题，这是 IMS 支持固网和移动网融合的前提和基础。

从网络架构看，IMS 对控制层功能做了进一步分解，实现了会话控制功能（Call Session Control Function，CSCF）和承载控制功能的分离，使网络架构更为开放、灵活。IMS 架构中，服务—呼叫会话控制功能（S-CSCF）是整个网络的核心；代理—呼叫会话控制功能（P-CSCF）是终端接入 IMS 系统的入口；媒体网关控制功能（MGCF）和 IMS-MGW 是与电路域和 PSTN 互通的功能实体；媒体资源控制部分（MRFC）和媒体资源处理部分（MRFP）是实现多方会议的功能实体；出口网关控制功能（BGCF）是 IMS 域与外部网络的分界点。这些功能实体都可以为固网和移动网共用。

从网络协议看，IMS 架构中的各种功能实体间的接口协议主要采用 SIP。SIP 基于公开的 Internet 标准，协议简单，在语音、数据业务结合和互通方面具有天然优势，能跨越媒体和设备实现呼叫控制，支持丰富的媒体格式，可动态增/删媒体流，容易实现不同网络间的互联互通以及实现更加丰富的业务特性。SIP 支持智能业务向应用和终端侧发展，支持应用层移动性功能，为移动网与固定网的融合提供基础。

4．IMS 支持业务层面融合

业务融合是固定移动融合的最终目的。业务融合是指通过统一的业务创建/传送平台，通过独立的核心网络（呼叫会话控制）和接入网络，为不同接入类型的用户提供业务应用。

实现统一业务平台的关键是具备统一的标准和开放的接口，从而使业务可以简单快速地创建和部署，而 IMS 所具备的统一标准 SIP 和开放应用编程接口 PARLAY 为建立统一的业务平台提供了很好的基础。

此外，IMS 提供一致的归属业务提供能力。在移动网的 CS 域、PS 域以及 PSTN，业务提供能力都与用户当前所在的网络有关系。在归属网络已经开通的业务在漫游地并不一定能够提供，而 IMS 采用集中式的 HSS 数据库，实现用户一致的注册和业务触发功能。IMS 采用分层结构的 P-CSCF，I-CSCF 和 S-CSCF 来对用户信令作出归属地控制，支持用户移动性。用户无论漫游到任何地方，漫游用户的所有业务都由拜访地的 P-CSCF 路由到归属地，由归属地的 S-CSCF 控制用户业务并根据用户签约数据将业务触发到本网 AS 或者第三方的应用上，从而保障了业务的一致性、简单性，使得用户无论在何处接入、采用何种接入方式均可获得与在归属地一样的业务感受。

通过 IMS 架构建设的融合网络可以提供差异化和多样化的服务，可以降低业务的创新成本，用户数据、计费等集中管理也为降低网络的运维成本创造了条件。因此，IMS 在给运营商带来了机遇的同时也进一步降低了相应的运营成本。

目前，随着 3G 牌照的发放，固网运营商向固定移动网络融合的进程会加速。移动运营商方面正进行 IMS 试验局部署，验证 IMS 架构对多种接入方式以及多种业务的支持能力，并通过小规模地面向集团客户提供固定数据类业务，获取全业务网络运营经验。

7.2 IMS 的体系结构

7.2.1 IMS 的层次结构

3GPP IMS 的体系采用了分层结构，由下往上分为 IP 接入网络层（IP-CAN）、IP 多媒体核心网络层（IM CN）和业务网络层，如图 7-1 所示。

IP 接入网络层完成的主要功能包括发起和终结各类 SIP 会话；实现 IP 分组承载与其他各种承载之间的转换；根据业务部署和会话层的控制实现各种 QoS 策略；完成与传统 PSTN/PLMN 间的互联互通等功能。IP 接入网络层的设备包括各类 SIP 终端、有线接入网关、无线接入网关、互联互通网关等。

IP 多媒体核心网络层全部基于 IP，该层与 PS 域共用物理实体，提供多媒体业务环境。该层完成基本会话的控制，完成用户注册、SIP 会话路由控制，与应用服务器交互执行应用业务中的会话、维护管理用户数据、管理业务 QoS 策略等功能，与应用层一起为所有用户提供一致的业务环境。CSCF，MRFC，BGCF，IM-SSF 是这一层重要的功能实体。

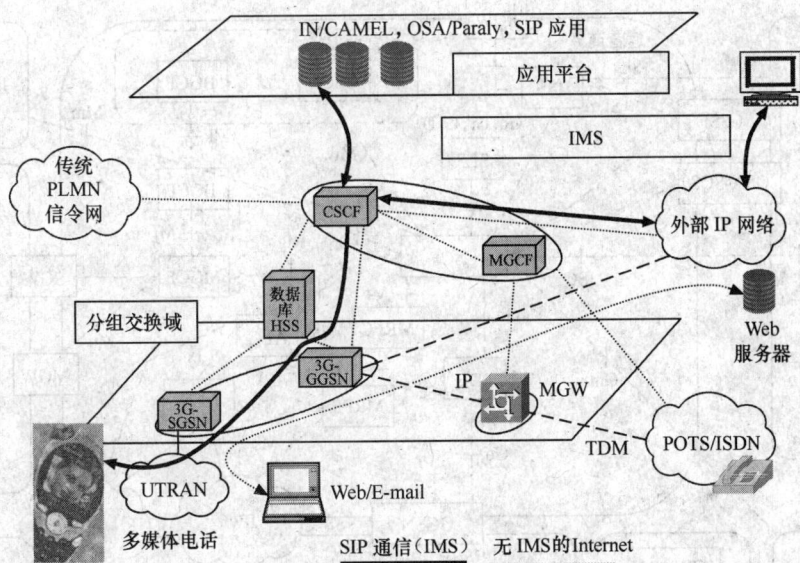

图 7-1 3GPP IMS 的体系结构

业务网络层是指通过 CAMEL，OSA/PARLAY 和 SIP 技术提供多媒体业务的应用平台，可以向用户提供多媒体业务逻辑，也可以实现传统的基本电话业务，如呼叫前转、呼叫等待、会议等业务。

7.2.2 IMS 的功能实体

IMS 的系统结构如图 7-2 所示，主要的功能实体包括：呼叫会话控制功能（CSCF）、归属用户服务器（HSS）、媒体网关控制功能（MGCF）、IP 多媒体—媒体网关功能（IM-MGW）、多媒体资源功能控制器（MRFC）、多媒体资源功能处理器（MRFP）、签约定位器功能（SLF）、出口网关控制功能（BGCF）、信令网关（SGW）、应用层网关（ALG）、翻译网关（TrGW）、策略决策功能（PDF）、应用服务器（AS）、多媒体域业务交换功能（IM-SSF）和业务能力服务器（OSA-SCS）。其中 IMS 的核心处理部件 CSCF（Call Session Control Function）按功能可分为 P-CSCF，I-CSCF，S-CSCF 3 个逻辑实体。

1. 代理 CSCF

代理 CSCF（P-CSCF）是 IMS 中用户的第一个接触点。所有的 SIP 信令，无论来自用户终端设备（User Equipment，UE）还是发给用户终端设备的，都必须经过 P-CSCF。通过"P-CSCF 发现规程"的机制，UE 可以获得 P-CSCF 的地址。P-CSCF 的作用就像一个代理服务器，负责验证请求，将它转发给指定的目标，并且处理和转发响应。P-CSCF 也可以作为一个 UA，在异常条件下终结或者独立产生 SIP 事务。

P-CSCF 可实现如下功能。

（1）将把 UE 发来的 REGISTER 注册请求消息转发给 I-CSCF，该 I-CSCF 由 UE 提供的归属域名决定。

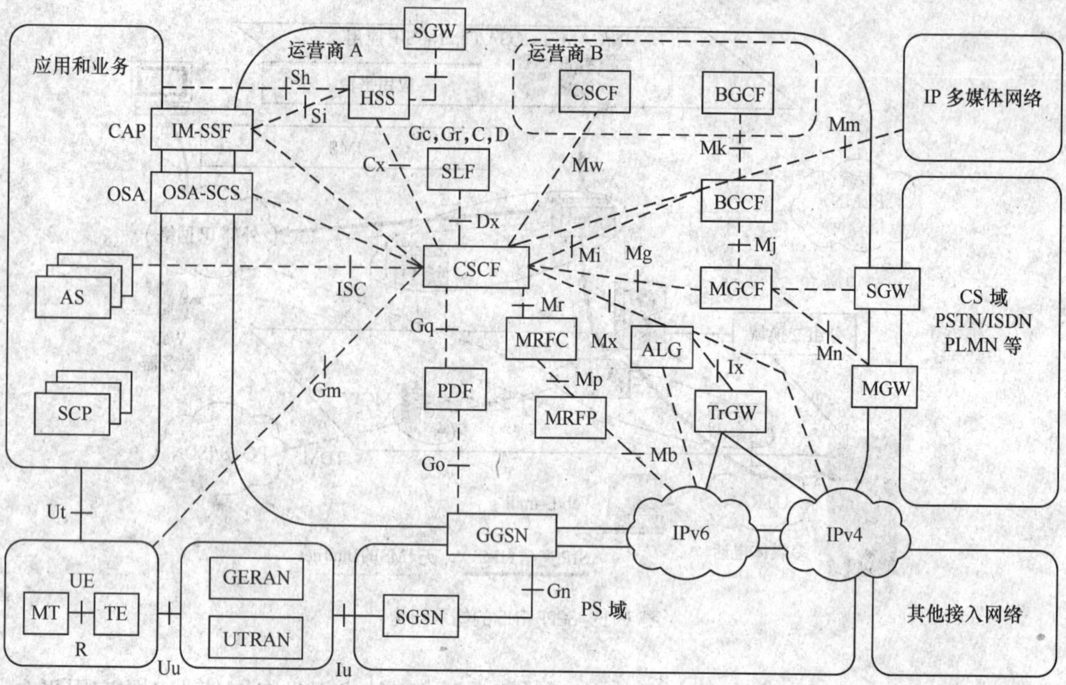

图 7-2 IMS 的功能实体和接口

（2）将从 UE 收到的 SIP 请求和响应转发给 S-CSCF。

（3）将 SIP 请求和响应转发给 UE。

（4）发送计费相关的信息给 CCF。

（5）提供 SIP 信令的完整性和机密性保护，并且维持 UE 和 P-CSCF 之间的安全联盟。

（6）可以执行 SIP 消息压缩/解压缩。

（7）和 PDF 交互，授权承载资源并进行 QoS 管理。

（8）向 S-CSCF 订阅一个注册事件包，这是为了下载隐式注册的公有用户标识和获取网络发起的注销事件的通知。

2. 查询 CSCF

查询 CSCF（I-CSCF）可以充当网络所有用户的连接点，也可以用作当前网络服务区内漫游用户的服务接入点。在一个运营商的网络中可以有多个 I-CSCF。

I-CSCF 可实现如下功能。

（1）为一个发起 SIP 注册请求的用户分配一个 S-CSCF，即 S-CSCF 指派。

（2）在对会话相关和会话无关的处理中，将从其他网络来的 SIP 请求路由到 S-CSCF；查询 HSS，获取为某个用户提供服务的 S-CSCF 的地址；根据从 HSS 获取的 S-CSCF 的地址将 SIP 请求和响应转发到 S-CSCF。

（3）生成计费记录，发给 CCF。

（4）提供网间拓扑隐藏网关（Topology Hiding Internetwork Gateway，THIG）功能，对外隐藏运营商网络的配置、容量和网络拓扑结构。

3. 服务 CSCF

服务 CSCF（S-CSCF）是 IMS 的核心，它位于归属网络，为 UE 进行会话控制和注册服务。它可以根据网络运营商的需要，维持会话状态信息，并根据需要与服务平台和计费功能进行交互。在同一个运营商的网络中，不同的 S-CSCF 可以有不同的功能。但在一个呼叫过程中，S-CSCF 执行如下功能。

（1）充当注册服务器接收注册请求，接收注册请求后，通过位置服务器（如 HSS）来使该请求的信息生效，得到 UE 的 IP 地址以及哪个 P-CSCF 正在被 UE 用作 IMS 入口等信息。

（2）通过 IMS 认证和密钥协商 AKA 机制来实现 UE 和归属网络间的相互认证。

（3）处理会话相关与会话不相关的消息流，包括：为已经注册的会话终端进行会话控制；作为一个代理服务器，把收到的请求进行处理或转发；作为一个用户代理，中断或是独立发起 SIP 事务；与服务平台交互来向用户提供服务；提供终端相关的服务信息。

（4）当代表主叫的终端时，根据被叫的名字（如电话号码或 SIP URL）从数据库中获得为该被叫用户提供服务的 I-CSCF 的地址，把 SIP 请求或响应转发给该 I-CSCF；或者根据运营策略，把 SIP 请求或响应转发给 IP 多媒体核心网位于系统外的 SIP 服务器；当呼叫要路由到 PSTN 或 CS 域时，把 SIP 请求或响应转发给 BGCF。

（5）当代表被叫的终端时，如果用户在归属网络中，则把 SIP 请求或响应转发给 P-CSCF；如果用户在拜访网络中，则把 SIP 请求或响应转发给 I-CSCF。根据 HSS 和业务控制功能的交互作用，把要路由到 CS 域的入局呼叫的 SIP 请求进行修改。当呼叫要路由到 PSTN 或是 CS 域时，就把 SIP 请求或响应转发给 BGCF。

（6）使用 ENUM 服务器将 E.164 数字翻译成 SIP URI。

（7）发送计费相关的信息给 CCF 进行离线计费，或者把计费相关信息发送给在线计费系统 OCS 进行在线计费。

4. 归属用户服务器

归属用户服务器（HSS）是 IMS 中所有与用户和服务器相关的数据的主要存储服务器。存储在 HSS 的 IMS 相关数据主要包括用户身份信息（用户标识、号码和地址）、用户安全信息（用户网络接入控制的鉴权和授权信息）、用户的位置信息和用户的签约业务信息。

HSS 的逻辑功能如下。

（1）移动性管理（Mobility Management）：支持用户在 CS 域、PS 域和 IMS 域的移动性。

（2）支持呼叫和会话建立（Call/session Establishment Support）：HSS 支持 CS 域、PS 域和 IMS 域的呼叫/会话建立。对于被叫业务，它提供当前用户的呼叫/会话的控制实体信息。

（3）支持用户安全（User Security Support）：HSS 支持接入 CS 域、PS 域和 IMS 域的鉴权过程，在这个过程中，HSS 生成 CS 域、PS 域和 IMS 域的鉴权、完整性和加密数据，并将这些数据传递到相关的网络实体，如 MSC/VLR、SGSN 或 CSCF。

（4）支持业务定制（Service Provisioning Support）：HSS 提供 CS 域、PS 域、IMS 使用的业务签约数据。

（5）用户标识处理（Identification Handling）：HSS 处理用户在各系统（CS 域、PS 域和 IMS）的所有标识之间的关联关系。例如，CS 域的 IMSI 和 MSISDN，PS 域的 IMSI、MSISDN 和 IP 地址，IMS 的用户私有标识和用户公有标识。

（6）接入授权（Access Authorization）：在 MSC/VLR，SGSN 或 CSCF 请求的用户移动接入时，HSS 通过检查用户是否允许漫游到此拜访网络，进行移动接入授权。

（7）支持业务授权（Service Authorization Support）：HSS 为被叫的会话建立提供基本的授权，同时提供业务触发。此外，HSS 还负责把用户业务相关的更新信息提供给相关网络实体，如 MSC/VLR、SGSN 和 CSCF。

（8）支持应用业务（Application Services）和 CAMEL 业务（CAMEL Services）：在 IMS 中，HSS 通过和 SIP AS，OSA-SCS 交互，支持应用业务。同时 HSS 通过和 IM-SSF 交互，支持与 IMS 相关的 CAMEL 业务。

5. 签约定位器功能

签约定位器（SLF）的基本功能如下。

（1）在注册和会话建立的过程中，I-CSCF 可通过 Dx 接口查询 SLF，以确定包含某用户数据的 HSS 的域名。在注册过程中，S-CSCF 也可通过 Dx 接口查询 SLF，以确定包含某用户数据的 HSS 的域名。

（2）SIP AS 可使用 Sh 接口查询 SLF，以确定包含某用户数据的 HSS 的域名。

（3）在一个单 HSS 的 IMS 系统中，SLF 是不需要的。

6. 出口网关控制功能

出口网关控制功能（BGCF）用于选择与 PSTN/CS 域接口点相连的网络，其主要功能如下。

（1）接收来自 S-CSCF 的请求，选择恰当的 PSTN/CS 域的接口点。

（2）当 BGCF 发现与被叫 PSTN/CS 用户会话实现互通的 MGCF 与自己处于同一运营商网络中时，则直接选择一个本地 MGCF，由该 MGCF 负责与 PSTN/CS 域进行交互。

（3）若与被叫 PSTN/CS 用户会话实现互通的 MGCF 与自己处于不同的运营商网络，则 BGCF 会选择对方运营商网络中的一个 BGCF，由后者最终选择互通 MGCF；如果网络运营需要隐藏网络拓扑，则 BGCF 会将消息首先发给本网的 I-CSCF 进行 SIP 路由拓扑隐藏处理，然后由 I-CSCF 转发到对方运营商网络的 BGCF。

（4）BGCF 可支持计费功能，生成计费相关的信息并送往 CCF。

7. 媒体网关控制功能

媒体网关控制功能（MGCF）是使 IMS 用户和 PSTN/CS 用户之间进行通信的网关，它的基本功能如下。

（1）实现 IMS 与 PSTN/CS 的控制面交互，支持 IMS 的 SIP 与 PSTN/CS 域呼叫控制协议 ISUP/BICC 的交互及会话互通。

（2）通过控制 IM-MGW 完成 PSTN/CS 域承载与 IMS 域用户面 RTP 的实时转换，以及必要的编解码转换。

（3）对来自 PSTN/CS 域指向 IMS 用户的呼叫进行号码分析，选择合适的 CSCF。

（4）生成计费相关的信息并送往 CCF。

8．IP 多媒体—媒体网关

IP 多媒体—媒体网关（IM-MGW）主要用于 IMS 用户面 IP 承载与 PSTN/CS 域承载之间的转换，其基本功能如下。

（1）根据来自 MGCF 的资源控制命令，完成互通两侧的承载连接的建立/释放和映射处理。

（2）根据来自 MGCF 的资源控制命令，控制用户面的特殊资源处理，包括音频 Codec 转换、回声抑制控制等。

9．信令传输网关功能

信令传输网关功能（T-SGW）完成信令传输层的转换，即在 SIGTRAN/SCTP/IP 和 7 号信令系统 MTP 间进行转换。T-SGW 不对应用层的消息进行解释，但必须对底层的 SCCP 或 SCTP 消息进行解释，从而保证信令的正确路由。

10．应用层网关

IMS 应用层网关（ALG）在 SIP/SDP 协议层提供特定的功能，用于在两个运营商域间进行互联。它使 IPv6 和 IPv4 SIP 应用之间能够互通。

11．翻译网关

翻译网关（TrGW）位于媒体路径中，并受 IMS ALG 控制。它提供诸如网络地址/端口转换和 IPv4/IPv6 协议转换的功能。

12．MRFC

MRFC 位于 IMS 控制面，其基本功能如下。

（1）接收来自 AS 或 S-CSCF 的 SIP 控制命令并控制 MRFP 上的媒体资源，支持增强媒体控制（高级会议、IVR 等）。

（2）控制 MRFP 中的媒体资源，包括输入媒体流的混合（如多媒体会议）、媒体流发送源处理（如多媒体公告）、媒体流接收的处理（如音频的编解码转换、媒体分析）等。

（3）生成 MRFP 资源使用的相关计费信息，并传送到 CCF 或 OCS。

13．MRFP

MRFP 位于 IMS 承载面，其基本功能如下。

（1）在 MRFC 的控制下进行媒体流及特殊资源的控制。

（2）对外部提供 RTP/IP 的媒体流连接和相关资源。

（3）支持多方媒体流的混合的功能（如音频/视频多方会议）。

（4）支持媒体流发送源处理的功能（如多媒体公告）。

（5）支持媒体流的处理的功能（如音频的编解码转换、媒体分析）。

14．策略决策功能

策略决策功能（PDF）作为策略决策点，进行基于业务的本地策略控制。PDF 根据 AF（Application Function，如 P-CSCF）的策略建立信息来决定策略，其基本功能如下。

（1）支持来自 AF 的授权建立处理及向 GGSN 下发策略信息。

（2）支持来自 AF 或者 GGSN 的授权修改及向 GGSN 更新策略信息。

（3）支持来自 AF 或者 GGSN 的授权撤销及策略信息删除。

（4）为 AF 和 GGSN 进行计费信息交换，支持 ICID 交换和 GCID 交换。

（5）支持策略门控（gate）功能，控制用户的媒体流是否允许经过 GGSN，以便为计费和呼叫保持/恢复补充业务进行支撑。

（6）支持分叉功能，识别带分叉指示的授权请求处理以及呼叫应答时授权信息的更新。

7.2.3　IMS 的接口和协议

1．Gm 接口

Gm 接口用于 UE 和 CSCF 之间的通信，主要完成 UE 注册、鉴权和会话控制。该接口采用 SIP。

2．Mw 接口

Mw 接口用于连接不同 CSCF，在各类 CSCF 之间转发注册、会话控制及其他事务处理消息，例如 P-CSCF 使用该接口来将注册请求发送到 I-CSCF，然后 I-CSCF 将该请求发送到 S-CSCF。该接口采用 SIP。

3．Cx 接口

Cx 接口用于 CSCF 和 HSS 之间的通信，采用 Diameter 协议。该接口主要功能如下。

（1）为注册用户指派 S-CSCF。

（2）CSCF 通过 HSS 查询路由信息。

（3）授权处理，检查用户漫游是否许可。

（4）鉴权处理，在 HSS 和 CSCF 之间传递用户的安全参数。

（5）过滤规则控制，从 HSS 下载用户的过滤参数到 S-CSCF 上。

4．Mg 接口

Mg 接口用于 S-CSCF 与 MGCF 之间，实现主叫用户 S-CSCF 到各 MGCF 以及各 MGCF 到被叫用户 S-CSCF 的 SIP 会话双向路由功能。该接口采用 SIP。

5．Mi 接口

Mi 接口用在 IMS 网络和 CS 域互通时，在 CSCF 和 BGCF 之间传递会话控制信令。该接口采用 SIP。

6．Mk 接口

Mk 接口允许 BGCF 将会话控制信令转发到另一个 BGCF。该接口采用 SIP。

7．Mm 接口

Mm 接口用于 CSCF 与其他 IP 网络之间，负责接收并处理一个 SIP 服务器或终端的会话请求。

8．Mj 接口

Mj 接口用在 IMS 网络和 CS 域互通时，在 BGCF 和 MGCF 之间传递会话控制信令。该接口采用 SIP。

9．Mn 接口

Mn 接口用于 MGCF 和 IM-MGW 之间，完成灵活的连接处理，支持不同的呼叫模型和不同的媒体处理，以及 IMS-MGW 物理结点上资源的动态共享。该接口采用 H.248 协议。

10．Mr 接口

Mr 接口用于 CSCF 与 MRCF 之间，由 CSCF 将来自 SIP AS 的资源请求消息转发到 MRFC，由 MRFC 最终控制 MRFP 完成与 IMS 终端用户之间的用户面承载建立。该接口采用 SIP。

11．Mp 接口

Mp 接口用于 MRFC 与 MRFP 之间，采用 H.248 协议。MRFC 通过该接口控制 MRFP 处理媒体资源，如放音、会议、DTMF 收发等资源。

12．Dx 接口

Dx 接口用于 CSCF 和 SLF 之间的通信，确定用户签约数据所在的 HSS 的地址。该接口采用 Diameter 协议。

13．Gq 接口

Gq 接口用于 P-CSCF 与 PDF 之间传输策略配置信息，接口采用 Diameter 协议。

14．Go 接口

Go 接口用于 PDF 与 GGSN 之间，完成 PDF 在 GGSN 里承载策略的应用，即在会话建立过程中，GGSN 向 PDF 请求 QoS 承载资源的授权，PDF 向 GGSN 下发 QoS 控制策略授权结果，指示其在接入网内执行接入技术的指定策略控制和资源预留；资源预留成功且会话接通后 PDF 通知 GGSN 最终执行 QoS 策略，并打开 Gate 控制；会话结束后，PDF 将释放该策略。该接口采用 COPS 协议。

7.3　IMS 的通信流程

本节介绍 IMS 系统的典型通信流程，包括注册过程和会话建立及释放过程。

7.3.1　注册过程

1. 私有用户标识与公有用户标识

一个 IMS 用户拥有两种用户标识：私有用户标识（Private user identities）和公有用户标识（Public user identities）。

每个 IMS 用户都需要有至少一个私有用户标识，私有用户标识存在于终端的 UICC 中。IMS 用户的私有用户标识由归属地网络分配，用于用户接入 IMS 网络的注册、鉴权、认证和计费，但不用于呼叫的寻址和路由。IMS 网络内的私有用户标识应保证唯一性。私有用户标识采用网络接入标识符（Network Access Identifier，NAI）的形式，即 "User Name @Realm"。对于移动用户，私有用户标识的 "User Name" 部分应该是移动用户的 IMSI 号码，即 IMSI @Realm；对于固定用户，私有用户标识的 "User Name" 部分可以采用用户的 E.164 号码，即 E.164 @Realm。IMS 用户私有用户标识的 "Realm" 部分可以和用户的归属网络域名相同，即 User Name @归属网络域名。对于没有 IMSI 的移动用户，归属网络域名需要从 IMSI 中导出。

每个 IMS 用户至少被分配一个公有用户标识。公有用户标识是用户在 IMS 网络中通信的标识，用于 SIP 消息的路由。公有用户标识可以是 SIP URI，或者是 Tel URI 的格式。在 IMS 网络中，Tel URI 格式的公有用户标识不用于 SIP 消息的路由，需要将 Tel URI 转换成相应的 SIP URI 后在 IMS 网络内进行路由。因此，IMS 用户至少需要分配一个 SIP URI 格式的公有用户标识用于消息的路由。SIP URI 的格式为 "SIP：User @Domain"。SIP URI 的 "User" 部分可以为数字或字母，Domain 部分建议和用户的归属网络域名相同。

私有用户标识对应于用户终端中智能卡，一个用户可以有 m（$m \geqslant 1$）个终端智能卡，因此可以有 m 个用户私有标识，每个私有用户标识又可以对应 n（$n \geqslant 1$）个公有用户标识（即 "一机多号"）。因此，一个用户及其拥有私有用户标识个数、公有用户标识个数之间的关系是 1:m:n。当然，一个公有用户标识也可以与多个私有用户标识相关联（类似 "一号通"）。

2. 注册的概念

IMS SIP 用户在完成接入网的认证鉴权并建立了接入网的 IP 信令连接后，可以发起应用层的注册。注册过程完成用户 SIP URI 和当前地址的绑定，使用户可以使用 IMS 服务。注册是实现用户移动性（mobility）和发现（discovery）的基础。IMS 注册过程包括：初始注册、重注册和注销。

在初始注册过程中，IMS 网络会为用户分配一个 S-CSCF。S-CSCF 和用户共同完成用户对网络和网络对用户的双向认证，在用户和 P-CSCF 之间建立相应的安全联盟，之后将用户签约业务信息下载到所分配的 S-CSCF。S-CSCF 记录用户接入的 P-CSCF，为后续会话和其他 SIP 事务请求发现和定位用户。在注册过程中，P-CSCF 和用户之间的 SIP 压缩功能也得到了初始化，在服务器和用户之间传递隐式注册的公有用户标识。注册过程成为 IMS 的其他功能正常执行的基础。

在成功完成初始注册后，用户通过周期性的注册更新，可以保持其注册处于激活状态。在注册定时器超时前，用户可以通过 SIP 的注销过程注销其状态。

3．用户初始注册流程

假设 IMS 用户处于漫游状态，并且用户已经完成 GPRS 附着、PDP 上下文建立、P-CSCF 发现过程，则其初始注册流程如图 7-3 所示。图中，Cx 接口采用 Diameter 协议，其他接口采用 SIP。

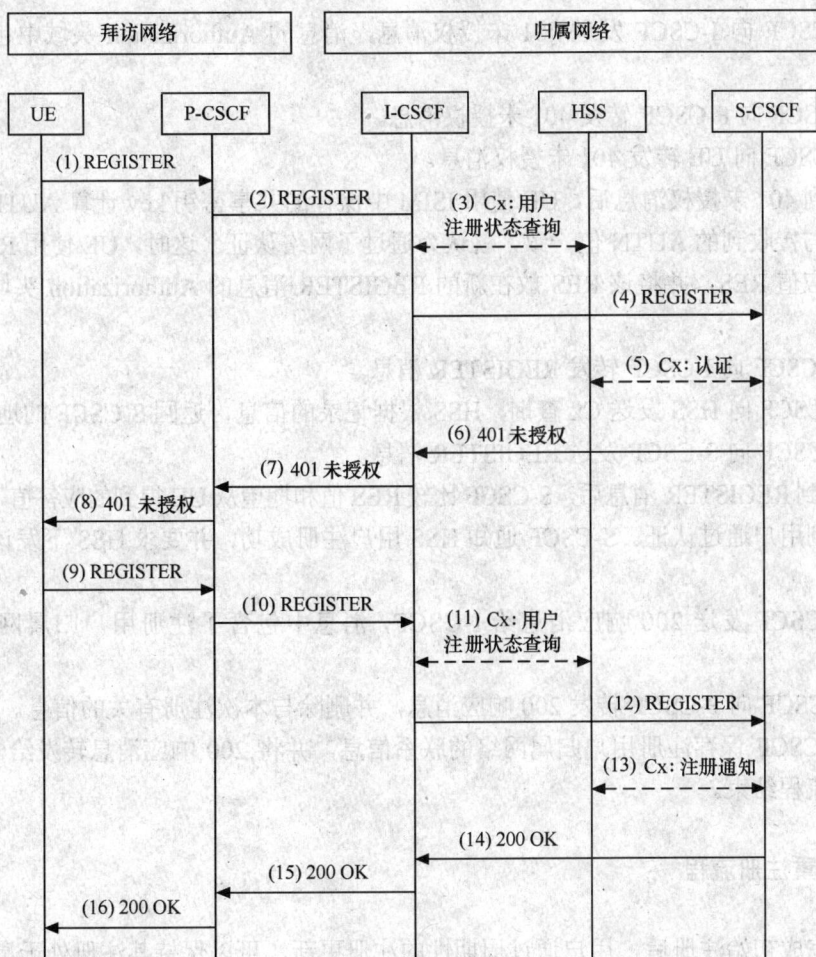

图 7-3　初始注册流程

（1）用户终端 UE 向其拜访网络的 P-CSCF 发送 REGISTER 消息，该消息中携带了公有用户标识、私有用户标识、用户归属网络的域名以及 UE 的 IP 地址信息。

（2）根据消息中归属网络的域名，P-CSCF 确定用户处于漫游状态，于是向 DNS 查询用户归属网络的 I-CSCF 地址。根据查询结果，P-CSCF 将 REGISTER 消息发送给相应的 I-CSCF。在此 REGISTER 消息中，不仅携带了公有用户标识、私有用户标识和 UE 的 IP 地址信息，还携带了 P-CSCF 的地址/域名和 P-CSCF 所在网络的标识信息。

（3）I-CSCF 向 HSS 发送 Cx 查询请求，要求得到为注册用户提供服务的 S-CSCF。Cx 查询请求中包含公有用户标识、私有用户标识和 P-CSCF 所在网络的标识。HSS 返回 S-CSCF 的名称和能力集，I-CSCF 根据 HSS 返回的结果选择一个合适的 S-CSCF。

（4）I-CSCF 向 S-CSCF 转发 REGISTER 消息。

（5）收到 REGISTER 消息后，S-CSCF 开始执行用户的认证和授权。为此，S-CSCF 向 HSS 请求认证矢量，每个认证矢量包括一个随机询问（RAND）、网络认证令牌（AUTN）、期望从 UE 得到的应答值（XRES）、完整性检查的会话密钥（IK）和会话加密密钥（CK）。S-CSCF 在 HSS 返回的认证矢量集中选择一个认证矢量，并指示 HSS 本 S-CSCF 将为注册用户服务。

（6）S-CSCF 向 I-CSCF 发送 401 未授权消息，消息的 Authorization 头域中包含 RAND 和 AUTN。

（7）I-CSCF 向 P-CSCF 转发 401 未授权消息。

（8）P-CSCF 向 UE 转发 401 未授权消息。

（9）收到 401 未授权消息后，UE 使用 ISIM 中保存的共享密钥 key 计算 AUTN，如果计算得到的值与接收到的 AUTN 值一致，就认为通过了网络认证。这时，UE 使用 RAND 计算得到一个响应值 RES，并将该 RES 放在新的 REGISTER 消息的 Authorization 头域中，发送给 P-CSCF。

（10）P-CSCF 向 I-CSCF 转发 REGISTER 消息。

（11）I-CSCF 向 HSS 发送 Cx 查询，HSS 根据记录的信息，返回 S-CSCF 的地址。

（12）I-CSCF 向 S-CSCF 发送 REGISTER 消息。

（13）收到 REGISTER 消息后，S-CSCF 比较 RES 值和期望从 UE 得到的应答值（XRES）。如果匹配，则用户通过认证。S-CSCF 通知 HSS 用户注册成功，并要求 HSS 下发该用户的签约数据。

（14）S-CSCF 发送 200 响应消息给 I-CSCF，消息中包含了注册用户归属网络的联系信息。

（15）I-CSCF 向 P-CSCF 转发 200 响应消息，并删除与本次注册有关的信息。

（16）P-CSCF 保存注册用户归属网络的联系信息，并将 200 响应消息转发给 UE。用户的初始注册流程结束。

4．用户重注册流程

在成功完成初始注册后，用户通过周期性的注册更新，可以保持其注册处于激活状态。IMS 用户重注册流程如图 7-4 所示。

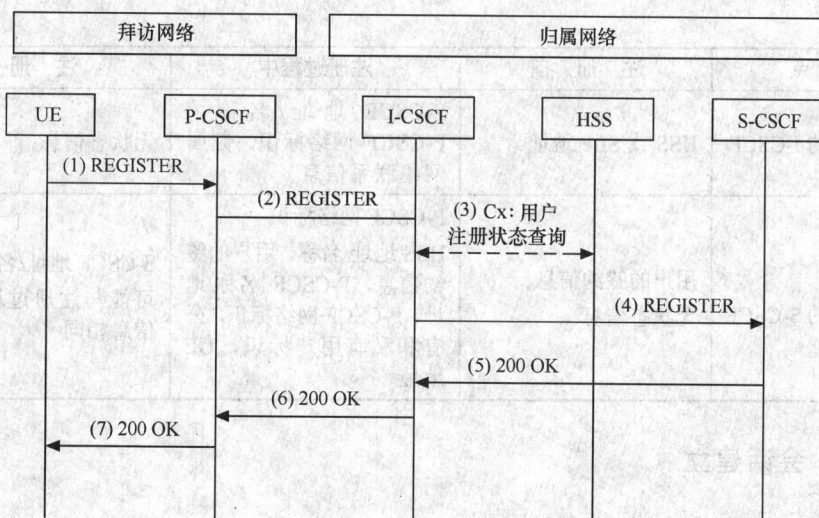

图 7-4　重注册流程

（1）UE 检测到注册即将超时时，向初始注册时的 P-CSCF 发送一个新的 REGISTER 消息。该消息中携带了公有用户标识、私有用户标识、用户归属网络的域名以及 UE 的 IP 地址信息。

（2）收到 UE 发来的注册请求后，由于不能使用缓存中上次注册使用的 I-CSCF 地址，P-CSCF 根据消息中归属网络的域名，向 DNS 查询用户归属网络的 I-CSCF 地址。根据查询结果，P-CSCF 将 REGISTER 消息发送给相应的 I-CSCF。

（3）I-CSCF 向 HSS 发送 Cx 查询，查询用户的注册状态。HSS 根据记录的信息，返回当前为注册用户服务的 S-CSCF 地址。

（4）I-CSCF 向 S-CSCF 转发 REGISTER 消息

（5）S-CSCF 收到了有安全保护的 REGISTER 消息后，不需要再向用户发送鉴权挑战，只是更新该用户的注册定时器。S-CSCF 发送 200 响应消息给 I-CSCF，消息中包含了注册用户归属网络的联系信息。

（6）I-CSCF 向 P-CSCF 转发 200 响应消息，并删除与本次注册有关的信息。

（7）P-CSCF 保存注册用户归属网络的联系信息，并将 200 响应消息转发给 UE。用户的重注册流程结束。

5. 注册前后各节点存储的信息

IMS 用户注册前后各节点存储的信息如表 7-1 所示。

表 7-1　　　　　　　　　　　IMS 用户注册前后各节点存储的信息

节　　点	注　册　前	注册过程中	注　册　后
UE	证书，归属网络域名，P-CSCF 名称/地址	与注册前相同	证书，归属网络域名，P-CSCF 名称/地址，与注册前相同
漫游网络和归属网络中的 P-CSCF	路由功能	初始网络入口点，UE 地址，公有和私有用户标识	最终网络入口点，UE 地址，公有和私有用户标识

续表

节　点	注　册　前	注册过程中	注　册　后
归属网络中的 I-CSCF	HSS 或 SLF 地址	S-CSCF 地址／名称，P-CSCF 网络标识，归属网络联系信息	无状态信息
HSS 归属网络中的 S-CSCF	用户的签约信息 无状态信息	P-CSCF 网络标识 HSS 地址/名称，用户的签约信息，P-CSCF 名称/地址，P-CSCF 网络标识，公有和私有用户标识，UE 地址	S-CSCF 地址/名称 可能与注册过程中的状态信息相同

7.3.2　会话建立

1. 漫游的概念

漫游是指用户在离开归属网络的服务区时，仍能继续使用原有的终端访问到所需的业务。IMS 的漫游模型如图 7-5 所示，拜访网络（Visited Network）提供 IP 连接（如 RAN，SGSN，GGSN）和 IMS 接入点（P-CSCF），而归属网络（Home Network）提供 IMS 的会话和业务控制功能。

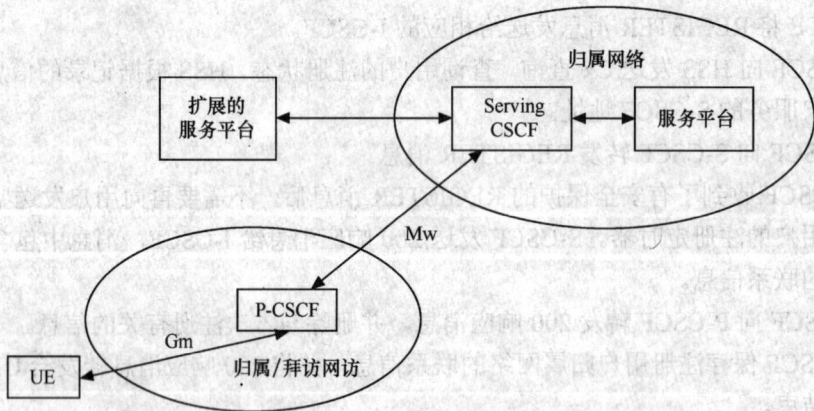

图 7-5　IMS 的漫游模型

IMS 网络将 P-CSCF 和 S-CSCF 分离，简单地解决了终端的漫游问题，支持 IMS 用户的移动性。对 IMS 漫游用户，用户必须先注册到归属网络的 S-CSCF。用户所有的发起业务都由拜访网络的 P-CSCF 根据注册时获得的信息路由到用户的归属网络，由归属网络的 S-CSCF 将业务映射到本地或者第三方的业务平台。对用户的所有终结业务，由于用户已经注册，通过归属网络的 I-CSCF 可以定位到用户注册的 S-CSCF，S-CSCF 根据注册时保留的信息将请求转发给 P-CSCF，P-CSCF 再转发给漫游用户。因此漫游用户也可以在任何位置正常接收业务。

图 7-6 所示为 IMS 实现用户漫游的一个简单例子。当一个广州用户 A 漫游到上海后，通

过空中接口，A 用户接续到上海本地的 P-CSCF，P-CSCF（上海）根据接收到的消息中携带的用户 A 的域名，判别用户 A 为广州用户，选路到 I-CSCF（广州），I-CSCF（广州）通过查询 HSS（广州），将注册信息发送到用户 A 归属的 S-CSCF（广州）。由于在注册信息中包含了 P-CSCF（上海）的地址，当用户 A 发起呼叫或接受呼叫时，所有的信令流在 S-CSCF（广州）、P-CSCF（上海）之间交互。从这个例子可以看出，在 IMS 网络中，用户只是利用了拜访网络的接入功能，业务的提供、计费等都在归属网络中进行。

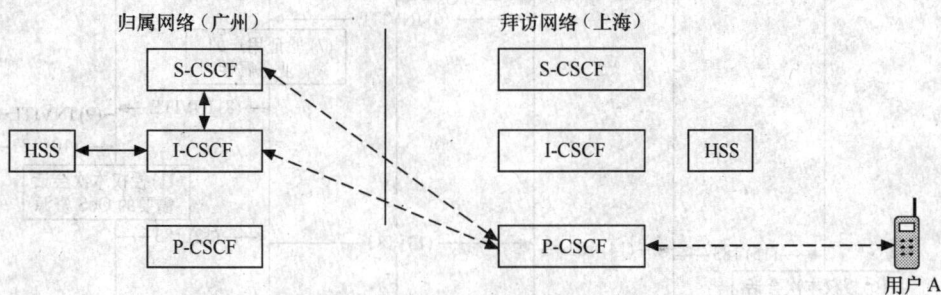

图 7-6　IMS 实现用户漫游的一个简单例子

由于无论用户是否漫游，用户的业务都由归属网络的 S-CSCF 控制，因此 P-CSCF 和 S-CSCF 分离的方案可以保证业务的一致性、简单性。

2．IMS 漫游用户的呼叫处理流程

图 7-7 所示为两个 IMS 用户漫游时的呼叫处理流程，假设处理始呼会话的 S-CSCF 与处理终结会话的 S-CSCF 属于不同运营商，而且归属网络对拜访网络不使用拓扑隐藏功能。

（1）UE＃1 向拜访网络的 P-CSCF（P-CSCF1）发送 SIP INVITE 请求，INVITE 请求消息的 SDP 中包含初始媒体信息。

（2）由于 P-CSCF1 在用户注册时已经记录了主叫用户 S-CSCF（S-CSCF1）的地址，所以 P-CSCF1 将 INVITE 消息转发给 S-CSCF1。

（3）S-CSCF1 验证用户的业务属性，进行 SDP 的鉴权，为该用户发起一个呼叫逻辑。

（4）S-CSCF1 进行被叫号码分析，确定被叫属于哪个运营商的网络。由于这个流程的前提是不使用拓扑隐藏，S-CSCF1 直接把 INVITE 消息发送给被叫归属网络的 I-CSCF。

（5）I-CSCF 向 HSS 查询，请求被叫 S-CSCF 的地址。HSS 返回被叫用户 S-CSCF（S-CSCF2）的地址。

（6）I-CSCF 向 S-CSCF2 转发 INVITE 消息。

（7）S-CSCF2 验证被叫用户的业务属性，进行 SDP 的鉴权，并触发该用户业务逻辑。

（8）由于 S-CSCF2 在被叫用户（UE＃2）注册时已经确定了该用户拜访网络的 P-CSCF（P-CSCF2）的地址，S-CSCF2 将 INVITE 消息转发给 P-CSCF2。

（9）P-CSCF2 转发 INVITE 消息给 UE＃2。

（10）UE＃2 选择 UE＃1 支持的媒体格式的子集，生成 183 响应消息给 P-CSCF2，该 183 响应的 SDP 中还携带被叫用户的媒体信息。

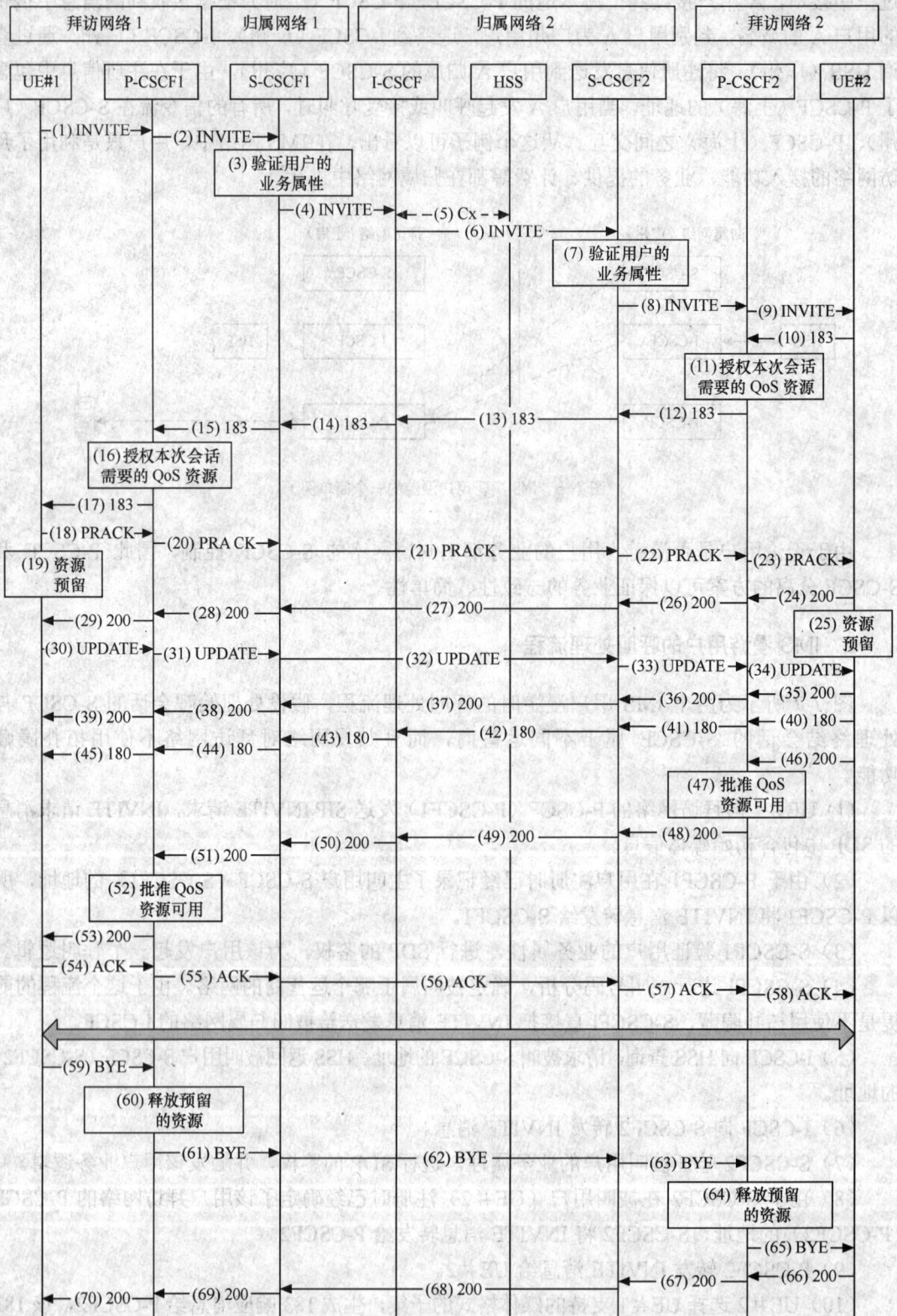

图 7-7　两个 IMS 用户漫游时的呼叫处理流程

（11）P-CSCF2 授权本次会话需要的 QoS 资源。

（12）～（15）UE#2 回送的 183 响应消息经 P-CSCF2、S-CSCF2、I-CSCF、S-CSCF1 转发至 P-CSCF1。

（16）P-CSCF1 授权本次会话需要的 QoS 资源。

（17）P-CSCF1 向 UE#1 转发 183 应答消息。

（18）UE#1 收到 183 应答后，决定该次会话使用的媒体信息，并通过 PRACK 消息进行确认。如果发现被叫的媒体信息相对于主叫的媒体信息有更改，或者被叫的媒体信息中包含的编解码比主叫的编解码类型多，UE#1 在 PRACK 消息中发起新的 SDP。

（19）UE#1 为本次会话进行资源预留。

（20）～（23）PRACK 消息经 P-CSCF1，S-CSCF1，S-CSCF2，P-CSCF2 转发至 UE#2。

（24）UE#2 对 PRACK 消息产生的 200 响应发送至 P-CSCF2。

（25）UE#2 进行资源预留。

（26）～（29）UE#2 对 PRACK 消息的 200 响应经 P-CSCF2，S-CSCF2，S-CSCF1，P-CSCF1 转发至 UE#1。

（30）～（34）UE#1 在资源预留完成后，发送 UPDATE 请求说明资源预留成功，该请求经 P-CSCF1，S-CSCF1，S-CSCF2，P-CSCF2 转发至 UE#2。

（35）～（39）UE#2 对 UPDATE 请求的 200 响应经 P-CSCF2，S-CSCF2，S-CSCF1，P-CSCF1 转发至 UE#1。

（40）～（45）UE#2 等待两个事件：在步骤（25）的资源预留成功事件以及步骤（34）消息携带的主叫资源预留成功的信息。UE#2 收到这两个事件之后，直接接受该次会话，或者振铃通知被叫用户。本流程假设采用向被叫振铃的方式，则 UE#2 产生 180 响应消息，该消息经 P-CSCF2，S-CSCF2，I-CSCF，S-CSCF1，P-CSCF1 转发至 UE#1。

（46）当被叫用户接听，UE#2 发送 200 响应消息给 P-CSCF2。

（47）P-CSCF2 收到对 INVITE 消息的 200 响应后，批准 QoS 资源可用。

（48）～（51）UE#2 对 INVITE 消息的 200 响应该消息经 P-CSCF2，S-CSCF2，I-CSCF，S-CSCF1 转发至 P-CSCF1。

（52）P-CSCF1 收到对 INVITE 消息的 200 响应后，批准 QoS 资源可用。

（53）P-CSCF1 将 200 响应转发至 UE#1。

（54）～（58）UE#1 发送 ACK 请求，请求经 P-CSCF1，S-CSCF1，S-CSCF2，P-CSCF2 转发至 UE#2。

此时，UE#1 与 UE#2 之间的媒体通道建立，双方可以传送媒体流。

假设通话结束后主叫先挂机。

（59）UE#1 发送 BYE 消息给 P-CSCF1，并发起 IP-CAN 承载的 PDP 上下文的释放消息。IP-CAN 收到消息后释放了 PDP 上下文，这时为 UE#1 接收消息路径预留的 IP 网络资源被释放。

（60）P-CSCF1 删除原先为 UE#1 本次会话预留的资源，并发送一条 Release PDP 消息给主叫侧 IP-CAN，以确认本次会话相关的 IP 承载被释放。

（61）～（63）BYE 请求经 P-CSCF1，S-CSCF1，S-CSCF2 转发至 P-CSCF2。

（64）P-CSCF2 删除原先为 UE#2 本次会话预留的资源，并发送一条 release 消息给被叫侧 IP-CAN，确认本次会话相关的 IP 承载被释放。

（65）P-CSCF2 转发 BYE 消息给 UE#2。

（66）收到 BYE 消息后，UE#2 发送释放 PDP 上下文消息给 IP-CAN，IP-CAN 收到消息后释放 PDP 上下文，为 UE#2 接收消息路径预留的 IP 网络资源被释放。同时，UE#2 发送 BYE 的 200 响应消息给 P-CSCF2。

（67）～（70）BYE 的 200 响应消息经 P-CSCF2，S-CSCF2，S-CSCF1，P-CSCF1 转发至 UE#1。本次呼叫的释放完成。

7.3.3　业务实例

随着 IMS 的标准的成熟和相关设备的商用，IMS 业务也正从相对简单、被定位为语音业务的补充业务向先进的综合性业务演进，其中以 PoC、移动视频共享、移动即时通信以及移动 VoIP 等最为引人注目。下面以 PoC 业务为例介绍 IMS 上业务的实现。

1. PoC 业务介绍

PoC（Push to talk over Cellular），又称移动一键通，是一种公共蜂窝网络上实现的、双向、即时、多方通信方式，允许用户与一个或多个用户进行通信，如图 7-8 所示。该业务类似移动对讲业务，即用户按键与某个用户通话或广播到一个群组的参与者。接收方听到这个发言声音后，可以没有任何动作，例如不应答这个呼叫，或者在听到发送方声音之前，被通知并且必须接收该呼叫。在该初始语音完成后，其他参与者可以响应该语音消息。同时，PoC 还结合了即时消息、Presence 等业务属性，成为一种综合了语音和数据的个性化业务。

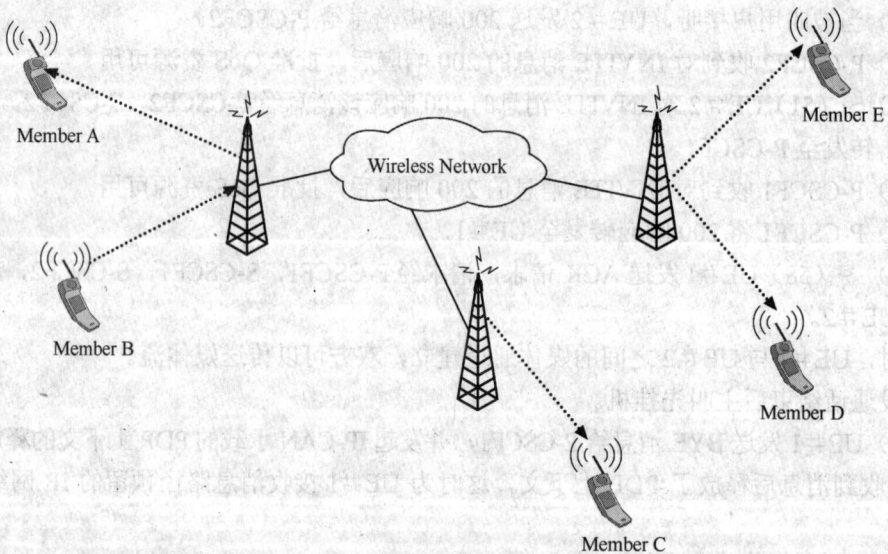

图 7-8　PoC 业务

PoC 的特点是半双工的通信方式，呼叫建立时间短，说话时才占用信道，接听时只监听信道，接收方不需要摘机即可随时接听下行的呼叫信息。

PoC 基本的业务特性如下。

① 允许用户同步的与其他用户在半双工、仲裁的、无线对讲（walkie-talkie）的方式下通信，即用户想要发言的时候通过用户控制（如按键）请求并且获得许可；同时其他用户可以根据能力接收信息。

② 用户可以使用点到点、点到多点、多点到点以及即时用户通知的方式进行通信。

③ 用户可以创建 PoC 群组，其他用户可以加入。

④ PoC 群组可以是预先定义的，也可以是临时建立（Ad hoc）的，临时建立群组仅仅在会话期间存在。

⑤ 对于聊天室（Chat room）方式，用户可以自行加入或者离开，如果是受限的，那么只有成员可以加入。

⑥ 聊天群组是由群组管理者预先定义的。

⑦ 用户通过请求发言权实现发言。

⑧ 发言权由 PoC 业务实体授予，如果在一段时间（业务提供商设置）之后用户没有发言，发言权将会超时而失效。作为一个可选功能，后续的发言申请将被排入队列。

⑨ 当有多个请求在队列中时，系统可以按优先级区分。

⑩ 语音需要立刻被传送给那些被允许接收的用户。

⑪ 当前发言的用户在发言期间需要将自己的标识传送给所有的用户，标识受限的情况除外。

⑫ PoC 会话可能随时被管理员终止。

⑬ PoC 业务提供商可能根据其策略中止 PoC 会话。

⑭ PoC 业务实体可以在其他被叫用户发送接收之前，先给发起用户发送指示，如果没有用户接收到媒体流，PoC 参与者可以获得提示。

⑮ PoC 可以与互联网现有类似语音性质的业务进行交互，如在线游戏、包括音频功能的即时消息等。

⑯ PoC 用户可以使用 E.164 地址或者 SIP URI。

PoC 改变了人们使用移动电话"一对一"的传统通话方式，用户能够与任何地方的多个用户进行"一对多"的即时通话。这种通信方式解决了商务客户的需求，例如建筑施工队、现场销售队伍、快递人员和物流服务队伍进行即时的集群通信，还能进行语音短信、家庭会议等复杂业务。

2. PoC 体系结构

PoC 是一种通过客户端/服务器机制实现的端到端的业务，主要由 PoC 客户端和 PoC 服务器构成，并结合呈现（Presence）业务（Presence 业务是一种业务引擎，在 PoC 业务中并不是必选功能）及 XML 文件管理提供业务。

图 7-9 所示为 OMA 定义的 PoC 体系结构，主要描述了 PoC 客户端、PoC 服务器以及它们与某些引擎的接口。

PoC 体系结构包括 PoC 业务系统和外部实体。PoC 业务系统包括 PoC 客户端、PoC 服务器、PoC XML 文档管理服务器（PoC XDMS）、XML 文档管理客户端（XDMC），在图中用黑色框表示。向 PoC 业务提供服务的外部实体包括 SIP/IP 核心、共享 XML 文档管理服务器

（共享 XDMS）、汇聚代理（Aggregation Proxy）、呈现服务器（Presence Server）、呈现信息源（Presence Source）、观察者（Watcher）、计费实体和设备管理服务器（Device Management Server）等。下面将介绍部分重要的实体功能。

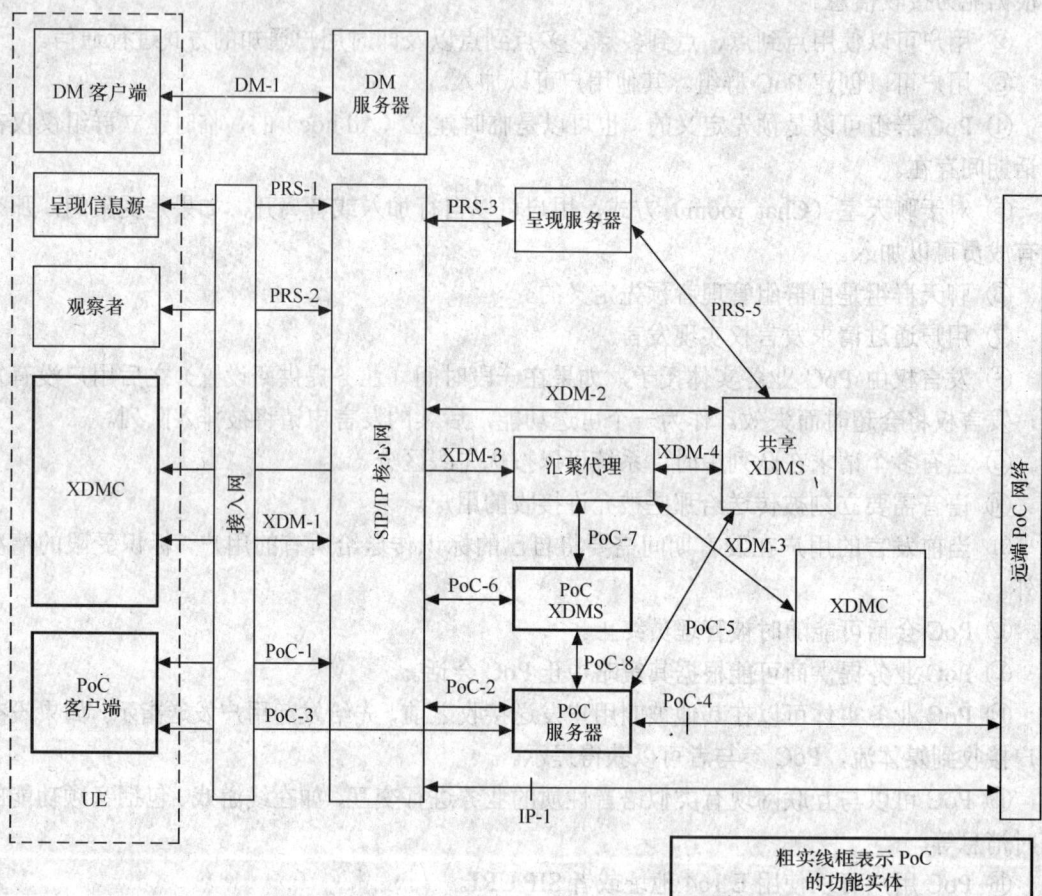

图 7-9 PoC 的体系结构

① PoC 客户端：PoC 客户端驻留在移动终端，用于接入 PoC 业务。PoC 客户端支持会话发起、参与和终止；执行在 SIP/IP 核心网络中的注册登记；对接入 SIP/IP 核心网络的 PoC 用户进行鉴权；通过对音频记录和编码，创立、发送和接收语音流（Talk Burst）；支持语音流裁定程序（例如发起请求和相应命令）；合并由管理系统下载的配置数据（例如空中接口激活）。

② PoC 服务器：PoC 服务器为 PoC 业务提供应用层的网络功能，可以执行 PoC 的控制或参与功能。

PoC 服务器的控制功能包括：提供集中的 PoC 会话操作、媒体分发和发言权控制功能（包括会话者的识别）；提供 SIP 会话操作，如 SIP 会话的启动和终止等；为群组会话提供执行策略；提供参与者的信息；搜集和提供集中的媒体质量信息；提供集中的计费报告；提供参与者 PoC 地址的隐私功能；支持用户平面适应程序；支持语音流控制协议协商等。

PoC 服务器的参与功能包括：提供 PoC 会话控制；支持用户平面的适应过程；提供 SIP

会话操纵，如 SIP 会话启动和终止等；提供来话 PoC 的策略执行（例如接入控制和可用状态等）；提供参与者的计费报告；支持语音流控制协议协商过程；存储 PoC 客户的应答模式、来话禁止指示、即时通知禁止指示等。

在一个 PoC 会话中，只有一个 PoC 服务器执行控制功能，而执行参与功能的 PoC 服务器可以有多个。PoC 服务器可以同时作为呈现服务的呈现体或观察者，也可以执行部分 XDM 管理功能。

③ PoC XDMS：该服务器只为 PoC 业务所使用，为 PoC 业务提供管理 PoC 相关 XML 文档。该服务器遵循 XML 配置接入协议（XCAP）。

④ 共享 XDMS：该 XCAP 服务器为多业务所共用，同时为 PoC、IM 或其他群组相关业务提供共享的 XML 文档。

⑤ XDMC：一个管理 XML 文档的 XCAP 客户端，管理的 XML 文档存贮于网络中的 PoC XDMS 和共享 XDMS 中，管理属性包含创立、修改、获取和删除。XDMC 可以是移动终端或固定终端。

⑥ SIP/IP Core：是向 PoC 业务提供服务的外部实体之一，包括若干 SIP 代理服务器和 SIP 注册服务器，主要是在 PoC 客户端和 PoC 服务器之间路由 SIP 信令，并提供以下功能：搜索和地址解析服务；支持 SIP 压缩；基于用户配置，执行鉴权和授权（对 PoC 客户端）；维护登录状态；在控制平面提供对标识隐私的支持；提供计费信息；提供合法监听等。

3. 典型的信令流程

用户使用 PoC 业务前，必须首先向 IMS 网络注册。当 PoC 用户在 IMS 注册和鉴权成功后，可以发起组呼请求。在会话邀请的 SIP 消息头 Contact 的 Tag 中添加 "+g.poc.talkburst" 或者 "+g.poc.groupad" 来标明这是一个 PoC 群组会话。P-CSCF 把呼叫邀请转发给 I-CSCF，问询归属的 S-CSCF 的地址，从而把邀请转发给 S-CSCF，S-CSCF 通过从 HSS 下载的初始过滤规则，根据业务触发点，把会话邀请转交给响应的 PoC server，PoC server 进行会话控制，并通过 IMS 把会话邀请转发给组内其他用户，在经过媒体授权和协商后，组呼可以建立。

OMA PoC 架构支持两种会话建立信令机制：On-Demand 会话机制和预建立会话机制。

On-Demand 会话机制提供媒体参数（如 IP 地址、端口、编码方式）的协商，这些参数用在用户自动建立 PoC 会话过程中 PoC 用户与归属 PoC 服务器之间的媒体和底层控制包的发送。当用户请求建立、接收、加入一个 PoC 会话时，此机制允许 PoC 用户通过 PoC 服务器邀请其他 PoC 用户，或接收 PoC 会话，媒体参数可在此机制中重新协商。

预建立会话机制提供媒体参数（如 IP 地址、端口、编码方式）的协商，这些参数用在用户自动建立 PoC 会话过程前 PoC 用户与归属 PoC 服务器之间的媒体和底层控制包的发送。此机制允许 PoC 用户通过 PoC 服务器邀请其他 PoC 用户，而无需重新协商媒体参数。预建立会话建立后，必要时 PoC 用户可以激活媒体承载。

图 7-10 所示的是一个终端发起预建立会话的过程。

① 终端 A 向 SIP/IP Core 发送 INVITE 请求，该请求中包含下列信息。

a. 参与功能 URI（具体实现中可以是本地 SERVER URI）。

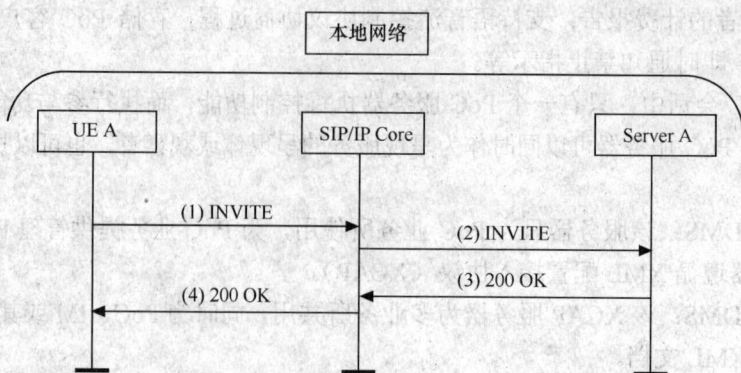

图7-10　一个终端发起 PoC 预建立会话的过程

b. 终端 A 非激活媒体流的媒体参数，包括 RTP 会话的 IP 地址和端口号、支持的编码格式、建议的发言权控制协议及端口号等。

c. PoC 服务指示。

d. 终端 A 的用户 PoC 地址。

e. 发言权控制协议参数。

② SIP/IP Core 根据 INVITE 消息中的 PoC 服务器地址，将 INVITE 消息发给 PoC 服务器 A。

③ PoC 服务器 A 收到 INVITE 后检查消息中的 PoC 服务标识、请求 URI 并对用户进行认证鉴权。

④ PoC 服务器 A 构造 200 OK 并向 SIP/IP Core 发送 200 OK 响应。该响应包含下列信息。

a. PoC 服务器 A 的媒体参数，包括 PoC 服务器的 RTP 会话的 IP 地址和端口号；选择的媒体编码格式等。

b. 一个用来标示预建立会话的会议 URI。

c. 选择的发言权控制协议参数。

至此，预建立会话建立成功。在此基础上，下面以一对一通信为例，描述 PoC 业务的流程，如图7-11所示。例子中，假设用户终端均采用自动应答模式，PoC 服务器 A（即 Server A）既是控制服务器也是参与服务器，PoC 服务器 B（即 Server B）是参与服务器。为了简化流程，略去所有 SIP 100 Trying 响应消息。

① 终端 A 已经与 PoC 服务器 A 建立了预建立会话。现在用户 A 按下终端 A 上的 PoC 通话功能键，指示他希望与用户 B 通信。终端 A 向 SIP/IP Core A 发送 REFER 请求，该请求包含被邀请用户的 PoC 地址列表、终端用户 A 的 PoC 地址和预建立会话的会议 URI。

② SIP/IP Core A 将 REFER 请求路由至 POC 服务器 A。

③ PoC 服务器 A 收到 REFER 请求后，进行处理，并向 SIP/IP Core A 发送 202 ACCEPT 响应。

④ SIP/IP Core A 将 202 ACCEPT 响应转发给 PoC 终端 A。

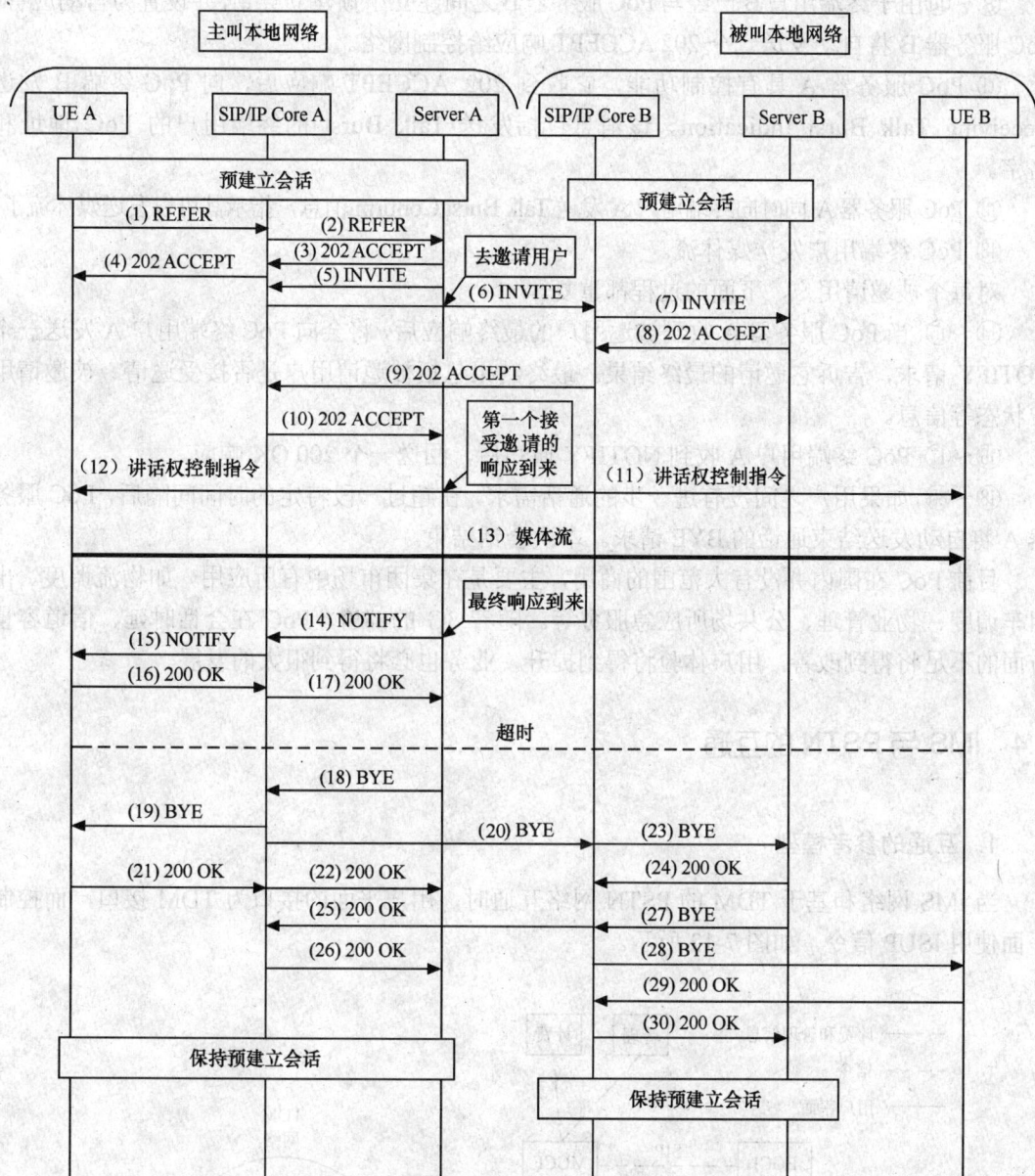

图 7-11　一对一 PoC 业务流程

⑤ PoC 服务器 A 对 REFER 请求的各项检查通过后，将自己支持的媒体类型和编码添加到 SIP INVITE 请求中。PoC 的媒体类型和编码可以存储在 PoC 服务器自身或者通过其他服务器获得（如 MRFC）。该 INVITE 请求中包含 PoC 终端用户 B 的地址、PoC 终端用户 A 的地址、PoC 服务器 A 的媒体参数、控制 PoC 功能分配指示以及 Talk Burst Control Protocol 建议等参数。

⑥ SIP/IP Core A 收到 INVITE 请求后，根据终端用户 B 的地址，将请求转发给 SIP/IP Core B。

⑦ SIP/IP Core B 将 INVITE 请求转发给终端用户 B 的注册服务器 PoC 服务器 B。

⑧～⑩由于终端用户 B 已经与 PoC 服务器 B 之间建立了预建立会话,并设置为自动应答,PoC 服务器 B 将自动发送一个 202 ACCEPT 响应给控制网络。

⑪ PoC 服务器 A 具有控制功能,它收到 202 ACCEPT 响应后,向 PoC 终端 B 发送 Receiving Talk Burst Indication。该消息包括发送 Talk Burst 的终端用户的 PoC 地址和名字。

⑫ PoC 服务器 A 同时向终端用户 A 发送 Talk Burst Confirm 消息,指示其可以发送媒体流了。

⑬ PoC 终端用户发送媒体流。

对每个被邀请用户,下面的过程都重复。

⑭～⑮ 当 PoC 服务器 A 收到被邀用户的最终响应后,将会向 PoC 终端用户 A 发送一个 NOTIFY 请求,告诉它邀请的最终结果。最终结果包括被邀请用户是否接受邀请、被邀请用户状态等信息。

⑯～⑰ PoC 终端用户 A 收到 NOTIFY 通知后,回送一个 200 OK 响应。

⑱～㉚ 如果用户之间没有进一步的通话需求,在超过一段特定的时间间隔后,PoC 服务器 A 将自动发送结束通话的 BYE 请求。本次会话结束。

目前 PoC 在国内并没有大范围的商用,主要是在集团市场中有所应用,如物流调度、出租车调度、物业管理、公共场所应急服务等。随着 3G 的部署,PoC 在会话时延、信道容量方面的不足将得到改善,用户体验将得到提升,业务也必将得到很大的发展。

7.4 IMS 与 PSTN 的互通

1. 互通的参考模型

当 IMS 网络和基于 TDM 的 PSTN 网络互通时,用户平面的接口为 TDM 接口,而控制平面使用 ISUP 信令,如图 7-12 所示。

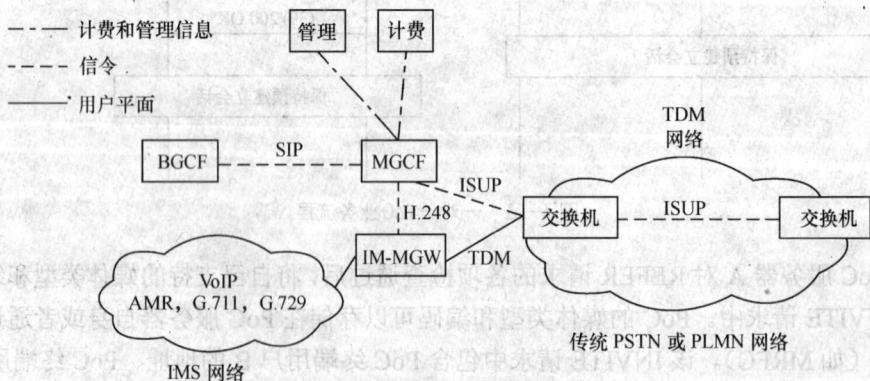

图 7-12 IMS 网络和基于 TDM 的 PSTN/PLMN 网络互通参考模型

2. 互通流程

网络互通流程如图 7-13 所示。如果当 S-CSCF 收到 SIP INVITE 消息后,经过 DNS

查询，决定将会话前转至 PSTN 时，S-CSCF 将 INVITE 消息转发给同一网络中的 BGCF。BGCF 根据本地策略选择一个可以与 PSTN 互通的网络。被选择网络与 BGCF 所在网络为同一运营商网络，BGCF 选择一个可以完成互通的 MGCF，否则 BGCF 将 INVITE 消息转发给被选择网络内的 BGCF，再由该 BGCF 选择可以完成互通的 MGCF。MGCF 支持 IMS 的 SIP 与 PSTN 呼叫控制协议（ISUP）的交互及会话互通，最终实现 IMS 与 PSTN 的控制面交互。

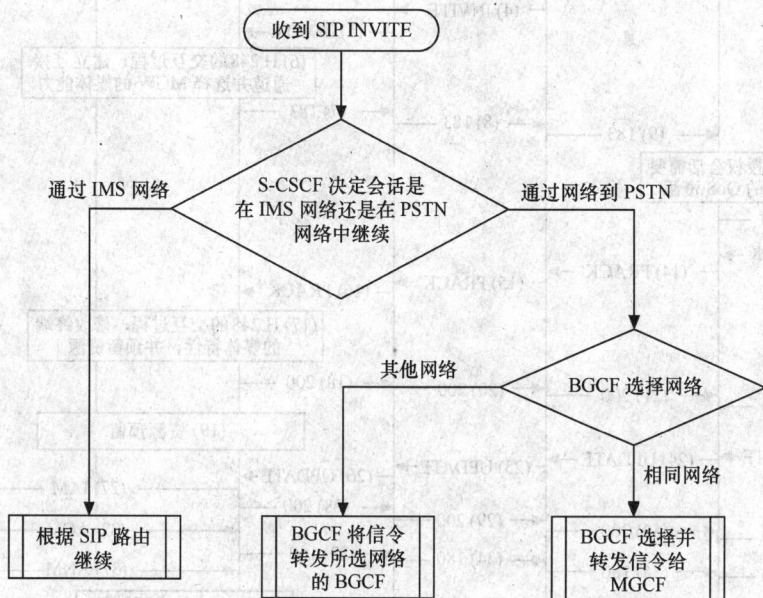

图 7-13 IMS 与 PSTN 的互通流程

在与 PSTN 网络互通时，由于 PSTN 侧采用 TDM 承载 G.711 语音，而 IMS 网络侧采用 IP 承载 AMR 语音或 G.711 语音，因此 IM-MGW 应支持 IP 承载媒体和 TDM 承载媒体之间的双向转换，实现 IMS 与 PSTN 用户面的互通，如图 7-14 所示。

3. 呼叫处理流程示例

IMS 用户呼叫 PSTN 用户时的信令流程如图 7-15 所示。假设主叫用户位于归属网络内，处理始呼会话的 S-CSCF、完成互通功能的 BGCF 所在网络与互通网络为同一运营商网络。

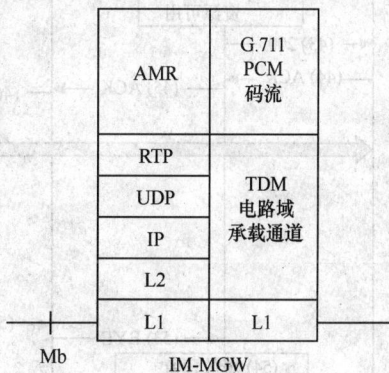

图 7-14 IM-MGW 实现 IMS 与 PSTN 用户面的互通

（1）IMS 用户（UE）向归属网络的 P-CSCF 发送 SIP INVITE 请求，INVITE 请求消息的 SDP 中包含初始媒体信息。

（2）由于 P-CSCF 在用户注册结束时已经记录了主叫用户的 S-CSCF 地址，所以 P-CSCF 将 INVITE 消息转发给 S-CSCF。

（3）S-CSCF 验证用户的业务属性，进行 SDP 的鉴权，并触发用户主叫业务。

（4）S-CSCF 进行被叫号码分析，并确定将会话转至 PSTN 时，S-CSCF 将 INVITE 消息转发给位于同一网络的 BGCF。

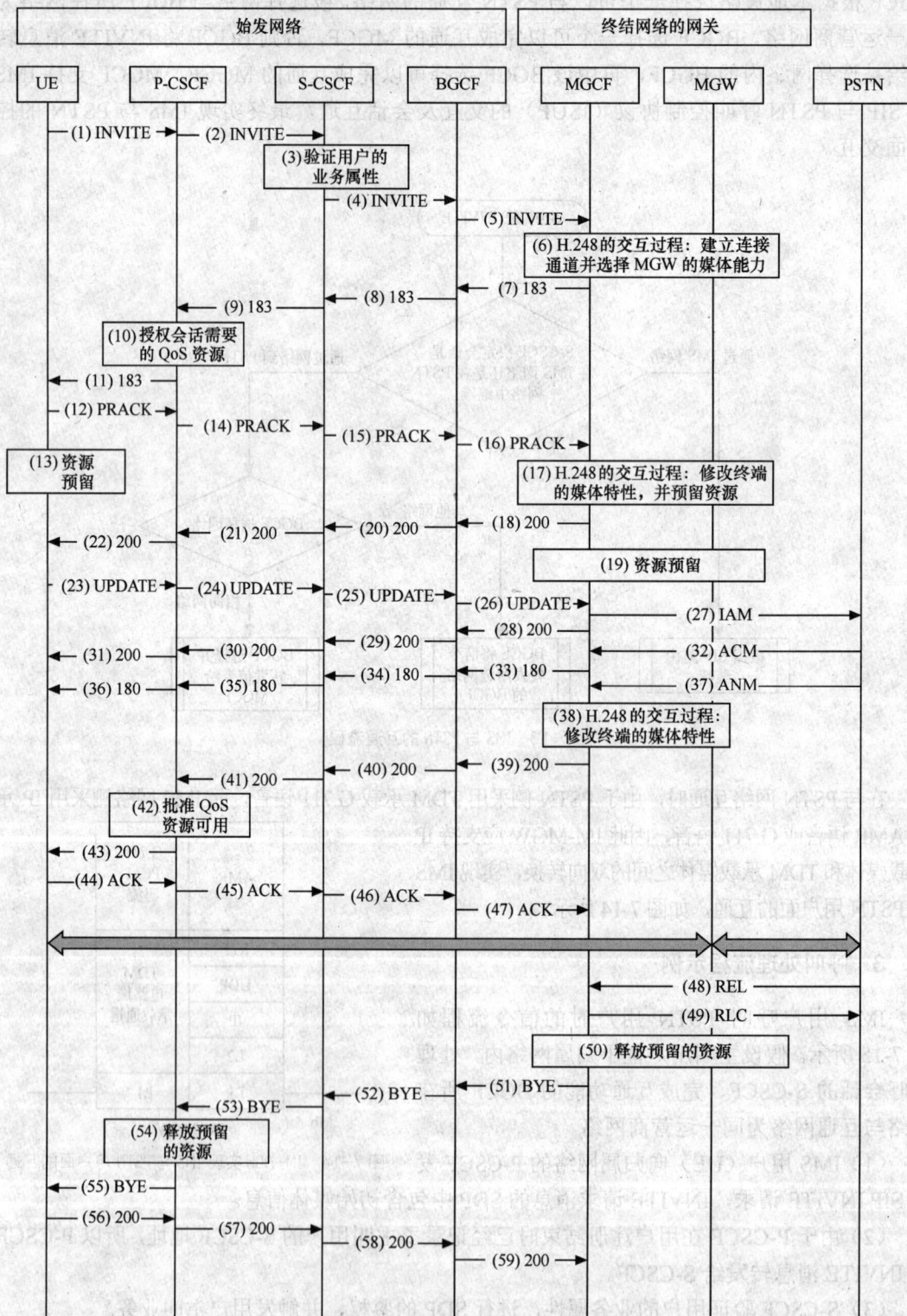

图 7-15　IMS 用户呼叫 PSTN 用户时的信令流程

（5）BGCF 根据本地策略选择一个可以与 PSTN 互通的网络。由于互通网络与 BGCF 所在网络为同一运营商网络，BGCF 将 INVITE 消息转发给互通网络中的一个 MGCF。

（6）MGCF 发起一个 H.248 的交互过程，选择一个呼出信道，并选择 MGW 的媒体能力。

（7）MGCF 选择呼叫发起端能够支持的一个媒体流子集，回送 183 响应消息给 BGCF，该 183 响应的 SDP 中还携带被叫用户的媒体信息。

（8）～（9）MGCF 回送的 183 响应消息经 S-CSCF 转发至 P-CSCF。

（10）P-CSCF 授权本次会话需要的 QoS 资源。

（11）P-CSCF 向 UE 转发 183 应答消息。

（12）UE 收到 183 应答后，决定该次会话使用的媒体信息。如果发现被叫选择的媒体信息相对于主叫的媒体信息有更改，或者被叫的媒体信息中包含的编解码比主叫的编解码类型多，UE 在 PRACK 消息中发起新的 SDP。

（13）UE 进行资源预留。

（14）～（16）PRACK 消息经 P-CSCF，S-CSCF，BGCF 转发至 MGCF。

（17）MGCF 根据接收到的 PRACK 消息，利用 H.248 消息指示 MGW 修改终端的媒体特性，并为本次会话预留资源。

（18）MGCF 对 PRACK 消息产生的 200 响应，并将响应消息发给 BGCF。

（19）MGW 进行资源预留。

（20）～（22）MGCF 对 PRACK 消息产生的 200 响应经 BGCF，S-CSCF，P-CSCF 转发至 UE。

（23）～（26）UE 在资源预留完成后发送 UPDATE 请求，指示资源预留成功，该请求经 P-CSCF，S-CSCF，BGCF 转发至 MGCF。

（27）MGCF 收到 UPDATE 请求后，向 PSTN 交换局发送 ISUP 初始地址消息 IAM，该消息包含了主被叫的号码。

（28）～（31）MGCF 对 UPDATE 请求生成 200 响应，该响应也指示 MGCF 资源预留成功。200 响应经 BGCF，S-CSCF，P-CSCF 转发至 UE。

（32）PSTN 交换局如果收齐了被叫电话号码并且发现被叫空闲，向被叫振铃，并回送 ISUP 地址全消息 ACM。

（33）～（36）MGCF 收到 PSTN 侧送来的 ACM 消息后，发送 180 响应，该响应经 BGCF，S-CSCF，P-CSCF 转发至 UE。

（37）当被叫用户接听，PSTN 交换局回送 ISUP 被叫应答消息 ANM。

（38）MGCF 通过 H.248 消息，指示 MGW 将媒体通道的属性改为双向。

（39）～（41）MGCF 产生对 INVITE 消息的 200 响应，该响应经 BGCF，S-CSCF 转发至 P-CSCF。

（42）P-CSCF 收到 200 响应后，批准 QoS 资源。

（43）P-CSCF 将 200 响应转发给 UE。

（44）～（47）UE 发送 ACK 请求，请求经 P-CSCF，S-CSCF，BGCF 转发至 MGCF。此时，主被叫之间的媒体通道建立，双方可以传送媒体流。

假设通话结束后被叫先挂机。

（48）PSTN 交换局发现用户挂机，向 MGCF 发送 ISUP 释放消息 REL。

（49）MGCF 回送 ISUP 释放完成消息 RLC，PSTN 侧的话路释放完成。

（50）MGCF 通过 H.248 消息，指示 MGW 释放本次会话相关的资源；并发送一条 release 消息给 IP-CAN，确认本次会话相关的 IP 承载被释放。

（51）～（53）MGCF 生成 BYE 请求，BYE 请求经 BGCF，S-CSCF 转发至 P-CSCF。

（54）P-CSCF 删除原先为 UE 本次会话预留的资源，并发送一条 Release PDP 消息给 IP-CAN，以确认本次会话相关的 IP 承载被释放。

（55）P-CSCF 转发 BYE 消息给 UE。

（56）～（59）UE 发起承载的 PDP 上下文的释放消息。IP-CAN 收到消息后释放了 PDP 上下文，这时为接收消息路径预留的 IP 网络资源被释放。UE 对 BYE 的 200 响应消息经 P-CSCF，S-CSCF，BGCF 转发至 MGCF。本次呼叫的释放完成。

7.5　IMS 与软交换

软交换技术和 IMS 是下一代网络中已有的两种比较合适的网络技术。软交换和 IMS 实现的目标均是构建一个基于分组的、层次分明的、控制和承载分离的、开放的下一代网络。

软交换的主要贡献就是提出了分层的思想，利用了分组数据网信息传送的能力，把传统电路交换机的呼叫控制功能、媒体承载功能、业务功能进行了分离。软交换不再处理媒体流和业务的属性，而只是负责基本的呼叫控制及其相关的一些属性。它对电话语音业务、IP 接入、非 IP 接入以及与 PSTN、VoIP 互通等方面考虑得较多，但对移动性管理和多媒体业务的提供却考虑得较少。目前软交换技术已经比较成熟，在全球范围内得到了广泛的应用，是当前对传统网络的改造的首选技术，在提供基本的语音业务方面，软交换仍然具有优势。

3GPP 的 IMS 在软交换控制与承载分离的基础上，更进一步地实现了呼叫控制层和业务控制层的分离。它从整个网络体系的高度来进行设计，更关注逻辑网络结构和功能，能够提供实际运营所需的各种能力。由于 IMS 的设计初衷是用于 3G 网络，因此充分考虑了对移动性的支持，并增加了外置数据库——归属用户服务器（HSS），HSS 用于用户鉴权和保存用户业务触发规则。虽然 3GPP IMS 的设计思想与具体的接入方式无关，但目前对于固定接入还存在一些问题，3GPP 正在制定相关的规范，使得 IMS 能够支持更多的固定接入方式。IMS 将最先用于移动网络。

IMS 初衷是为了用于 3G 的核心网，为 3G 用户提供各种多媒体服务。但是由于 IMS 设计上的许多优点，尤其是其与接入无关的特性使得 IMS 引起了广泛的关注，业界已经普遍认为 IMS 有能力融合各种网络而实现 NGN 的目标。目前 ETSI 和 ITU-T 都已选择 3GPP IMS 的核心部分（Core IMS）作为 NGN 的控制部分。Core IMS 主要包含了 3GPP IMS 中控制层面的功能实体，并针对 NGN 的需求对这些功能实体的功能进行相应的扩展，但两者的基本原理相同。

现有网络过渡到下一代网络将是一个漫长的过程，在这个过程中，传统电路交换网络将逐步消亡，软交换是传统电路交换网目前的替代技术，最终基于 IMS 的下一代网络将融合各种网络而成为一个统一的平台，这三者采取互通的方式长期共存。

小 结

随着竞争的加剧和技术的进步，单一电信网络体系架构面临前所未有的挑战，构建一个统一、融合的通信网络，成为电信业的最终目标。3GPP 在 Release 5 版本中提出的支持 IP 多媒体业务的子系统（IMS）技术标准，将蜂窝移动通信网技术和 Internet 技术有机地结合起来，是业界普遍认同的解决固定网络和移动网络融合的理想方案和发展方向。

IMS 体系架构具有与接入无关、协议统一、业务与控制分离、用户数据与交换控制分离、归属服务控制、水平体系架构、策略控制和 QoS 保证的特点。IMS 在接入、承载、控制、业务等多个层面实现了对固定移动网络融合的支持。

3GPP IMS 的体系采用了分层结构，由下往上分为 IP 接入网络层（IP-CAN）、IP 多媒体核心网络层（IM CN）和业务网络层。IP 接入网络层完成的主要功能包括发起和终结各类 SIP 会话，实现 IP 分组承载与其他各种承载之间的转换，根据业务部署和会话层的控制实现各种 QoS 策略，完成与传统 PSTN/PLMN 间的互联互通等功能。IP 多媒体核心网络层完成基本会话的控制，完成用户注册、SIP 会话路由控制，与应用服务器交互执行应用业务中的会话、维护管理用户数据、管理业务 QoS 策略等功能，与应用层一起为所有用户提供一致的业务环境。业务网络层是指通过 CAMEL、OSA/Parlay 和 SIP 技术提供多媒体业务的应用平台。

IMS 主要的功能实体包括：呼叫会话控制功能（CSCF）、归属用户服务器（HSS）、媒体网关控制功能（MGCF）、IP 多媒体—媒体网关功能（IM-MGW）、多媒体资源功能控制器（MRFC）、多媒体资源功能处理器（MRFP）、签约定位器功能（SLF）、出口网关控制功能（BGCF）、信令网关（SGW）、应用层网关（ALG）、翻译网关（TrGW）、策略决策功能（PDF）、应用服务器（AS）、多媒体域业务交换功能（IM-SSF）和业务能力服务器（OSA-SCS）。其中 IMS 的核心处理部件 CSCF（Call Session Control Function）按功能可分为 P-CSCF，I-CSCF，S-CSCF 3 个逻辑实体。P-CSCF 是 IMS 中用户的第一个接触点。所有的 SIP 信令，无论来自用户终端设备（User Equipment，UE）还是发给 UE 的，都必须经过 P-CSCF。I-CSCF 可以充当网络所有用户的连接点，也可以用作当前网络服务区内漫游用户的服务接入点。S-CSCF 是 IMS 的核心，它位于归属网络，为 UE 进行会话控制和注册服务。它可以根据网络运营商的需要，维持会话状态信息，并根据需要与服务平台和计费功能进行交互。HSS 是 IMS 中所有与用户和服务器相关的数据的主要存储服务器。存储在 HSS 的 IMS 相关数据主要包括用户身份信息（用户标识、号码和地址）、用户安全信息（用户网络接入控制的鉴权和授权信息）、用户的位置信息和用户的签约业务信息。本章还介绍了其他实体的功能以及各接口使用的协议。

一个 IMS 用户拥有两种用户标识：私有用户标识和公有用户标识。一个用户及其拥有的私有用户标识个数、公有用户标识个数之间的关系是 1:m:n。

IMS SIP 用户在完成接入网的认证鉴权并建立了接入网的 IP 信令连接后，可以发起应用层的注册。注册过程完成用户 SIP URI 和当前地址的绑定，是实现用户移动性（mobility）和发现（discovery）的基础。IMS 注册过程包括初始注册、重注册和注销。

漫游是指用户在离开归属网络的服务区时,仍能继续使用原有的终端访问到所需的业务。IMS 网络将 P-CSCF 和 S-CSCF 分离,用户在任何地方都可以通过 P-CSCF 接入 IMS 网络,用户的业务都由归属网络的 S-CSCF 控制,从而简单地解决了终端的漫游问题,支持 IMS 用户的移动性。

读者可以通过对 IMS 的注册流程、会话建立流程和 PoC 业务流程的阅读分析,来进一步理解 IMS 的层次结构、功能实体和接口协议的作用。

软交换技术和 IMS 是下一代网络中已有的两种比较合适的网络技术。软交换和 IMS 实现的目标均是构建一个基于分组的、层次分明的、控制和承载分离的、开放的下一代网络。在向下一代网络演进的漫长过程中,传统电路交换网络将逐步消亡,软交换是传统电路交换网目前的替代技术,最终基于 IMS 的下一代网络将融合各种网络而成为一个统一的平台,这三者采取互通的方式长期共存。本章的最后介绍了 IMS 与 PSTN 互通的参考模型和呼叫处理流程。

习　题

1. 简要说明 IMS 的由来。
2. 简要说明 IMS 的特点。
3. 简要说明 IMS 在哪些方面实现了对固定移动网络融合的支持。
4. 画出 3GPP IMS 的体系结构图并简要说明。
5. 呼叫会话控制功能(CSCF)按功能可分为哪几个逻辑实体?简要说明这些逻辑实体的功能。
6. 简要说明归属用户服务器(HSS)的作用。
7. 画出 IMS 用户初始注册的流程图,并说明用户注册前后各节点信息的变化情况。
8. 简要说明漫游的概念,以及 IMS 是如何解决终端的漫游问题的。
9. 画出 IMS 与 PSTN 互通的参考模型,并简要说明互通的处理流程。

中英文对照表

3GPP	3G Partnership Project	第三代合作伙伴计划
ABP	Access Border Point	用户接入边界点
ACM	Address Complete Message	地址全消息
AG	Access Gateway	接入网关
ALG	Application Level Gateway	应用层网关
AMR	Adaptive Multi-Rate	自适应多速率
ANM	Answer Message	应答消息
API	Application Program Interface	应用编程接口
AS	Application Server	应用服务器
ASP	Application Server Process	应用服务器进程
ATM	Asynchronous Transfer Mode	异步传输模式
BAC	Border Access Controller	边缘接入控制设备
BGCF	Breakout Gateway Control Function	出口网关控制功能
BGP	Border Gateway Protocol	边界网关协议
BHCA	Busy Hour Call Attempts	忙时试呼次数
BICC	Bearer Independent Call Control protocol	承载无关的呼叫控制协议
BITS	Building Integrated Timing System	大楼综合定时系统
BRAS	Broadband Remote Access Server	宽带接入服务器
BRI	Basic Rate Interface	基本速率接口
CAMEL	Customised Application for Mobile Enhanced Logic	移动网络增强逻辑的客户化应用
CAP	CAMEL Application Part	CAMEL 应用部分
CDMA	Code Division Multiple Access	码分多址
CMN	Call Mediation Node	呼叫协调节点
CN	Core Network	核心网
CS	Circuit Switched	电路交换
CSCF	Call Session Control Function	呼叫会话控制功能
DHCP	Dynamic Host Configuration Protocol	动态主机配置协议
DLCI	Data Link Connection Identifier	数据链路连接标识
DNS	Domain Name Server	域名服务器
DoS	Denial of Service	拒绝服务攻击
DSCP	DiffServ Code Point	区分服务码点
DTMF	Dual Tone Multi-Frequency	双音多频
EPON	Ethernet Passive Optical Network	基于以太网方式的无源光网络
ENUM	tElephone NUMber mapping	电话号码映射

FEC	Forwarding Equivalence Class	转发等价类
FIB	Forwarding Information Base	转发信息库
FTP	File Transfer Protocol	文件传输协议
HLR	Home Location and Service Register	归属位置寄存器
HSS	Home Subsciber Server	归属用户服务器
IAD	Integrated Access Device	综合接入设备
IAM	Initial Address Message	初始地址消息
IETF	Internet Engineering Task Force	Internet 工程任务组
IGP	Interior Gateway Protocol	内部网关协议
IM	IP Multimedia	IP 多媒体
IM-MGW	IM Media Gateway	IP 多媒体媒体网关
IMS	IP Multimedia Subsystem	IP 多媒体网络子系统
IMSI	International Mobile Subscriber Identifier	国际移动用户标识
INAP	Intelligent Network Application Part	智能网应用部分
IP	Internet Protocol	互联网协议
IP	Intelligent Peripheral	智能外设
IP-CAN	IP-Connectivity Access Network	IP-连通性接入网络
ISC	IP multimedia Service Control	IP 多媒体业务控制接口
ISIM	IP Multimedia Service Identity Module	IMS 用户标识模块
ISP	Internet Service Provider	服务提供商
ISUP	ISDN User Part	ISDN 用户部分
ITU-T	International Telecommunication Union - Telecommunication standardization	国际电信联盟-通信标准化组
IVR	Interactive Voice Response	互动式语音应答
LAN	Local Area Networks	局域网
LDP	Label Distribution Protocol	标签分发协议
LER	Label Edge Router	标签边缘路由器
LSP	Label Switched Path	标签交换路径
LSR	Label Switching Router	标签交换路由器
M2PA	MTP2 Peer-to-peer Adaptation layer	第二级对等适配层
M2UA	MTP2 User Adaptation	第二级用户适配
M3UA	MTP3 User Adaptation	第三级用户适配
MAC	Media Access Control	介质访问控制
MAP	Mobile Application Part	移动应用部分
MGCF	Media Gateway Control Function	媒体网关控制功能
MGCP	Media Gateway Control Protocol	媒体网关控制协议
MGW	Mobile Media Gateway	移动媒体网关
MOS	Mean Objection Score	平均意见分数
MPLS	Multi Protocol Label Switching	多协议标签交换
MRFP	Media Resource Function Processor	媒体资源处理功能
MRFC	Media Resource Function Controller	媒体资源控制功能

MRS	Media Resource Server	媒体资源服务器
MS	Media Server	媒体服务器
MSC	Mobile services Switching Centre	移动业务交换中心
MTP	Message Transfer Part	消息传递部分
NAI	Network Access Identifier	网络接入标识符
NA(P)T	Network Address (Port) Translation	网络地址（端口）转换
NBP	Network Border Point	网络边界点
NGN	Next Generation Network	下一代网络
OLT	Optical Line Terminal	光线路终端
ONU	Optical Network Unit	光网络单元
OSA	Open Service Architecture	开放业务体系架构
P-CSCF	Proxy-CSCF	代理-CSCF
PDU	Protocol Data Unit	协议数据单元
PDF	Policy Decision Function	策略决策功能
PHB	Per-Hop Behavior	每跳行为
PHS	Personal Handy-phone System	个人手持式电话系统
PRI	Primary Rate Interface	基群速率接口
PSI	Public Service Identity	公共业务标识
PSTN	Public Switched Telephone Network	公共交换电话网
QoS	Quanlity of Service	服务质量
RANAP	Radio Access Network Application Part	无线接入网络应用部分
REL	Release	释放消息
RLC	Release　Complete	释放完成消息
RNC	Radio Network Controller	无线网络控制器
RSVP	Resource ReserVation Protocol	资源预留协议
RTCP	RTP Control Protocol	实时传输控制协议
RTP	Real-time Transport Protocol	实时传输协议
SAC	Softswitch Services Access Control Device	软交换业务接入控制设备
SCCP	Signalling Connection Control Part	信令连接控制部分
SCP	Service Control Point	业务控制点
SCN	Switch Circuit Network	电路交换网络
SCS	Service Capability Server	业务能力服务器
S-CSCF	Serving-CSCF	服务-SCSCF
SCTP	Stream Control Transmission Protocol	流控制传输协议
SDH	Synchronous Digital Hierarchy	同步数字系列
SDP	Session Description Protocol	会话描述协议
SG	Signalling Gateway	信令网关
SGP	Signaling Gateway Process	信令网关进程
SGSN	Serving GPRS Support Node	服务 GPRS 支持节点
SHLR	Smart Home Location Register	智能用户数据库
SIGTRAN	Signalling Transport	信令传送

MRS	Media Resource Server	媒体资源服务器
MS	Media Server	媒体服务器
MSC	Mobile services switching Centre	移动业务交换中心
MTP	Message Transfer Part	消息传递部分
NAI	Network Access Identifier	网络接入标识
NA(P)T	Network Address (Port) Translation	网络地址(端口)转换
NBP	Network Border Point	网络边界点
NGN	Next Generation Network	下一代网络
ONT	Optical Network Terminal	光网络终端
ONU	Optical Network Unit	光网络单元
OSA	Open Service Architecture	开放业务体系结构
P-CSCF	Proxy-CSCF	代理CSCF
PDU	Protocol Data Unit	协议数据单元
PDF	Policy Decision Function	策略决策功能
PHB	Per-hop Behavior	逐跳行为
PHS	Personal Handyphone System	个人手持电话系统
PRI	Primary Rate Interface	基群速率接口
PSI	Public service identity	公共业务标识
PSTN	Public Switched Telephone Network	公共交换电话网
QoS	Quality of Service	服务质量
RANAP	Radio Access Network Application Part	无线接入网应用部分
REL	Release	释放
RLC	Release Complete	释放完成
RNC	Radio Network Controller	无线网络控制器
RSVP	Resource Reservation Protocol	资源预留协议
RTCP	RTP Control Protocol	实时传输控制协议
RTP	Real-time Transport Protocol	实时传输协议
S/C	Service-based Access Control Device	基于业务的接入控制设备
SCCP	Signalling Connection Control Part	信令连接控制部分
SCP	Service control point	业务控制点
SCN	Switch Circuit Network	电路交换网络
SCS	Service capability Server	业务能力服务器
S-CSCF	Serving-CSCF	服务-CSCF
SCTP	Stream Control Transmission Protocol	流控制传输协议
SDH	Synchronous Digital Hierarchy	同步数字系列
SDP	Session Description Protocol	会话描述协议
SG	Signalling Gateway	信令网关
SGP	Signalling Gateway Process	信令网关进程
SGSN	Serving GPRS Support Node	服务GPRS支持节点
SHLR	Smart Home Location Register	智能归属位置寄存器
SIGTRAN	Signalling Transport	信令传输

参考文献

[1] 软交换和固网智能化系列丛书编写组.《华为软交换系统维护指南》. 北京：人民邮电出版社，2008

[2] 软交换和固网智能化系列丛书编写组.《中兴软交换系统维护指南》. 北京：人民邮电出版社，2008

[3] 软交换和固网智能化系列丛书编写组.《软交换承载网维护指南》. 北京：人民邮电出版社，2008

[4] 糜正琨.《软交换组网与业务》. 北京：人民邮电出版社，2005

[5] 林俐等.《下一代网络（NGN）组网技术手册》. 北京：人民邮电出版社，2005

[6] 桂海源.《现代交换原理》（第三版）. 北京：人民邮电出版社，2007

[7] 赵学军等.《软交换技术与应用》. 北京：人民邮电出版社，2004

[8] 胡乐明等.《IMS 技术原理及应用》. 北京：电子工业出版社，2007

[9] 张智江等.《基于 IMS 融合、开放的下一代网络》. 北京：人民邮电出版社，2007

[10] 徐鹏等.《基于软交换的下一代网络解决方案》. 北京：北京邮电大学出版社，2007

[11] 万晓榆等.《下一代网络安全技术》. 北京：人民邮电出版社，2007

[12] 余浩等.《下一代网络原理与技术》. 北京：出版电子工业出版社，2007

[13] 刘韵洁等.《下一代网络中的服务质量技术》. 北京：电子工业出版社，2005

[14] 蔡康等.《下一代网络（NGN）业务及运营》. 北京：人民邮电出版社，2004

[15] 桂海源.《IP 电话技术与软交换》. 北京：北京邮电大学出版社，2004

[16] 李晓东.《MPLS 技术与实现》. 北京：电子工业出版社，2002

[17] 程宝平等.《IMS 原理与应用》. 北京：机械工业出版社，2007

[18] 3GPP TS 23.228 V5.13.0 IP Multimedia Subsystem (IMS)；Stage 2 (Release 5)

[19] YDT 1194-2002 流控制传送协议（SCTP）

[20] YD/T1192-2002 NO.7 信令与 IP 互通适配层技术规范——消息传递部分（MTP）第三级用户适配层（M3UA）

[21] YDT 1243.1-2002 媒体网关设备技术要求——IP 中继媒体网关技术要求

[22] YDT 1518-2006 IP 电话接入设备互通技术要求和测试方法——H248

[23] YDT 1522.1-2006 SIP 技术要求 第 1 部分 基本的会话初始协议

[24] YDT 1522.2-2006 SIP 技术要求 第 2 部分 呼叫控制的应用

[25] YD/T1193.1-2002 与承载无关的呼叫控制（BICC）规范——第 1 部分：BICC 的功能

[26] YD/T1193.2-2002 与承载无关的呼叫控制（BICC）规范——第 2 部分：BICC 的消息、参数的基本功能和格式

[27] YD/T1193.3-2002 与承载无关的呼叫控制（BICC）规范——第 3 部分：BICC 的程序

[28] YD/T1193.4-2002 与承载无关的呼叫控制（BICC）规范——第 4 部分：BICC 的应用传送机制（APM）、隧道利 IP 承载控制协议（BCTP）

[29] YD/T1507-2007　2GHz TD-SCDMA/WCDMA 数字蜂窝移动通信网移动软交换服务器设备技术要求(第二阶段)

[30] YDT 1162[1].1-2005 MPLS 技术要求

[31] YDT 1476-2006 BGP MPLS VPN 技术要求

[32] YDT 1477-2006 BGP MPLS VPN 组网要求

[33] YDT 1645-2007 基于数字蜂窝移动通信网的即按即说业务（PoC）总体技术要求

[34] YDT 1646-2007 基于数字蜂窝移动通信网的即按即说业务（PoC）终端技术要求

[35] YDT 1648-2007 基于数字蜂窝移动通信网的即按即说业务（PoC）服务器技术要求

[36] YD/T 1657.2-2007 支持多媒体业务网络地址翻译/防火墙（NAT/FW）穿越的代理设备技术要求，第 2 部分：SIP 代理

[37] YD/T 1657.4-2007 支持多媒体业务网络地址翻译/防火墙(NAT/FW)穿越的代理设备技术要求，第 4 部分：H.248 代理

[38] YD/T 1434-2006 软交换设备总体技术要求

[39] YD/T 1385-2005 基于软交换的综合接入设备技术要求

[40] YD/T 1386-2005 基于软交换的媒体服务器技术要求

[41] YD/T 1388.1-2005 基于软交换的业务技术要求，第 1 部分：业务体系

[42] YD/T 1390-2005 基于软交换的应用服务器设备技术要求

[43] 信息产业部电信研究院 李侠宇．基于 IMS 的 PoC 业务．电信技术，2005.7